철근콘크리트구조 해석 및 설계

최세운 김승직 최 열 이동렬 김윤곤 하기주 공저

기 문 당

머리말

철근콘크리트구조의 기원은 시멘트의 발명으로부터 시작된다. 오늘날의 시멘트와 같이 석회석과 점토를 구워서 인공적으로 수경성 결합재를 얻게 된 것은 훨씬 훗날이었다. 철근콘크리트구조는 1850년에 프랑스인 J. L. Lambot가 보강재료로 철망을 넣어 두께 약 3.6cm인 측벽으로 제작된 소형선박을 1855년 파리박람회에 출품함으로써 탄생케된 것으로 우리의 주거공간을 만드는 데 없어서는 안 될 건축재료로 사용되고 있다.

철근콘크리트 구조물 설계는 각 구조부재의 최대응력이 허용응력보다 작아야 한다는 기본개념에서 설계하는 허용응력설계법(allowable stress design, ASD)에 출발하여 현재는 대부분의 설계가 강도설계법(strength design, SD)에 의하여 설계되는 실정이다. 한편 철근콘크리트 구조설계에 대한 기준은 여러 가지 이론과 실험의 결과에 의해 1, 2년 주기로 수정 · 보완되고 있다.

그러므로 대학에서 건축공학을 전공하는 학생들은 일반적으로 학부과정에서 강도설계법에 근거한 철근콘크리트구조에 대한 해석과 설계에 대한 수업을 듣게 되며, 기본적으로 콘크리트의 재료적 특성과 철근콘크리트 구조 부재의 해석원리와 설계방법에 관한 이해가 필요하다.

각 장에서는 철근콘크리트 구조물 설계에서 필요한 일반적인 이론을 서술하였고, 전체 내용과 설계방법은 대한건축학회 제정 『건축구조기준』을 중심으로 서술하였으며, 철근콘크리트 구조부재에 대한 깊은 이해를 위해 예제를 도입하여 설명하였다.

이 책에 대한 전반적인 내용은 2016년 개정 콘크리트구조기준에 따라 이루어졌으며, 국제 기준에 따라 SI단위를 이용하였다. 한편, 이 책을 집필하면서 많이 수고해 준 연구실 대학원생들과 김일헌, 지희근, 김기동 군에게 감사하며, 끝으로 원고 집필에 애써주신 저자 분들께도 감사드린다.

2020년 1월

저자

차 례

chapter 1

개 설

1-1 철근(鐵筋)콘크리트 정의

콘크리트란 자갈, 쇄석, 모래 및 기타 골재(aggregate)들이 물과 시멘트의 화학작용으로 인해 얻어지는 시멘트 페이스트 결합에 의해 바위처럼 단단하게 결속된 하나의 구조 재료를 말하며, 때로는 구조체가 요구하는 특별강도 혹은 작업조건에 따라 콘크리트의 특성을 얻기 위하여 하나 혹은 그 이상의 혼화물질을 섞기도 한다. 하지만 근본적으로 콘크리트는 높은 압축강도를 가지고 있는 반면에 상대적으로 낮은 인장강도도 가지고 있는 구조 재료이다. 따라서 구조물 재료로 콘크리트를 사용할 때에는 콘크리트에 상대적으로 낮은 인장저항 능력을 향상(보강)시키기 위하여 철근이나 적합한 재료들을 첨가하여 사용해야 한다. 이러한 보강재(reinforcement)가 사용된 콘크리트를 보강콘크리트(Reinforced concrete)라 하며, 이제까지 보강재료 및 보강방법에 대해 명확한 정의는 없지만, 종래 보강재로 철근(Steel)이 주로 쓰여 왔기 때문에 철근이 보강된 콘크리트를 일반적으로 철근콘크리트(Reinforced concrete)라 하고 있다.

이러한 철근과 콘크리트의 조합은 비교적 낮은 인장강도(tensile strength)를 가지는 콘크리트의 단점을 상대적으로 매우 높은 인장강도를 가지는 철근이 보완해주고, 알칼리성을 가지는 콘크리트가 철근의 단점인 부식에 대한 저항성을 높여주고, 철근이 콘크리트에 매입되었을 때 거의 완벽한 결합력을 나타내며, 열팽창계수도 비슷하여 온도변화에 대한 거동이 비슷한 구조물 재료로 매우 뛰어난 성능을 보여주고 있다. 또한, 비교적 긴 스팬의 콘크리트보, 슬래브 혹은 교량에서 하중으로 인하여 콘크리트 부재에 생기는 인장응력을 없앨 목적으로 긴장재(prestressing tendon)를 이용하여 압축응력이 의도적으로 생기도록 하여 인장저항 능력을 향상시킨 것을 프리스트레스트 콘크리트(Prestressed concrete)라 하며, 이러한 긴장재를 이용하여 콘크리트 부재에 압축응력을 발생시키는 방법에는 pre-tensioned와 post-tensioned이 주로 사용된다.

1-2 철근(鐵筋)콘크리트구조의 발달

철근콘크리트구조의 기원은 시멘트의 발명으로부터 시작되며, 고고학자들은 시멘트의 기원을 B.C. 약 5,000~10,000년으로 추정하고 있으며, B.C. 약 3,000년경 소석고와 석회를 혼합하여 이집트의 피라미드가 만들어졌고, B.C. 약 150년경에는 소석회(Pozzolan)와 석회를 혼합한 포졸란 시멘트를 사용하여 고대 그리스 · 로마시대의 건축물과 도로 등이 만들어졌다. 하지만 오늘날의 시멘트와 같이 석회석과 점토를 구워서 인공적으로 수경성 결합재를 얻게 된 것은 훨씬 나중의 일이다. 1756년에 영국인 J. Smeaton은 점토성분을 포함하고 있는 석회석을 구워서 수경성 석회석을 만들었고, 이를 이용하여 등대를 축조하였으며, 같은 영국인 J. Parker는 같은 방법으로 1795년에 로만 시멘트(Roman cement)를 발명하였다. 또한 1824년에는 영국인 Joseph Aspidin이 석회석과 점토 조합을 소성하여 시멘트를 발명하였고 이것을 포틀랜드 시멘트(Portland cement)라 명명하고 처음으로 특허를 얻었다. 그러다 1844년에 역시 영국인 I. C. Johnson이 Aspidin의 방법을 개량하여 양질의 수경성 시멘트를 만들어냈다. 따라서 오늘날의 시멘트는 Aspidin의 포틀랜드 시멘트 발명이 그 시발점이 되었다고 보아야 할 것이다. 이와 같이 시멘트의 제조에 따라 콘크리트의 응용도 발전되었다.

철근콘크리트는 1850년에 프랑스인 J. L. Lambot가 보강재료로써 철망을 넣어 두께 약 3.6cm의 측벽으로 제작된 소형선박을 1855년 파리 박람회에 출품함으로써 탄생케 된 것이라고 할 수 있다. 또 프랑스인 J. Monier는 철망을 넣은 시멘트 모르타르로 식목화분을 만들었고, 1861년에 이 공법을 수조에 응용하는 데 성공하기도 하였다. 이후 개량을 거듭하여 의자모양으로 배근한 상판을 만들어 1897년에 특허권을 획득하기도 하였다. 같은 해에 오스트리아인 Coignet는 보, 아치, 관 등의 배근 제조방법을 발표하였다. 이들 부재의 역학적 성질은 주로 독일에서 연구되어 독일인 G. A. Wayess는 Monier방식의 특허권을 사들여 실물실험과 철근의 부착에 대한 실험 등을 실시 · 발표하였으며, 1875년에는 미국인 W. E. Ward가 포트체스터에 미국 최초의 철근콘크리트 건물을 세웠다.

그리고 독일인 M. Könen은 철근콘크리트보에 철근은 인장응력을, 콘크리트는 압축응력을 받도록 양 재료를 배치하는 데 착안하여 1887년 철근콘크리트보의 이론적 해석방법을 발표함으로써 현재의 철근콘크리트보 응력해석 및 설계의 기초가 되었다. 그해 독일인 J. Bauschinger는 Monier방식의 판을 만들어 1892년 콘크리트에 묻힌 철근을 조사했을 때 녹슬지 않았음을 확인하기도 하였다. 또 프랑스인 Francios Hennebique는 스터럽과 벤트 철근 사용에 관한 특허를 받아 철근콘크리트 부재의 전단보강에 응용하도록 하는 데 공헌하였다.

이와 같이 19세기 중반 이후부터 철망이나 철근을 콘크리트 속에 넣어 보강된 철근콘크리트 구조로서의 첫걸음을 내딛게 되었다.

일본에서는 20세기 초에 구조법이 알려져 철근콘크리트구조 건축물 제1호로 좌세보의 펌프실과 기계실이 탄생되었다. 우리나라에서도 부산세관(벽돌 2층, 연건평 308평, 1910.11 준공) 건물의 기초에 철근콘크리트를 썼는데 그것이 철근콘크리트 사용 건물의 최초일 것이다. 이후 현 중앙청(1916.6~1926.10 준공), 서울대학교 의학부(1926.5~1928.6 준공) 등이 철근콘크리트 건물로 세워진 건물이다.

철근콘크리트구조 설계를 위한 방법으로 1970년대 초반부터 유럽 등 선진국에서는 기존의 허용응력설계법을 대신하여 미국에서는 극한강도설계법(Ultimate Strength Design Method)을, 그리고 유럽 등지에서는 한계상태설계법(Limit state design method)을 사용하기 시작하였으며, 이러한 설계법은 구조재료의 성능을 탄성에서 비탄성까지 확대하여 재료의 효율적 이용과 더불어 보다 확률론적 접근방법을 시도한 결과로 보인다.

콘크리트의 비선형적인 응력-변형률을 고려한 극한강도설계법의 기본개념은 그 부재의 강도가 계수하중을 지지할 수 있는 강도 이상이 되도록 설계하는 방법으로써 허용응력설계법과 비교할 때 그 부재의 실제거동에 가깝다고 볼 수 있다. 우리나라에서는 1988년 12월에 건축학회에서 강도설계법에 의한 철근콘크리트구조계산 규준 및 해설이 제정되었고, 여러 차례 개정을 통하여 현재까지 사용하고 있다.

1-3 철근콘크리트구조의 특징

1-3-1 장점(長點)

(1) 일체성(一體性)

철근콘크리트 재료는 구조재로써 상재적으로 매우 높은 압축강도를 가지며 목조, 조적조, 철골구조 등과 달리 일체식 구조법이로 다른 구조법에서는 어려운 접합부 설계가 용이하고, 외력에 대하여 더욱 일체가 되어 저항하여, 전체 구조물로써의 강성이 매우 크고 내진성능도 높고 유지비가 비교적 적게 드는 재료이다.

(2) 적합성(適合性)

철근과 콘크리트는 서로의 결점을 보완하고 있다. 즉 콘크리트가 압축에는 강하나 인장에는 약한 결점을 인장에 강한 철근이 부담하도록 하고, 거의 일체에 가까운 부착능력을 가지고 있다. 한편 불이나 녹 또는 좌굴에 약한 철근을 강알칼리성을 띄는 콘크리트가 피복두께로 보호하여 내화성 · 내구성 등을 높이고 있다. 이외에도 두 재료가 이질적이면서 열에 대한 선팽창계수가 철근이 약 $1.2 \times 10^{-5}/℃$이고, 콘크리트가 약 $1.0 \sim 1.3 \times 10^{-5}/℃$로 매우 유사한 값을 가지고 있어 높은 적합성을 나타낸다.

(3) 자유성(自由性)

철근콘크리트 재료는 구조물의 크기나 모양을 거푸집을 이용하여 매우 자유롭게 설계할 수 있고, 일체식 구조이므로 라멘식 구조 및 평판을 이용한 벽식 구조, 곡면을 이용한 셸구조(Shell structures) 등에도 널리 이용되고 있다.

(4) 저항성(底抗性)

철근콘크리트구 재료는 충분한 콘크리트 피복두께를 확보할 경우 화재 시 보강된 철근에 심각한 피해를 주지 않아 화재에 대한 높은 저항성을 가지며, 수화작용에 의한 강한 결합력으로 물에 대한 저항성도 매우 높아 기초, 지하층 및 피어(pier) 등에도 유용하게 사용된다.

1-3-2 단점(短點)

① 콘크리트는 단위하중(Unit weight)에 대한 강도가 비교적 낮아 철골부재 등에 비하여 비교적 큰 부재 크기를 사용해야 하므로 장스팬(Long span) 구조물의 경우에는 구조체의 고정하중(dead weight)이 커서 자중에 의한 큰 휨모멘트를 발생시키게 된다.

② 시공 상 콘크리트의 경화를 기다리면서 단계적으로 건축해야 하므로 공사 기간이 길어지고 시공의 부실이 콘크리트 강도에 큰 영향을 미친다.

③ 일체식 구조로써 건축물의 부분적인 보수나 해체가 쉽지 않다.

④ 일체식 구조이기 때문에 기둥 · 보 · 슬래브 등의 모든 부재가 구조상 서로 연관되어 있어서 구조계산이 복잡하며, 모든 조건을 명확히 한 후 순서에 따라 구조계산을 진행할 필요가 있다.

1-4 철근콘크리트 내진설계

내진설계란 구조물이 지진에 의한 상하 및 좌우로 발생하는 지진력에 견딜 수 있도록 구조물 전체 또는 각 구조부재를 설계하는 것을 말한다. 대표적인 내진설계 방법에는 구조물에 발생하는 상하 또는 좌우 변위를 제어하여 비교적 작은 변위를 유도하기 위해 기초와 구조물의 마찰을 줄이고자 롤러(roller) 등을 사용하는 면진(isolation)설계법과 지진으로 인한 구조물의 진동 또는 흔들림을 제어하기 위하여 댐퍼(damper) 등을 설치하여 구조물을 지진으로부터 안전하게 제어하는 제진(energy dissipation)설계법이 있다. 따라서 지진으로 인한 수평 또는 수직변위에 구조물이 견딜 수 있도록 구조물의 강성을 높이고 변위를 제어하여 안전하게 설계하는 방법을 구조물의 내진설계라 할 수 있다.

최근 전 세계적으로 대규모 지진이 빈번하게 발생하고 있다. 통계에 의하면 2000년 이후부터 현재까지 규모 4.0 이상의 지진이 총 104,444회에 걸쳐 발생하였으며, 이는 연평균 11,605회 가량 발생한 것으로 나타나고 있다. 이러한 지진으로 인하여 총 463,318명, 즉 연평균 51,480명 정도의 사망자가 발생한 것으로 나타나 지진에 의한 인명피해가 매우 크다는 사실을 알 수 있다. 대표적인 지진으로는 2001년 1월 규모 7.6의 파키스탄 지진, 2007년 8월 규모 8.0의 페루 지진 및 규모 8.4의 인도네시아 지진, 2008년 5월 규모 8.0의 중국 쓰촨성 지진과 2010년 1월 규모 7.0 수준의 아이티 지진, 2011년 3월 규모 9.0의 일본 도후쿠 지진, 2012년 4월 규모 8.6의 인도네시아 수마트라 지진 등을 들 수 있다. 우리나라의 경우 계기관측이 시행된 1978년 이후 2010년까지 32년간 총 790회 정도의 지진이 관측되었으며, 이는 연평균 25회 빈도로 지진이 발생되고 있음을 보여주며, 규모 4.0 이상의 지진도 총 40회 가량 발생하였다.

2010년 지진연보에 따르면 우리나라에서 규모 2.0 이상 지진은 평균 42회이며, 규모 3.0 이상은 2007~2010년 사이에 총 27회로, 90년대 중반 이후 횟수가 점점 늘어나는 추세이다.

대표적인 국내 지진으로는 경북 울진의 규모 5.2(2004), 강원도 평창의 규모 4.8(2007)과 경북 안동의 규모 3.8(2009) 지진이 일어났으며, 2016년 8월에 발생한 경주 지진은 우리나라 지진관측 이래 발생한 최대 크기로 규모 5.8이었고, 2017년 11월에도 포항지역에서 규모 5.4 지진이 발생함으로써 우리나라도 더 이상 지진에 대한 안전지대가 아님을 나타내고 있다. 또한 지진의 규모에 따른 지반과 건축물에 발생할 예상현상들을 다음과 같이 요약할 수 있다.

① 규모 2.5 이하 : 주로 지진계에서만 기록되며 일반적으로 느끼지 못한다.
② 규모 2.5~5.4 : 지진을 느낄 수 있으며, 일반적으로 가벼운 피해가 발생한다.
③ 규모 5.5~6.0 : 건축물과 다른 구조물에 비교적 가벼운 피해를 입힌다.
④ 규모 6.1~6.9 : 인구밀집 지역에 많은 피해를 입힌다.
⑤ 규모 7.0~7.9 : 주요지진이라 하며, 매우 심한 피해를 입힌다.
⑥ 규모 8.0 이상 : 강진이라고 하며, 진앙지점 근처에 매우 심각한 피해를 입힌다.

한편, 우리나라에서는 1985년 멕시코 대지진을 계기로 1986년도에 내진설계법이 처음으로 마련되어 1988년도부터 6층 이상 또는 연면적 100,000mm^2 이상의 건축물에 대한 내진설계 의무를 실시하였으며, 1995년에는 6층 이상 또는 연면적 10,000mm^2 이상의 건축물에 대한 내진설계 대상을 확대하였으며, 2005년 이후에는 3층 이상 1,000mm^2 이상의 모든 건축물에 대하여 내진설계를 하도록 하였으며, 2006년도에는 건축법 개정으로 규모 7.0의 지진에 견딜 수 있는 수준의 내진설계가 의무화되도록 정책을 강화하였다. 한편 2015년 개정을 통해서 3층 이상 또는 500mm^2 이상인 모든 건축물에 대한 내진설계를 의무화하였으며, 2017년 개정을 통해서 2층이상 또는 500mm^2 이상의 건축물과 200mm^2 이상 모든 주택에 대한 내진설계를 의무화 하고 있다. 또한 내진설계기준 법령 제정 이전에 설치된 기존 시설물 중 공공시설물의 경우 5년마다 내진보강 기본계획을 수립하여 연차별로 내진보강토록 의무화하고 있다. 아울러 2019년에는 비구조 내진설계기준에 따라 건축물 외장재와 기계전기요소에 대한 내진설계를 규정하고 있다. 한편, 미국에서는 1950년대부터 초기 수준의 철근콘크리트구조물에 대한 내진설계가 시작되었으며, 1971년 San Fernando Earthquake이 발생되기 전까지는 상세한 내진설계 요구사항이 미흡하였으나 이후 1976년의 건물설계 코드(Uniform Building Code)부터 개선된 내진설계 요구사항이 규정되어 계속적인 개선이 이루어지고 있다. 또한 지진발생 빈도가 높은 일본에서는 1923년 Kanto 지진 이후인 1924에 처음으로 지진 설계력(seismic design forces)을 도입하였으며, 1950년 빌딩기본법을 통하여 개선되었고, 1981년 구체적인 내진설계 요구사항들을 발표하였다. 일본 역시 여러 차례 지진을 겪으면서 건물의 내진설계에 대한 기준을 강화시켜 나가는 규정을 유지하고 있다.

철근콘크리트 건물은 타 재료에 비해 자중이 매우 크기 때문에 개개의 부재에 대한 응력을 산정하기보다 건물 전체에 대한 내진계획을 특별히 세우는 방법이 지진에 견딜 수 있는 안전한 건축물을 만드는 것일 수 있다.

chapter 2

재료(材料)

2-1 콘크리트 특성에 미치는 요소(Factors)

콘크리트의 여러 가지 특성에 영향을 미치는 요소는 실제로 매우 다양하지만 구조물의 구조재료로 콘크리트의 강도 및 여러 특성에 영향을 미치는 대표적인 요소들에 대하여 기술한다.

2-1-1 물-시멘트 비(Water-cement ratio)

콘크리트는 시멘트 페이스트(cement paste)와 골재(모래 및 자갈)의 결합으로 만들어진 복합재료이다. 콘크리트 재료에서 시멘트 페이스트는 골재의 입자를 결합시키는 결합재 역할을 하고, 시멘트 페이스트의 강도는 물과 시멘트의 상대적 비율에 따라 상이하다. 그러므로 주어진 콘크리트의 일정한 부피($1m^3$) 내에서 시멘트 중량에 대한 물의 중량 비율을 물-시멘트 비(water-cement ratio)라고 하며, 비교적 낮은 물-시멘트비의 콘크리트는 굳은 상태에서 적은 공극을 가지게 되므로 콘크리트 내의 상호결합 능력을 증가시켜 콘크리트의 강도를 높이게 되고, 비교적 높은 물-시멘트 비를 가지는 콘크리트는 이와 반대로 상대적으로 낮은 콘크리트강도를 나타낸다.

그러므로 콘크리트의 물-시멘트비는 콘크리트의 압축강도(compressive strength)를 좌우하는 가장 근본적인 요소라 할 수 있으며, 일반적 강도(normal strength concrete)를 가지는 보통 콘크리트 $1m^3$의 부피에서 물의 부피는 약 10~15% 내외이고, 골재의 부피는 약 70~80%이며, 시멘트 부피는 약 10% 내외를 차지하고 있다고 본다.

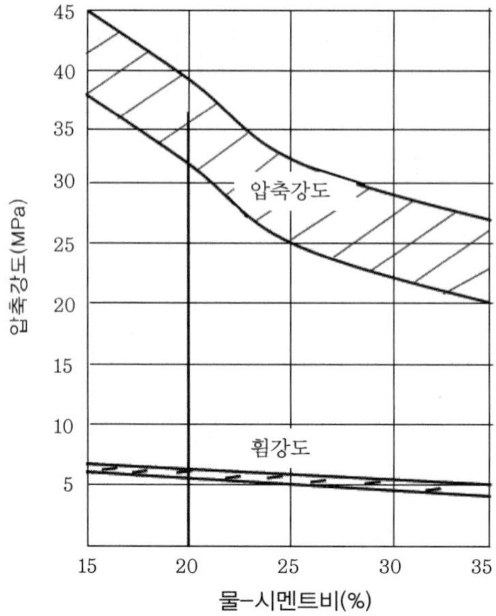

그림 2-1 물-시멘트비와 압축강도의 변화

그림 2-1은 물-시멘트비에 대한 콘크리트의 압축강도와 휨강도(modulus of rupture)를 나타내고 있으며, 그림에서 보듯이 콘크리트 압축강도는 물-시멘트비가 증가함에 따라 상당히 감소하는 것으로 나타나고 있다. 하지만 콘크리트의 휨강도는 물-시멘트비가 증가함에 따라 약간 감소하지만 그 정도가 압축강도(Compressive strength)처럼 크지 않음을 알 수 있다.

2-1-2 콘크리트 구성성분(Constituents)

콘크리트는 주로 시멘트, 골재와 물로 구성되어 있다. 그러므로 콘크리트의 특성은 콘크리트용 시멘트와 밀접한 관계가 있으며, 대표적으로 5가지의 포틀랜드 시멘트가 있다. 먼저 1종 시멘트인 보통 포틀랜드 시멘트는 일반 건축물 및 토목구조물에 가장 많이 사용되고 있으며, 시멘트의 수화열을 줄여서 댐이나 터널공사와 같은 초대형 콘크리트구조물에 사용할 수 있는 2종 시멘트인 중용열 시멘트, 조기강도의 발현성이 우수하여 긴급공사, 겨울철공사에 사용할 수 있는 3종 조강 시멘트와 공장폐수시설, 항만공사 및 황산염 토양지대 구조물 공사에 사용할 수 있는 5종 내황산염 시멘트가 있다. 또한 일반적인 구조용 콘크리트에서 골재는 약 70~75% 정도의 부피를 차지하고 있으며 골재의 크기에 따라 잔골재와 굵은골재로 구분된다. 콘크리트 배합에 사용되는 골재는 비중에 따라 보통골재, 경량골재 및 중량골재로 구분한다. 한편, 콘크리트의 작업성(workability)을 향상시키거나 강도 증가 등과 같이 콘크리트의 특성을 개선시키기 위해 특별히 혼화재를 첨가하기도 한다.

2-1-3 배합 및 양생(Mixing and Curing)

적절한 배합과 양생시간은 높은 양질의 콘크리트를 얻을 수 있으며, 진동기(vibrator)를 이용한 콘크리트 다짐의 경우에는 콘크리트에서 발생되는 공극(voids)을 최소화하여 양질의 콘크리트를 얻을 수 있는 방법의 하나이다. 특히 실험에 의하면 공극률(void ratio)이 약 5%일 때 콘크리트의 압축강도가 약 30% 정도 감소하는 것으로 보고되고 있다. 마찬가지로 양생시간, 양생습도 및 온도도 콘크리트 특성에 상당한 영향을 미치는 요소로 알려져 있다.

2-1-4 재령 및 공시체 크기(Age and Tested Specimen)

재령에 따른 콘크리트 압축강도변화는 해당 구조물의 사용 시기를 예측하는 데 매우 중요한 요소이다. 철근콘크리트 구조에서는 콘크리트의 28일 압축강도를 콘크리트의 설계 압축강도로 사용하고 있으며, 콘크리트 압축강도는 콘크리트의 재령이 증가함에 따라 점진적으로 증가하는 것으로 알려져 있으며, 〈표 2-1〉은 콘크리트 재령 28일에 대한 콘크리트의 압축강도 변화 비율을 보여주고 있다.

〈표 2-1〉 재령에 따른 강도 비율

재령	7일	14일	28일	3개월	6개월	1년	2년	5년
강도 비율	0.67	0.86	1.0	1.17	1.23	1.27	1.31	1.35

한편 철근콘크리트 구조설계기준에서는 콘크리트의 압축강도를 결정하는 표준공시체 크기를 150×300mm인 원통형 공시체를 사용하도록 규정하고 있으며, 경우에 따라서 공시체 지름과 높이의 비가 2 : 1인 여러 가지 크기의 공시체를 사용할 수 있도록 하였다. 이러한 경우에는 일반적으로 〈표 2-2〉에 표시된 값처럼 표준공시체에 대한 상대적인 값을 사용할 수 있도록 하였다.

〈표 2-2〉 공시체 크기에 따른 압축강도

원통형 공시체 크기(지름×높이)	상대적 압축강도 비율
50mm×100mm	1.09
75mm×150mm	1.06
150mm×300mm	1.00
200mm×400mm	0.96
300mm×600mm	0.91
450mm×900mm	0.86
600mm×1,200mm	0.84

2-2 압축강도(Compressive Strength)

일반적으로 콘크리트 강도(concrete strength)란 콘크리트의 일축압축강도(uniaxial compressive strength)를 말하며, 우리나라 구조설계기준에서는 콘크리트의 압축강도를 재령 28일의 원통형 공시체를 KS F 2405 기준에 의한 시험방법에 따라 구하도록 하고 있다. 콘크리트의 압축강도는 여러 가지 요소에 의해 영향을 받으며, 다음에 대표적인 요인들에 대한 내용을 기술한다.

① 물-시멘트비(water-cement-ratio) : 콘크리트의 압축강도에 가장 많은 영향을 미치는 요소이며, 2-1-1에 언급한 것과 같다.

② 시멘트 종류(type of cement) : 5종류의 시멘트에 따라 콘크리트의 사용성 및 강도가 결정된다.

③ 혼화재(cementitious materials) : 플라이애시(fly ash), 슬래그(slag) 혹은 실리카(silica) 등의 시멘트 대체재 사용 및 사용량은 콘크리트의 압축강도에 상당한 영향을 미친다.

④ 골재(aggregate) : 콘크리트의 압축강도는 골재의 강도, 표면조건, 골재의 입자구성 및 최대 골재 크기 등에 의해 상당한 영향을 받는다. 아울러 콘크리트의 압축강도는 골재와 시멘트 페이스트의 결합 정도에 따라 영향을 받는다.

⑤ 양생중의 온도 및 습도 : 콘크리트의 압축강도는 콘크리트의 양생기간 중의 온도 및 습도에 따라 상당한 영향을 받는 것으로 실험결과가 보여주고 있다.

⑥ 콘크리트 재령(age of concrete) : 콘크리트는 타설 후 시간이 지남에 따라 압축강도가 증가하는 것으로 나타나고 있다. 미국콘크리트학회(ACI)에서는 1종 시멘트를 사용한 콘크리트에서의 압축강도는 다음 식 (2-1)을 사용하여 예상하도록 하고 있다.

$$f_{ck(t)} = f_{ck(28\text{일})}\left[\frac{t}{4+0.85t}\right] \qquad (2\text{-}1)$$

여기서, t는 콘크리트 타설 후의 시간인 재령을 나타낸다.

한편, 그림 2-2는 콘크리트 양생에 따른 각각의 재령에 대한 대표적인 압축강도 변화를 나타내어주고 있다.

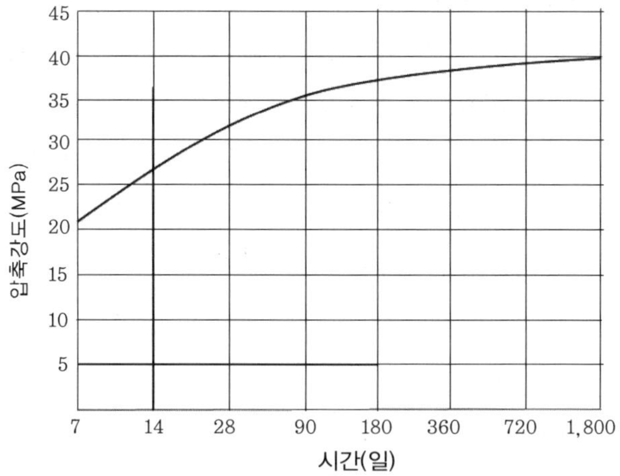

그림 2-2 콘크리트 재령에 따른 압축강도의 변화

2-3 인장강도(Tensile Strength)

콘크리트의 인장강도는 콘크리트 단면에 등분포 인장력을 작용하여 파괴될 때의 최대 하중을 단면적으로 나눈 값을 인장강도라 하고, 직접 인장강도시험과 간접 인장강도시험을 통하여 구할 수 있다. 하지만 직접인장강도시험은 공시체의 형상, 적절한 양단에서의 맞물림 장치 설치가 곤란하기 때문에 간접 인장강도시험을 통하여 콘크리트 인장강도를 구하는 것이 일반적인 방법이다. 대표적인 간접 인장강도시험으로는 휨강도(Flexural strength)시험 및 할렬 인장강도(Splitting tensile strength)시험 등이 사용되고 있다. 우리나라에서는 그림 2-3과 같이 할렬 인장강도시험에 의해서 얻어진 인장강도 값을 사용한다.

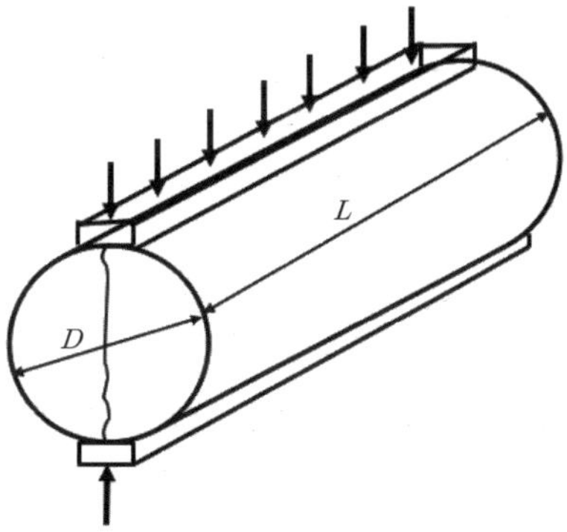

그림 2-3 콘크리트 할렬 인장강도시험

대체적으로 할렬 인장강도시험에 의해 얻어진 콘크리트의 인장강도는 콘크리트의 순인장강도와 비슷한 값을 가지게 된다. 할렬 인장강도시험에 사용되는 공시체는 그림 2-3에 보여진 것과 같이 압축강도시험용과 같은 표준 원통형 콘크리트 공시체를 사용하며, 원통형 공시체를 수평으로 눕혀 그 단면이 축에 대해 수직으로 되게 하고 공시체에 급격한 하중이 가해지지 않도록 일정한 비율로 재하속도를 가하여 공시체의 할렬 파단 시에 얻어지는 파괴하중 $P(N)$을 측정하여 다음 식 (2-2)을 적용하여 산정한다.

$$f_{sp} = \frac{2P}{\pi DL} \tag{2-2}$$

여기서, f_{sp} : 할렬 인장강도(MPa)

P : 할렬 시 파괴하중(N, newton)

D : 공시체 직경(mm)

L : 공시체 길이(mm)

한편, 콘크리트의 인장강도는 압축강도의 1/10 정도이므로 철근콘크리트 보 부재 설계에서는 이러한 인장강도를 무시한다. 하지만 철근콘크리트 보의 휨 인장측에서 발생하는 균열(cracks)은 콘크리트의 인장강도와 깊은 관계가 있으므로 무시할 수 없는 경우도 있다. 그림 2-4에서는 대표적인 콘크리트의 인장강도와 압축강도 관계에 대한 상호 관계 시험결과를 보여주고 있다.

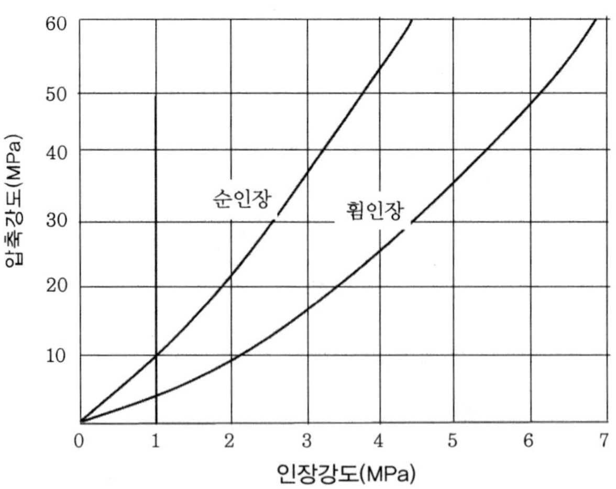

그림 2-4 콘크리트 인장강도와 압축강도의 관계

2-4 응력-변형률 관계(Stress-strain relationship)

콘크리트는 압축강도가 인장강도에 비해 상대적으로 크기 때문에 콘크리트가 압축력(Compressive force)을 받을 때의 응력(stress)-변형률(strain) 관계는 콘크리트의 특성을 이해하는데 매우 중요한 자료가 된다. 그림 2-5에서는 보통 강도 콘크리트(normal strength concrete)와 경량콘크리트(light-weight concrete)에 대한 전형적인 응력-변형률 곡선을 보여주고 있다.

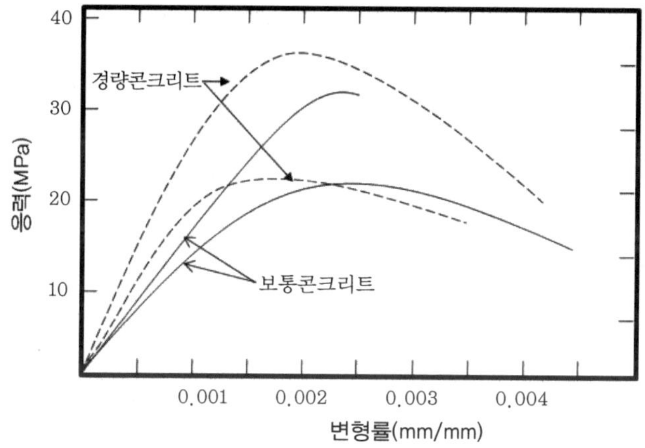

그림 2-5 보통 및 경량콘크리트에 대한 응력-변형률 곡선

또한 그림 2-6에서는 여러 가지 압축강도에 대한 응력-변형률 곡선을 보여주고 있다. 이러한 곡선에서 초기에 선형적으로 나타나는 탄성부분이 있으며, 응력-변형률 곡선들은 최고 응력에 도달할 때의 변형률이 0.0015에서 0.003 범위 내에 놓인 것을 볼 수 있으며, 이 범위를 지나서부터는 하향곡선을 따르고 있음을 볼 수 있다. 콘크리트의 최대 응력은 콘크리트 변형률이 약 0.002 정도에서 나타남을 보여 주고 있다. 한편, 구조설계기준에서는 보통 강도 콘크리트는 최대 변형률이 0.003일 때 파괴가 일어난다고 규정하고 있다. 그림 2-6에 보여진 콘크리트의 응력-변형률 곡선들은 수많은 실험결과를 통해 얻어진 일반적인 결과로 나타냈다.

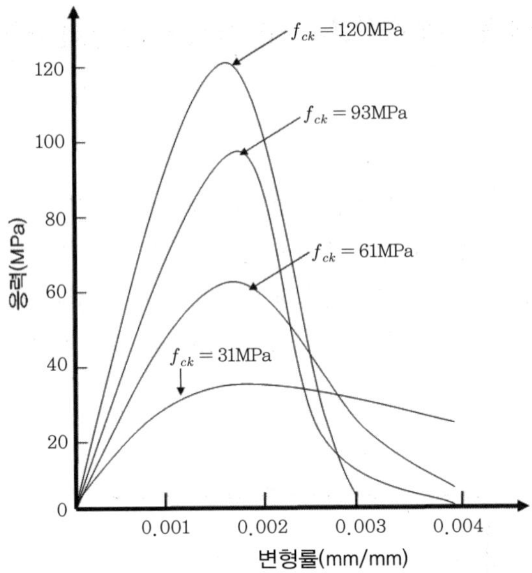

그림 2-6 콘크리트 압축강도에 따른 응력-변형률 곡선

2-5 탄성계수(Elastic Modulus)

재료의 탄성계수(modulus of elasticity)는 재료 자체의 고유한 값으로, 탄성재료의 응력도-변형률 관계에서 얻어지는 계수로서 후크의 법칙(Hook's law)에 따라 선형탄성재료의 경우에는 응력도 크기에 관계없이 일정한 값을 나타내게 된다. 하지만 콘크리트는 복합재료로써 압축과 인장에서 비선형적특성을 나타내는 불완전한 탄성재료이므로 탄성계수를 결정하는 여러 가지 방법을 사용하고 있다. 콘크리트 탄성계수라 함은 일반적으로 공시체에 대한 정적하중 재하에 의해 구해진 응력-변형률 곡선으로부터 얻어지는 계수로 탄성계수 값을 정적탄성계수(static modulus of elasticity)이다. 일반적으로 콘크리트의 압축강도와 비중에 의해 가장 큰 영향을 받는 것으로 조사되고 있다. 그림 2-7은 콘크리트의 전형적인 응력-변형률 곡선으로부터 얻어지는 여러 가지 탄성계수방법을 보여주고 있다. 대표적인 콘크리트의 탄성계수를 요약해보면 다음과 같다.

① 초기 접선탄성계수(initial tangent modulus of elasticity) : 그림 2-7의 응력-변형률 곡선에서 원점에 대한 접선을 그어 얻어지는 값을 말한다. 즉 초기 접선탄성계수 값은

콘크리트의 응력-변형률 곡선 원점에 대한 기울기 값을 나타내며, 일반적으로 콘크리트구조물 설계에는 사용되지 않는다.

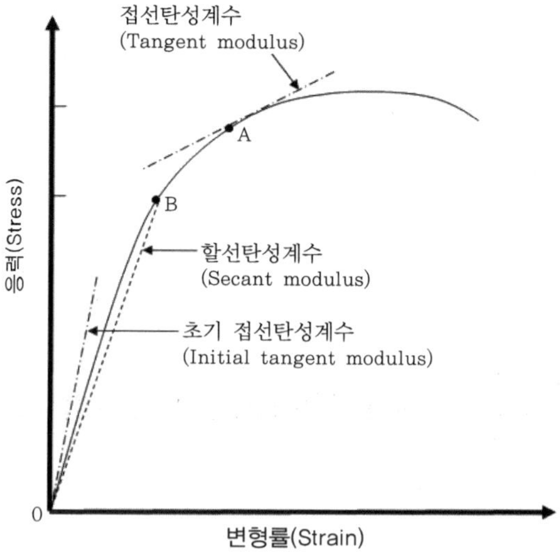

그림 2-7 콘크리트 탄성계수

② 접선탄성계수(tangent modulus of elasticity) : 그림 2-7의 콘크리트 응력-변형률 곡선에서 임의 점 A에 대한 접선을 그어 얻어지는 값을 말하며, 이 값은 응력-변형률 곡선상 임의 점에서의 기울기 값을 나타낸다.

③ 할선탄성계수(secant modulus of elasticity) : 할선탄성계수 값은 그림 2-7의 응력-변형률 곡선에서 원점과 임의의 한 점(B)에 대한 기울기 값을 말하며, 특별한 언급이 없는 경우 철근콘크리트에서의 탄성계수로 사용되고 있다. 하지만 이러한 값은 임의 점에 대한 응력 값에 따라 차이가 있으므로 콘크리트 압축강도의 40% 정도로 적용하여 할선탄성계수 값을 구하는 것이 일반적이다. 우리나라의 콘크리트구조 설계기준에서는 콘크리트의 할선탄성계수(E_c)를 다음과 같이 계산하도록 하였다.

④ 콘크리트의 단위질량 m_c의 값이 1,450~2,500kg/m^{3}인 콘크리트의 경우 다음 식 (2-3)으로 산정한다.

$$E_c = 0.077\, m_c^{1.5}\ \sqrt[3]{f_{cu}}\ (\text{MPa}) \qquad (2\text{-}3)$$

다만, 보통 중량 골재를 사용한 콘크리트($m_c = 2{,}300\text{kg/m}^3$)의 경우는 다음 식 (2-4)를 이용하여 구한다.

$$E_c = 8{,}500\sqrt[3]{f_{cu}}\ (\text{MPa}) \tag{2-4}$$

여기서, $f_{cu} = f_{ck} + \Delta f\,(\text{MPa})$이며, f_{ck}가 40MPa 이하이면 $\Delta f = 4(\text{MPa})$, f_{ck}가 60MPa 이상이면 $\Delta f = 6(\text{MPa})$이며, 그 사이의 값은 직선보간으로 계산한다.

⑤ 크리프 계산에 사용되는 콘크리트의 초기 접선탄성계수와 할선탄성계수의 관계는 다음 식 (2-5)에 따라 계산할 수 있다.

$$E_{ci} = 1.18\,E_c\,(\text{MPa}) \tag{2-5}$$

2-6 전단 탄성계수(Shear Elastic Modulus)

전단 탄성계수는 외부의 힘에 의해 모양은 변하지만 부피(체적)는 변하지 않는 경우에 모양이 변하는 비율을 나타낸다. 즉, 외부의 힘에 의해 물체의 모양이 변하기 어려운 정도를 나타내는 것으로 물질에 따라 고유 값을 가지며, 이 값이 작은 것일수록 같은 힘에 대해 큰 변형이 나타나게 된다. 콘크리트의 전단탄성계수(shear elastic modulus), G_c는 일반 탄성 이론에서 알려진 다음 식 (2-6)으로 구할 수 있고, 각각의 콘크리트 압축강도와 콘크리트의 중량에 대한 탄성계수와 전단 탄성계수 결과를 〈표 2-3〉에 요약하여 나타냈다.

$$G_c = \frac{E_c}{2\,(1+\nu)} \tag{2-6}$$

여기서, G_c : 콘크리트의 전단탄성계수

ν : 콘크리트의 포아송 비$(= 0.167)$

〈표 2-3〉 콘크리트 탄성계수 E_c 와 전단탄성계수 G_c (상단은 E_c, 하단은 G_c, 단위는 10^4MPa임)

f_{ck}(MPa) / w_c(kg/m^3)	15	18	21	24	27	30
2,300	1.82 0.78	1.99 0.85	2.15 0.92	2.30 0.99	2.44 1.05	2.57 1.10
2,200	1.70 0.73	1.86 0.80	2.01 0.86	2.15 0.92	2.28 0.98	2.41 1.03
2,100	1.59 0.68	1.74 0.74	1.88 0.80	2.01 0.86	2.13 0.91	2.24 0.96
2,000	1.47 0.63	1.61 0.69	1.74 0.75	1.87 0.80	1.98 0.85	2.09 0.89
1,900	1.37 0.59	1.50 0.64	1.62 0.69	1.73 0.74	1.83 0.78	1.93 0.83
1,800	1.26 0.54	1.38 0.59	1.49 0.64	1.59 0.68	1.69 0.72	1.78 0.76
1,700	1.16 0.50	1.27 0.54	1.37 0.59	1.46 0.63	1.55 0.66	1.63 0.70
1,600	1.05 0.45	1.16 0.50	1.25 0.53	1.33 0.57	1.42 0.61	1.49 0.64
1,500	0.96 0.41	1.05 0.45	1.13 0.49	1.21 0.52	1.28 0.55	1.35 0.58

주 : 보통 콘크리트의 기건 단위용적중량의 대략 범위는 2,200~2,350kg/m^{3}이다.

예제 2-1 콘크리트의 설계기준 압축강도(f_{ck})가 24MPa이고, 콘크리트의 단위질량 m_c =2,500kg/m^{3}일 때 콘크리트의 탄성계수 E_c의 값을 구하시오. 또한 G_c의 값은 얼마인지를 구하시오. 단, 콘크리트의 포아송 비는 0.187이다.

풀 이 (1) 콘크리트의 탄성계수 산정 : 식 (2-3)을 이용하면,

$$E_c = 0.077\, m_c^{1.5}\ \sqrt[3]{f_{cu}} = 0.077\,(2{,}500)^{1.5}\ \sqrt[3]{28} = 29.23\,\text{GPa}$$

(2) 콘크리트 전단탄성계수 산정 : 식 (2-6)을 이용하면,

$$G_c = \frac{E_c}{2(1+v)} = \frac{29.23}{2(1+0.187)} = 12.31\,\text{GPa}$$

2-7 포아송비(Poisson's ratio)

포아송비는 어떤 재료의 단면에 길이 방향(L)으로 하중을 가하면 길이방향 변형과 함께 길이에 직각인 횡방향(transverse) 변형이 발생한다. 이 경우에 탄성한도 이내에서는 길이방향 변형률($\frac{\Delta L}{L}$)과 횡방향 변형률($\frac{\Delta T}{T}$)의 비(ratio)는 일정한 값을 가지게 되며, 이러한 비율을 포아송비(Poisson's ratio)라 하고 다음 식 (2-7)로 계산한다.

$$\nu = \frac{\Delta T/T}{\Delta L/L} \tag{2-7}$$

또한, 포아송 비의 역수를 포아송수(Poisson's number)라 한다. 포아송비 v는 1보다 작은 수이므로 역수인 포아송수는 1보다 큰 수를 갖는다. 콘크리트의 포아송비는 콘크리트의 종류, 배합설계, 재령 및 강도 등에 의하여 약간 다르지만 일반적으로 콘크리트의 포아송비는 약 1/6로 한다.

2-8 부피변화(Volume Changes)

콘크리트 부피변화는 콘크리트구조물과 부재에 응력, 균열 및 처짐을 유발하게 되며 이러한 것들은 철근콘크리트구조물의 사용성 및 내구성에 상당한 영향을 미친다. 이러한 콘크리트 부피변화의 대표적인 3가지 형태는 콘크리트의 수축, 크리프 및 온도팽창 등이다.

(1) 수축(Shrinkage)

콘크리트의 수축(shrinkage)은 콘크리트가 일정한 온도 하에서 응결 및 경화되는 동안에 발생하는 부피의 감소를 말한다. 콘크리트 수축은 시간이 지남에 따라 그림 2-8과 같이 점차 증가한다. 콘크리트 표면에서 흡수된 물의 층 손실로 인한 초기 형태의 수축을 건조수축(drying shrinkage)이라고 하며, 일반적으로 콘크리트 수축(shrinkage)이라고 한다. 이러한 수축변형률은 상대습도에 따라 영향을 받으며, 상대습도가 약 40% 내외에서 가장 큰 값을 나타낸다.

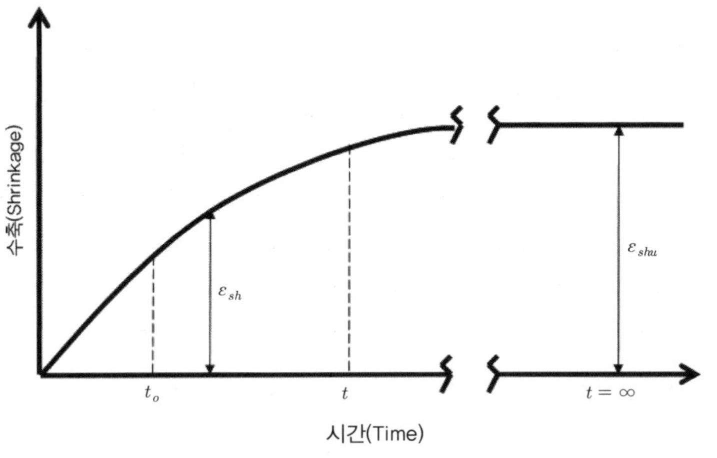

그림 2-8 비재하 공시체 콘크리트의 수축

한편 콘크리트에 많은 양의 물을 사용하면 골재의 부피를 감소시키므로 골재에 의한 콘크리트 수축완화 정도가 감소하게 되어 수축이 증가하므로 콘크리트의 물-시멘트비도 콘크리트 수축량에 영향을 미치는 중요 요소이다. 그림 2-9는 대표적인 콘크리트 배합설계에서 사용한 물의 양에 따른 콘크리트의 수축 관계를 보여주고 있다.

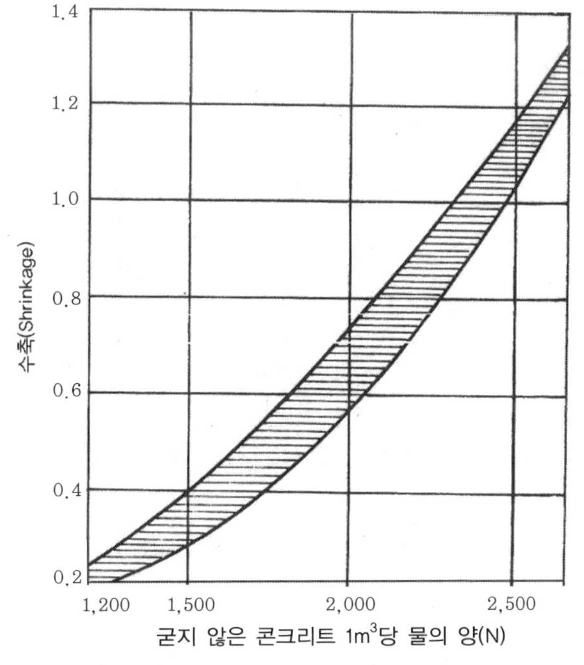

그림 2-9 콘크리트의 수량(水量)과 수축의 관계곡선

(2) 온도팽창

콘크리트 부재가 건물 화재 등의 고온에 상당 시간 노출되었을 때에는 콘크리트의 표면이 팽창하여 균열 혹은 박리가 일어나게 된다. 이러한 온도에서의 콘크리트 부피변화는 선팽창계수(coefficient of linear expansion)로 나타낼 수 있으며 이 값은 온도가 1℃ 변화할 때 재료의 단위길이당 길이 변화를 말한다. 선팽창계수가 크다는 것은 온도가 변할 경우 재료의 크기가 심하게 변한다는 의미이므로 구조체의 재료 선택에 중요한 항목이다. 일반적으로 콘크리트의 선팽창계수 값은 보통콘크리트에서 약 $1.0 \sim 1.3 \times 10^{-5}$/℃이고, 경량콘크리트는 약 $0.9 \sim 1.0 \times 10^{-5}$/℃이다. 따라서 보통콘크리트의 선팽창계수는 평균적으로 1.2×10^{-5}/℃로 보면 적절한 값으로 생각할 수 있다.

(3) 크리프

콘크리트 부재에 일정한 하중을 재하하면 그림 2-10에서 보듯이 하중의 재하와 동시에 즉시 탄성변형(instantaneous elastic strain)이 발생한다. 계속해서 하중을 재하하면 콘크리트 부재에는 시간에 따른 변형인 크리프 변형(creep strain)이 발생한다.

그림 2-10은 일반적인 콘크리트의 크리프 곡선을 나타내며, 크리프 변형률은 초기에 커지고 시간이 경과함에 따라 점진적으로 작아지는 경향을 나타낸다. 한편 콘크리트의 극한 크리프 값의 약 1/4은 하중의 재하 후 초기 1개월 이내에 생기고, 약 1/2의 값은 1년 이내에 발생한다고 알려져 있다. 또한 크리프에 의한 소성변형은 탄성변형의 약 3배가 되며, 만약 콘크리트 부재에서 하중을 제거하면 그림 2-10에 보여진 것과 같이 탄성변형은 즉시 회복(elastic recovery)되고, 어느 정도의 크리프 회복(creep recovery)이 생기지만 콘크리트 부재에 영구변형이 어느 정도 남아 있게 된다.

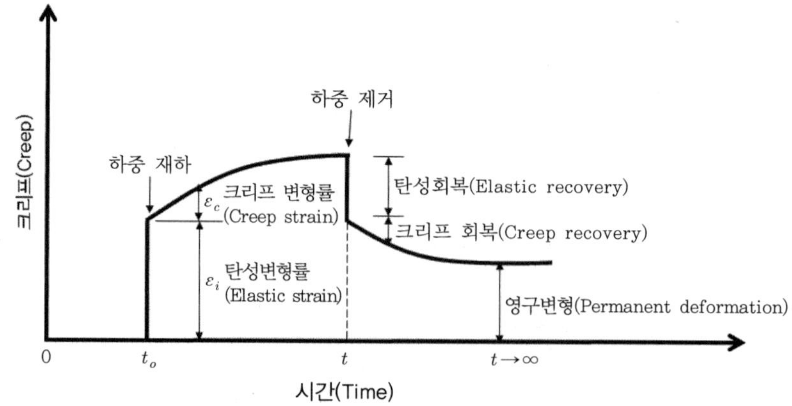

그림 2-10 콘크리트의 크리프 곡선

이러한 콘크리트의 크리프 변형은 시멘트의 성질, 콘크리트의 배합, 재하 시의 재령, 응력 및 부재의 크기와 특히 물-시멘트 비에 따라 큰 영향을 받는다.

2-9 철근(Steel)

2-9-1 강재의 응력-변형률 관계(Stress-strain relationships)

철근콘크리트 구조에서 콘크리트는 인장에 매우 약하기 때문에 철근을 배근하여 되도록 인장에 저항하도록 하고 있다. 이러한 철근은 콘크리트에 비해 고강도 재료이며, 보통철근의 압축항복점은 콘크리트 압축강도의 약 10배 정도이고, 철근의 인장항복점은 콘크리트 인장강도의 약 100배 정도이다.

그림 2-11에는 단순화한 철근의 응력-변형률 곡선을 보여주고 있다. 철근의 응력-변형률곡선은 응력에 비례하여 변형률이 증가하는 탄성영역(elastic region), 응력의 증가 없이도 변형률이 커지는 소성영역(plastic region) 및 응력 증가에 따라 극한변형률에 도달하여 파괴가 일어나는 변형률 경화영역(strain hardening region) 등으로 나눌 수 있다. 탄성영역 구간에서는 응력과 변형이 비례하고, Hook의 법칙이 성립되는 범위로 항복강도까지를 비례한도(Proportional limit)점이라 한다.

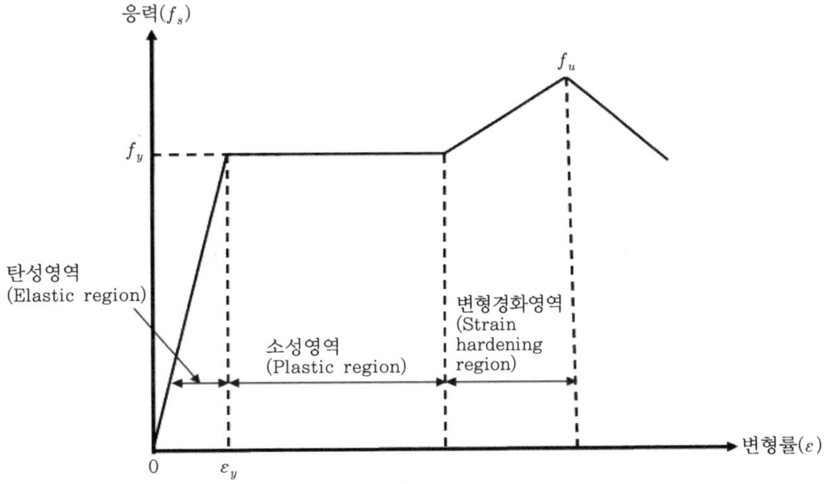

그림 2-11 단순화된 철근의 응력-변형률 곡선

실제로 이 비례 한도점에 도달하면 응력은 약간 저하하며 불안정한 응력상태를 나타내면서 응력의 증가 없이 변형이 급격히 증가하는 소성영역(plastic region)이 발생하고, 이후 또 다시 응력 증가와 함께 변형도 증가하는 변형률 경화 구간(strain hardening region)을 거쳐 극한 응력점(f_u)에 도달한 후 파괴에 이른다. 철근의 비례한도 이하의 응력에 대한 설계를 탄성설계(Elastic design)라 하고, 항복점에 도달하는 것을 허용하는 설계법이 있는데, 이러한 설계법을 소성설계(plastic design) 또는 강도 설계법(strength design)이라 한다.

강재의 탄성계수는 구조설계기준에서 단면 산정 및 응력도 계산에 사용되며, 구조설계기준에서는 철근의 탄성계수로 다음 식 (2-8)의 값을 사용하도록 하고 있다.

$$E_s = 200,000\,(\mathrm{MPa}) \tag{2-8}$$

또한, 형강의 탄성계수는 다음 식 (2-9)의 값을 표준으로 사용하도록 하고 있다.

$$E_{ss} = 205,000\,(\mathrm{MPa}) \tag{2-9}$$

긴장재의 탄성계수는 실험에 의하여 결정하거나 제조사에 따라 주어지는 것이 원칙이지만 그렇지 않은 경우 다음 식 (2-10)의 값을 표준으로 사용한다.

$$E_{ps} = 200,000\,(\mathrm{MPa}) \tag{2-10}$$

2-9-2 철근의 종류와 치수

철근의 역학적 성질은 인장시험을 통한 응력-변형도 곡선을 작성하여 항복강도 및 인장강도를 얻어 결정한다. 철근의 재질은 항복점 또는 항복강도를 기준으로 나타낸다. 우리나라에서 생산되는 철강재는 KS 표준에 따라 생산되고, 철근의 품질, 형상 및 치수는 우리나라 산업규격 KS D 3504의 규격품이어야 하고, 철근콘크리트에 사용되는 철근을 형태에 따라 크게 나누면 원형철근(round bar)과 이형철근(deformed bar)이 있다.

원형철근은 이형철근에 비해 부착력이 떨어지기 때문에 철근콘크리트 부재에는 주로 이형철근을 사용한다. 이형철근의 호칭은 D10, D13과 같이 D자 뒤에 숫자가 있는데, 이 숫자는 철근의 직경이다. 현재 규격화된 이형철근은 〈표 2-4〉와 〈표 2-5〉와 같으며, 철근콘크리트 구조물에서 슬래브는 D10~D13, 보는 D16~D25, 기둥은 D16~D32가 주로 사용되고 있다.

〈표 2-4〉 철근의 종류 및 성질

철근 형태	종류기호	항복강도 [MPa]	인장강도 [MPa]	연신율[%]	
				D25 이하	D25 초과
원형철근	SR 240	235 이상	382~520	20 이상	24 이상
	SR 300	294 이상	441~598	18 이상	20 이상
이형철근	SD 300	300 ~ 420	항복강도의 1.15배 이상	16 이상	18 이상
	SD 400	400 ~ 520	항복강도의 1.15배 이상	16 이상	18 이상
	SD 500	500 ~ 650	항복강도의 1.08배 이상	12 이상	20 이상
	SD 600	600 ~ 780	항복강도의 1.08배 이상	10 이상	18 이상
	SD 700	700 ~ 910	항복강도의 1.08배 이상	10 이상	14 이상

〈표 2-5〉 이형철근의 종류와 치수(KS D 3504)

<table>
<tr><th rowspan="3">호 칭</th><th rowspan="3">단위중량 (w) (N/m)</th><th rowspan="3">공칭직경 (d) (mm)</th><th rowspan="3">공칭단면적 (a) (mm^2)</th><th rowspan="3">공칭주장 (l) (mm)</th><th colspan="3">마디의 허용한도</th></tr>
<tr><th rowspan="2">마디의 평균 간격 최대치 (mm)</th><th colspan="2">마디의 높이</th></tr>
<tr><th>최소치 (mm)</th><th>최대치 (mm)</th></tr>
<tr><td>D 6</td><td>2.490</td><td>6.35</td><td>32</td><td>20</td><td>4.4</td><td>0.3</td><td rowspan="12">최소 직경의 2배</td></tr>
<tr><td>D10</td><td>5.600</td><td>9.53</td><td>71</td><td>30</td><td>6.7</td><td>0.4</td></tr>
<tr><td>D13</td><td>9.950</td><td>12.7</td><td>127</td><td>40</td><td>8.9</td><td>0.5</td></tr>
<tr><td>D16</td><td>15.60</td><td>15.9</td><td>199</td><td>50</td><td>11.1</td><td>0.7</td></tr>
<tr><td>D19</td><td>22.50</td><td>19.1</td><td>287</td><td>60</td><td>13.4</td><td>1.0</td></tr>
<tr><td>D22</td><td>30.40</td><td>22.2</td><td>387</td><td>70</td><td>15.5</td><td>1.1</td></tr>
<tr><td>D25</td><td>39.80</td><td>25.4</td><td>507</td><td>80</td><td>17.8</td><td>1.3</td></tr>
<tr><td>D29</td><td>50.40</td><td>28.6</td><td>642</td><td>90</td><td>20.0</td><td>1.4</td></tr>
<tr><td>D32</td><td>62.30</td><td>31.8</td><td>794</td><td>100</td><td>22.3</td><td>1.6</td></tr>
<tr><td>D35</td><td>75.10</td><td>34.9</td><td>957</td><td>110</td><td>24.4</td><td>1.7</td></tr>
<tr><td>D38</td><td>89.50</td><td>38.1</td><td>1,140</td><td>120</td><td>26.7</td><td>1.9</td></tr>
<tr><td>D41</td><td>105.00</td><td>41.3</td><td>1,340</td><td>130</td><td>28.9</td><td>2.1</td></tr>
</table>

2-9-3 수축 · 온도철근(Shrinkage and temperature reinforcement)

철근콘크리트 슬래브에서 휨 철근이 1-방향으로만 배근되는 경우 이 휨 철근에 직각방향으로 수축 · 온도철근을 배근해야 하고, 수축 · 온도철근은 다음 규정에 따라야 한다.

① 수축 · 온도철근으로 배근되는 이형철근은 다음의 철근비 이상으로 하여야 한다. 그러나 어떤 경우에 있어서도 철근비는 0.0014 이상이어야 한다. 여기서 철근비는 콘크리트 전체 단면적에 대한 수축 · 온도철근 단면적의 비를 나타낸다.

a. 설계기준 항복강도가 400MPa 이하인 이형철근을 사용한 슬래브 ………… 0.0020

b. 철근의 설계기준 항복강도가 400MPa를 초과하는 이형철근
또는 용접철망을 사용한 슬래브 ………………………………………………… $0.0020 \times \dfrac{400}{f_y}$

② 수축 · 온도철근의 간격은 슬래브 두께의 5배 이하 또한 400mm 이하로 하여야 한다.

③ 수축 · 온도철근은 설계기준 항복강도(f_y)를 발휘할 수 있도록 정착되어야 한다.

위와 같이 규정된 수축 · 온도 철근량은 건조수축 및 온도변화에 대한 변형이 큰 영향을 미치지 않는 부재에 적용되는 최소 철근량이며, 큰 영향을 주는 부재에 대해서는 그 영향을 고려하여 최소 철근량을 증가시킬 수 있다.

chapter 3

설계하중 및 하중조합

3-1 설계하중 종류

모든 철근콘크리트구조물은 다른 종류의 구조물과 같이 그 사용목적 및 기능에 적합하고 안전성과 경제적이고 충분한 내구성을 갖도록 설계되어야 한다. 철근콘크리트구조물이 안전하고 합리적인 단면설계를 위하여 설계 시 혹은 완공 후 구조물에 작용하는 각종 하중 및 외적 하중 작용에 대한 영향을 충분히 반영하여야 한다. 구조물에 작용하는 하중의 종류는 여러 형태로 분류할 수 있으며, 대표적으로 하중의 작용형태에 따라 고정하중 및 활하중으로 분류할 수 있다.

3-1-1 고정하중(Dead Load)

고정하중은 사하중이라고도 하며, 구조물에 영구적으로 작용하는 하중이고 조적조나 철근콘크리트구조물의 자중이라고 할 수 있으며, 건축물에서 슬래브, 보, 기둥과 같은 구조부재의 자중을 포함한다.

3-1-2 활하중(Live Loads)

활하중은 적재하중이라고도 하며, 고정하중 외 구조물에 영향을 미치는 모든 하중을 포함한다. 즉 사람, 가구, 설비 및 비영구적인 구조물의 하중을 포함한다. 활하중은 주로 등분포 활하중과 집중 활하중으로 분류할 수 있다.

(1) 등분포활하중

건축물의 용도에 맞게 적용하는 기본 등분포활하중의 대표값이 〈표 3-1〉에 제시되어 있다. 한편 진동 및 충격 등에 있어 〈표 3-1〉의 기본 등분포활하중을 적용하기에 적합하지 않은 경우, 활하중은 건축물의 실제 상황에 따라 활하중 크기를 증가시켜 산정한다. 예를 들면 사무실 또는 유사한 용도의 건축물에서 가동성 경량칸막이벽이 설치될 가능성이 있는 경우에는 칸막이벽 하중으로 최소한 $1.0\mathrm{kN/m^2}$를 기본 등분포활하중에 추가하여야 한다. 다만, 기본 활하중 값이 $1.0\mathrm{kN/m^2}$ 이상인 경우에는 이를 제외할 수 있다.

〈표 3-1〉 기본 등분포활하중

<table>
<tr><th colspan="3">용 도</th><th>건축물 부분</th><th>활하중(kN/m²)</th></tr>
<tr><td rowspan="2">1</td><td colspan="2" rowspan="2">주택</td><td>가. 주거용 건축물의 거실, 공용실, 복도</td><td>2.0</td></tr>
<tr><td>나. 공동 주택의 발코니</td><td>3.0</td></tr>
<tr><td rowspan="2">2</td><td colspan="2" rowspan="2">병원</td><td>가. 병실과 해당 복도</td><td>2.0</td></tr>
<tr><td>나. 수술실, 공용실과 해당 복도</td><td>3.0</td></tr>
<tr><td rowspan="2">3</td><td colspan="2" rowspan="2">숙박시설</td><td>가. 객실과 해당 복도</td><td>2.0</td></tr>
<tr><td>나. 공용실과 해당 복도</td><td>5.0</td></tr>
<tr><td rowspan="4">4</td><td colspan="2" rowspan="4">사무실</td><td>가. 일반 사무실과 해당 복도</td><td>2.5</td></tr>
<tr><td>나. 로비</td><td>4.0</td></tr>
<tr><td>다. 특수용도 사무실과 해당 복도</td><td>5.0</td></tr>
<tr><td>라. 문서보관실</td><td>5.0</td></tr>
<tr><td rowspan="4">5</td><td colspan="2" rowspan="4">학교</td><td>가. 교실과 해당 복도</td><td>3.0</td></tr>
<tr><td>나. 로비</td><td>4.0</td></tr>
<tr><td>다. 일반 실험실</td><td>3.0</td></tr>
<tr><td>라. 중량물 실험실</td><td>5.0</td></tr>
<tr><td rowspan="3">6</td><td colspan="2" rowspan="3">판매장</td><td>가. 상점, 백화점(1층 부분)</td><td>5.0</td></tr>
<tr><td>나. 상점, 백화점(2층 이상 부분)</td><td>4.0</td></tr>
<tr><td>다. 창고형 판매장</td><td>6.0</td></tr>
<tr><td rowspan="7">7</td><td colspan="2" rowspan="7">집회 및 유흥장</td><td>가. 로비, 복도</td><td>5.0</td></tr>
<tr><td>나. 무대</td><td>7.0</td></tr>
<tr><td>다. 식당</td><td>4.0</td></tr>
<tr><td>라. 주방(영업용)</td><td>7.0</td></tr>
<tr><td>마. 극장 및 집회장(고정식)</td><td>4.0</td></tr>
<tr><td>바. 집회장(이동식)</td><td>5.0</td></tr>
<tr><td>사. 연회장, 무도장</td><td>5.0</td></tr>
<tr><td rowspan="3">8</td><td colspan="2" rowspan="3">체육시설</td><td>가. 체육관 바닥, 옥외경기장</td><td>5.0</td></tr>
<tr><td>나. 스탠드(고정식)</td><td>4.0</td></tr>
<tr><td>다. 스탠드(이동식)</td><td>5.0</td></tr>
<tr><td rowspan="2">9</td><td colspan="2" rowspan="2">도서관</td><td>가. 열람실과 해당 복도</td><td>3.0</td></tr>
<tr><td>나. 서고</td><td>7.5</td></tr>
<tr><td rowspan="8">10</td><td rowspan="8">주차장</td><td rowspan="3">옥내
주차구역</td><td>가. 승용차 전용</td><td>4.0</td></tr>
<tr><td>나. 경량트럭 및 빈 버스 용도</td><td>8.0</td></tr>
<tr><td>다. 총중량 18톤 이하의 트럭, 중량차량[1) 용도</td><td>12.0</td></tr>
<tr><td rowspan="3">옥내 차로와
경사차로</td><td>가. 승용차 전용</td><td>6.0</td></tr>
<tr><td>나. 경량트럭 및 빈 버스 용도</td><td>10.0</td></tr>
<tr><td>다. 총중량 18톤 이하의 트럭, 중량차량[1) 용도</td><td>16.0</td></tr>
<tr><td rowspan="2">옥외</td><td>가. 승용차, 경량트럭 및 빈 버스 용도</td><td>12.0</td></tr>
<tr><td>나. 총중량 18톤 이하의 트럭, 중량차량[1) 용도</td><td>16.0</td></tr>
</table>

용 도		건축물 부분	활하중(kN/m^2)
11	창고	가. 경량품 저장창고	6.0
		나. 중량품 저장창고	12.0
12	공장	가. 경공업 공장	6.0
		나. 중공업 공장	12.0
13	지붕	가. 접근이 곤란한 지붕	1.0
		나. 적재물이 거의 없는 지붕	2.0
		다. 정원 및 집회 용도	5.0
		라. 헬리콥터 이착륙장	5.0
14	기계실	공조실, 전기실, 기계실 등	5.0
15	광장	옥외광장	12.0

1) 18톤 이상 차량의 설계하중은 실제 차량하중을 고려하여 하중 크기를 정해야 한다.

(2) 기본 집중 활하중

건축물의 용도별로 적용되는 기본 집중 활하중의 최소값이 〈표 3-2〉에 제시되어 있다.

〈표 3-2〉 기본 집중활하중

건축물 용도 또는 부분			집중하중(kN)	하중 접촉면 ($m \times m$)
1	교실, 도서관		5.0	0.75×0.75
2	사무실, 병실, 경공업 공장		10.0	0.75×0.75
3	주차장	총중량 30kN 초과 90kN 이하의 차량	15.0	0.12×0.12
		총중량 90kN 초과 180kN 이하의 차량	36.0	0.12×0.12
4	경공업 공장		10.0	0.75×0.75
5	계단 디딤판 (디딤판 중앙에 적용)		1.35	0.05×0.05
6	헬리콥터 이착륙장	최대 허용이륙하중 20kN 이하	28	0.20×0.20
		최대 허용이륙하중 60kN 이하	84	0.30×0.30

(3) 활하중의 저감

① 저감계수

지붕 활하중을 제외한 등분포활하중은 부재의 영향면적이 36m^2 이상인 경우 기본 등분포활하중에 다음 식 (3-1)의 저감계수(C)를 곱하여 등분포활하중을 저감할 수 있다.

$$C = 0.30 + \frac{4.2}{\sqrt{A}} \qquad (3\text{-}1)$$

여기서, C는 활하중 저감계수, A는 영향면적(단, $A \geq 36\text{m}^2$)

② 영향면적

영향면적은 기둥 및 기초에서는 부하면적의 4배, 보 또는 벽체에서는 부하면적의 2배, 슬래브에서는 부하면적을 각각 적용한다. 단, 부하면적 중 캔틸레버 부분은 4배 또는 2배를 적용하지 않고 영향면적에 단순 합산한다.

③ 제한사항

a. 1개 층을 지지하는 부재의 저감계수는 0.5 이상, 2개 층 이상을 지지하는 부재의 저감계수는 0.4 이상으로 한다.
b. 5kN/m^{2}을 초과하는 활하중은 저감할 수 없으나, 2개 층 이상을 지지하는 부재의 저감계수는 0.8까지 적용할 수 있다.
c. 활하중 5kN/m^2 이하의 공중집회 용도에 대해서는 활하중을 저감할 수 없다.
d. 승용차 전용주차장의 활하중은 저감할 수 없으나, 2개 층 이상을 지지하는 부재의 저감계수는 0.8까지 적용할 수 있다.
e. 1방향 슬래브의 영향면적은 슬래브 경간에 폭을 곱하여 산정한다. 이때 슬래브 폭은 슬래브 경간의 1.5배 이하로 한다.

3-1-3 적설하중

(1) 일반사항

지붕에 작용하는 적설하중의 영향이 등분포 활하중 및 유사 활하중에 규정된 지붕의 최소 활하중보다 클 때에는 이 조항에 규정한 적설하중을 적용한다. 또한, 적설하중의 작용이 예상되는 벽면이나 기타 구조물의 표면에 대해서는 적설하중의 영향도 고려한다. 설계용 지붕 적설하중은 기본 지상 적설하중을 기준으로 하여 기본 지붕 적설하중계수, 노출계수, 온도계수, 중요도계수 및 지붕의 형상계수와 기타 재하분포상태 등을 고려하여 산정한다. 기본 지상 적설하중은 재현기간 100년에 대한 수직 최심적설깊이를 기준으로 하며, 〈표 3-3〉의 기본값을 적용한다. 다만, 구조물의 용도 등에 따라 재현기간 100년을 적용하지 않을 때는 소요 재현기간에 맞추어 환산한 지상 적설하중 값을 사용할 수 있다.

〈표 3-3〉 기본 지상 적설하중(S_g)

지 역	지상 적설하중(kN/m^2)
서울, 수원, 춘천, 서산, 청주, 대전, 추풍령, 포항, 군산, 대구, 전주, 울산, 광주, 부산, 충무, 목포, 여수, 제주, 서귀포, 진주, 울진, 이천	0.5
인천	0.8
속초	2.0
강릉	3.0
울릉도, 대관령	7.0

(2) 지상 적설하중 적용조건

① 기본 지상 적설하중이 3.0kN/m^2 이하인 지역의 고지대나 산간지방 같은 특정한 지형조건에서는 1.5배하여 기본 지상 적설하중으로 한다.

② 특정지역에 대한 지상 적설하중은 실제의 조사·연구에 의한 수직 최심적설깊이 및 평균중량 등을 고려하여 산정할 수 있다.

③ 최소 지상 적설하중은 0.5kN/m^{2}으로 한다.

(3) 평지붕 적설하중 산정

평지붕 적설하중(S_f)은 다음 식 (3-2)에 의하여 산정한다.

$$S_f = C_b \times C_e \times C_t \times I_s \times S_g \,(\mathrm{kN/m^2}) \qquad (3\text{-}2)$$

여기서, C_b는 기본 지붕 적설하중계수이며, 일반적으로 0.7로 한다. C_e는 노출계수이며 〈표 3-4〉에, C_t는 온도계수이며 〈표 3-5〉에, I_s는 중요도계수이며 〈표 3-6〉의 값을 사용한다.

〈표 3-4〉 노출계수(C_e)

주변 환경	C_e
A. 지형, 높은 구조물, 나무 등 주변환경에 의해 모든 면이 바람막이 없이 노출된 지붕이 있는 거센 바람이 부는 지역	0.8
B. 약간의 바람막이가 있는 거센 바람이 부는 지역	0.9
C. 바람에 의한 눈의 제거가 지형, 높은 구조물 또는 근처의 몇몇 나무들 때문에 지붕하중의 감소를 기대할 수 없는 위치	1.0
D. 바람의 영향이 많지 않은 지역 및 지형과 높은 구조물 또는 몇몇 나무들에 의하여 지붕에 바람막이가 있는 지역	1.1
E. 바람의 영향이 거의 없는 조밀한 숲 지역으로써 촘촘한 침엽수 사이에 위치한 지붕	1.2

〈표 3-5〉 온도계수(C_t)

난방상태	C_t
난방구조물(적설하중 제어구조)	1.0
비난방구조물(적설하중 비제어구조)	1.2

〈표 3-6〉 중요도계수(I_s)

중요도	건축물 용도 및 규모	중요도계수(I_s)
특	· 연면적 1천 제곱미터 이상인 위험물 저장 및 처리시설, 종합병원, 병원, 방송국, 전신전화국, 발전소, 소방서, 공공업무시설 및 노약자시설 · 15층 이상 아파트 및 오피스텔	1.2
1	· 연면적 5천 제곱미터 이상인 관람집회시설, 운동시설, 운수시설, 전시시설 및 판매시설 · 5층 이상인 숙박시설, 오피스텔, 기숙사 및 아파트 · 3층 이상의 학교	1.1
2	· 중요도(특), (1) 및 (3)에 해당하지 않는 건축물	1.0
3	· 가설 건축물, 농가 건축물 및 소규모 창고	0.8

(4) 완경사지부의 적설하중

① 창고, 추녀마루, 15° 이내의 낮은 경사도를 가진 박공지붕과 처마에서부터 꼭대기까지의 각 접선각도가 수평면으로부터 10° 보다 낮은 곡면지붕에는 평지붕 적설하중의 최소 허용값을 적용한다.

② 지상 적설하중이 1.0kN/m^2 이하인 곳에서 평지붕 적설하중은 지상 적설하중에 중요도계수를 곱한 값 이상으로 한다.

③ 지상 적설하중이 1.0kN/m^2을 초과하는 곳에서의 평지붕 적설하중은 1.0kN/m^2에 중요도계수를 곱한 값 이상으로 한다.

④ 적설하중에 대해서는 활하중의 감소를 고려하지 않는다.

(5) 눈과 비의 혼합하중

지상 적설하중이 1.0kN/m^2 이하인 지역에서는 지붕의 경사각이 $(W/15)^\circ$ (W는 처마에서 용마루까지의 수평거리, m) 이하인 모든 지붕에 눈 위의 비로 인한 하중 0.25kN/m^2을 추가해야 한다. 이 추가하중은 평지붕 적설하중 또는 경사지붕 적설하중에 적용해야 하며, 최소 적설하중, 부분재하, 국부적설하중에는 적용할 필요가 없다.

3-1-4 풍하중

강풍에 의한 건축구조물의 탄성적 거동을 전제로 한 최소 풍하중을 산정하는 경우에 적용되며, 주 골조설계용 풍하중은 건축물의 주 골조를 설계하는 경우에 적용하고, 외장재설계용 풍하중은 외장재와 이를 지지하는 부 골조(이하 외장재 등이라 함)의 설계에 적용한다.

(1) 기본사항

① 풍하중은 주 골조설계용 수평 풍하중, 지붕풍하중과 외장재설계용 풍하중으로 구분한다. 풍하중은 각각의 설계풍압에 유효수압면적을 곱하여 산정한다.

② 주 골조설계용 수평 풍하중은 풍방향 풍하중, 풍직각방향 풍하중, 비틀림 풍하중으로 구분하여 산정한다.

③ 풍하중은 다음 식 (3-3)의 설계풍속에 근거하여 산정한다.

$$V_H = V_0 K_{zr} K_{zt} I_w (\mathrm{m/sec}) \qquad (3\text{-}3)$$

여기서, V_0 : 기본풍속(m/sec), K_{zr} : 풍속고도분포계수로 기준높이 H에서의 값,
K_{zt} : 지형계수, I_w : 건축물의 중요도계수

④ 일반 건축물 내에서는 지붕의 평균높이를 기준높이로 하며, 그 기준높이에서의 속도압을 기준으로 풍하중을 산정한다.

⑤ 풍하중을 산정할 때는 각 건물 표면의 양면에 작용하는 풍압의 대수합을 고려해야 한다.

⑥ 주 골조설계용 설계풍압은 설계속도압, 가스트영향계수, 주 골조설계용 풍압계수를 곱하여 산정한다.

⑦ 특별풍하중에 해당하는 경우에는 풍동실험에 따라 풍하중을 산정하여야 한다.

⑧ 소규모 건축물인 경우에는 간편법에 따라 풍하중을 산정할 수 있다.

(2) 특별풍하중

다음 각 조건에 해당되는 경우는 바람으로 인하여 건축구조물에 발생하는 특수한 영향들을 고려하기 위해 풍동실험에 따라 특별풍하중을 산정하여야 한다.

① 풍진동의 영향을 고려해야 할 건축물 : 형상비가 크고 유연한 건축물 가운데 다음의 a.와 b.조건에 해당되는 경우 풍동실험에 따라 풍방향 진동 외에 풍직각방향 진동 및 비틀림 진동에 따른 동적 영향을 고려한 풍하중을 산정해야 한다.

a. 원형 평면인 건축물은 다음 식 (3-4)에 의해서 산정한다.

$$\frac{H}{d} \geq 7 \qquad (3\text{-}4)$$

여기서, d : 높이 $\frac{2H}{3}$에서의 건축물 외경(m)

b. 원형 평면이 아닌 건축물은 다음 식 (3-5)에 의해서 산정한다.

$$\frac{H}{\sqrt{BD}} \geq 3 \text{ 또는 } \frac{H}{\sqrt{A_f}} \geq 3 \qquad (3\text{-}5)$$

여기서, H : 건축물의 기준높이(m), B : 건축물의 대표 폭(m)
D : 건축물의 깊이(m), A_f : 건축물의 기준층 바닥면적(m^2)

② 특수한 지붕골조 : 장경간의 현수, 사장, 공기막 지붕 등 경량이며, 강성이 낮아 공기력 불안정 진동 거동을 하는 지붕골조의 경우에는 풍동실험에 따라 풍하중을 산정해야 한다.

③ 비정형 형상의 건축물 : 비정형 형상인 건축물의 경우는 풍동실험에 따라 풍하중을 평가하여야 한다.

(3) 주 골조설계용 수평 풍하중

① 건축물의 주 골조를 설계하는 경우의 수평 풍하중으로 풍방향의 풍하중을 산정할 때 적용하며, 다음의 모든 조건을 만족시켜야 한다.

a. 건축물의 형상은 정형적이어야 한다.

b. 건축물은 와류방출, 공기력 불안정 진동 등을 유발하는 응답특성을 나타내지 않아야 한다.

c. 건축물은 풍상측의 장애물에 의해 발생하는 골바람 효과나 후류버펫팅을 받는 곳에 위치하지 않아야 한다.

② 주 골조설계용 풍방향 풍하중 W_D는 다음 식 (3-6)으로 산정한다.

$$W_D = P_F \times A(\mathrm{N}) \tag{3-6}$$

여기서, P_F : 주 골조설계용 설계풍압($\mathrm{N/m^2}$), 단, $500\mathrm{N/m^2}$보다 작아서는 안 된다.

A : 지상높이 z에서 풍향에 수직한 면에 투영된 건축물의 유효수압면적($\mathrm{m^2}$), 단, 식 (3-6)에서 설계풍압 P_F는 건축물의 밀폐와 개방 정도에 따라 산정한다.

(4) 풍동실험

① 풍동실험은 건축구조물이 특별풍하중의 조건을 가질 때 적용한다.

② 건축구조물에 대한 풍압, 풍하중 및 풍응답을 평가할 때 사용한다.

③ 풍동실험은 다음 조건을 만족시켜야 한다.

a. 풍동 내의 평균풍속의 고도분포, 난류강도분포 및 변동풍속의 특성을 건축 현지의 자연대기경계층 조건에 적합하도록 재현하여야 한다.

b. 대상 건축물을 포함하여 주변의 건축물 및 지형 조건을 건축 현지 조건에 적합하도록 재현하여야 한다.

c. 풍동 내 대상 건축물 및 주변 모형에 의한 단면폐쇄율은 풍동의 실험단면에 대하여 8% 미만이 되도록 하여야 한다.

d. 풍동 내의 압력분포는 일정하게 해야 한다.

e. 레이놀즈수에 의한 영향은 최소화하여 실험한다.

f. 풍동 측정기기의 응답특성은 요구하는 조건을 충족시켜야 한다.

3-1-5 지진 하중

건축물과 건물 외 구조물의 구조체와 부구조체 및 건축, 기계, 전기, 비구조요소의 지진하중을 산정한다.

(1) 특별지진하중

필로티 등과 같이 전체 구조물의 불안정성으로 붕괴를 일으키거나 지진하중이 흐름을 급격히 변화시키는 주요 부재와 이를 지지하는 해당 위치의 수직부재 설계 시에는 지진하중을 포함한 하중조합에 지진하중(E) 대신 다음 식 (3-7)의 특별지진하중(E_m)을 사용하여야 한다.

$$E_m = \Omega_0 E \pm 0.2 S_{DS} D \tag{3-7}$$

여기서, Ω_0 : 지진력 저항 시스템에 대한 설계지수, S_{DS} : 단주기 설계스펙트럼 가속도, D : 고정하중이다. 단, $\Omega_0 E$는 지진력 저항 시스템에서 다른 부재의 내력에 의해 전달될 수 있는 최대 하중을 초과할 필요는 없다. 특별지진하중의 하중조합이 허용응력설계법처럼 사용되는 경우에는 허용응력을 1.7배 증가시키고, 저항계수 Φ를 1.0으로 적용하여 설계강도를 결정할 수 있다. 그러나 이러한 방법은 다른 어떤 허용응력 증가나 하중조합의 감소와 동시에 적용할 수 없다.

(2) 설계스펙트럼 가속도

단주기와 주기 1초의 설계스펙트럼 가속도 S_{DS}와 S_{D1}은 각각 다음 식 (3-8)과 (3-9)에 의하여 산정한다.

$$S_{DS} = S \times 2.5 \times F_a \times 2/3 \tag{3-8}$$

$$S_{D1} = S \times F_v \times 2/3 \tag{3-9}$$

여기서, F_a와 F_v는 지반증폭계수로 〈표 3-7〉과 〈표 3-8〉에 각각 나타냈다. 설계스펙트럼가속도 산정을 위한 유효지반가속도 (S)는 〈표 3-9〉를 이용하여 결정하거나 그림 3-1의 국가지진위험지도를 이용하여 구할 수 있다. 단, 국가지진 위험지도를 이용하여 결정한 S는 〈표 3-9〉을 이용하여 결정한 S값의 80%보다 작아서는 안 된다.

① 기반암의 깊이가 20m를 초과하고 지반의 평균 전단파속도가 360m/s 이상인 경우에는 〈표 3-8〉에 규정된 F_v의 80%를 적용한다.

② 지반분류가 S_5이고 기반암의 깊이가 불분명한 경우에는 〈표 3-7〉과 〈표 3-8〉에 규정된 F_a와 F_v의 110%를 적용한다.

〈표 3-7〉 단주기 지반증폭계수(F_a)

지반 종류	지진지역		
	$S \leq 0.1$	$S=0.2$	$S=0.3$
S_1	1.12	1.12	1.12
S_2	1.4	1.4	1.3
S_3	1.7	1.5	1.3
S_4	1.6	1.4	1.2
S_5	1.8	1.3	1.3

* S는 설계스펙트럼 가속도 산정식에 적용된 값이다. 위 표에서 S의 중간값에 대하여는 직선 보간한다.

〈표 3-8〉 1초 주기 지반증폭계수(F_v)

지반 종류	지진지역		
	$S \leq 0.1$	$S=0.2$	$S=0.3$
S_1	0.84	0.84	0.84
S_2	1.5	1.4	1.3
S_3	1.7	1.6	1.5
S_4	2.2	2.0	1.8
S_5	3.0	2.7	2.4

* S는 설계스펙트럼 가속도 산정식에 적용된 값이다. 위 표에서 S의 중간값에 대하여 직선보간한다.

(3) 지진구역 및 지진구역계수

우리나라 지진구역 및 이에 따른 지진구역계수(Z)값은 〈표 3-9〉와 같이 구분한다.

〈표 3-9〉 지진구역 구분 및 지역계수

지진구역	행정구역		지진구역계수(Z)
I	시	서울, 인천, 대전, 대구, 부산, 울산, 광주, 세종	0.22g
	도	경기, 충북, 충남, 경북, 경남, 전북, 전남, 강원남부*	
II	도	강원북부**, 제주	0.14g

* 강원남부 : 영월, 정선, 삼척, 강릉, 동해, 원주, 태백

** 강원북부 : 홍천, 철원, 화천, 횡성, 평창, 양구, 인제, 고성, 양양, 춘천, 속초

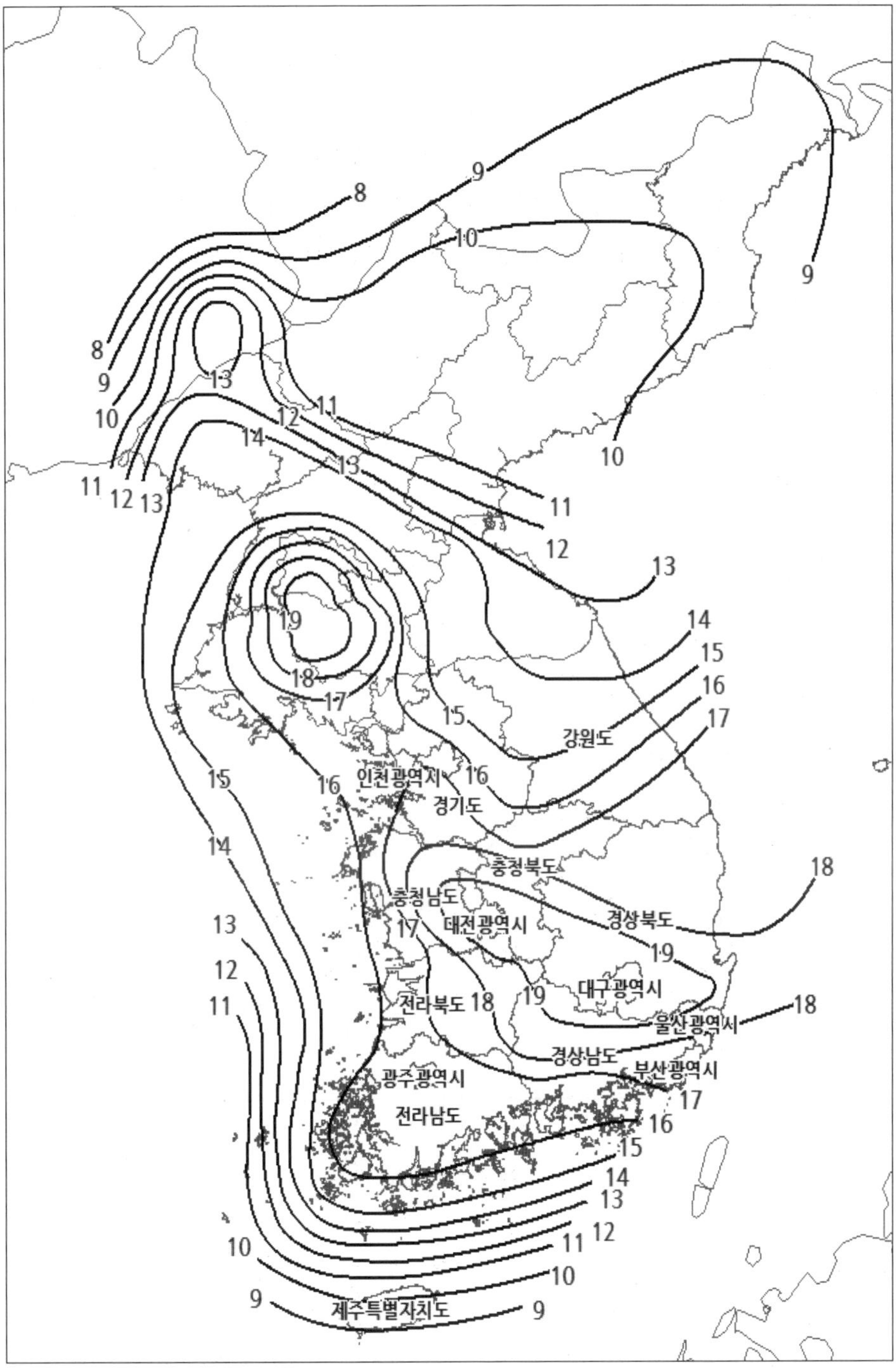

그림 3-1 국가지진위험지도, 재현주기 2400년 최대고려지진의 유효지반가속도(S)

(4) 설계응답스펙트럼

지진의 설계응답스펙트럼은 다음 식 (3-10), (3-11)과 (3-12)에 따라 구한 후 그림 3-2와 같이 작성한다.

① $T \leq T_0$일 때, 스펙트럼 가속도 S_a는 식 (3-10)에 의해 구한다.

② $T_0 \leq T \leq T_s$일 때, 스펙트럼 가속도 S_a는 식(3-8)에 따라 산정되는 S_{DS}와 같다.

③ $T_s < T <> T_L$일 때, 스펙트럼 가속도 S_a는 식 (3-11)에 의해 구한다.

④ $T > T_L$일 때, 스펙트럼 가속도 S_a는 식 (3-12)에 의해 구한다.

$$S_a = 0.6\frac{S_{DS}}{T_0}T + 0.4\,S_{DS} \tag{3-10}$$

$$S_a = \frac{S_{D1}}{T} \tag{3-11}$$

$$S_a = \frac{S_{D1}\,T_L}{T^2} \tag{3-12}$$

여기서, T : 구조물의 고유주기(초), $T_a = 0.2\dfrac{S_{D1}}{S_{DS}}$, $T_s = S_{D1}/S_{DS}$, $T_L = 5$초

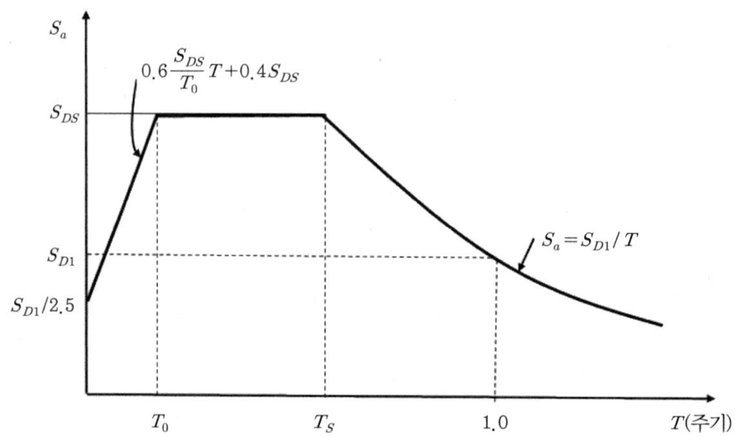

그림 3-2 설계스펙트럼 가속도

(5) 건물의 내진등급과 중요도계수

각 구조물은 건축물의 중요도에 따라 내진등급과 중요도계수를 결정하며, 〈표 3-10〉에 나타냈다. 2개 이상의 건물에 공유된 부분이나 하나의 구조물이 동일한 중요도에 속하지 않는 2개 혹은 그 이상의 용도로 사용할 때는 가장 높은 중요도를 사용해야 한다. 구조적으로 분리된 2개 혹은 그 이상의 부분으로 구성된 경우에도 각 부분을 독자적으로 분류할 수 있다. 다만, 한 구조물에서 구조적으로 분리된 부분이 더 높은 중요도를 가진 다른 부분에

대해 접근로나 탈출로를 제공하거나 인명안전 요소를 공유할 경우에는 양쪽 부분 모두 높은 중요도를 사용하여야 한다.

〈표 3-10〉 내진등급과 중요도계수

건축물의 중요도	내진등급	중요도계수(I_E)
중요도 (특)	특	1.5
중요도 (1)	I	1.2
중요도 (2), (3)	Ⅱ	1.0

(6) 내진설계범주

모든 구조물은 내진등급과 지반상태를 고려하여 내진설계범주 등급 중 하나에 속하며, 내진설계범주에 따라 구조물에 허용되는 지진력 저항시스템, 높이와 비정형성에 대한 제한, 내진설계 대상부재 및 구조해석방법 등을 결정한다. 모든 구조물은 내진등급과 설계스펙트럼 가속도를 사용하여 〈표 3-11〉과 〈표 3-12〉를 이용하여 내진설계범주를 결정한다. 표에 의해 결정한 내진설계범주가 다를 경우에는 높은 내진설계범주로 분류한다.

〈표 3-11〉 단주기 설계스펙트럼 가속도에 따른 내진설계범주

S_{DS}의 값	내진등급		
	특	I	Ⅱ
$0.50 \le S_{DS}$	D	D	D
$0.33 \le S_{DS} < 0.50$	D	C	C
$0.17 \le S_{DS} < 0.33$	C	B	B
$S_{DS} < 0.17$	A	A	A

〈표 3-12〉 주기 1초에서 설계스펙트럼 가속도에 따른 내진설계범주

S_{D1}의 값	내진등급		
	특	I	Ⅱ
$0.20 \le S_{D1}$	D	D	D
$0.14 \le S_{D1} < 0.20$	D	C	C
$0.07 \le S_{D1} < 0.14$	C	B	B
$S_{D1} < 0.07$	A	A	A

(7) 구조해석법

구조해석은 내진설계범주에 따라 해석방법을 선택한다.

① 내진설계범주 “A” 또는 “B”에 해당하는 구조물의 해석은 등가정적해석법에 따라 해석할 수 있다.

② 내진설계범주 “C”에 해당하는 구조물의 해석은 등가정적해석법에 의해 해석할 수 있다. 단, 다음 중 하나에 해당하는 경우에는 동적해석법을 사용한다.

a. 높이 70m 이상 또는 21층 이상의 정형구조물

b. 높이 20m 이상 또는 6층 이상의 비정형구조물

③ 내진설계범주 “D”에 해당하는 구조물의 해석에는 〈표 3-13〉에 지정된 해석방법 또는 그 보다 정밀한 해석방법을 사용한다. 이 경우에 구조물이 〈표 3-14〉의 H-1 또는 H-4에 해당하는 평면비정형성이 없거나 〈표 3-15〉의 V-1, V-4 또는 V-5에 해당하는 수직 비정형성이 없는 경우에 정형으로 볼 수 있다.

〈표 3-13〉 내진설계범주 “D”에 대한 해석법

구조물 형태	내진설계를 위한 해석방법
1. 3층 이하인 경량골조구조와 각 층에서 유연한 격막을 갖는 2층 이하인 기타 구조로서 내진등급 Ⅱ의 구조물	등가정적해석법 또는 동적해석법
2. 상기 1항 이외의 높이 70m 미만의 정형구조물	등가정적해석법 또는 동적해석법
3. 강성비 정형-연층, 중량비 정형 또는 수직 비정형성을 가지거나 비틀림 비정형을 가지면서 높이가 5층 또는 20m 초과하는 구조물이나 높이가 70m를 초과하는 정형구조물	동적해석법
4. 평면 및 수직 비정형성을 가지는 기타 구조물	동적해석법

〈표 3-14〉 평면비정형성 유형과 정의

유형번호	유형	정 의	적용내진 설계범주
H-1	비틀림비정형	격막이 유연하지 않을 때 고려함. 어떤 축에 직교하는 구조물의 한 단부에서 우발편심을 고려한 최대 층변위가 그 구조물 양단부 층변위 평균값의 1.2배보다 클 때 비틀림 비정형인 것으로 간주한다.	C, D D C, D
H-2	요철형 평면	돌출한 부분의 치수가 해당하는 방향의 평면치수의 15%를 초과하면 요철형 평면을 갖는 것으로 간주한다.	–

유형번호	유형	정 의	적용내진 설계범주
H−3	격막의 불연속	격막에서 잘려나간 부분이나 뚫린 부분이 전체 격막 면적의 50%를 초과하거나 또는 인접한 층간 격막 강성의 변화가 50%를 초과하는 경우, 격막의 불연속이 존재하는 것으로 간주한다.	−
H−4	면외 어긋남	수직 부재의 면외 어긋남 등과 같이 하중전달 경로의 불연속성이 존재하는 경우	B, C, D
H−5	비평행 시스템	횡력저항 수직 요소가 전체 횡력저항 시스템에 직교하는 주축에 평행하지 않은 경우	C D

〈표 3-15〉 수직비정형성 유형과 정의

유형번호	유형	정 의	내진설계 범주
V−1	강성비 정형−연층	어떤 층의 횡강성이 인접한 상부층 횡강성의 70% 미만이거나 상부 3개 층 평균강성의 80% 미만인 연층이 존재하는 경우에는 강성분포의 비정형이 있는 것으로 간주한다.	D
V−2	중량비 정형	어떤 층의 유효중량이 인접층 유효중량의 150%를 초과할 때 중량 분포의 비정형이 존재하는 것으로 간주한다. 단, 지붕층이 하부층보다 가벼운 경우는 이를 적용하지 않는다.	D
V−3	기하학적 비정형	횡력저항 시스템의 수평치수가 인접층치수의 130%를 초과할 경우에는 기하학적 비정형이 존재하는 것으로 간주한다.	D
V−4	횡력저항 수직저항 요소의 비정형	횡력저항요소의 면내 어긋남이 그 요소의 길이보다 크거나 인접한 하부층 저항요소에 강성감소가 일어나는 경우에는 수직저항요소의 면내불연속에 의한 비정형이 있는 것으로 간주한다.	B, C, D
V−5	강도의 불연속 −약층	임의 층의 횡강도가 직상층 횡강도의 80% 미만인 약층이 존재하는 경우에는 강도의 불연속에 의한 비정형이 존재하는 것으로 간주한다. 각층의 횡강도는 층전단력을 부담하는 내진요소들의 저항방향 강도의 합을 말한다.	B, C, D

(8) 변형과 횡변위 제한

설계 층간변위는 어느 층에서도 〈표 3-16〉에 규정한 허용층간변위 Δ_a를 초과할 수 없다.

〈표 3-16〉 허용층간변위(h_{sx} : x층에서의 층 높이)

구분	내진등급		
	특	I	II
허용층간변위, Δ_a	$0.010h_{sx}$	$0.015h_{sx}$	$0.020h_{sx}$

(9) 등가정적해석법

① 밑면전단력 : 밑면전단력 V는 다음 식 (3-12)에 따라 산정한다.

$$V = C_s \times W \tag{3-12}$$

여기서, C_s : 지진응답계수, W : 고정하중과 아래 하중을 포함한 유효건물중량

a. 창고로 쓰이는 공간에서는 활하중이 최소 25%(공용차고와 개방된 주차장 건물의 경우에 활하중은 포함시킬 필요가 없음)

b. 바닥하중에 칸막이벽 하중이 포함될 경우에 칸막이의 실제 중량과 0.5kN/m^2 중 큰 값

c. 영구설비의 총 하중

d. 적설하중이 1.5kN/m^2을 넘는 평지붕의 경우에는 평지붕 적설하중의 20%

e. 옥상정원이나 이와 유사한 곳에서 조경과 이에 관련된 재료의 무게

② 지진응답계수 : 지진응답계수 C_s는 다음 식 (3-13)에 따라 산정한다.

$$C_s = \frac{S_{D1}}{[\frac{R}{I_E}]T} \le \frac{S_{DS}}{[\frac{R}{I_E}]} \tag{3-13}$$

여기서, I_E : 건축물의 중요도계수, R : 반응수정계수, S_{DS} : 단주기 설계스펙트럼 가속도, S_{D1} : 주기 1초에서의 설계스펙트럼 가속도, T : 건축물의 고유주기(초)

식 (3-13)에 따라 산정한 지진응답계수 C_s는 다음 식 (3-14)와 (3-15)의 값을 초과하지 않아도 된다.

$$T \le T_L \text{일 때 : } C_s = \frac{S_{D1}}{\left[\frac{R}{I_E}\right]T} \tag{3-14}$$

$$T > T_L \text{ 일 때 : } C_s = \frac{S_{D1}\ T_L}{\left[\frac{R}{I_E}\right] T^2} \quad (3-15)$$

그러나 지진응답계수 C_s는 다음 식 (3-16)값 이상이어야 한다.

$$C_s = 0.044\, S_{DS} I_E \geq 0.01 \quad (3-16)$$

여기서, T는 건축물의 고유주기(초), T_L은 5초이다.

(10) 고유주기 산정법

구조물의 고유주기는 약산식에 따라 산정하거나 저항요소의 변형특성과 구조적 특성을 고려한 수치해석적 방법으로 산정할 수 있다. 다만, 수치해석적 방법에 의하여 산정한 고유주기는 약산식에 따라 구한 고유주기 T_a에 〈표 3-17〉의 주기 상한계수 C_u를 곱한 값을 초과할 수 없다.

〈표 3-17〉 주기 상한계수, C_u

S_{D1}	C_u
0.4 이상	1.4
0.3	1.4
0.2	1.5
0.15	1.6
0.1 이하	1.7

① 고유주기의 약산법 : 근사 고유주기 T_a(초)는 다음 식 (3-17)에 의해 산정한다.

$$T_a = C_t h_n^x \quad (3-17)$$

여기서, $C_t = 0.0466$, x=0.9 : 철근콘크리트모멘트골조

$C_t = 0.0724$, x=0.8 : 철골모멘트골조

$C_t = 0.0731$, x=0.75 : 철골 편심가새골조 및 철골 좌굴방지가새골조

$C_t = 0.0488$, x=0.75 : 철근콘크리트전단벽구조, 기타골조

h_n : 건축물의 밑면으로부터 최상층까지의 전체높이(m)

철근콘크리트와 철골모멘트저항골조에서 12층을 넘지 않고 층의 최소높이가 3m 이상일 때 근사고유주기 T_a는 다음 식 (3-18)에 의해 산정할 수 있다.

$$T_a = 0.1N \tag{3-18}$$

여기서, N : 층수

〈표 3-18〉 지진력 저항 시스템에 대한 설계계수

기본 지진력 저항 시스템	설계계수		
	반응수정계수, R	시스템 초과강도계수, Ω_0	변위증폭계수, C_d
1. 내력벽 시스템			
1-a. RC특수전단벽	5	2.5	5
1-b. RC보통전단벽	4	2.5	4
2. 건물골조 시스템			
2-n. RC특수전단벽	6	2.5	5
2-o. RC보통전단벽	5	2.5	4.5
3. 모멘트-저항골조 시스템			
3-a. 철골특수모멘트 골조	8	3	5.5
3-b. 철골중간모멘트 골조	4.5	3	4
3-c. 철골보통모멘트 골조	3.5	3	3
3-h. RC특수모멘트 골조	8	3	5.5
3-i. RC중간모멘트 골조	5	3	4.5
3-j. RC보통모멘트 골조	3	3	2.5
4. 특수모멘트 골조를 가진 이중 골조 시스템			
4-j. RC특수전단벽	7	2.5	5.5
4-k. RC보통전단벽	6	2.5	5
5. 철골 특수중심 가새골조			
5-a. 철골 특수중심 가새골조	6	2.5	5
5-b. RC특수전단벽	6.5	2.5	5
5-c. RC보통전단벽	5.5	2.5	4.5

3-1-6 내진등급 및 성능 목표

건축물의 성능수준은 기능수행, 즉시복구, 인명보호, 붕괴방지 수준으로 구분할 수 있으며, 이를 만족하기 위하여 건축물을 구성하는 구조요소와 비구조요소가 각각 갖추어야할 성능수준은 〈표 3-19〉의 최소 성능목표를 만족시켜야 한다.

〈표 3-19〉 건축물의 내진등급별 최소성능목표

내진등급	성능목표		설계지진
	재현주기	성능수준	
특	2400년	인명보호	기본설계지진×중요도계수(I_E)
	1000년	기능수행	–
I	2400년	붕괴방지	–
	1400년	인명보호	기본설계지진×중요도계수(I_E)
II	2400년	붕괴방지	–
	1000년	인명보호	기본설계지진×중요도계수(I_E)

3-2 하중조합(Load Combination)

3-2-1 일반사항

구조설계기준에서는 구조물 및 구조부재의 모든 단면의 저항능력이 하중에 의한 영향보다 크거나 높을 때 구조물 및 구조부재는 하중에 대하여 안전하게 지지되고 있다고 규정한다. 극한강도설계법은 이러한 경우에 재료의 강도 및 부재의 치수에 따라 계산된 부재의 저항강도(공칭강도 R_n)에 강도감소계수(Φ)를 곱한 부재의 설계강도(ΦR_n)가 계수하중(factored loads)의 조합으로 계산된 하중의 영향을 고려한 소요강도(Required strength) 이상이 되어야 한다고 규정하고 있다. 그러므로 극한강도설계법의 기본적인 요구조건을 표현하면 다음과 같다.

설계강도(Design strength) ≥ 소요강도(Required strength)

다시 표현하면,

[강도감소계수] × [공칭강도] ≥ [하중계수] × [사용하중]

따라서 위의 조건은 모든 하중조합 중에서 가장 위험한 최대작용력을 일으키는 모든 응력상태, 즉 축력, 휨모멘트, 전단 및 비틀림에 대하여 모두 만족하여야 한다. 이를 보다 구체적으로 각각의 응력에 대하여 나타내면 다음의 식과 같이 나타낼 수 있다.

$$\Phi P_n \geq P_u(\text{압축}) \tag{3-19}$$

$$\Phi M_n \geq M_u(\text{휨}) \tag{3-20}$$

$$\Phi V_n \geq V_u(\text{전단}) \tag{3-21}$$

위의 식에서 ΦP_n, ΦM_n, ΦV_n는 각각 설계축하중, 설계휨모멘트와 설계전단력을 말하고, P_u, M_u, V_u는 각각 계수축하중, 계수휨모멘트와 계수전단력을 말한다. 또한, 구조설계에서 하중계수 및 강도감소계수를 사용하는 이유로는 재료강도의 가변성, 시험재하속도의 영향, 현장강도와 공시체강도의 차이, 건조수축의 영향에 따른 설계 시 예상 값과의 차이, 철근의 위치 및 휘어짐, 부재치수의 오차 등과 같이 제작 시 오차에 따른 예상 부재와 실제 부재와의 차이, 직사각형 응력블록과 최대변형률을 0.003으로 가정하는 것과 같은 가정 혹은 식을 단순화함에 따른 오차, 크기가 서로 다른 철근을 연결하여 사용하는데 따른 부재의 실질강도 차이 등과 같은 재료 및 부재의 강도가 예상된 값보다 작은 경우와 파괴형태 및 파괴경고, 부재수명의 잠재적 감소, 구조물 구조부재의 중요성 등에 따른 파괴결과가 심각한 경우들을 고려하기 때문이다.

3-2-2 소요강도(Required strength)

소요강도(U)는 사용하중에 예상을 초과한 하중 및 구조해석의 단순화로 인하여 발생되는 초과요인을 고려한 하중계수를 곱하여 계산한다.

① 철근콘크리트구조물 설계에는 다음에 제시된 하중계수(factored load)와 하중조합(Load combination)을 모두 고려하여 해당 구조물에 작용하는 최대 소요강도(Maximum required strength)에 대하여 만족하도록 설계한다.

a. $U = 1.4(D+F)$ (3-22)

b. $U = 1.2(D+F+T)+1.6(L)+0.5(L_r \text{ 또는 } S \text{ 또는 } R)$ (3-23)

c. $U = 1.2D+1.6(L_r \text{ 또는 } S \text{ 또는 } R)+(1.0L \text{ 또는 } 0.65W)$ (3-24)

d. $U = 1.2D+1.3W+1.0L+0.5(L_r \text{ 또는 } S \text{ 또는 } R)$ (3-25)

e. $U = 1.2D+1.0E+1.0L+0.2S$ (3-26)

f. $U = 0.9D+1.3W$ (3-27)

g. $U = 0.9D+1.0E$ (3-28)

여기서, D : 고정하중, E : 지진하중, F : 유체의 압력 및 중량, L : 활하중, L_r : 지붕활하중, R : 강우하중, S : 적설하중, W : 풍하중, T : 온도하중을 나타낸다.

② 주차장과 공공집회 장소를 제외하고 기본 등분포활하중이 5.0kN/m^2 이하인 용도에 대해서는 식 (3-24), (3-25) 및 (3-26)에서 활하중(L)에 대한 하중계수는 0.5로 감소할 수 있다.

③ 지하수압, 토압 또는 분말 및 입자형 재료의 회압력에 의한 하중 H가 존재할 때는 다음의 하중계수를 적용하여 조합한다.

a. H가 단독으로 작용하거나 H의 하중효과가 다른 하중효과를 증대시키는 경우에는 하중계수를 1.6으로 하여야 한다.

b. H의 하중효과가 영구적이면서 다른 하중효과를 상쇄하는 경우에는 하중계수를 0.9로 하여야 한다.

c. H의 하중효과가 영구적이지 않으면서 다른 하중효과를 상쇄하는 경우에는 하중계수를 0으로 하여야 한다.

3-2-3 설계강도(Design Strength)

① 구조물의 부재, 부재 간의 연결부 및 각 부재 단면의 휨, 축하중, 전단, 비틀림에 대한 설계강도는 이 기준의 규정과 가정에 따라 정해지는 공칭강도에 강도감소계수 Φ를 곱한 값을 설계강도라 한다.

② 강도감소계수(Strength reduction factor)는 〈표 3-20〉의 규정에 따라야 한다.

〈표 3-20〉 강도감소계수

부재 또는 하중의 종류	Φ
① 인장지배 단면	0.85
② 압축지배 단면	
a. 나선철근 규정에 따라 나선철근으로 보강된 철근콘크리트부재	0.70
b. 이외의 철근콘크리트부재	0.65
c. 공칭강도에서 최외단 인장철근의 순인장변형률 ε_t가 압축지배와 인장지배 단면 사이인 경우에는 ε_t가 압축지배 변형률 한계에서 0.005로 증가함에 따라 Φ값을 압축지배 단면에 대한 값에서 0.85까지 증가시킨다.	
③ 전단력과 비틀림모멘트	0.75
④ 콘크리트의 지압력(포스트텐션 정착부나 스트럿-타이 모델 제외)	0.65
⑤ 포스트텐션 정착구역	0.85
⑥ 스트럿-타이모델에서	
(가) 스트럿, 절점부 및 지압부	0.75
(나) 타이	0.85
⑦ 무근콘크리트의 휨모멘트, 압축력, 전단력, 지압력	0.55

인장지배 단면보다 압축지배 단면에 대하여 더 작은 Φ계수를 사용하는 이유는 압축지배 단면의 연성이 더 작고, 콘크리트강도의 변동에 보다 민감하며, 일반적으로 인장지배 단면 부재보다 더 넓은 영역의 하중을 지지하기 때문이다. 또한 나선철근부재의 Φ계수가 띠철근 기둥보다 큰 이유는 띠철근기둥보다 나선철근기둥의 연성이나 인성이 더 크기 때문이다.

공칭강도에서 최외단 인장철근의 순인장변형률 ε_t가 압축지배 변형률 한계 ε_y와 인장지배 변형률 한계 0.005 사이에 있는 단면의 경우 나선철근을 제외한 기타 철근배근에서는 다음 식 (3-29)을 이용하여 Φ값을 직선 보간하여 산정한다.

$$\Phi = 0.65 + (\varepsilon_t - 0.002) \times \frac{200}{3} \tag{3-29}$$

3-2-4 철근의 설계기준 항복강도

철근의 설계기준 항복강도 f_y는 긴장재를 제외하고는 600MPa를 초과하지 않아야 한다. 왜냐하면, 항복강도가 600MPa인 철근의 항복변형률은 압축측 콘크리트의 극한변형률 0.003과 거의 같기 때문이다.

예제 3-1 고정하중과 활하중에 의한 계수휨모멘트는 M_u=540kNm이고, 단면의 중립축 깊이(c)는 250mm이며, 최외단 압축연단에서 최외단 인장철근까지의 거리(d_t)는 600mm이다. 또한, 사용된 철근의 항복강도 f_y=400MPa일 때, 강도감소계수와 공칭 휨강도를 계산하시오.

풀 이 (1) 강도감소계수 산정 :

① 최외단 인장철근의 순인장 변형률 산정 :

$$\varepsilon_t = \frac{d_t - c}{c} \times 0.003 = \frac{600 - 250}{250} \times 0.003 = 0.0042$$

② 강도감소계수 산정 : 순인장 변형률 값이 변화구간에 속하므로

$$\Phi = 0.65 + (\varepsilon_t - 0.002) \times \frac{200}{3} = (0.0042 - 0.002) \times \frac{200}{3} = 0.797$$

(2) 공칭 휨강도 산정 :

$$M_n = \frac{M_u}{\Phi} = \frac{540}{0.797} = 677\,\text{kNm}$$

chapter 4

사용성 및 내구성

4-1 균열

구조물 또는 부재가 사용기간 중 충분한 기능과 성능을 유지하기 위하여 사용하중 하에서 사용성과 내구성을 검토하여야 한다. 구조물의 사용성과 내구성은 주어진 단면의 기하학적 조건과 함께 부재의 처짐, 변형, 변위, 손상, 철근의 부식 정도, 균열, 그리고 콘크리트 표면의 상태에 따라 결정된다. 콘크리트에 발생하는 균열이 구조물의 기능, 내구성 및 미관 등 사용목적에 손상을 주는지에 대하여 적절한 방법으로 검토한다.

4-1-1 허용균열폭

① 콘크리트구조물의 내구성에 관한 균열폭을 검토할 경우 구조물이 위치하는 환경조건을 고려한다. 강재의 부식에 대한 환경조건은 〈표 4-1〉과 같이 건조 환경, 습윤 환경, 부식성 환경 및 고부식성 환경 등 4종류로 구분한다. 한편 특별히 수밀성이 요구되는 구조는 적절한 방법으로 균열에 대해 검토해야 하는데, 이 경우 소요수밀성을 갖도록 하기 위한 허용균열폭을 설정하여 검토할 수 있다. 마찬가지로 미관이 중요한 구조는 미관상 허용균열폭을 설정하여 균열을 검토할 수 있다.

〈표 4-1〉 강재의 부식에 대한 환경조건 구분

건조 환경	일반 옥내 부재, 부식의 우려가 없을 정도로 보호한 경우의 보통 주거 및 사무실 건물 내부
습윤 환경	일반 옥외의 경우, 흙 속의 경우, 옥내에 습기가 찬 곳
부식성 환경	① 습윤환경과 비교하여 건습의 반복작용이 많은 경우, 특히 유해물질을 함유한 지하수위 이하의 흙 속에 있어서 강재 부식에 해로운 영향을 주는 경우, 동결작용이 있는 경우, 동상방지제를 사용하는 경우 ② 해양콘크리트구조물 중 해수 중에 있거나 극심하지 않은 해양환경에 있는 경우 (가스, 액체, 고체)

고부식성 환경	① 강재의 부식에 현저하게 해로운 영향을 주는 경우 ② 해양콘크리트구조물 중 간만조위의 영향을 받거나 비말대에 있는 경우, 극심한 해풍의 영향을 받는 경우

② 강재 부식에 대한 콘크리트의 허용균열폭은 일반적으로 피복두께 및 강재의 종류에 따라 〈표 4-2〉와 같이 하여야 한다. 다만, 〈표 4-1〉에 적용될 수 있는 피복두께는 100mm 이하를 표준으로 하여야 한다.

〈표 4-2〉 철근콘크리트구조물의 허용균열폭 w_a(mm)

강재의 종류	강재의 부식에 대한 환경조건			
	건조 환경	습윤 환경	부식성 환경	고부식성 환경
철 근	0.4mm와 $0.006c_c$ 중 큰 값	0.3mm와 $0.005c_c$ 중 큰 값	0.3mm와 $0.004c_c$ 중 큰 값	0.3mm와 $0.0035c_c$ 중 큰 값
프리스트레싱 긴장재	0.2mm와 $0.005c_c$ 중 큰 값	0.2mm와 $0.004c_c$ 중 큰 값	–	–

*여기서 c_c는 최외단 철근의 표면과 콘크리트 표면 사이의 콘크리트 최소 피복두께(mm)

③ 물을 저장하는 수조 등과 같은 수밀성을 요구하는 수처리 구조물의 내구성과 누수방지를 위하여 허용되는 허용균열폭은 〈표 4-3〉과 같다.

〈표 4-3〉 수처리구조물의 허용균열폭 w_a(mm)

	휨인장 균열(mm)	전단면 인장 균열(mm)
오염되지 않은 물 음용수(상수도) 시설물	0.25	0.20
오염된 액체 (오염이 매우 심한 경우 발주자와 협의하여 결정)	0.20	0.15

④ 미국의 ACI위원회 224에서는 〈표 4-4〉와 같이 여러 환경조건 하에서 콘크리트구조의 허용균열폭에 대한 지침을 제시하고 있다.

〈표 4-4〉 ACI의 콘크리트구조의 허용균열폭 w_a(mm)

노출 환경	허용균열폭(mm)
건조한 공기 또는 보호막	0.41
습기, 습한 공기, 흙	0.30

4-1-2 균열의 검토

콘크리트는 인장력에 대한 저항능력이 매우 낮기 때문에 여러 가지 하중으로 인한 인장응력에 의하여 균열이 발생한다. 이러한 콘크리트의 균열은 콘크리트 건물의 안전성에 항상 문제를 일으킨다고는 할 수 없지만, 균열의 발생 위치, 균열분포 상황, 균열 폭 및 깊이에 따라 건물의 안전성에 미치는 영향이 차이가 있으므로 이에 대한 검토 및 평가가 요구된다.

① 휨모멘트 및 축력에 의한 콘크리트의 인장응력이 콘크리트의 설계기준 인장강도의 60%보다 작을 경우에는 휨균열을 검토하지 않아도 된다.

② 인장철근의 설계기준 항복강도가 300MPa 이상인 경우 사용하중에 의한 휨균열폭은 다음 식 (4-1)에 의하여 구하고, 〈표 4-2〉의 허용균열폭 이하가 되도록 하여야 한다.

$$w_{\max} = 11.0\,\beta_c\,f_s\,\sqrt[3]{d_c A} \times 10^{-6}(\text{mm}) \tag{4-1}$$

여기서, $w_{\max}$: 콘크리트 표면의 균열폭, β_c : 도심에서 보 밑까지의 거리를 도심에서 철근까지의 거리로 나눈 값으로 깊이계수라고도 하며, 보에 대하여 1.2, 슬래브에 대하여 1.35, d_c : 인장측 외단에서 그에 가까이 있는 철근중심까지의 거리(mm), f_s : 사용하중상태에서 철근의 응력(MPa)으로 휨모멘트를 철근의 단면적과 내부모멘트 팔길이를 곱한 값으로 나누어 구하며, 계산할 수 없는 경우는 $0.6f_y$를 사용할 수 있다. A : 주인장철근 주위의 콘크리트 단면적을 철근의 개수로 나눈 유효인장단면적(mm^2).

③ 전단균열, 비틀림균열 검토가 필요한 경우 적절한 방법에 따라 전단 및 비틀림에 의한 균열을 검토해야 한다.

④ 부재는 하중에 의한 균열을 제어하는 데 필요한 철근 외에도 필요에 따라 온도변화, 건조수축 등에 의한 균열을 제어하기 위한 추가 보강철근은 제2장의 2-9-3절에 제시된 수축·온도철근에 따라 배근해야 한다. 그리고 균열 제어를 위한 철근은 필요로 하는 부재 단면의 주변에 분산시켜 배근하고, 이 경우 철근의 지름과 간격을 가능한 한 작게 하여야 한다.

예제 4-1 다음과 같은 단순지지를 가지는 보단면 조건하에서 예상되는 균열폭을 산정하시오.
단, f_y=400MPa

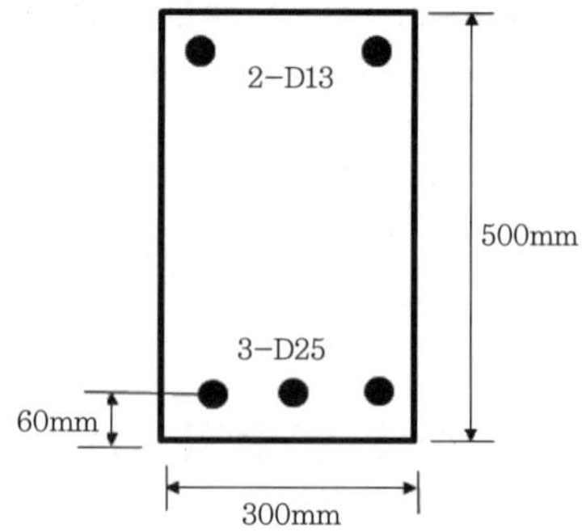

풀 이 (1) 콘크리트 표면 균열폭 산정 :

$$w_{max} = 11.0\beta_c f_s \sqrt[3]{d_c A} \times 10^{-6}(\text{mm})$$

(2) 필요 값 산정 :

$$d_c = (40\text{mm} + 10\text{mm} + 10\text{mm}) = 60\,\text{mm},\ \beta_c = 1.2,\ f_s = f_y$$

(3) 유효단면적 산정 :

$$A = \frac{300 \times (2 \times 60)}{3\,(\text{철근의 개수})} = 12{,}000\,\text{mm}^2$$

(4) 균열폭 산정 :

$$w_{max} = 11.0 \times 1.2 \times 400 \times \sqrt[3]{12{,}000 \times 60} \times 10^{-6} = 0.473\,\text{mm}$$

4-2 처짐

철근콘크리트부재의 처짐은 즉각적인 처짐과 장기적인 처짐으로 구분된다. 즉각적인 처짐은 하중 작용과 동시에 발생하는 처짐으로써 탄성처짐 또는 순간처짐이라고도 한다. 부재의 처짐은 사용하중 하에서 일어나는 처짐으로, 사용하중 하에서 부재는 탄성거동을 한다고 볼 수 있으므로 이러한 처짐의 크기는 탄성거동에 기초하여 계산할 수 있다. 장기적인 처짐은 주로 콘크리트의 크리프와 건조수축으로 인하여 시간 경과와 더불어 진행되는 처짐으로써 이를 장기처짐이라고 한다. 장기처짐은 비교적 초기에 많은 양이 생기지만 시간이 지남에 따라 증가율이 둔화되는 경향을 보여준다.

4-2-1 순간처짐

구조부재의 처짐은 주로 고정하중과 모든 활하중의 합에 의해 발생하며, 순간처짐은 이러한 하중이 작용한 후 바로 발생하는 탄성처짐을 말한다. 탄성처짐 계산은 휨부재의 탄성거동에 기반하며, 스팬이 l인 단순보에 등분포하중 ω가 작용하는 경우에는 다음 식 (4-2)와 같이 계산되어진다.

$$\delta = \frac{5\omega l^4}{384EI} \tag{4-2}$$

여기서, E : 콘크리트의 탄성계수, I : 단면2차모멘트이고, EI : 부재의 휨강성이다.

만약 응력이 작아서 인장측 콘크리트에 균열이 발생하지 않으면 전단면이 유효하다고 보고, 전단면에 대한 단면2차모멘트 I_g를 사용하여 계산한다.

하지만 부재의 강성도를 엄밀한 해석방법으로 구하지 않는 한, 부재의 순간처짐은 콘크리트 탄성계수 E_c와 다음 식 (4-3)의 유효 단면2차모멘트(I_e)를 이용하여 산정하며, 어느 경우라도 I_e 값은 I_g 이하이어야 한다.

$$I_e = \left(\frac{M_{cr}}{M_a}\right)^3 I_g + \left[1 - \left(\frac{M_{cr}}{M_a}\right)^3\right] I_{cr} \leq I_g \tag{4-3}$$

여기서, M_{cr} : 균열모멘트, M_a : 처짐이 계산되는 단계에서 사용하중에 의해 일어나는 최대 휨모멘트, I_g : 철근을 무시한 콘크리트의 전체 단면2차모멘트, I_{cr} : 균열단면의 단면2차모멘트, 일반적으로 I_e값은 다음 식 (4-4)와 같은 범위 내에 있어야 한다.

$$I_g > I_e > I_{cr} \tag{4-4}$$

인장측 콘크리트에 균열이 발생하기 전에는 인장측 하단의 콘크리트 응력 f_{ct}는 다음 식 (4-5)로 계산한다.

$$f_{ct} = \frac{M}{I_g} y_t \tag{4-5}$$

여기서, M은 외력에 의한 모멘트이고, y_t는 중립축에서 인장측 하단까지의 거리이다. 식 (4-5)에서 구한 콘크리트의 응력 f_{ct}가 콘크리트의 파괴계수 f_r을 초과하면 인장측 콘크리트면에 모멘트로 인한 균열이 발생한다고 판단할 수 있다. 한편, 인장측 콘크리트면에 균열을 일으키는지 판단할 수 있는 휨모멘트를 균열모멘트라 하며, 일반적으로 M_{cr}로 표현된다. 이러한 균열모멘트를 산정하기 위하여, 먼저 식 (4-5)에서 휨모멘트를 M_{cr}로 대체하고, $f_{ct} = f_r$로 대체하면 균열모멘트는 다음 식 (4-6)과 같이 나타낼 수 있다.

$$M_{cr} = \frac{f_r I_g}{y_t} \tag{4-6}$$

여기서, I_g : 철근을 무시하고 계산한 콘크리트의 단면2차모멘트, f_r(MPa) : 콘크리트의 파괴계수이며, 그 값은 $0.63\sqrt{f_{ck}}$ 이다.

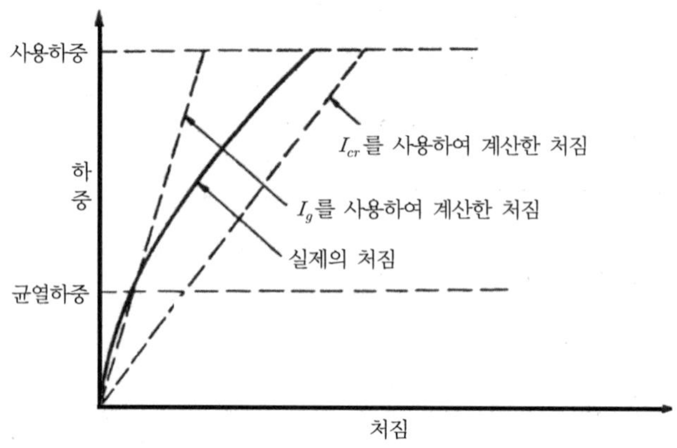

그림 4-1 철근콘크리트보의 처짐

단순보와 같이 모멘트가 한 방향으로만 생기는 경우에는 식 (4-3)을 적용하면 되지만 정모멘트와 부모멘트가 생기는 연속보에서는 단부 및 중앙부의 단면형태와 모멘트분포에 따라 I_e의 평균값을 다음 식 (4-7)과 (4-8)의 약산 식으로 계산한다.

(1) 양단이 연속인 보

$$I_e = 0.70 I_{em} + 0.15(I_{e1} + I_{e2}) \tag{4-7}$$

(2) 1단이 단순지지이고 다른 단은 연속인 보

$$I_e = 0.85 I_{em} + 0.15(I_{e,con}) \tag{4-8}$$

위의 식에서 I_{em}은 보 중앙부에서의 I_e 값이고, I_{e1}, I_{e2}는 보 양단에서의 I_e 값이며, $I_{e,con}$은 보의 연속되는 단부에서의 값이다.

철근콘크리트구조물은 대개 연속성을 갖도록 시공되므로 이러한 연속성에 의한 처짐의 감소량을 고려하여야 한다. 이때 연속 스팬의 중앙 처짐은 다음과 같은 근사적 방법에 의해 계산한다. 즉 부재 양단이 단순지지된 단순보로 보고 계산한 스팬 중앙의 처짐에서 부재 단부의 모멘트 평균값을 양단에 작용시켜 구한 반대방향의 처짐을 빼는 것이다. 예를 들면 등분포하중을 받는 연속 스팬의 중앙 탄성 처짐은 다음 식 (4-9)와 같이 계산할 수 있다.

$$\Delta_i = \frac{5\omega l^4}{384EI} - \frac{Ml^2}{8EI} \tag{4-9}$$

여기서, E는 콘크리트의 탄성계수 E_c를 사용하며, I는 정모멘트 단면의 I_e와 부모멘트 단면 I_e의 평균값이고, M은 부재 단부의 부모멘트 평균값을 사용한다.

이외에도 캔틸레버나 단순 혹은 연속보에 대한 초기처짐 및 단기처짐(Δ_i)은 다음과 같은 탄성방정식을 사용할 수 있다. 예를 들어 연속보의 경우 최대 중앙부 처짐을 위한 약산법은 다음 식 (4-10)과 같이 산정한다.

$$\Delta_i = K\frac{5M_a l^2}{48E_c I_e} \tag{4-10}$$

여기서, M_a : 캔틸레버인 경우 지점 모멘트, 단순 또는 연속보인 경우 중앙부 모멘트이며,

K : 처짐계수이며, 등분포하중을 받는 경우에는 아래 값을 사용한다.

① 캔틸레버 : $K = 12/5 = 2.4$

② 단순보 : $K = 1.0$

③ 연속보 : $K = 1.2 - 0.2M_o/M_a$(M_o : 보의 중앙 최대 모멘트)

- 일단 연속보 $K = 0.8$
- 양단 연속보 $K = 0.6$
- 일단 연속, 일단 핀 $K = 0.738$

예제 4-2 그림과 같은 단근 철근콘크리트보의 단면에 휨모멘트 500kNm가 작용할 때 보의 균열모멘트 값을 구하시오.
단, $f_{ck} = 24$MPa.

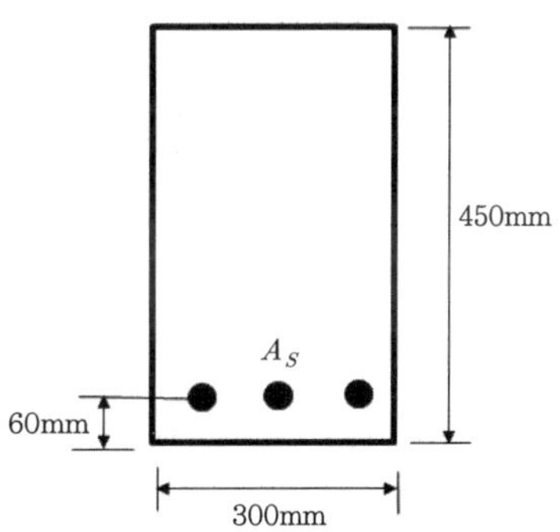

풀 이 (1) 콘크리트의 휨파괴계수와 단면2차 모멘트 산정 :

① $f_r = 0.63\sqrt{f_{ck}} = 3.09$MPa

② $I_g = \dfrac{300 \times 450^3}{12} = 2.28 \times 10^9 \text{mm}^4$

(2) 최대 인장측에서 콘크리트의 응력(f_t) 산정 :

$$f_t = \frac{My_t}{I_g} = \frac{500 \times 10^6 \times 225}{2.28 \times 10^9} = 49.34\text{MPa}$$

따라서 휨모멘트에 의해 생기는 인장응력이 휨파괴계수보다 크므로 이 보 단면의 하부콘크리트에서 균열이 발생한다.

(3) 콘크리트에 대한 균열모멘트 산정 :

$$M_{cr} = \frac{f_r\ I_g}{y_t} = \frac{3.09 \times 2.28 \times 10^9}{225} \times 10^{-6} = 31.3\,\text{kN}\cdot\text{m}$$

예제 4-3 다음과 같은 철근콘크리트보 단면의 균열모멘트를 계산하시오.
단, $f_{ck}=30\text{MPa}$

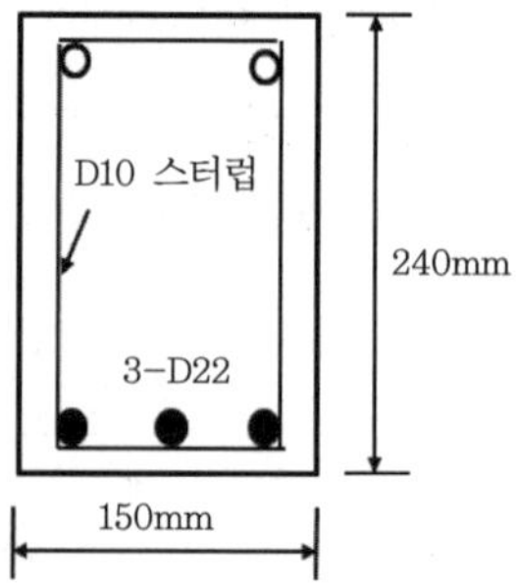

풀 이 (1) 콘크리트의 휨파괴계수와 단면2차모멘트 산정 :

① $f_r = 0.63\sqrt{30} = 3.45\,\text{MPa}$

② $I_g = \dfrac{1}{12} \times 150 \times (240)^3$

$= 1.73 \times 10^8\,\text{mm}^4$

(2) 콘크리트에 대한 균열모멘트($y_t = h/2$) 산정 :

$$\therefore\ M_{cr} = \frac{3.45 \times 1.73 \times 10^8}{120} \times 10^{-6} = 4.97\,\text{kN}\cdot\text{m}$$

예제 4-4 다음과 같은 보의 단면에 $M=47\text{kNm}$의 휨모멘트가 작용할 때 보단면에 균열이 일어날지 아닐지를 판별하시오.
단, $f_{ck}=30\text{MPa}$

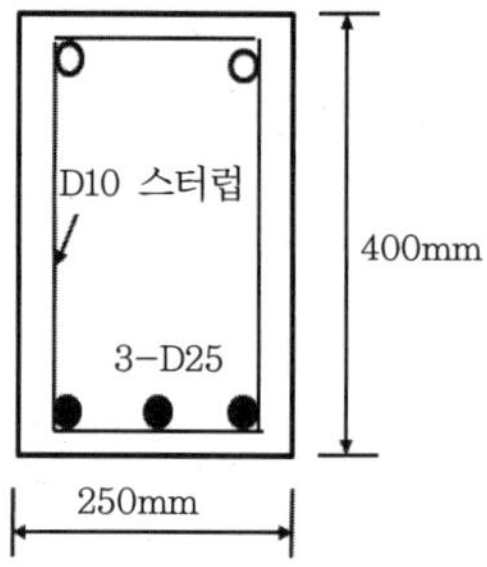

풀 이 (1) 콘크리트의 휨파괴계수 값과 단면2차모멘트 값 산정 :

① $f_r = 0.63\sqrt{30} = 3.45\text{MPa}$

② $I_g = \dfrac{1}{12} \times 250 \times (400)^3 = 1.33 \times 10^9\text{mm}^4$

(2) 균열 발생 여부 판단 :

① $f_{ct} \geqq f_r$ 혹은 $M_{cr} \leqq M$이면 균열이 발생한다.

② $f_{ct} < f_r$ 혹은 $M_{cr} > M$이면 균열이 발생하지 않는다.

(3) 최대 인장측 콘크리트의 응력 및 균열모멘트 검토 :

① $f_{ct} = \dfrac{M\,y_t}{I_g} = \dfrac{47 \times 10^6 \times 200}{1.33 \times 10^9} = 7.06\text{MPa} > f_r$, 인장측 콘크리트 응력이 휨파괴계수 값보다 크므로 균열 발생이 발생한다.

② $M_{cr} = \dfrac{f_r\,I_g}{y_t} = \dfrac{3.45 \times 1.33 \times 10^9}{200} \times 10^{-6} = 22.94\text{kNm} < 47\text{kNm}$,

그러므로 균열모멘트가 작용모멘트보다 작으므로 균열이 발생한다.

4-2-2 장기처짐

철근콘크리트보는 탄성처짐 외에 시간의 경과와 더불어 진행되는 장기처짐이 있으며, 장기처짐은 시간이 지남에 따라 증가하므로 시간에 대한 함수가 된다. 장기처짐은 주로 콘크리트의 건조수축과 크리프에 의해 일어난다. 콘크리트의 크리프는 자중 및 기타의 지속하중에 의해 진행되는 변형의 시간적 변화이다. 장기처짐은 결국 지속하중에 의해 일어나는 것이다. 장기처짐에 양향을 주는 요인들은 온도와 습도, 양생조건, 재하시의 재령과 함수량, 압축철근의 단면적, 지속하중 크기 및 기타의 요인들이다. 구조설계기준에서는 실험에 근거한 다음의 계수를 지속하중에 의한 탄성처짐($\varDelta_i$)에 곱하여 다음 식 (4-11)과 같이 장기처짐($\varDelta_a$)을 구하도록 규정하고 있다.

$$\varDelta_a = \lambda \varDelta_i \tag{4-11}$$

계수 λ에 대한 식은 두 개의 함수로 나타내고 있으며, 다음 식 (4-12)와 같으며, $(1+50\rho')$는 압축철근의 영향을 나타내는 함수이다.

$$\lambda = \frac{\xi}{1+50\rho'} \tag{4-12}$$

$$\rho' = \frac{A_s{}'}{bd} \tag{4-13}$$

여기서, ρ'는 단순 및 연속경간인 경우 보 중앙에서, 캔틸레버인 경우 받침부에서 구한 값으로 한다. 지속하중에 대한 시간경과계수 ξ는 〈표 4-5〉와 같다.

〈표 4-5〉 시간경과계수 ξ의 값

재령(개월)	1	3	6	12	18	24	36	48	60 이상
ξ	0.5	1.0	1.2	1.4	1.6	1.7	1.8	1.9	2.0

4-2-3 처짐의 제한

(1) 1방향 구조물

① 처짐계산에 의하여 더 작은 두께를 사용해도 유해하지 않다는 검토를 한 경우를 제외하고, 큰 처짐에 의하여 손상되기 쉬운 칸막이벽이나 기타 구조물을 지지하지 않는 1방향 구조물의 경우에는 〈표 4-6〉에 정한 최소 두께를 적용해야 한다. 다만, 처짐계산에 의하여 〈표 4-7〉을 만족시키는 경우 〈표 4-6〉의 최소 두께를 적용할 필요가 없다.

〈표 4-6〉 처짐을 계산하지 않는 경우의 보 또는 1방향 슬래브의 최소 두께

부재	최소 두께(h)			
	단순지지	1단 연속	양단 연속	캔틸레버
	큰 처짐에 의해 손상되기 쉬운 칸막이벽이나 기타 구조물을 지지 또는 부착하지 않는 부재			
1방향 슬래브	$l/20$	$l/24$	$l/28$	$l/10$
보 또는 리브가 있는 1방향 슬래브	$l/16$	$l/18.5$	$l/21$	$l/8$

이 표의 값은 일반 콘크리트($m_c=2,300\text{kg/m}^3$)와 설계기준 항복강도 400MPa의 철근을 사용한 부재에 대한 값이며 다른 조건에 대해서는 그 값을 다름과 같이 수정한다.

㉮ $1,500\sim2,000\text{kg/m}^3$ 범위의 단위체적질량을 갖는 구조용 경량콘크리트에 대해서는 계산된 h값에 $(1.65-0.00031m_c)$를 곱해야 하지만 1.09보다 작지 않아야 한다.

㉯ f_y가 400MPa 이외인 경우는 계산된 h값에 $(0.43+f_y/700)$을 곱한다.

② 처짐계산시 식 (4-3)의 I_e값과 식 (4-11)의 장기처짐 효과를 고려하여 계산한 처짐량이 〈표 4-7〉에 제시된 최대 허용처짐값 이하이어야 한다.

〈표 4-7〉 최대 허용처짐

부재의 형태	고려해야 할 처짐	처짐한계
과도한 처짐에 의해 손상되기 쉬운 비구조요소를 지지 또는 부착하지 않은 평지붕구조	활하중 L에 의한 순간처짐	$\frac{l}{180}$ 1)
과도한 처짐에 의해 손상되기 쉬운 비구조요소를 지지 또는 부착하지 않은 바닥구조	활하중 L에 의한 순간처짐	$\frac{l}{360}$
과도한 처짐에 의해 손상되기 쉬운 비구조요소를 지지 또는 부착한 지붕 또는 바닥구조	전체 처짐 중에서 비구조요소가 부착된 후 발생하는 처짐 부분(모든 지속하중에 의한 장기처짐과 추가 활하중에 의한 순간처짐의 합)3)	$\frac{l}{480}$ 2)
과도한 처짐에 의해 손상될 우려가 없는 비구조요소를 지지 또는 부착한 지붕 또는 바닥구조		$\frac{l}{240}$ 4)

㉮ 이 제한은 물고임에 대한 안전성을 고려하지 않았다. 물고임에 대한 적절한 처짐계산을 검토하되, 고인물에 대한 추가처짐을 포함하여 모든 지속하중의 장기적 영향, 솟음, 시공오차 및 배수설비의 신뢰성을 고려하여야 한다.

㉯ 지지 또는 부착된 비구조요소의 피해를 방지할 수 있는 적절한 조치가 취해지는 경우에 이 제한을 초과할 수 있다.

㉰ 장기처짐은 비구조요소의 부착 전에 생긴 처짐량을 감소시킬 수 있다. 이 감소량은 해당 부재와 유사한 부재의 시간-처짐 특성에 관한 적절한 기술자료를 기초로 결정하여야 한다.

㉱ 비구조요소에 의한 허용오차 이하이어야 한다. 그러나 전체 처짐에서 솟음을 뺀 값이 이 제한 값을 초과하지 않도록 하면 된다. 즉 솟음을 했을 경우 이 제한을 초과할 수 있다.

(2) 2방향 구조물

① 단변경간에 대한 장변경간의 비가 2를 초과하지 않는 슬래브 또는 기타 2방향 구조의 최소 두께는 〈표 4-7〉의 최대 허용처짐의 규정을 따라야 한다.

② 테두리보를 제외하고 슬래브 주변에 보가 없거나 보의 강성비 α_m이 0.2 이하일 경우 슬래브의 최소 두께는 〈표 4-8〉의 값을 만족시켜야 하고, 또한 다음 값 이상으로 하여야 한다.

a. 지판이 없는 슬래브의 경우 : 120mm

b. 지판을 가진 슬래브의 경우 : 100mm

〈표 4-8〉 내부에 보가 없는 슬래브의 최소 두께

설계기준 항복강도 f_y(MPa)	지판이 없는 경우			지판이 있는 경우		
	외부 슬래브		내부 슬래브	외부 슬래브		내부 슬래브
	테두리보가 없는 경우	테두리보가 있는 경우		테두리보가 없는 경우	테두리보가 있는 경우	
300	$l_n/32$	$l_n/35$	$l_n/35$	$l_n/35$	$l_n/39$	$l_n/39$
350	$l_n/31$	$l_n/34$	$l_n/34$	$l_n/34$	$l_n/37.5$	$l_n/37.5$
400	$l_n/30$	$l_n/33$	$l_n/33$	$l_n/33$	$l_n/36$	$l_n/36$
500	$l_n/28$	$l_n/31$	$l_n/31$	$l_n/31$	$l_n/33$	$l_n/33$
600	$l_n/26$	$l_n/29$	$l_n/29$	$l_n/29$	$l_n/31$	$l_n/31$

③ 보의 강성비 α_m이 0.2 초과하는 보가 슬래브 주변에 있는 경우 슬래브의 최소 두께는 다음 규정을 따라야 한다.

a. 보의 강성비 α_m이 0.2 초과 2.0 미만인 경우 다음 식 (4-14)의 값 이상으로 하여야 하며, 또한 120mm 이상으로 하여야 한다.

$$h = \frac{l_n\,(800 + \frac{f_y}{1.4})}{36{,}000 + 5{,}000\,(\alpha_m - 1.2)} \tag{4-14}$$

b. 보의 강성비 α_m이 2.0 이상인 경우 다음 식 (4-15)의 값 이상으로 하여야 하며, 또한 90mm 이상으로 하여야 한다.

$$h = \frac{l_n\,(800 + \frac{f_y}{1.4})}{36{,}000 + 9{,}000\,\beta} \tag{4-15}$$

c. 불연속단을 갖는 슬래브에 대해서는 강성비 α의 값이 0.8 이상을 갖는 테두리보를 설치하거나 식 (4-14), 식 (4-15)에서 구한 최소 소요두께를 적어도 10% 이상 증대시켜야 한다.

예제 4-5 그림과 같은 보의 중앙에서 탄성처짐을 산정하시오.
단, $w_D = 5\text{kN/m}$(자중 포함), 활하중 $w_L = 7\text{kN/m}$, $f_{ck} = 27\text{MPa}$, $f_y = 400\text{MPa}$

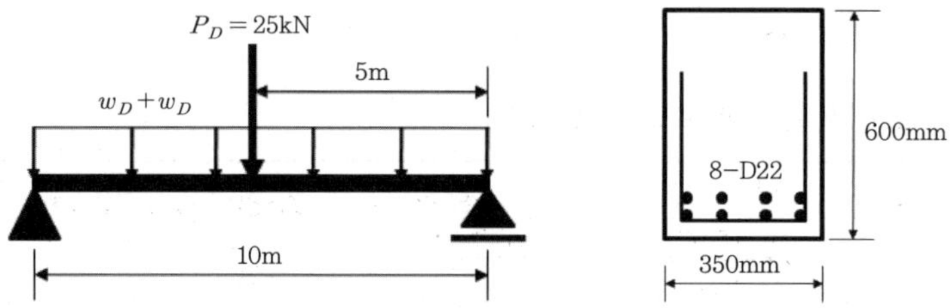

풀 이 (1) 보의 최소 춤 검토 : 처짐을 고려하지 않는 경우

$$h_{\min} = \left(\frac{l}{16}\right) = \left(\frac{10,000}{16}\right) = 625\text{mm}$$

∴ 보의 춤이 625mm보다 작으므로 보의 처짐에 대한 검토를 해야 한다.

(2) 처짐 산정 :

① 등분포하중에 의한 : $\Delta_1 = \dfrac{5w_{(D+L)}l^4}{384E_cI_e}$

② 집중하중에 의한 : $\Delta_2 = \dfrac{Pl^3}{48E_cI_e}$

(3) 콘크리트의 탄성계수 산정 :

① $E_c = 8,500\sqrt[3]{f_{cu}} = 8,500 \times \sqrt[3]{31} = 26.7 \times 10^3(\text{MPa})$

② $n = \dfrac{E_s}{E_c} = \dfrac{200,000}{26,700} = 7.5$

(4) 유효단면적 산정 :

① $I_e = \left(\dfrac{M_{cr}}{M_{sus}}\right)^3 I_g + \left[1 - \left(\dfrac{M_{cr}}{M_{sus}}\right)^3\right] I_{cr} \leq I_g$

② $M_a = \dfrac{w_{(D+L)}l^2}{8} + \dfrac{Pl}{4} = \dfrac{12 \times 10^2}{8} + \dfrac{25 \times 10}{4} = 162.5\text{kN}\cdot\text{m}$

③ $I_g = \dfrac{bh^3}{12} = \dfrac{(350)(600)^3}{12} = 6.3 \times 10^9(\text{mm}^4)$

④ $f_r = 0.63\sqrt{f_{ck}} = 0.63\times\sqrt{27} = 3.27\text{MPa}$

⑤ $M_{cr} = \dfrac{f_r I_g}{y} = \dfrac{(3.27)(6.3\times10^9)}{300}\times10^{-6} = 68.7\text{kN}\cdot\text{m}$

⑥ 등가단면의 중립축 거리 산정 :

$\dfrac{bc^2}{2} + nA_s(d-c) = 0,\ \Rightarrow 175c^2 - 7.5\times3.096(520-c) = 0$

$\therefore\ c = 205\text{mm}$

⑦ $I_{cr} = \dfrac{b(c)^3}{3} + nA_s(d-c)^2$

$= \dfrac{350\times205^3}{3} + (7.5\times3{,}096)(520-205)^2$

$= 3.31\times10^9\text{mm}^4$

⑧ $I_e = \left(\dfrac{M_{cr}}{M_{d+l}}\right)^3 I_g + \left[1-\left(\dfrac{M_{cr}}{M_{d+l}}\right)^3\right] I_{cr}$

$= \left(\dfrac{68.7}{162.5}\right)^3\times6.3\times10^9 + \left[1-\left(\dfrac{68.7}{162.5}\right)^3\right]\times3.31\times10^9$

$= 3.53\times10^9\text{mm}^4$

(5) 하중에 의한 탄성처짐 산정 :

① $\Delta_1 = \dfrac{5w_{(D+L)}l^4}{384E_cI_e} = \dfrac{5\times12\times10{,}000^4}{384\times26{,}700\times3.53\times10^9} = 16.57\text{mm}$

② $\Delta_2 = \dfrac{Pl^3}{48E_cI_e} = \dfrac{25{,}000\times10{,}000^3}{48\times26{,}700\times3.53\times10^9} = 5.53\text{mm}$

(6) 전체 탄성처짐량 산정 :

전체 처짐량 $= 16.57 + 5.53\text{mm} = 22.10\text{mm}$

예제 4-6 예제 4-5에서의 장기처짐을 구하시오.

풀 이 (1) 장기처짐은 고정하중과 집중하중에 의해 일어난다고 가정하면,

① $M_a = \dfrac{w_D l^2}{8} + \dfrac{Pl}{4} = \dfrac{5\times10^2}{8} + \dfrac{25\times10}{4} = 125\,\text{kN}\cdot\text{m}$

② $I_e = \left(\dfrac{68.7}{125}\right)^3\times6.3\times10^9 + \left[1-\left(\dfrac{68.7}{125}\right)^3\right]\times3.31\times10^9$

$= 3.81\times10^9\text{mm}^4$

③ $\lambda = \dfrac{\xi}{1+50\rho'} = \dfrac{2.0}{1+(50\times0)} = 2.0$

④ $\Delta_1 = \dfrac{5w_D l^4}{384E_c I_e} = \dfrac{5\times 5\times 10{,}000^4}{384\times 26{,}700\times 3.81\times 10^9} = 6.40\text{mm}$

⑤ $\Delta_2 = \dfrac{Pl^3}{48E_c I_e} = \dfrac{25{,}000\times 10{,}000^3}{48\times 26{,}700\times 3.81\times 10^9} = 5.12\text{mm}$

⑥ $\Delta_1 + \Delta_2 = 11.52\text{mm}$

⑦ 장기처짐 증가분 산정 :

$\Delta_a = \lambda(\Delta_1 + \Delta_2) = 2\times(6.4 + 5.12) = 23.04\text{mm}$

(2) 전체 장기처짐 산정 :

장기처짐 $= 11.52\text{mm} + 23.04\text{mm} = 34.56\text{mm}$

4-3 피로

4-3-1 적용범위

① 이 규정은 하중 중에서 변동하중이 차지하는 비율이 높거나 작용빈도가 크기 때문에 피로에 대한 안전성 검토를 필요로 하는 경우에 적용하여야 한다.

② 보 및 슬래브의 피로는 휨 및 전단에 대하여 검토하여야 한다.

③ 기둥의 피로는 검토하지 않아도 된다. 다만, 휨모멘트나 축인장력의 영향이 특히 큰 경우 보에 준하여 검토한다.

4-3-2 피로에 대한 안정성 검토

① 피로에 대한 안전성을 검토할 경우, 충격을 포함한 사용 활하중에 의한 철근의 응력범위 및 프리스트레싱 긴장재의 인장응력 변동범위가 〈표 4-9〉의 응력 이내에 들면 피로에 대하여 검토할 필요가 없다.

② 반복하중에 의한 철근의 응력이 〈표 4-9〉의 값을 초과하여 피로의 검토가 필요한 경우는 합리적 방법으로 피로에 대한 안전을 검토한다.

③ 피로의 검토가 필요한 구조부재는 높은 응력을 받는 부분에서 철근을 구부리지 않도록 하여야 한다.

〈표 4-9〉 피로를 고려하지 않아도 되는 철근과 긴장재의 응력범위

강재의 종류	설계기준 항복강도 혹은 위치	철근 또는 긴장재의 응력범위 (MPa)
이형철근	300MPa 350MPa 400MPa	130 140 150
긴장재	연결부 또는 정착부 기타 부위	140 160

4-4 내구성 설계

콘크리트구조는 주어진 주변 환경 조건하에서 설계 공용기간 동안에 안전성, 사용성, 미관 및 내구성을 갖도록 설계, 시공 및 유지관리되어야 한다. 또한 배수시설, 줄눈, 신축이음장치, 받침부, 난간 및 방호울타리, 부재연결부, 조명시설, 계측기 및 기타 부속물들은 구조의 수명보다 공용기간이 짧으므로 별도의 방법에 의하여 내구성이 검토되어야 한다.

4-4-1 설계 일반

① 콘크리트구조는 주어진 주변 환경 조건에서 설계 공용기간 동안에 안전성, 사용성, 내구성, 미관을 갖도록 설계, 시공, 유지관리하여야 한다.

② 설계착수 전에 구조물 발주자와 설계자는 구조물의 중요도, 환경조건, 구조거동, 유지관리방법 등을 고려하여야 한다.

4-4-2 내구성 설계기준

① 해풍, 해수, 황산염 및 기타 유해물질에 노출된 콘크리트는 내구성 허용기준 조건을 만족시키는 콘크리트를 사용한다.

② 설계자는 설계 초기에 소요공용기간을 확보할 수 있는 적절한 설계기법을 결정해야 한다.

③ 설계 초기단계에서 구조적으로 환경에 민감한 구조배치를 피하고, 유지관리 및 점검을 위하여 접근이 용이한 구조형상을 선정해야 한다.

④ 구조나 부재의 외측 표면에 있는 콘크리트의 품질이 보장될 수 있도록 해야 한다. 다지

기와 양생이 적절하여 밀도가 크고, 강도가 높고, 투수성이 낮은 콘크리트를 시공하고, 피복두께가 확보되어야 한다.

⑤ 구조의 모서리나 부재 연결부 등의 건전성 확보를 위한 철근콘크리트 및 프리스트레스트 콘크리트구조요소의 구조상세가 적절해야 한다.

⑥ 소요공용기간 동안 주어진 환경조건, 철근과 프리스트레싱 긴장재의 지름과 배근 조건 하에서 공칭균열폭이 허용균열폭 내에 있도록 해야 한다.

⑦ 설계자는 내구성에 관련된 콘크리트 재료, 피복두께, 프리스트레싱 긴장재, 처짐, 균열, 피로 및 기타 사항에 대한 제반 규정을 모두 검토하여야 한다.

4-4-3 노출 범주 및 등급

구조용 콘크리트부재에 대해 예측되는 노출 정도를 고려하여 〈표 4-10〉에 따라 노출등급을 정한다.

〈표 4-10〉 노출 범주 및 등급

범주	등급		조 건	
F (동결융해)	무시	F0	동결융해의 반복작용에 노출되지 않는 콘크리트	
	보통	F1	간혹 수분과 접촉하고 동결융해의 반복작용에 노출되는 콘크리트	
	심함	F2	지속적으로 수분과 접촉하고 동결융해의 반복작용에 노출되는 콘크리트	
	매우 심함	F3	제빙화학제에 노출되며 지속적으로 수분과 접촉하고 동결융해의 반복작용에 노출되는 콘크리트	
S (황산염)			토양 내의 수용성 황산염(SO_4)의 질량비(%)	물속에 용해된 황산염(SO_4) (ppm)
	무시	S0	$SO_4 < 0.10$	$SO_4 < 150$
	보통	S1	$0.10 \le SO_4 < 0.20$	$150 \le SO_4 < 1{,}500$, 해수
	심함	S2	$0.20 \le SO_4 < 2.00$	$1{,}500 \le SO_4 \le 10{,}000$
	매우 심함	S3	$SO_4 > 2.00$	$SO_4 > 10{,}000$
P (낮은 투수성 요구)	무시	P0	낮은 투수성이 요구되지 않고 수분과 접촉되는 경우	
	적용	P1	낮은 투수성이 요구되고 수분과 접촉되는 경우	
C (철근 방식)	무시	C0	건조하거나 수분으로부터 보호되는 콘크리트	
	보통	C1	수분에 노출되지만 외부의 염화물에 노출되지 않는 콘크리트	
	심함	C2	제빙화학제, 소금, 염수, 해수 또는 해수 · 물보라 등과 같은 염화물에 직접적으로 노출되는 콘크리트	

4-4-4 내구성 허용기준

① 〈표 4-10〉에 따라 노출등급이 결정된 경우의 콘크리트배합은 〈표 4-11〉에 규정된 가장 엄격한 요구조건을 따라야 한다.

〈표 4-11〉 노출등급에 따른 내구성 허용기준

<table>
<tr><th>노출
등급</th><th>최대
물-결합재비</th><th>최소 설계기준
압축강도(MPa)</th><th colspan="3">추가 최소 요구사항</th></tr>
<tr><td></td><td></td><td></td><td colspan="2">공기량</td><td>결합재
사용제한</td></tr>
<tr><td>F0</td><td>–</td><td>21</td><td colspan="2">없음</td><td>없음</td></tr>
<tr><td>F1</td><td>0.45</td><td>30</td><td colspan="2">표 4.10</td><td>없음</td></tr>
<tr><td>F2</td><td>0.45</td><td>30</td><td colspan="2">표 4.10</td><td>없음</td></tr>
<tr><td>F3</td><td>0.45</td><td>30</td><td colspan="2">표 4.10</td><td>〈표
4-10〉</td></tr>
<tr><td colspan="3"></td><td colspan="2">시멘트의 종류</td><td>염화칼슘
혼화제 사용
유무</td></tr>
<tr><td>S0</td><td>–</td><td>21</td><td colspan="2">제한 없음</td><td>제한 없음</td></tr>
<tr><td>S1</td><td>0.5</td><td>27</td><td colspan="2">보통포틀랜드시멘트(1종)+포졸란
혹은 슬래그[1)]
플라이애시시멘트(KS L 5211)
중용열포틀랜드시멘트(2종)(KS L 5201)
고로슬래그시멘트(KS L 5210)</td><td>제한 없음</td></tr>
<tr><td>S2</td><td>0.45</td><td>30</td><td colspan="2">내황산염포틀랜드시멘트(5종)(KS L 5201)
고로슬래그시멘트(KS L 5210)+플라이애시</td><td>허용 안 됨</td></tr>
<tr><td>S3</td><td>0.45</td><td>30</td><td colspan="2">내황산염포틀랜드시멘트(5종)
(KS L 5201)+포졸란 혹은 슬래그[2)]</td><td>허용 안 됨</td></tr>
<tr><td>P0</td><td>–</td><td>21</td><td colspan="3">해당 사항 없음</td></tr>
<tr><td>P1</td><td>0.50</td><td>27</td><td colspan="3">해당 사항 없음</td></tr>
<tr><td colspan="3" rowspan="2"></td><td colspan="2">콘크리트 내 최대 수용성 염소이온(Cl^-)량
(시멘트 질량에 대한 %)</td><td rowspan="2">관련 규정</td></tr>
<tr><td>철근
콘크리트</td><td>프리스트레스
콘크리트</td></tr>
<tr><td>C0</td><td>–</td><td>21</td><td>1.00</td><td>0.06</td><td rowspan="2">없음</td></tr>
<tr><td>C1</td><td>–</td><td>21</td><td>0.30</td><td>0.06</td></tr>
<tr><td>C2</td><td>0.40</td><td>35</td><td>0.15</td><td>0.06</td><td></td></tr>
</table>

㉮ 1종시멘트가 포함된 콘크리트에 사용될 때, 황산염에 대한 저항을 개선시킨 실적이 있거나 또는 실험에 의해 증명된 포졸란 또는 슬래그

㉯ 5종시멘트가 포함된 콘크리트에 사용될 때, 황산염에 대한 저항을 개선시킨 실적이 있거나 또는 실험에 의해 증명된 포졸란 또는 슬래그

② 노출등급 F1, F2, F3에 해당되는 보통콘크리트나 경량콘크리트는 〈표 4-12〉에 제시된 공기량을 확보하여야 한다. 이때 연행 공기량의 허용편차는 ±1.5%이다. 설계기준 압축강도가 35MPa를 초과하는 콘크리트는 〈표 4-12〉에 제시된 공기량에서 1% 감소시킬 수 있다.

〈표 4-12〉 동해 저항 콘크리트에 대한 전체 공기량

굵은골재의 최대 치수(mm)	공기량(%)	
	F1	F2, F3
10.0	6.0	7.5
15.0	5.5	7.0
20.0	5.0	6.0
25.0	4.5	6.0
40.0	4.5	5.5

③ 철근의 부식방지를 위해 굳지 않은 콘크리트의 전체 염소이온량은 원칙적으로 0.3kg/m^3 이하로 한다. 다만, 책임기술자의 승인을 받은 경우 0.6kg/m^{3}까지 허용될 수 있다. 그러나 이미 굳은 콘크리트의 전체 염소이온량에 대한 검토가 염소이온 농도에 의해 이루어질 경우 재령 28일 이후의 콘크리트에서 최대 수용성 염소이온농도 시험은 KS F 2713 또는 KS F 2715에 따라 시행하고 〈표 4-11〉의 값으로 검토할 수 있다.

④ 노출등급 C2의 경우 〈표 4-11〉의 최대 물-결합재비 및 콘크리트의 최소 설계기준 압축강도 조건과 최소 콘크리트 피복두께 조건을 만족하여야 한다.

⑤ 노출등급 F3의 경우 콘크리트 배합에 사용되는 플라이애시, 실리카퓸, 슬래그, 포졸란 결합재의 전 질량에 대한 비율이 〈표 4-13〉의 요건에 적합하도록 하여야 한다.

〈표 4-13〉 노출등급 F3의 콘크리트에 대한 최대 혼화재 비율

결합재	결합재 전 질량에 대한 백분율(%)
KS L 5405에 따르는 플라이애시 또는 기타 포졸란	25
KS F 2563에 따르는 고로슬래그 미분말	50
실리카퓸	10
50실리카퓸, 고로슬래그 미분말, 플라이애시, 그리고 기타 포졸란 전체	50[1)]
실리카퓸, 플라이애시, 그리고 기타 포졸란 전체	35[1)]

㉮ 플라이애시 또는 기타 포졸란은 25% 이하, 실리카퓸은 10% 이하이어야 한다.

4-5 최소 피복두께(Cover thickness)

4-5-1 프리스트레스 하지 않는 부재의 현장치기 콘크리트

콘크리트의 피복두께라 함은 가장 바깥쪽 철근의 중심으로부터 콘크리트 표면까지의 거리이며, 프리스트레스하지 않는 부재의 현장치기 콘크리트의 최소 피복두께는 다음 규정을 따라야 한다.

① 수중에서 타설하는 콘크리트 ··· 100mm

② 흙에 접하여 콘크리트를 친 후 영구히 흙에 묻혀 있는 콘크리트 ··· 80mm

③ 흙에 접하여 옥외 공기에 직접 노출되는 경우

a. D29 이상 철근 ··· 60mm

b. D25 이하 철근 ··· 50mm

c. D16 이하의 철근, 지름 16mm 이하의 철선 ··· 40mm

④ 옥외 공기나 흙에 직접 접하지 않는 콘크리트

a. 슬래브, 벽체, 장선

- D35 초과하는 철근 ··· 40mm
- D35 이하인 철근 ··· 20mm

b. 보, 기둥 ··· 40mm

콘크리트의 설계기준 강도 f_{ck}가 40MPa 이상인 경우 규정된 값에서 10mm 저감시킬 수 있다.

c. 쉘, 절판부재 ··· 20mm

4-5-2 프리캐스트 콘크리트

프리캐스트 콘크리트는 배합, 치기 및 양생 관리가 편리하여 양질의 콘크리트 생산이 가능하므로 이에 따라 피복두께도 작게 할 수 있다. 프리캐스트란 반드시 공장에서 제작되어야 한다는 것을 의미하는 것은 아니다. 현장에서도 거푸집 크기, 철근배치, 콘크리트의 품질관리 및 양생과정이 통상적으로 공장에서 기대되는 바와 같은 수준이라면 프리캐스트 콘크리트로 볼 수 있다. 프리캐스트 콘크리트의 최소 피복두께는 다음 규정을 따라야 한다.

(1) 흙에 접하거나 옥외 공기에 직접 노출된 콘크리트

① 벽체

a. D35를 초과하는 철근 및 지름 40mm를 초과하는 긴장재 ·········· 40mm

b. D35 이하의 철근, 지름 40mm 이하인 긴장재 및 지름 16mm 이하의 철선 ·········· 20mm

② 기타 부재

a. D35를 초과하는 철근 및 지름 40mm를 초과하는 긴장재 ·········· 50mm

b. D19 이상, D35 이하의 철근 및 지름 16mm를 초과하고, 지름 40mm 이하인 긴장재 ·········· 40mm

c. D16 이하의 철근, 지름 16mm 이하의 철선 및 지름 16mm 이하인 긴장재 ·········· 30mm

(2) 옥외 공기나 흙에 직접 접하지 않는 콘크리트

① 슬래브, 벽체, 장선

a. D35를 초과하는 철근 및 지름 40mm를 초과하는 긴장재 ·········· 30mm

b. D35 이하의 철근 및 지름 40mm 이하인 긴장재 ·········· 20mm

c. 지름 16mm 이하의 철선 ·········· 15mm

② 보, 기둥

a. 주철근 ·········· d_b

다만, 15mm 이상이어야 하고, 40mm 이상일 필요는 없다.

b. 띠철근, 스터럽, 나선철근 ·········· 10mm

③ 쉘, 절판부재

a. 긴장재 ·········· 20mm

b. D19 이상의 철근 ·········· 15mm

c. D16 이하의 철근, 지름 16mm 이하의 철선 ·········· 10mm

4-5-3 프리스트레스 하는 부재의 현장치기 콘크리트

① 흙에 접하여 콘크리트를 친 후 영구히 흙에 묻혀 있는 콘크리트 ·········· 80mm

② 흙에 접하여 옥외 공기에 직접 노출되는 콘크리트

a. 벽체, 슬래브 및 장선구조 ·········· 30mm

b. 기타 부재 ·········· 40mm

③ 옥외 공기나 흙에 직접 접하지 않는 콘크리트

a. 슬래브, 벽체, 장선 ·········· 20mm

b. 보, 기둥

- 주철근 40mm
- 띠철근, 스터럽 및 나선철근 30mm

c. 쉘, 절판부재

- D19 이상의 철근 .... d_b
- D16 이하의 철근, 지름 16mm 이하의 철선 10mm

4-5-4 다발철근

다발철근의 피복두께는 다발의 등가지름 이상으로 하여야 한다. 그러나 60mm보다 크게 할 필요는 없다. 다만, 흙에 접하여 콘크리트를 친 후 영구히 흙에 묻혀 있는 경우는 피복두께를 80mm 이상, 수중에서 콘크리트를 타설하는 경우는 100mm 이상으로 하여야 한다.

chapter 5

보(Girder) 해석 및 설계

5-1 개 요

구조물 부재의 해석 및 설계의 주요 목적은 구조부재가 모든 예상하중에 안전하게 견딜 수 있도록 재료 및 크기를 결정하는 과정이라고 할 수 있다. 또한 이러한 과정은 부재의 설계강도(design strength)가 하중에 의한 소요강도(required strength)보다 크도록 제시한 구조설계기준을 만족시키는 것이라고 할 수 있다. 한편 철근콘크리트 부재는 콘크리트와 철근의 서로 다른 재료의 결합에 의한 구조부재이므로 강도설계법에서는 다음과 같은 가정을 통하여 해석한다.

① 변형 전에 중립축에 수직인 평면은 변형 후에도 평면을 유지한다.

② 중립축에서 같은 거리에 떨어진 철근에 생기는 변형률은 같은 위치의 콘크리트에 생기는 변형률과 같다.

③ 콘크리트와 철근의 응력은 콘크리트와 철근의 응력-변형률 곡선을 이용하여 변형률로부터 계산할 수 있다.

위의 첫 번째 가정은 보 이론에서 "평면유지"의 가정으로 보의 단면에 생기는 변형률은 중립축으로부터 거리에 비례하는 것을 의미한다. 그러나 보의 길이가 보 춤보다 약 4배 이하인 깊은 보(deep beam)에서는 보의 형태로 거동하기 보다는 타이드 아치(tied arches)형태로 거동되는 경향이 있기 때문에 이와 같은 가정은 유효하지 않다. 두 번째 가정은 콘크리트와 배근된 철근이 완전히 부착되어 있다는 것을 의미하며, 철근과 콘크리트가 일체로 거동하여 부재에 가해지는 하중에 저항한다는 의미이다. 철근콘크리트의 보(휨)이론에서 세 가지 가정은 철근콘크리트 부재의 휨에 의한 거동과 강도를 계산하는데 충분하지만 휨 부재설계를 위하여 설계이론 및 계산의 편의를 위하여 다음과 같은 가정들이 추가로 도입되고 있다.

① 철근콘크리트 부재의 휨강도계산에서 콘크리트의 인장강도는 무시한다.

② 콘크리트는 압축연단의 최대 압축변형률이 0.003에 이르렀을 때 파괴된다.

③ 콘크리트의 압축응력-변형률 관계는 시험결과에 따라 장방형, 사다리꼴 또는 포물선형

등으로 가정할 수 있다.

④ 철근의 응력이 설계기준 항복강도 f_y 이하일 때, 철근의 응력은 그 변형률에 철근의 탄성계수 (E_s)를 곱한 값으로 하여야 하며, 철근의 변형률이 $\varepsilon_y = f_y / E_s$보다 큰 경우에 철근의 응력은 변형률에 관계없이 f_y로 하여야 한다.

위에서 콘크리트의 인장강도는 압축강도의 약 1/10 정도이며, 중립축 아래에서 콘크리트가 부담하는 인장력은 철근이 부담하는 인장력에 비해 매우 작은값이 된다. 그러므로 보의 휨 저항능력에 대한 콘크리트의 인장응력 기여도는 매우 작아 설계에서는 무시할 수 있다. 한편, 압축연단에서의 콘크리트 최대 압축변형률을 0.003으로 제한한 값은 여러 가지 실험에 의하여 정확한 값은 아니지만, 미국 ACI 및 우리나라 건축구조설계기준에서는 휨 부재의 콘크리트 압축연단에서의 극한변형률을 0.003으로 규정하고 있다. 또한 콘크리트의 압축응력 분포와 콘크리트 변형률 사이의 관계는 광범위한 실험 결과와 실질적으로 일치하는 여러 형상, 즉 직사각형, 사다리꼴, 포물선형 등으로 모델화하여 사용하고 있지만 일반적으로 등가 직사각형으로 가정하고 있다.

5-2 유효춤 및 최외단 인장철근까지의 거리

철근콘크리트(reinforced concrete)보의 해석 및 설계에서는 보의 전체 춤(depth, D)을 사용하는 대신 보의 유효 춤(effective depth, d)을 사용하며, 보의 유효 춤은 압축측 콘크리트 최외단(extreme compression fiber)에서 인장철근 도심(centroid)까지의 거리를 나타낸다. 그림 5-1(a)에서와 같이 인장철근이 1단(single layer)으로 배근되었을 때는 보의 전체 춤에서 콘크리트 피복두께와 스터럽 직경 및 인장철근 직경의 반을 뺀 값을 보의 유효 춤으로 산정한다. 또한 그림 5-1(b)에서와 같이 인장철근이 2단(double-layer) 이상으로 배근되었을 때의 유효 춤은 보의 전체 춤에서 콘크리트 피복두께와 스터럽 직경 및 인장철근의 직경과 철근 사이 순간격의 반을 제외한 값을 보의 유효 춤으로 산정한다.

한편, 철근콘크리트보의 해석 및 설계에서 최외단 인장철근까지의 거리(d_t)는 보 단면의 거동(인장 혹은 압축지배 단면) 및 강도감소계수(Φ)를 구하는데 사용되며, 보의 압축측 콘크리트의 최외단(extreme compression fiber)에서 가장 먼 거리에 있는 인장철근 도심(centroid)까지의 거리를 말한다. 그림 5-1(a)에서와 같이 인장철근이 1단(single layer)으로 배근되었을 때에는 보의 유효 춤과 같은 값($d_t = d$)을 가지며, 그림 5-1(b)와 같이 인장철근이 2단(double-layer) 이상으로 배근되었을 때는 보의 유효 춤보다는 조금 더 큰 값으로 산정된다.

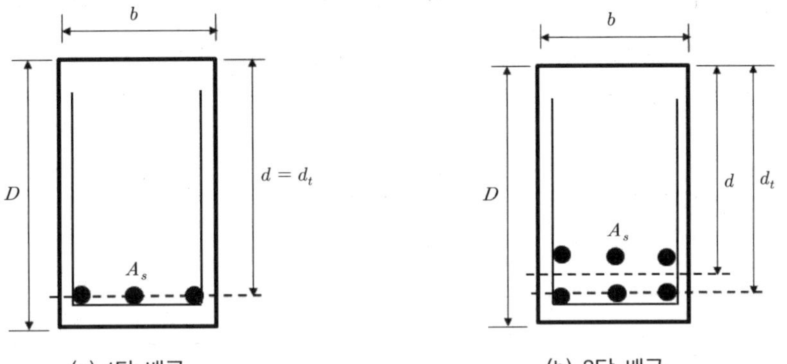

그림 5-1 철근콘크리트보 유효춤(d)과 최외단 인장철근까지의 거리(d_t)

5-3 보의 휨응력(Bending stresses)

철근콘크리트보에 비교적 작은 하중이 작용하면 보의 인장측 콘크리트에 생기는 인장응력은 휨파괴응력(Modulus of rupture, f_r)보다 작아서 인장측 콘크리트에 균열이 발생하지 않으므로 보의 전단면이 휨에 저항하게 된다. 또한 철근콘크리트보에서 콘크리트와 철근은 완전하게 결합되어 있다고 가정하므로 중립축에서 같은 거리에 있는 철근의 변형률과 콘크리트의 변형률은 같아지게 된다. 하지만 철근과 콘크리트의 탄성계수가 서로 다르므로 중립축에서 같은 거리에 있는 철근과 콘크리트가 부담하는 응력은 서로 다르게 된다. 즉 이들의 응력은 각 재료의 탄성계수 값에 비례하게 된다. 일반적으로 콘크리트 탄성계수에 대한 철근 탄성계수의 비를 탄성계수 비(Modular ratio, n)라 하며, 식 (5-1)에 의해 계산한다.

$$n = \frac{E_s}{E_c} \tag{5-1}$$

만약 특정 철근콘크리트보에서 탄성계수비가 10이라고 하면, 중립축에서 같은 거리에 있는 철근이 받는 응력(Stress)은 콘크리트가 받는 응력의 10배가 된다는 의미이며, 또한 철근

단면적 1.0mm^2가 받을 수 있는 힘은 콘크리트 단면적 10mm^2가 받는 힘과 같다는 것을 의미한다. 보의 휨 해석에서는 철근의 단면적을 같은값(등가)의 탄성계수비에 콘크리트 단면적을 곱한 가상적 콘크리트(fictitious concrete, nA_s) 단면적으로 변환시킨 값을 사용하여 철근콘크리트보의 응력 및 저항모멘트를 구하는데 사용한다. 이러한 변환된 면적을 변환단면적(transformed area)이라 하며, 인장력에 저항한다고 가정한다. 그림 5-2에서 철근콘크리트보의 변환단면적을 나타냈다.

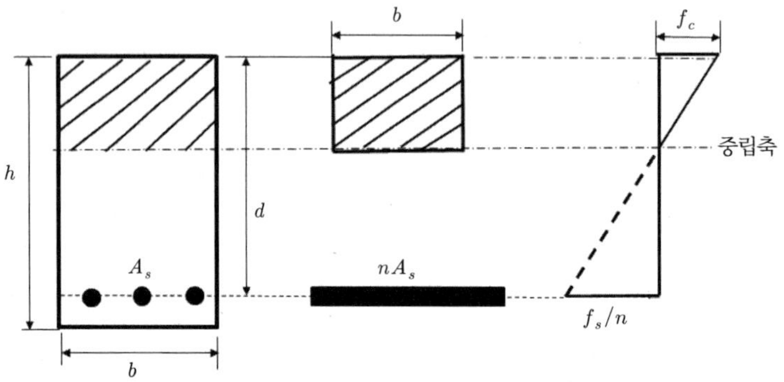

그림 5-2 철근콘크리트보의 변환단면적

철근콘크리트보에 휨모멘트가 작용하면, 단면에 생기는 휨응력 및 저항모멘트를 구하는 방법은 다음의 과정을 통하여 산정한다. 먼저 철근콘크리트보 단면에서 중립축 위치를 구하고자 압축연단에서부터 x만큼 떨어진 거리에 중립축이 위치한다고 가정하고, 중립축에 대한 압축면적 모멘트는 중립축에 대한 인장면적 모멘트와 같다고 하면, 중립축 x에 대한 2차방정식을 구하며, 이 방정식을 통하여 중립축 거리 값을 구한다. 그리고 중립축 거리를 구한 후 중립축에 대한 압축면적 및 변환단면적에 대한 단면2차모멘트를 구하고, 휨공식을 이용하여 보의 중립축에서 일정한 거리의 단면에 발생하는 휨응력들을 구할 수 있다.

예제 5-1 그림과 같은 단근 철근콘크리트 보에 휨모멘트 700kNm가 작용할 때 보 단면에 생기는 휨응력을 구하시오. 단, $n = 10$

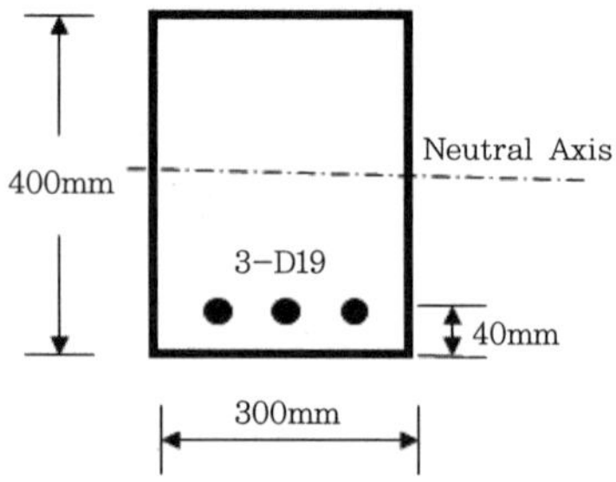

풀 이 (1) 최대 압축연단으로부터의 중립축 거리(x) 산정 :

$$(300 \times x)(\frac{x}{2}) = (10)(881)(360 - x), \quad 150x^2 + 8,810x - 3,171,600 = 0$$

2차 방정식을 풀이하면, 중립축 거리 $x = 119\text{mm}$

(2) 중립축에 대한 단면2차모멘트 산정 :

$$I = \frac{(300 \times 119\text{mm}^3)}{12} + (300 \times 119 \times (\frac{119}{2})^2 + (8{,}810\text{mm}^2 \times 241^2)$$

$$= 6.802 \times 10^8 \text{mm}^4$$

(3) 압축측 콘크리트가 받는 최대 압축응력 산정 :

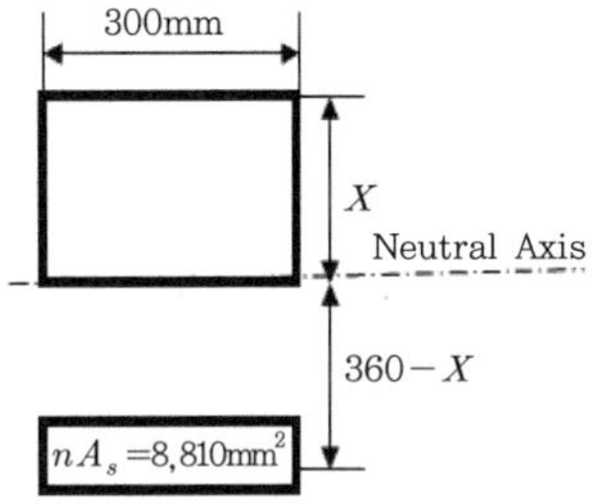

$$f_c = \frac{My}{I} = \frac{(700 \times 10^6 \times 119\text{mm})}{6.802 \times 10^8}$$

$$= 122.5\text{MPa}$$

(4) 인장측 철근이 받는 인장응력 산정 :

$$f_s = n\frac{My_t}{I} = (10)\frac{(700 \times 10^6 \times 241\text{mm})}{6.802 \times 10^8}$$

$$= 2{,}481\text{MPa}$$

예제 5-2 그림과 같은 복근 철근콘크리트 보에 휨모멘트 2,000kNm가 작용할 때 보 단면에 생기는 휨응력을 구하시오. 단, $n = 10$

풀 이 (1) 중립축에 대한 각각의 모멘트가 같다고 하여 중립축 거리 산정

$$(300\text{mm} \times x)(\frac{x}{2}) + (20-1)(574\text{mm}^2)(x-40) = (10)(881\text{mm}^2)(360-x)$$

$$150x^2 + 19{,}716x - 3{,}607{,}840 = 0,$$

$\therefore x = 103\text{mm}$가 된다.

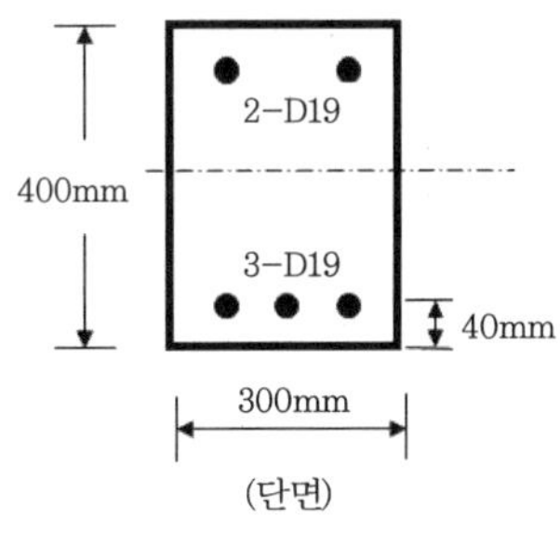

(2) 중립축에 대한 단면2차모멘트 값

$$I = \frac{(300 \times 103^3)}{12} + (300 \times 103 \times (\frac{103}{2})^2$$

$$+ (10{,}906 \times 63^2) + (10)(8{,}810)(257^2)$$

$$= 5.971 \times 10^9 \text{mm}^4$$

(3) 압축측 콘크리트가 받는 압축응력 산정

$$f_c = \frac{My}{I} = \frac{(2{,}000 \times 10^6 \times 103)}{5.971 \times 10^9} = 34.5\text{MPa}$$

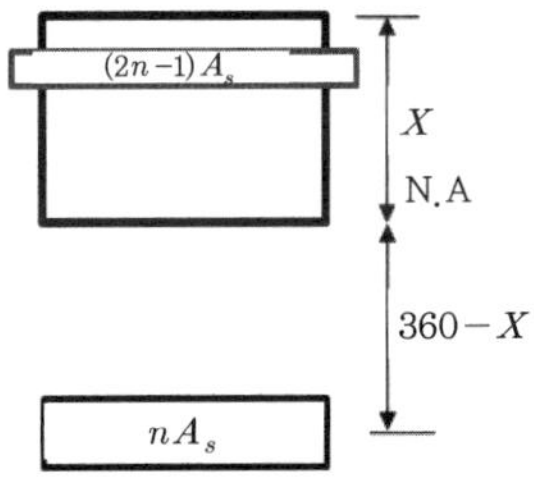

(4) 압축측 철근이 받는 압축응력 산정

$$f_s' = 2n\frac{My}{I} = (20)\frac{(2{,}000 \times 10^6 \times 63)}{5.971 \times 10^9}$$

$= 422.0\text{MPa}$

(5) 인장측 철근이 받는 인장응력 산정

$$f_s = n\frac{My}{I} = (10)\frac{(2{,}000 \times 10^6 \times 257)}{5.971 \times 10^9} = 860.8\text{MPa}$$

5-4 보의 해석

5-4-1 개 요

철근콘크리트 보의 길이방향에 수직으로 작용하는 하중은 보 부재에 휨과 처짐을 발생시키며, 이러한 연직하중을 점차 증가시키면 보가 파괴될 때까지 대표적으로 3단계의 연속과정을 거쳐 파괴된다고 가정한다. 첫 번째 단계로, 연직하중이 매우 작을 때 하중으로 인해 보에 발생하는 인장응력이 콘크리트에 균열을 발생시키는 휨인장응력(휨파괴계수, modulus of rupture)보다 작게 되는 단계로, 이 단계에서는 보의 전 단면적이 휨에 저항하게 된다. 두 번째 단계는 하중을 더욱 증가시키면 하중으로 인한 인장응력이 보의 휨파괴계수보다 커지게 되며 인장을 받는 보 하부에서부터 콘크리트에 균열이 발생하게 된다. 이 단계에서 보 하부의 인장응력이 휨파괴계수와 같아지게 될 때의 보 휨모멘트를 보의 균열모멘트(cracking moment)라 한다. 보에 하중을 더 증가시키면 보 하부의 콘크리트 균열이 중립축 근처로 서서히 진행되게 되며, 보 단면에서 중립축도 보 단면의 평형을 유지하기 위해 서서히 위쪽으로 이동하게 되고, 하중에 의한 보 휨모멘트 값이 균열모멘트 값보다 커지는 영역에서는 콘크리트의 균열이 모두 발생하게 된다. 한편, 콘크리트 균열이 발생한 영역에 속한 콘크리트는 인장응력에 더 이상 저항할 수 없으므로 보 하부에 배근된 인장철근만이 하중으로 인한 인장응력을 부담하게 된다. 이러한 현상은 압축측 연단에서 발생되는 콘크리트 압축응력이 콘크리트 4주 압축강도(f_{ck})의 절반 정도가 될 때까지 계속되며, 압축응력은 중립축으로부터 거리에 따라 선형적으로 변한다고 가정한다. 마지막 단계로 하중을 더욱더 증가시켜 압축측 연단에서의 콘크리트 압축응력이 설계기준압축강도(f_{ck}) 절반보다 크게 될 때 보의 인장균열은 보 단면의 위로 더욱 진행되고, 중립축도 단면의 평형을 위하여 위로 더 이동하게 되는 단계가 되며 이때 콘크리트의 압축응력은 더 이상 선형적으로 변하지 않게 되는 단계가 발생하게 된다.

5-4-2 보 단면의 변형률(Strain)

(1) 유효 춤(d)에서의 변형률(ε_s)

직사각형 보 단면의 유효 춤에서 인장변형률을 ε_s라 하면, 그림 5-3에 보여진 보 단면의 선형적 변형률 그림을 이용하여 유효 춤에서의 변형률을 구할 수 있다. 따라서 유효 춤에서의 인장변형률은 변형률 그림에서 삼각형 닮은꼴 원리를 이용하여 다음 식 (5-2)와 같이 나타낼 수 있다.

$$0.003 : c = (\varepsilon_u + \varepsilon_s) : d \tag{5-2}$$

위의 식 (5-2)에서 직사각형 보 단면 유효 춤에서의 인장변형률(ε_s)은 다음 식 (5-3)과 같이 주어진다.

$$\varepsilon_s = \frac{d-c}{c} \times (0.003) \tag{5-3}$$

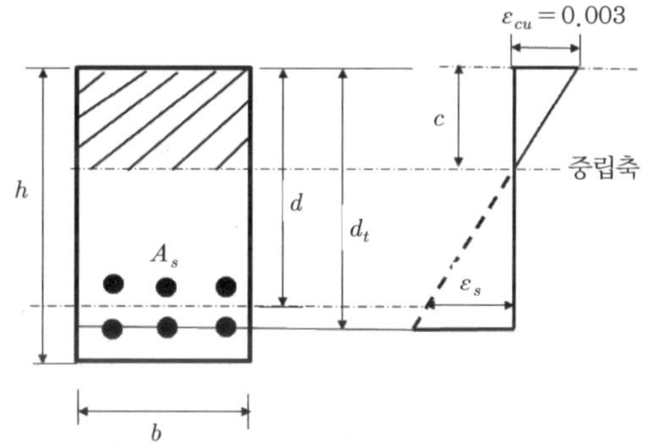

그림 5-3 보의 유효 춤에서 변형률

(2) 최외단 인장철근에서의 변형률(ε_t)

직사각형 보 단면의 최외단 인장철근에서 인장변형률을 ε_t라 하면, 그림 5-4에 보여진 선형적 변형률 변화를 통하여 최외단 인장철근에서의 변형률을 구할 수 있다. 앞에서 언급한 삼각형 닮은꼴 원리를 이용하여 식 (5-4)와 같이 나타 낼 수 있다.

$$0.003 : c = (\varepsilon_u + \varepsilon_t) : d_t \tag{5-4}$$

위의 식 (5-4)에서 직사각형 보 단면 최외단 인장철근에서의 변형률(ε_t)은 다음 식 (5-5)와 같이 주어진다.

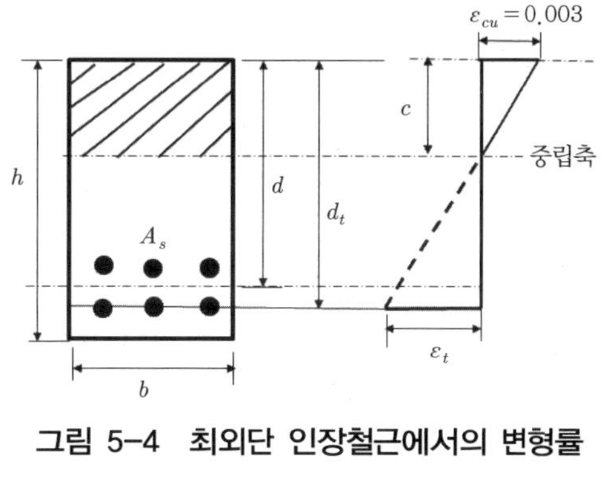

그림 5-4 최외단 인장철근에서의 변형률

$$\varepsilon_t = \frac{d_t - c}{c} \times (0.003) \tag{5-5}$$

5-4-3 등가압축응력 분포(Equivalent Compressive Stress Distribution)

직사각형 단면을 가지는 보가 휨모멘트를 받을 때 압축연단 콘크리트의 압축응력이 $0.5f_{ck}$ 이상이 되면 단면에 발생하는 압축응력의 변화는 그림 5-5(c)와 같이 비선형적으로 변한다. 이러한 비선형 압축응력을 해석의 편의를 위해 그림 5-5(d)와 같이 평균 압축응력이 $0.85f_{ck}$ 이고, 높이가 a 인 등가(equivalent) 직사각형 압축응력도로 나타낸다. 이러한 등가 직사각형 응력도 깊이(depth)를 '등가압축응력 깊이(depth of equivalent compressive rectangular stress block)'라고 한다. 설계구조기준에서는 등가압축응력 깊이(a)를 콘크리트의 압축연단에서 중립축(neutral axis)까지 거리(c)에 지속하중으로 인한 콘크리트의 압축강도 감소를 고려한 계수 값(β_1)을 곱한 값으로 하며, 구조설계기준에서는 다음 식 (5-6)과 같이 산정한다.

한편 계수 β_1의 값은 여러 연구자의 실험결과에 따른 값으로 구조설계기준에서는 콘크리트 설계압축강도 값에 따른 다음 식 (5-7)과 (5-8)과 같이 계산되어진다.

$$a = \beta_1 c \tag{5-6}$$

여기서, ① $f_{ck} \le 28\text{MPa}$ 일 때, $\beta_1 = 0.85$ (5-7)

② $f_{ck} > 28\text{MPa}$ 일 때, $\beta_1 = 0.85 - 0.007\,(f_{ck} - 28) \ge 0.65$ (5-8)

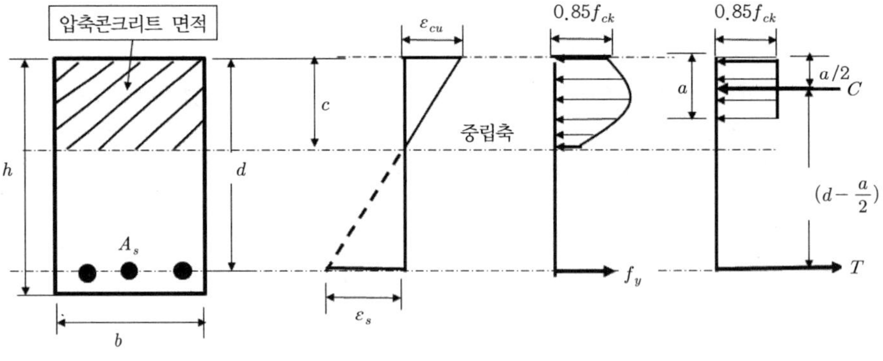

그림 5-5 실제 응력과 등가응력

5-4-4 보단면의 변형률 한계(Strain Limits for Beam Sections)

철근콘크리트 휨 부재의 설계 규정들은 압축 또는 인장지배 단면에 대한 개념을 바탕으로 하고 있으며, 이러한 압축 또는 인장지배 보 단면은 공칭강도(nominal strength)에서의 최외단 인장철근에서 발생되는 순인장변형률(ε_t)에 의해 규정된다.

(1) 압축지배 단면(Compression-controlled section)

최연단 압축콘크리트(extreme compression fiber)가 가정된 극한변형률인 0.003에 도달할 때 식 (5-5)에 구한 최외단 인장철근의 순인장변형률(ε_t)이 압축지배 변형률 한계 이하인 단면을 압축지배단면(compression-controlled section)이라고 한다. 그림 5-6에서 압축지배 보 단면의 변형률 한계상태를 보여주고 있다. 그리고 압축지배 변형률 한계는 균형변형률 상태에서 인장철근의 순인장변형률(ε_y)과 같다. 프리스트레스트 콘크리트의 경우는 최외단 긴장재의 순인장변형률을 기준으로 하며, 압축지배 변형률 한계는 0.002로 한다. 압축지배 단면에서의 강도감소계수(Φ)는 0.65를 적용한다.

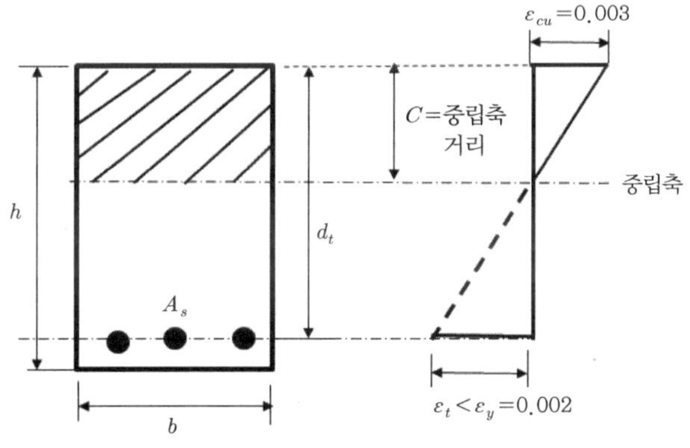

그림 5-6 압축지배 변형률 한계

(2) 인장지배 단면(Tension-controlled section)

최연단 압축콘크리트(extreme compression fiber)가 가정된 극한변형률인 0.003에 도달할 때 최외단 인장철근의 순인장변형률(ε_t)이 0.005 이상인 단면을 인장지배 단면(tension-controlled section)이라고 한다. 다만, 철근의 항복강도가 400MPa를 초과하는 경우에는 인장지배 변형률 한계를 철근 항복변형률의 2.5배($\varepsilon_t = 2\varepsilon_y$)로 한다. 그림 5-7에서 인장지배 단면 변형률의 한계상태를 보여주고 있다. 인장지배 단면에서의 강도감소계수(Φ)는 0.85를 적용한다.

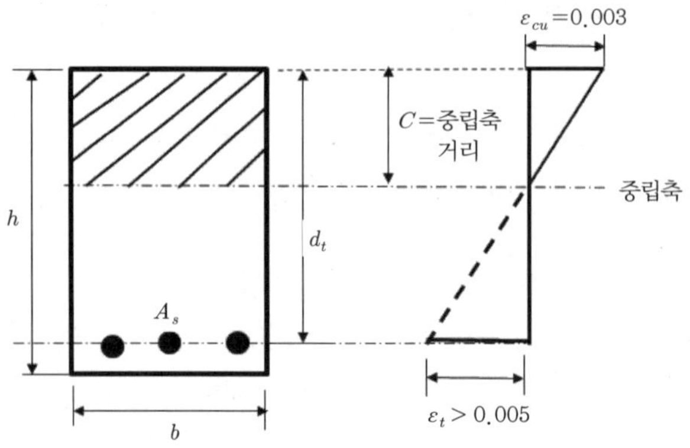

그림 5-7 인장지배 변형률 한계

(3) 변화구간 단면(Transition section)

최외단 인장철근의 순인장 변형률(ε_t)이 압축지배 변형률 한계보다 크고 인장지배 변형률 한계 미만($0.002<\varepsilon_t<0.005$)인 단면을 변화구간 단면(transition section)이라고 한다. 설계에서 변화구간 단면에서의 강도감소계수(Φ) 값은 다음 식 (5-9)에 따라 계산한다.

$$\Phi = 0.65 + (\varepsilon_t - 0.002)\frac{200}{3} \geq 0.65 \qquad (5-9)$$

5-4-5 강도감소계수(Strength-reduction Factor, Φ)

휨재는 부재의 길이방향에 직각으로 작용하는 횡하중이나 모멘트를 지지하는 구조부재로써 철근콘크리트구조물에서는 보와 슬래브가 휨재에 속한다. 철근콘크리트 강도설계법에 의한 휨재의 설계는 강도감소 효과를 고려한 부재의 휨에 대한 저항능력(설계모멘트)이 과하중을 고려하여 계산된 부재의 최대 모멘트(소요모멘트) 효과보다 같거나 커야 하므로 다음 식 (5-10)과 같은 식으로 표현된다.

$$\Phi M_n \geq M_u \qquad (5-10)$$

식 (5-10)에서 M_u는 하중계수를 적용한 하중에 의한 휨모멘트를 의미하는 소요모멘트(required moment strength)이고, M_n은 규정된 재료강도에서 주어진 단면에 대하여 계산된 공칭휨모멘트이며, Φ는 재료강도나 단면의 형상, 강도계산의 부정확성 및 부재의 중요도를 고려한 강도감수계수(strength reduction factor)이다. 또한 ΦM_n을 설계휨모멘트(design moment strength)라 하며, 〈표 5-1〉에 단면의 순인장변형률에 따라 변화되는 강도감소계수 값을 요약해서 제시 하였다.

〈표 5-1〉 지배단면에 따른 강도감소계수

단면 구분	순인장변형률(ε_t)	강도감소계수(Φ)
압축지배 단면	ε_y 이하	0.65
변화구간	ε_y~0.005(또는 2.5ε_y)	0.65~0.85
인장지배 단면	0.005 이상 (f_y>400MPa인 경우 2.5ε_y 이상	0.85

5-5 단근 직사각형 보(Singly Reinforced Rectangular Section)

단근보(singly reinforced beam)는 보단면의 하부(인장)에만 철근이 배근되어 보에 작용하는 인장응력에 효과적으로 저항하도록 한 부재이다. 단근보 단면에서는 중립축 상부의 콘크리트가 압축응력에 저항하고, 하부에 배근된 철근이 인장에 취약한 콘크리트를 대신하여 인장응력에 저항하도록 설계한 보 부재이다.

5-5-1 단근 직사각형 보의 균형철근비(Balanced reinforcement ratio)

단근 직사각형 보단면에서 인장측 철근의 변형률이 항복변형률(ε_y)에 도달하고, 압축연단의 콘크리트 최대 변형률이 0.003에 동시에 도달하는 상태의 보를 균형 철근콘크리트보(balanced beam)라 하며, 이러한 균형상태에 도달하는데 필요한 인장철근비를 균형철근비(ρ_b)라 하고 보의 최대 인장철근비 ($\rho_{\max}$)를 결정하는데 사용된다.

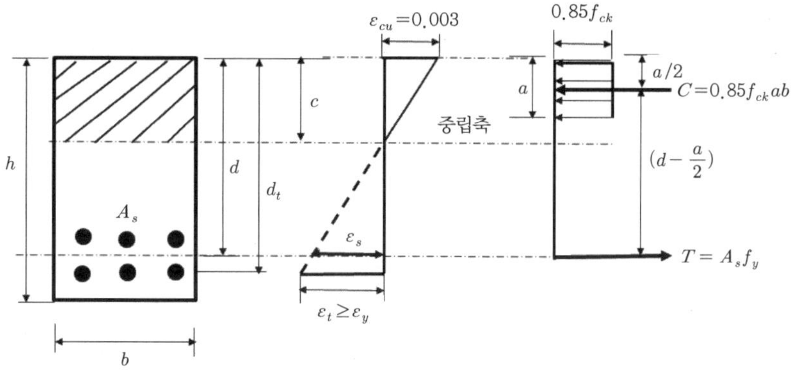

그림 5-8 균형 철근콘크리트보의 변형률 및 응력분포

균형철근비를 구하기 위하여, 먼저 그림 5-8(a)에서 변형률에서 대한 닮은꼴 삼각형 조건을 이용하면 아래 식을 얻으며,

$$0.003 : c_b = (\varepsilon_u + \varepsilon_s) : d$$

위의 식에서 보의 균형상태에서의 중립축 거리 c_b를 구하면 다음 식 (5-11)과 같다.

$$c_b = \frac{\varepsilon_u}{\varepsilon_u + \varepsilon_y} d = \frac{0.003}{0.003 + (f_y / E_s)} d \quad (5\text{-}11)$$

식 (5-11)에 철근의 탄성계수 $E_s = 2 \times 10^5 \mathrm{MPa}$의 값을 대입하여 다시 정리하면, 균형철근콘크리트보 단면에서의 중립축 거리 c_b는 다음 식 (5-12)와 같이 계산되어진다. 여기서 철근의 항복강도 단위는 MPa이다.

$$\therefore\ c_b = \left(\frac{600}{600 + f_y}\right) d \quad (5\text{-}12)$$

또한 균형상태의 철근콘크리트보의 등가압축응력 블록깊이 a_b는 다음 식 (5-13)과 같이 산정할 수 있다.

$$a_b = \beta_1 c_b \quad (5\text{-}13)$$

한편, 그림 5-8(b)의 등가응력분포도에서 균형상태 철근콘크리트보에 작용하는 콘크리트의 압축력 c_b와 인장철근의 인장력 T_b는 각각 다음 식 (5-14)와 (5-15)와 같이 계산되어진다.

$$C_b = 0.85 f_{ck}\, a_b\, b \quad (5\text{-}14)$$

$$T_b = A_{sb} f_y = \rho_b\, b\, d\, f_y \quad (5\text{-}15)$$

그리고 보 단면에서 힘의 평형조건식 $C_b = T_b$과 식 (5-13)에서의 a_b값을 대입하고, 일반적인 철근비에 대한 식으로 정리하면, 균형철근비는 다음 식 (5-16)과 같이 계산되어진다.

$$\rho_b = (0.85)(\beta_1)\left(\frac{f_{ck}}{f_y}\right) \times \left(\frac{600}{600 + f_y}\right) \text{ (MPa)} \quad (5\text{-}16)$$

5-5-2 최대 철근비(Maximum reinforcement ratio)

철근콘크리트보의 최대 인장철근 단면적을 제한하는 것은 인장철근이 과도하게 배근된 경우에 보의 연성이 감소하여 보의 급격한 파괴가 발생하는 위험성을 감소시키고자 함이다. 만일 실제 배근된 인장철근량(A_s)이 균형변형률상태에 이르는 철근량(A_{sb})보다 많다면 등

가압축응력블록 깊이(a)는 증가한다. 따라서 중립축 거리 c는 c_b보다 커지며 보의 하부로 더욱더 내려오게 된다. 따라서 압축연단의 콘크리트 변형률이 극한변형률 $\varepsilon_u = 0.003$에 도달할 때 최외단 인장철근 또는 긴장재의 순인장변형률이 압축지배변형률 한계(ε_y)에 아직 도달하지 못한 상태가 되게 된다.

이러한 휨부재는 과하중이 적재되었을 때 외형상 처짐 혹은 커다란 균열이 발생하지 않는 상태에서 갑작스런 압축콘크리트 파괴로 나타나는 취성파괴(brittle failure) 형태를 나타내어 파괴에 대한 사전 징후가 없어 위험성을 증대시키게 된다. 이와 반대로 인장철근량(A_s)이 평형상태의 철근량(A_{sb})보다 매우 적게 배근되면 등가압축응력블록 깊이 a는 감소한다. 따라서 중립축 거리 c도 c_b보다 작아지며 보 단면의 상부로 이동하게 된다. 그러므로 압축연단의 콘크리트 변형률(ε_c)이 극한변형률에 도달하기 전에 최외단 인장철근 또는 긴장재의 순인장변형률이 최소 허용변형률 한계 0.004를 훨씬 초과하여 변형될 것이다.

즉 과하중이 적재되었을 때 압축콘크리트의 갑작스런 파괴가 일어나기 전에 인장철근이 먼저 항복함으로써 현저한 처짐 또는 균열이 발생하여 최종파괴가 일어나기 전에 충분한 사전 징후를 나타내는 연성파괴(ductile failure)를 일으키게 된다. 이러한 연성파괴는 보와 같은 휨부재에 커다란 문제가 발생하기 전에 충분히 대처할 시간적 여유를 주므로 바람직한 파괴형태라 할 수 있다. 한편, 구조설계 기준에서는 이와 같은 연성파괴 형태를 보장하기 위해 이전의 설계기준에서는 균형철근비에 대한 75%를 최대 허용철근비($\rho_{\max}$)로 규정하여 인장변형률의 한계를 암묵적으로 적용해 왔으나 2016년도 개정 기준에서는 '공칭강도에서의 순인장변형률(ε_t)은 휨부재의 최소 허용변형률 이상이어야 한다.'라고 규정하고 있다. 그리고 미국 ACI 2009년 기준설계에서부터 공칭휨강도 상태에서 보 단면의 최외단 인장철근 순인장변형률(ε_t)이 0.004보다 크거나 같아야 한다고 규정하고 있다.

이러한 변형률 값에서 얻어진 최대 인장철근비($\rho_{\max}$)는 균형 철근콘크리트보 철근비(ρ_b)의 75%와 매우 유사한 값이 된다는 것이며, 실제적인 구조설계에서 바람직한 보단면의 파괴상태는 연성파괴를 유도하는 인장지배단면이 요구된다. 하지만 실제 설계에서는 인장지배단면에서의 순인장변형률(ε_t)이 0.005보다 크거나 같아야 하므로 이에 대한 최대 인장철근비도 아울러 고려해야 한다.

그림 5-9와 같은 직사각형 보의 선형 변형률에서 닮은꼴 삼각형 조건에 의하면 순인장변형률 ε_t의 값은 식 (5-17)과 같이 계산된다.

$$\varepsilon_t = 0.003\left(\frac{d_t}{c} - 1\right) \tag{5-17}$$

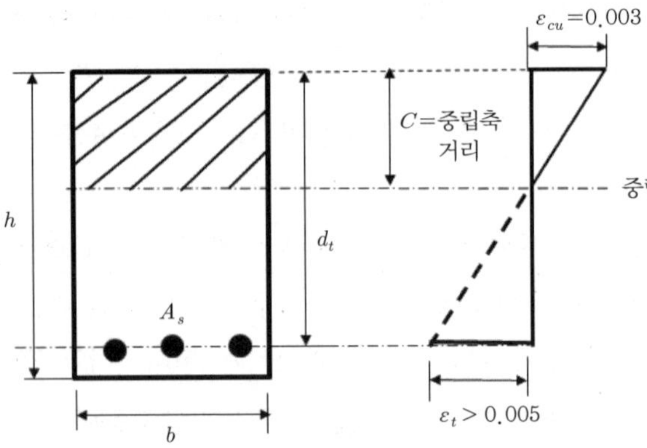

그림 5-9 보의 유효춤에서 변형률

식 (5-17)에서 중립축 거리 $c=\dfrac{a}{\beta_1}=(\dfrac{1}{\beta_1})\dfrac{\rho\, b\, d\, f_y}{0.85 f_{ck}\, b}$ 값을 대입하여 다시 정리하면, 순인장변형률 ε_t의 값은 다음 식 (5-18)과 같이 계산되어진다.

$$\varepsilon_t = 0.003\left(\frac{0.85 f_{ck}\beta_1 d_t}{\rho f_y d} - 1\right) \quad (5\text{-}18)$$

마지막으로 식 (5-18)로부터 철근비에 대한 일반식으로 유도하면 다음 식 (5-19)와 같은 최대 철근비에 대한 일반식을 산정할 수 있다.

$$\rho_{\max} = \frac{0.00255\beta_1}{(0.003+\varepsilon_t)} \times \left(\frac{f_{ck}}{f_y}\right) \times \left(\frac{d_t}{d}\right) \quad (5\text{-}19)$$

한편, 식 (5-19)의 최대 철근비 일반식에서 구조설계기준에 규정된 보 단면의 최외단 인장철근 순인장변형률(ε_t)이 0.004보다 크거나 같아야 한다고 규정을 적용하면 다음 식 (5-20)과 같은 최대 인장철근비 식이 계산되어진다.

$$\rho_{\max} = \frac{0.00255\beta_1}{(0.007)} \times \left(\frac{f_{ck}}{f_y}\right) \times \left(\frac{d_t}{d}\right) \quad (5\text{-}20)$$

〈표 5-2〉는 각각의 철근 항복강도와 콘크리트 설계 압축강도에 따른 식 (5-20)에 의한 최대 인장철근비 값을 요약하여 나타냈다.

〈표 5-2〉 $\varepsilon_t \geq 0.004$일 때의 최대 철근비($\frac{d_t}{d}$ =1일 때)

철근 항복강도 f_y(MPa)	콘크리트 압축강도 f_{ck} (MPa)			
	21	24	27	30
300	0.0217	0.0248	0.0279	0.0305
350	0.0186	0.0212	0.0239	0.0261
400	0.0163	0.0186	0.0209	0.0228
500	0.0130	0.0149	0.0167	0.0183
600	0.0108	0.0124	0.0139	0.0152
700	0.0093	0.0106	0.0119	0.0131

또한 철근콘크리트 보 단면이 인장지배단면($\varepsilon_t \geq 0.005$)일 때의 최대 철근비에 대한 식은 식 (5-19)로부터 다음 식 (5-21)과 같이 계산되어진다.

$$\rho_{\max} = \frac{0.00255\beta_1}{(0.008)} \times (\frac{f_{ck}}{f_y}) \times (\frac{d_t}{d}) \tag{5-21}$$

보 단면이 인장지배단면을 가질 때, 최대 인장철근비는 식 (5-21)을 이용하고, 각각의 철근 항복강도와 콘크리트 압축강도에 따른 최대 인장철근비 값을 〈표 5-3〉에 요약하여 나타냈다.

〈표 5-3〉 인장지배단면($\varepsilon_t \geq 0.005$)일 때의 최대 철근비($\frac{d_t}{d}$ =1일 때)

철근 항복강도 f_y(MPa)	콘크리트 압축강도 f_{ck} (MPa)			
	21	24	27	30
300	0.0190	0.0217	0.0244	0.0267
350	0.0163	0.0186	0.0209	0.0228
400	0.0142	0.0163	0.0183	0.0200
500	0.0114	0.0130	0.0146	0.0160
600	0.0095	0.0108	0.0122	0.0133
700	0.0081	0.0093	0.0105	0.0114

또한 직사각형 보의 최대 인장철근비는 보 단면의 균형철근비(ρ_b)를 이용하여 구할 수 있으며, 다음 식 (5-22)와 같이 계산되어진다.

$$\rho_{\max} = (\frac{0.003 + f_y/E_s}{0.008})\rho_b \tag{5-22}$$

〈표 5-4〉에 식 (5-22)에 각각의 철근 항복강도에 따른 최대 인장철근비 값을 요약하여 나타냈다.

〈표 5-4〉 균형철근비에 따른 최대 철근비일 때

철근 항복강도 f_y(MPa)	최대 철근비($\rho_{\max}$)
300	$0.5625\rho_b$
350	$0.5938\rho_b$
400	$0.625\rho_b$
500	$0.6875\rho_b$
600	$0.75\rho_b$
700	$0.8125\rho_b$

5-5-3 최소 철근비(Minimum reinforcement ratio)

철근콘크리트 부재의 휨균열이 발생하기 이전에는 콘크리트와 철근 모두가 부재에 작용하는 인장력에 저항한다. 하지만 휨균열이 발생한 이후에는 철근만이 인장력에 저항한다고 가정하며, 이러한 인장력에 저항하는 배근된 철근량이 비교적 적은 경우에는 주로 휨균열과 동시에 철근의 응력이 항복강도 이상이 되어 급격한 파괴가 예상된다. 따라서 철근콘크리트 휨 부재의 급격한 취성적 파괴를 억제하고 휨 부재에 바람직한 연성파괴를 유도하기 위해서는 최소 철근량에 대한 규정이 필요하다. 우선 철근콘크리트 휨재의 모멘트가 무근콘크리트 휨재의 모멘트 이상이 되도록 최소 철근량을 규정할 필요가 있으며, 다음과 같은 관계식이 성립된다.

$$[\text{철근콘크리트 보의 휨강도, } M_n] \geq [\text{무근콘크리트 보의 휨강도, } M_{cr}]$$

여기서, 무근콘크리트 보의 휨강도는 균열모멘트(M_{cr})이며, 인장연단의 콘크리트가 휨파괴강도 f_r에 도달할 때 얻어지는 강도이므로 식 (5-23)과 같이 계산되어진다.

$$M_{cr} = \frac{f_r I_g}{y_t} \tag{5-23}$$

따라서 보의 폭이 b이고 높이가 h인 직사각형 보 단면에서의 균열모멘트는 식 (5-24)와 같이 계산할 수 있다.

$$M_{cr} = 0.63\sqrt{f_{ck}}\,\frac{b\,h^3/12}{h/2} = \frac{0.63\sqrt{f_{ck}}\,b\,h^2}{6} \tag{5-24}$$

또한 단근 직사각형 보의 공칭 휨강도 식은 다음 식으로 표현되므로

$$M_n = A_s f_y (d - \frac{a}{2})$$

식 (5-23)과 공칭 휨강도 식을 대입하면, 다음 식 (5-25)와 같은 관계식을 얻을 수 있다.

$$A_s f_y (d - \frac{a}{2}) \geq \frac{0.63\sqrt{f_{ck}}\,bh^2}{6} \tag{5-25}$$

위의 식 (5-25)를 한 번 더 정리하면, 다음 식 (5-26)과 같은 관계식을 얻을 수 있다.

$$\rho\,b\,d\,f_y (d - a/2) \geq \frac{0.63\sqrt{f_{ck}}\,b\,h^2}{6} \tag{5-26}$$

그러므로 위의 식 (5-26)을 간소화하여 철근비를 구하는 식으로 나타내면 다음 식 (5-27)과 같이 계산되어다.

$$\rho \geq \frac{\sqrt{f_{ck}}\,h^2}{10\,d\,f_y\,(d - a/2)} \tag{5-27}$$

식 (5-27)에서 d와 a의 값을 h에 관한 식으로 적절히 가정하면 콘크리트 압축강도에 따른 최소 철근비 $\rho_{\min}$을 구할 수 있다. 구조설계기준에서는 이렇게 구한 값보다 다소 안전한 값을 고려한 식 (5-28)과 (5-29) 두 식에 의해 계산된 값 중 큰 값을 최소 철근비 값으로 규정하고 있다.

$$A_{s,\min} = \frac{0.25\sqrt{f_{ck}}}{f_y}\,b_w\,d \tag{5-28}$$

$$A_{s,\min} = \frac{1.4}{f_y}\,b_w\,d \tag{5-29}$$

철근콘크리트 보에 대한 균형철근비(ρ_b), 최대 철근비($\rho_{\max}$) 및 최소 철근비($\rho_{\min}$)는 사용 콘크리트의 압축강도 및 철근의 항복강도를 이용하여 표로 나타낼 수 있다. 또한, 정정구조물로써 플랜지가 인장상태인 T형 단면에 대한 철근의 최소단면적은 식 (5-28)과 (5-29)에 의한 값 중 큰 값에 플랜지의 유효폭 b와 복부 폭의 2배, 즉 $2b_w$ 중 작은 값을 곱하여 계산되는 값 이상으로 한다.

5-5-4 단근 직사각형 보의 공칭휨강도(Nominal moment strength)

단근 직사각형 보의 공칭휨모멘트(M_n)를 구하기 위해서는 응력-변형률 적합조건(stress and strain compatibility)과 평형조건을 사용한다. 그리고 보의 압축연단 콘크리트가 파괴(crushed)되기 전에 인장 측에 배근된 인장철근이 먼저 항복한다고 가정하여 공칭휨강도를 구한다. 먼저 그림 5-10(c)에서 단면의 상부 콘크리트 압축력(C_c)은 다음 식 (5-30)에 의해 계산된다.

$$C_c = 0.85 f_{ck}\, b\, a \tag{5-30}$$

또한, 단면의 하부 인장철근이 부담하는 인장력(T)은 다음 식 (5-31)과 같이 계산된다.

$$T = A_s f_y \tag{5-31}$$

그리고 단면에 작용하는 힘의 평형조건(balanced condition), $C_c = T$을 이용하여 먼저 등가압축응력 깊이 a를 산정하면 다음 식 (5-32)과 같이 유도된다.

$$a = \frac{A_s f_y}{0.85 f_{ck}\, b} = \frac{\rho f_y d}{0.85 f_{ck}} \tag{5-32}$$

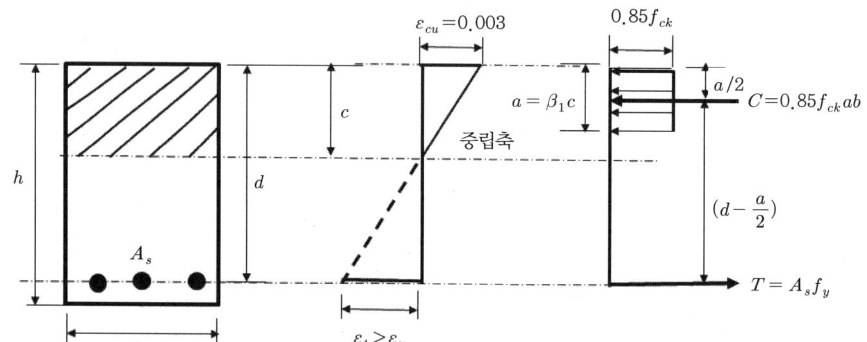

(a) 보단면 (b) 변형률 (c) 응력도

그림 5-10 단근 직사각형 보의 응력분포

그러므로 보 단면의 공칭휨강도(M_n)는 압축력(C_c)과 인장력(T)에 의한 우력모멘트와 같으며, 해석에서는 보의 인장철근이 먼저 항복하는 연성파괴를 예상하여 공칭휨모멘트 강도식은 다음 식 (5-33)과 같이 계산된다.

$$M_n = (T)\left(d - \frac{a}{2}\right) = A_s f_y \left(d - \frac{a}{2}\right) \tag{5-33}$$

또한 단근 직사각형 보의 공칭휨강도 식은 보의 인장철근비를 이용하여 나타낼 수 있으며, 다음 식 (5-34)와 같은 식으로 계산된다.

$$M_n = \rho f_y b d^2 (1 - \frac{\rho f_y}{1.7 f_{ck}}) \tag{5-34}$$

예제 5-1 그림과 같은 단근 직사각형 보단면의 공칭휨(M_n) 강도를 구하시오.
단, $f_{ck} = 27\text{MPa}$, $f_y = 400\text{MPa}$ 이다.

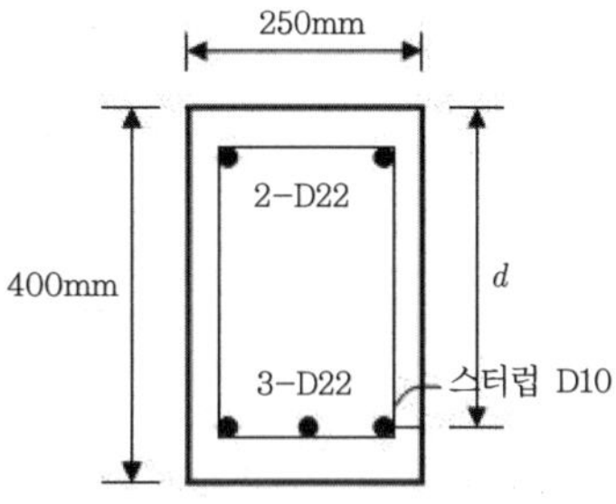

풀 이 (1) 보의 유효춤 및 d_t 산정 : 인장철근이 1단으로 배근되므로 $d_t = d$,

보의 유효춤 $d = 400\text{mm} - (40\text{mm} + 10\text{mm} + 22\text{mm}/2) \fallingdotseq 340\text{mm}$

(2) 인장철근량 산정 :

$A_s = 3 \times (387\,\text{mm}^2) = 1{,}161\text{mm}^2$

(3) 등가압축응력 블록깊이(a) 산정 : 공칭휨모멘트에서 인장철근이 항복하였다고 가정하면, 힘의 평형조건, 콘크리트압축력(C_c)=철근의 인장력(T)을 이용하여 등가압축응력 블록깊이를 구하면

$$\therefore \quad a = \frac{T}{C_c} = \frac{A_s f_y}{bd} = \frac{1{,}161 \times 400}{0.85 \times 27 \times 250} = 80.94\,\text{mm}$$

(4) 중립축의 위치 산정 :

$$\text{중립축 거리} \quad c = \frac{a}{\beta_1} = \frac{80.94}{0.85} = 95.22\,\text{mm}$$

(5) 인장철근의 항복 여부 검토 :

$$\varepsilon_s = \varepsilon_t = \frac{d-c}{c} \times (0.003) = \frac{340 - 95.22}{95.22} \times 0.003 = 0.0077 > \varepsilon_y$$

따라서 인장철근이 항복하였으므로 등가압축응력 블록깊이는 사용할 수 있으며, 최외단 인장철근에서의 변형률이 0.005보다 크므로 인장지배 단면이며, 설계휨모멘트를 구하는 강도감소계수 $\Phi = 0.85$를 사용할 수 있다.

(6) 공칭휨강도 산정 :

$$M_n = A_s f_y (d - \frac{a}{2}) = 1{,}161 \times 400 (340 - \frac{80.94}{2}) \times 10^{-6}$$

$$= 139.10\,\text{kN m}$$

(7) 단면의 적합성 검토 :

① 배근된 철근비 : $\rho = \dfrac{A_s}{bd} = \dfrac{1,161}{250 \times 340} = 0.0136$

② 최소 철근비 : $\rho_{\min} = \dfrac{0.25\sqrt{f_{ck}}}{f_y} = \dfrac{0.25\sqrt{28}}{400} = 0.0033$ 혹은

$$\rho_{\min} = \frac{1.4}{f_y} = \frac{1.4}{400} = 0.0035 \text{ 중 큰값}$$

③ 최대 철근비 : 인장지배 단면에서의 최대 철근비, 〈표 5-3〉에서 $\rho_{\max} = 0.0186$이므로, 배근된 철근비가 최소 및 최대값 이내에 있으므로 단면은 적합하다.

예제 5-2 그림과 같은 단근 직사각형 보 단면의 설계휨강도를 구하시오.
단, $f_{ck} = 30\text{MPa}$, $f_y = 400\text{MPa}$

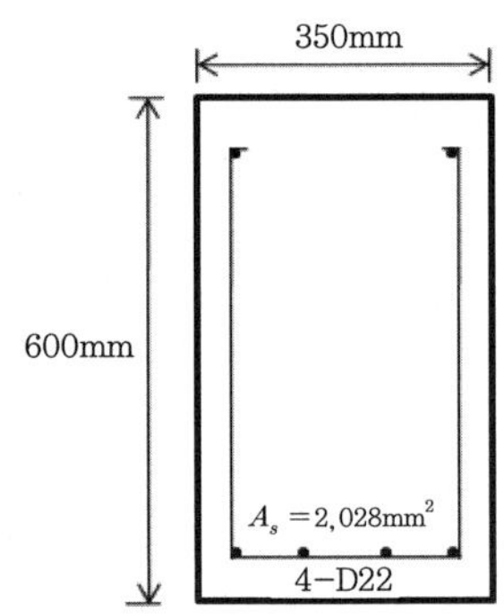

풀 이 (1) 보의 유효춤(d) 산정 : 인장철근이 1단으로 배근되므로 $d_t = d$

$$d = 600\text{mm} - (40\text{mm} + 10\text{mm} + 25\text{mm}/2)$$
$$\fallingdotseq 540\text{mm}$$

(2) 등가압축응력 블록깊이 산정 :

$$\therefore\ a = \frac{A_s\, f_y}{0.85\, f_{ck} b} = \frac{2,028 \times 400}{(0.85 \times 30 \times 350)} = 90.89\text{mm}$$

(3) 중립축 위치 산정 : 콘크리트 강도가 28MPa보다 크므로

① $\beta_1 = 0.85 - 0.007(f_{ck} - 28) = 0.836 \geq 0.65$

② $c = \dfrac{90.89\text{mm}}{0.836} = 108.72\text{mm}$

(4) 인장철근의 항복 여부 검토 :

$$\therefore\ \varepsilon_s = \frac{d-c}{c} \times (0.003) = \frac{540 - 108.72}{108.72} \times 0.003 = 0.0119 > \varepsilon_y$$

따라서 인장철근이 항복한다.

(5) 최외단 인장철근의 변형률 및 강도감소계수 산정 :

$$\therefore\ \varepsilon_t = \frac{d_t - c}{c} \times 0.003 = 0.0119 > 0.005$$

따라서 인장지배 단면이며, 강도감소계수 $\Phi = 0.85$를 사용할 수 있다.

(6) 공칭휨강도 산정 :

$$M_n = A_s f_y \times (d - \frac{a}{2}) = 2{,}028 \times 400\,(540 - \frac{90.89}{2}) \times 10^{-6}$$

$$= 401.18\text{kNm}$$

(7) 설계휨강도 산정 :

$$\Phi M_n = 0.85 \times (401.18) = 341.00\text{kNm}$$

예제 5-3 그림과 같은 단근 직사각형 보의 설계휨강도를 구하시오.
단, $f_{ck} = 24\text{MPa}$, $f_y = 400\text{MPa}$이다.

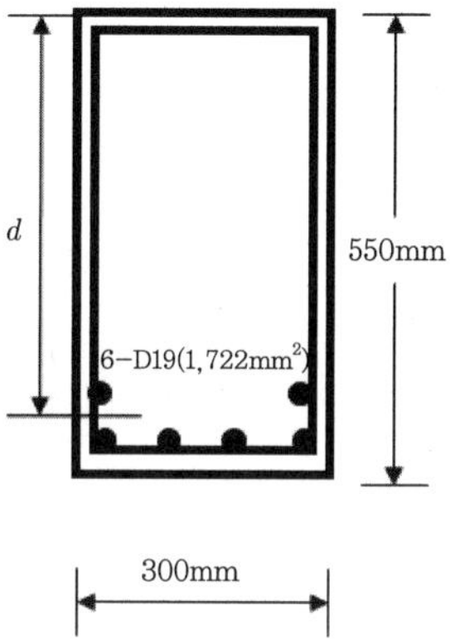

풀 이 (1) 보의 유효춤 및 최외단 인장철근 거리 산정 : 2단 배근이므로

① $d = 550 - (40 + 10 + 19 + 25/2)$
$\fallingdotseq 470\text{mm}$

② $d_t = 550 - (40 + 10 + 19/2) \fallingdotseq 490\text{mm}$

(2) 등가압축응력 블록깊이 산정 :

$$a = \frac{A_s f_y}{0.85 f_{ck} b} = \frac{1{,}722 \times 400}{0.85 \times 24 \times 300} = 112.55\text{mm}$$

(3) 중립축의 위치 산정 :

$$\therefore \text{ 중립축 거리 } c = \frac{a}{\beta_1} = \frac{112.55}{0.85} = 132.4\text{mm}$$

(4) 인장철근의 항복 여부 검토 :

$$\therefore\ \varepsilon_s = \frac{d-c}{c} \times (0.003) = \frac{470 - 132.4}{132.4} \times 0.003 = 0.0076 > \varepsilon_y$$

따라서 인장철근이 항복한다.

(5) 최외단 인장철근의 변형률 및 강도감소계수 산정 :

$$\therefore\ \varepsilon_t = \frac{d_t - c}{c} \times 0.003 = \frac{490 - 132.4}{132.4} \times 0.003 = 0.00813$$

따라서 인장지배 단면이며, 강도감소계수 $\Phi = 0.85$를 적용할 수 있다.

(6) 공칭휨모멘트 M_n 산정 :

$$M_n = A_s f_y (d - \frac{a}{2}) = 1{,}722 \times 400 (470 - \frac{112.55}{2}) \times 10^{-6}$$

$$= 284.97\text{kNm}$$

(7) 단면의 적합성 검토 :

① 인장철근비 $\rho = A_s/bd = 1,722/(300\times470) = 0.0122$

② 인장지배 단면인 〈표 5-3〉에서 $\rho_{max} = 0.0163$

③ $\rho_{min} = \dfrac{14}{f_y} = \dfrac{1.4}{400} = 0.0035$, 따라서 $\rho_{min} < \rho < \rho_{max}$를 만족시킨다.

(8) 설계휨강도 산정 :

$\Phi M_n = 0.85\times(284.96) = 242.23\text{kNm}$

예제 5-4 그림과 같은 보의 설계휨강도와 중립축 깊이를 구하시오.

단, $f_{ck} = 21\text{MPa}$, $f_y = 400\text{MPa}$

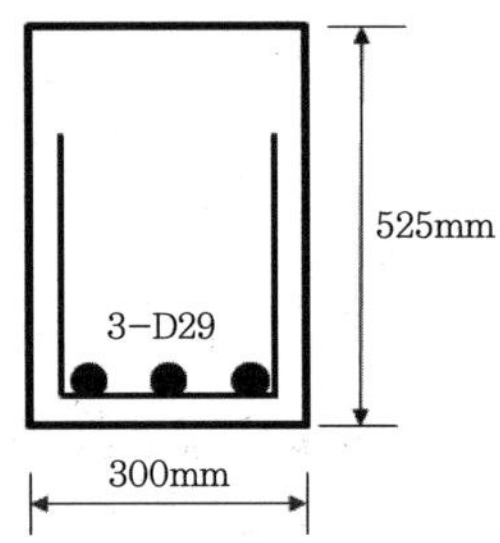

풀 이 (1) 유효춤 산정 :

$d = d_t = 525 - (40 + 10 + 29/2) \fallingdotseq 460\text{mm}$

(2) 인장철근량 산정 : $A_s = (3\times642) = 1,926\,\text{mm}^2$

(3) 등가압축응력 깊이 산정 :

$$a = \frac{A_s f_y}{0.85 f_{ck}\, b} = \frac{1,926\times400}{0.85\times21\times300} = 144\text{mm}$$

(4) 중립축 거리 산정 :

$$c = \frac{a}{\beta_1} = \frac{144}{0.85} = 170\,\text{mm}$$

(5) 인장철근의 항복 여부 검토 및 강도감소계수 산정 :

$\varepsilon_s = \varepsilon_t = \dfrac{d-c}{c}\times0.003 = \dfrac{460-170}{170}\times0.003 = 0.0051 \ge \varepsilon_y$, 인장철근이 항복하며, 변형률이 0.005보다 크므로, 강도감소계수 $\Phi = 0.85$

(6) 설계휨강도 산정 :

$$\Phi M_n = \Phi A_s f_y (d - \frac{a}{2})$$

$$= 0.85[1,926\times400\,(460 - \frac{144}{2})\times10^{-6}] = 254\text{kNm}$$

예제 5-5 그림과 같은 보의 설계휨강도를 구하시오.
단, $f_{ck} = 21\text{MPa}$, $f_y = 400\text{MPa}$

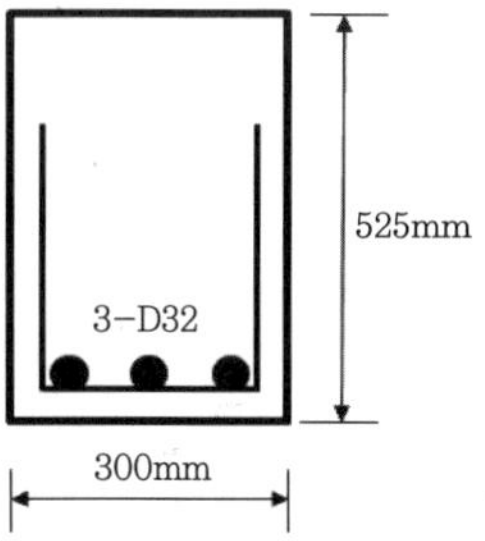

풀 이 (1) 유효춤 산정 :

$$d = d_t = 525 - (40 + 10 + 32/2) \fallingdotseq 460\text{mm}$$

(2) 인장철근량 산정 :

$$A_s = (3 \times 794) = 2{,}382\text{mm}^2$$

(3) 등가압축응력 깊이 산정 :

$$a = \frac{A_s f_y}{0.85 f_{ck}\, b} = \frac{2{,}382 \times 400}{0.85 \times 21 \times 300} = 178\text{mm}$$

(4) 중립축 거리 산정 :

$$c = \frac{a}{\beta_1} = \frac{178}{0.85} = 209\text{mm}$$

(5) 인장철근의 항복 여부 검토 및 강도감소계수 산정 :

① $\varepsilon_s = \varepsilon_t = \dfrac{d-c}{c} \times 0.003 = \dfrac{460 - 209}{209} \times 0.003 = 0.0036 \geq \varepsilon_y$

인장철근 변형률이 0.005보다 작으므로 강도감소계수 산정 필요

② 강도감소계수 : $\Phi = 0.65 + (\varepsilon_t - 0.002)\dfrac{200}{3} = 0.757$

(6) 설계휨강도 산정 :

$$\Phi M_n = \Phi A_s f_y \left(d - \frac{a}{2}\right)$$

$$= 0.757\left[2{,}382 \times 400 \left(460 - \frac{178}{2}\right) \times 10^{-6}\right] = 268\text{kNm}$$

예제 5-6 그림과 같은 보의 설계휨강도를 구하시오.
단, $f_{ck} = 27\text{MPa}$, $f_y = 400\text{MPa}$

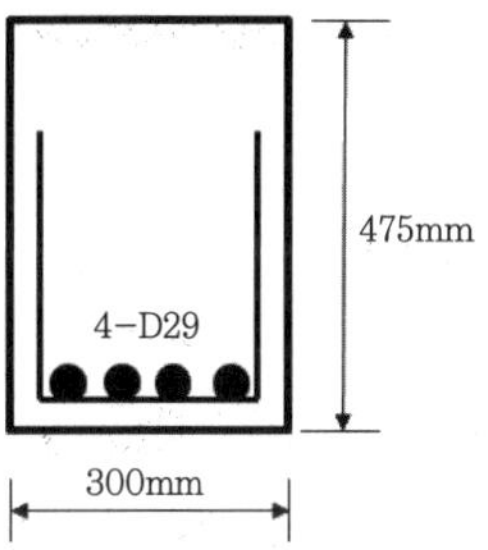

풀 이 (1) 유효춤 산정 :

$$d = d_t = 475 - (40 + 10 + 29/2) \fallingdotseq 410\text{mm}$$

(2) 인장철근량 산정 :

$$A_s = (4 \times 642) = 2{,}568\text{mm}^2$$

(3) 등가압축응력 깊이 산정 :

$$a = \frac{A_s f_y}{0.85 f_{ck}\, b} = \frac{2{,}568 \times 400}{0.85 \times 27 \times 300} = 149.19\text{mm}$$

(4) 중립축 거리 산정 :

$$c = \frac{a}{\beta_1} = \frac{149.19}{0.85} = 175.52\text{mm}$$

(5) 인장철근의 항복 여부 검토 및 강도감소계수 산정 :

① $\varepsilon_s = \varepsilon_t = \dfrac{d-c}{c} \times 0.003 = \dfrac{410-175.52}{175.22} \times 0.003 = 0.0040 \geq \varepsilon_y$

따라서 인장철근 항복하나 변화단면에 해당하므로 강도감소계수를 산정하여야 한다.

② 강도감소계수 : $\Phi = 0.65 + (\varepsilon_t - 0.002)\dfrac{200}{3} = 0.783$

(6) 설계휨강도 산정 :

$$\Phi M_n = \Phi A_s f_y (d - \frac{a}{2})$$

$$= 0.783[2{,}568 \times 400\,(410 - \frac{149.19}{2}) \times 10^{-6}] = 269.76\text{kNm}$$

예제 5-7 그림과 같은 보의 설계휨강도를 구하시오.
단, $f_{ck} = 27\text{MPa}$, $f_y = 400\text{MPa}$

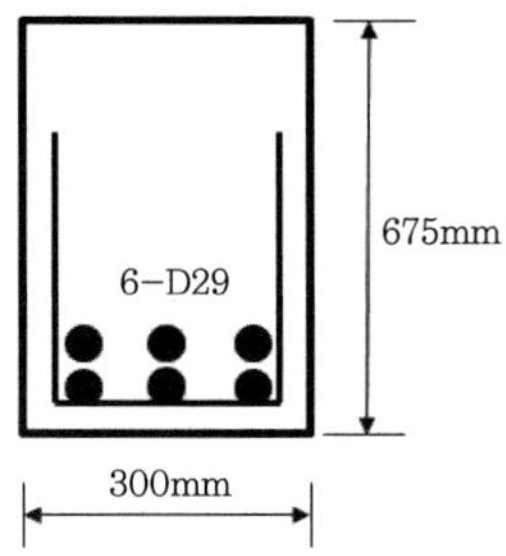

풀 이 (1) 유효 춤 산정 : 2단 배근이므로

$$d = 675 - (40 + 10 + 29 + 25/2) \fallingdotseq 585\text{mm}$$

$$d_t = 675 - (40 + 10 + 29/2) \fallingdotseq 610\text{mm}$$

(2) 인장철근량 산정 :

$$A_s = (6 \times 642) = 3{,}852\text{mm}^2$$

인장철근비 산정 : $\rho = \dfrac{A_s}{bd} = \dfrac{3{,}852}{300 \times 585} = 0.0219 \geq \rho_{max}$

(3) 등가압축응력 깊이 산정 :

$$a = \frac{A_s f_y}{0.85 f_{ck}\, b} = \frac{3{,}852 \times 400}{0.85 \times 27 \times 300} = 223.79\text{mm}$$

(4) 중립축 거리 산정 :

$$c = \frac{a}{\beta_1} = \frac{223.79}{0.85} = 263.28\text{mm}$$

(5) 인장철근의 항복 여부 검토 및 강도감소계수 산정 :

① $\varepsilon_s = \dfrac{d-c}{c} \times 0.003 = \dfrac{585-263.28}{263.28} \times 0.003 = 0.00366 \geq \varepsilon_y$

인장철근 항복

② $\varepsilon_t = \dfrac{d_t - c}{c} \times 0.003 = \dfrac{610 - 263.28}{263.28} \times 0.003 = 0.00395$

③ 강도감소계수 $\Phi = 0.65 + (\varepsilon_t - 0.002)\dfrac{200}{3} = 0.78$

(6) 설계휨강도 산정 :

$$\Phi M_n = \Phi A_s f_y (d - \frac{a}{2})$$
$$= 0.78[3,852 \times 400\,(585 - \frac{223.79}{2}) \times 10^{-6}] = 568.59\text{kNm}$$

예제 5-8 그림과 같은 단근 직사각형 보의 공칭휨강도를 구하시오.
단, $f_{ck} = 27\text{MPa}$, $f_y = 400\text{MPa}$ 이다.

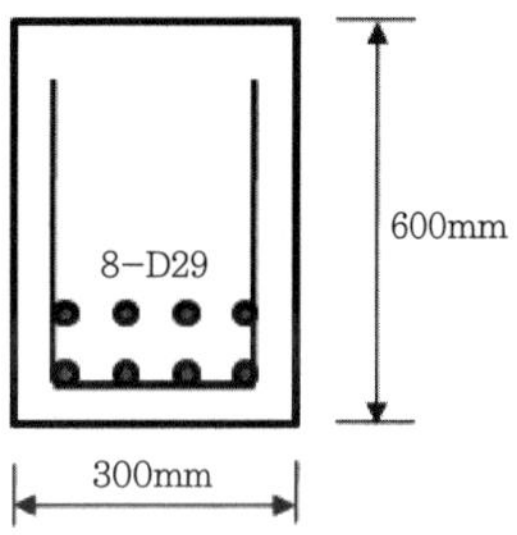

풀 이 (1) 보의 유효춤 및 최외단 인장철근까지의 거리 산정 : 2단 배근이므로

① $d = 600 - (40 + 10 + 29 + 25/2) \fallingdotseq 510\text{mm}$

② $d_t = 600 - (40 + 10 + 29/2) \fallingdotseq 535\text{mm}$

(2) 등가압축응력 블록깊이 산정 : 인장철근이 항복한다는 가정 하에

$$a = \frac{A_s f_y}{0.85 f_{ck} b} = \frac{5,136 \times 400}{0.85 \times 27 \times 300} = 298.39\text{mm}$$

(3) 중립축의 위치 산정 :

$$\therefore \text{ 중립축 거리 } c = \frac{a}{\beta_1} = \frac{298.39}{0.85} = 351.84\text{mm}$$

(4) 인장철근의 항복 여부 검토 :

$$\therefore \ \varepsilon_s = \frac{d - c}{c} \times (0.003) = \frac{510 - 351.84}{351.84} \times 0.003 = 0.00134 < \varepsilon_y$$

인장철근이 항복하지 않는다.

(5) 인장철근이 항복하지 않았으므로 평형방정식을 이용하여 새로운 중립축 거리 및 등가압축응력 깊이를 계산한다.

① 인장력 : $T = A_s f_s = A_s E_s \varepsilon_s = 5,136 \times 200,000 \times (\dfrac{d - c}{c}) \times 0.003$

$$= 3,081,600 \times (\frac{510 - c}{c})$$

② 압축력 : $C_c = 0.85 f_{ck} \beta_1 cb = 0.85 \times 27 \times 0.85 \times c \times 300 = 6{,}069c$

③ 평형방정식 $T = C_c$관계를 이용하면 c에 대한 2차방정식을 얻는다.

$6{,}069c^2 + 3{,}081{,}600c - 1{,}571{,}616{,}000 = 0$

위의 식에서 중립축 거리 $c = 314.81\text{mm}$

등가압축응력 깊이 $a = \beta_1 c = 0.85 \times 314.81 = 267.6\text{mm}$

④ 새로운 변형률을 계산하면

$$\varepsilon_s = \frac{d-c}{c} \times (0.003) = \frac{510 - 314.81}{314.81} \times 0.003 = 0.00186 < \varepsilon_y$$

⑤ 인장철근이 항복하지 않을 때의 인장력 산정 :

$T = A_s f_s = A_s E_s \varepsilon_s = 5{,}136 \times 200{,}000 \times 0.00186 = 1{,}910.6\text{kN}$

⑥ 인장철근이 항복하지 않을 때의 압축력 산정 :

$C_c = 0.85 f_{ck} \beta_1 \cdot c \cdot b$

$= 0.85 \times 27 \times 0.85 \times 314.18 \times 300 \times 10^{-3} = 1{,}842.35\text{kN}$

(6) 공칭휨강도 산정 :

$$M_n = T \times \left(d - \frac{a}{2}\right) = 1{,}910.6 \times \left(510 - \frac{267.6}{2}\right) \times 10^{-3}$$

$= 718.77\text{kNm}$

또는

$$M_n = C_c \times \left(d - \frac{a}{2}\right) = 693.09\,\text{kN} \cdot \text{m}$$

(7) 최외단 인장철근에서의 변형률 산정 :

① $\varepsilon_t = \dfrac{d_t - c}{c} \times 0.003 = \dfrac{535 - 314.81}{314.81} \times 0.003 = 0.00209 > \varepsilon_y = 0.002$

따라서 변화단면(transition section)이며, 강도감소계수는 다음 식으로 계산된다.

② $\Phi = 0.65 + (\varepsilon_t - 0.002)\dfrac{200}{3} = 0.656$

5-6 단근 직사각형 보 설계(Design of Rectangular Beam)

직사각형 단면을 가지는 휨재의 설계에서는 강도감소 효과를 고려한 부재의 휨에 대한 저항성능이 재하하중 효과를 고려한 부재의 소요모멘트보다 같거나 커야 하므로 설계방정식은 다음 식 (5−35)과 같이 나타낼 수 있다.

$$\Phi M_n \geq M_u \quad (5-35)$$

식 (5−36)에서 M_u는 하중계수를 적용한 하중에 의한 모멘트, 즉 계수모멘트(factored moment)라고 하며, M_n은 규정된 재료강도와 주어진 단면에 대한 공칭휨모멘트(Nominal flexural moment)강도이고, Φ는 재료강도나 단면의 변화 또는 강도설계의 부정확성 등에 의한 강도감소를 고려한 강도감소계수이다. 위의 식 (5−36)에서 단면의 공칭휨모멘트 강도에 강도감소계수를 곱한 값 ΦM_n을 설계휨모멘트강도(Design flexural moment) 또는 휨에 대한 설계휨강도(Design flexural strength)라고 한다. 보와 같은 휨재 설계에서는 처짐이나 균열 등 사용성에 관련된 요구조건도 동시에 만족되어야 하므로 보 설계에는 보의 자중, 단면 비율, 철근 크기 및 간격, 피복두께, 처짐 및 균열에 대한 종합적 상황을 고려하여 설계하는 것이 바람직하다. 한편, 단근 직사각형 보의 설계를 위하여 식 (5−36)에서 $\Phi M_n = M_u$로 두면 식 (5−35)로부터 공칭휨강도 다음 식 (5−36)으로 나타낼 수 있다.

$$M_n = \rho b d^2 f_y \left(1 - \frac{\rho f_y}{1.7 f_{ck}}\right) \quad (5-36)$$

그러므로 하중계수를 고려한 계수모멘트 M_u는 다음 식 (5−37)과 같이 나타낼 수 있다.

$$M_u = \Phi M_n = \Phi \rho b d^2 f_y \left(1 - \frac{\rho}{1.7} \times \frac{f_y}{f_{ck}}\right) \quad (5-37)$$

위의 식 (5−37) 또는 식 (5−38)에서 양변을 bd^2으로 나눈 값을 공칭휨강도 저항계수(nominal flexural resistance factor) 라 하고 R_n으로 표현하며, 다음 식 (5−38)과 같이 나타낼 수 있다.

$$R_n = \frac{M_n}{b d^2} = \frac{M_u}{\Phi b d^2} = \rho f_y \left(1 - \frac{\rho f_y}{1.7 f_{ck}}\right) \quad (5-38)$$

만일 b와 d가 주어지고 하중에 의한 계수모멘트가 주어진다면, 식 (5−38)을 이용하여 단근 직사각형 보에 요구되는 인장철근비(ρ)를 다음 식 (5-39)와 같이 구할 수 있다.

$$\rho = \frac{0.85 f_{ck}}{f_y}\left(1 - \sqrt{1 - \frac{2R_n}{0.85 f_{ck}}}\right) \qquad (5\text{-}39)$$

앞에서 설명한 이론적 배경과 주어진 식들을 근거로 단근 직사각형 보의 설계과정을 요약하면 다음과 같다.

(1) 적절한 인장철근비 ρ를 가정한다.

단, $\rho_{min} < \rho < \rho_{max}$

(2) 식 (5-39)로부터 $bd^2 = \frac{M_n}{R_n} = \frac{M_u}{\Phi R_n}$

단, M_u =계수하중에 의한 모멘트, $R_n = \rho f_y (1 - \frac{\rho f_y}{1.7 f_y'})$, $\Phi = 0.85$

(3) 위에서 구한 bd^2 값에 가깝게 b와 d를 적절히 산정한다.

(4) 식 (5-40)을 이용하여 인장철근비 ρ값을 수정한다.

$$\rho_n = \frac{0.85 f_{ck}}{f_y}\left(1 - \sqrt{1 - \frac{2R_n}{0.85 f_{ck}}}\right), \text{ 여기서 } R_n = \frac{M_u}{\Phi b d^2}$$

(5) 수정된 인장철근비를 이용하여 필요 철근량 A_s를 산정 및 철근의 크기 및 개수 산정

$$A_s = (\rho_n) \times b \times d$$

(6) 보 소요 폭의 적정성 산정 :

$$b \geq (2\times\text{피복두께}) + (2\times\text{스터럽 직경}) + (\text{주근 직경의 합}) + (\text{주근 간격의 합})$$

(7) 보의 배근도를 작성한다.

예제 5-9 단근 직사각형 보가 계수하중에 의한 모멘트 $M_u = 300\text{kNm}$를 받을 때 필요한 철근량을 구하시오.

단, 보의 $b \times d = 300 \times 500\text{mm}$, $f_{ck} = 21\text{MPa}$, $f_y = 400\text{MPa}$

풀 이 (1) 소요 인장철근비 산정 :

① 공칭휨강도 저항계수 산정 :

$$R_n = \frac{M_u}{\Phi b d^2} = \frac{300 \times 10^6}{0.85 \times 300 \times 500^2} = 4.70\,\text{MPa}$$

② 소요 인장철근비 산정 :

$$\rho = \frac{0.85 f_{ck}}{f_y}\left[1 - \sqrt{1 - \frac{2R_n}{0.85 f_{ck}}}\right] = 0.0139$$

(2) 단면의 적합성 검토 : 보의 폭이 비교적 작으므로 철근은 2단배근하고, $\dfrac{d_t}{d} = 1.05$로 가정

① 최소 철근비 : $\rho_{min} = \dfrac{1.4}{f_y} = \dfrac{1.4}{400} = 0.0035$ 혹은

$\rho_{min} = \dfrac{0.25\sqrt{f_{ck}}}{f_y} = \dfrac{0.25 \times \sqrt{21}}{400} = 0.00286$ 중 큰 값

② 인장지배 단면을 고려한 최대 철근비 산정 : 〈표 5-2〉에서

$\rho_{max} = 0.0142 \times \dfrac{d_t}{d} = 0.149$

③ 그러므로 $\rho_{min} < \rho < \rho_{max}$를 만족

(3) 단면에 필요한 인장철근량 산정 및 개수 산정 :

① $A_s = \rho \times b \times d = 0.0139 \times 300 \times 500 = 2{,}085\text{mm}^2$

② D19 배근 시 : $n = \dfrac{2{,}085}{287} = 7.26 \Rightarrow 8$개

③ D22 배근 시 : $n = \dfrac{2{,}085}{387} = 5.38 \Rightarrow 6$개

④ D25 배근 시 : $n = \dfrac{2{,}085}{507} = 4.11 \Rightarrow 5$개

예제 5-10 계수모멘트 $M_u = 500\text{kNm}$ (장기)일 때 단근 직사각형 보의 단면을 설계하시오. 단, $f_{ck} = 21\text{MPa}$, $f_y = 300\text{MPa}$이다.

풀 이 (1) 인장지배 단면을 가지는 적절한 인장철근비 가정 :

① 최소 철근비 : $\rho_{min} = \dfrac{1.4}{f_y} = \dfrac{1.4}{300} = 0.0047$ 혹은

$\rho_{min} = \dfrac{0.25\sqrt{f_{ck}}}{f_y} = \dfrac{0.25 \times \sqrt{21}}{300} = 0.00382$ 중 큰 값

② 최대 철근비 : 1단 배근의 인장지배 단면일 때

$\rho_{max} = 0.0190$

③ 따라서 적절한 인장철근비 $\rho = 0.85\rho_{max} = 0.0162$

(2) 보 부재의 단면 크기 b와 d 산정 :

① $bd^2 = \dfrac{M_n}{R_n} = \dfrac{M_u}{\Phi R_n}$ 를 이용하여 보의 크기를 산정한다.

② 공칭휨강도 저항계수 산정 :

$$R_n = \rho f_y \left[1 - \frac{\rho f_y}{1.7 f_{ck}}\right] = 0.0162 \times 300 \times \left[1 - \frac{0.0162 \times 300}{1.7 \times 21}\right]$$

$$= 4.20\text{MPa}$$

③ $bd^2 = \dfrac{M_u}{\Phi R_n} = \dfrac{500 \times 10^6}{0.85 \times 4.20} = 1.40 \times 10^8 (\text{mm}^3)$

④ 보의 폭 $b = 400\text{mm}$ 로 하면

$d = \sqrt{\dfrac{1.40 \times 10^8}{400}} = 591\text{mm}$ 이므로 $d = 600\text{mm}$ 로 한다.

(3) 인장철근비 ρ값 수정 :

① 수정 공칭휨강도 저항계수 산정 : $R_n = \dfrac{500 \times 10^6}{0.85 \times 400 \times 600^2} = 4.08\text{MPa}$

② 수정 인정철근비 산정 :

$$\rho_n = \frac{0.85 \times 21}{300} \times \left(1 - \sqrt{1 - \frac{2 \times 4.08}{0.85 \times 21}}\right) = 0.0157$$

(4) 인장철근의 적합성 검토 : $\rho_{min} < \rho_n < \rho_{max}$이므로 만족한다.

① $A_s = \rho_n bd = 0.0157 \times 400 \times 600 = 3{,}768\text{mm}^2$

$\therefore$ 8 − D25 (4,056mm²)

(5) 설계휨강도 검토 :

① $T = A_s f_y = 4{,}056 \times 300 \times 10^{-3} = 1{,}217\text{kN}$

② $a = \dfrac{T}{0.85 f_{ck} b} = \dfrac{1{,}217 \times 10^3}{0.85 \times 21 \times 400} = 170\text{mm}$

③ 중립축 거리 $c = \dfrac{a}{\beta_1} = \dfrac{170}{0.85} = 200\text{mm}$

④ 인장철근의 변형률을 구하면

$$\varepsilon_s = \frac{d-c}{c} \times 0.003 = \frac{600-200}{200} \times 0.003 = 0.0060$$

$\therefore \varepsilon_s > \varepsilon_y$ 이므로 인장철근이 항복함

⑤ $M_n = T(d - a/2) = 1{,}217 \times (600 - 170/2)/1{,}000 = 626.75\text{kNm}$

⑥ $\Phi M_n = 0.85 \times 626.75 = 532.74(\text{kNm}) > 500(\text{kNm})$ $\therefore$ O.K

예제 5-11 고정하중에 의한 모멘트 150kNm, 활하중에 의한 모멘트 100kNm 가 스팬 8m인 단순보에 가해지고 있을 때, 이 보의 단면을 설계하시오.
단, $f_{ck}=21\text{MPa}$, $f_y=400\text{MPa}$ 이다.

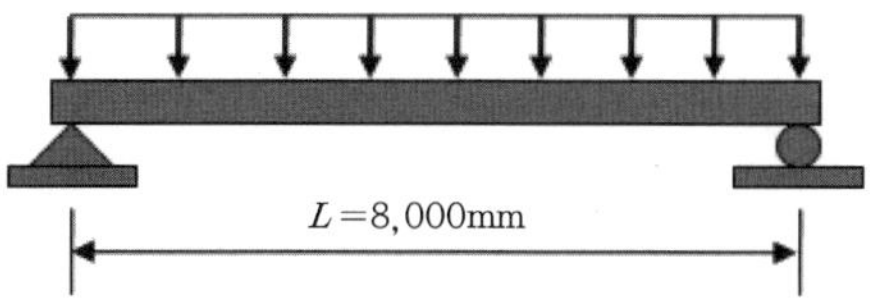

풀 이 (1) 계수모멘트(M_u) 산정 :

$$M_u=(1.2\times150)+(1.6\times100)=340\text{kNm}$$

(2) 인장지배 단면을 가지는 적절한 인장철근비 ρ를 가정한다.

① 최소 철근비 계산

$$\rho_{\min}=\frac{1.4}{f_y}=\frac{1.4}{400}=0.0035 \text{ 혹은}$$

$$\rho_{\min}=\frac{0.25\sqrt{f_{ck}}}{f_y}=\frac{0.25\times\sqrt{21}}{400}=0.00286 \text{ 중 큰 값}$$

② 최대 철근비 : 1단 배근을 고려하고, 인장지배 단면에서,

$$\rho_{\max}=0.0142$$

③ 따라서 적절한 단면의 인장철근비 :

$$\rho=0.85\rho_{\max}=0.01207$$

(3) 보 부재의 단면 크기 b와 d 산정 :

① 공칭휨강도 저항계수 산정 :

$$R_n=\rho f_y\left[1-0.59\frac{\rho f_y}{f_{ck}}\right]$$

$$=0.01207\times400\times\left(1-0.59\times0.01207\times\frac{400}{21}\right)=4.17\text{MPa}$$

② $bd^2=\dfrac{M_u}{\Phi R_n}=\dfrac{340\times10^6}{0.85\times4.17}=9.59\times10^7(\text{mm}^3)$

③ 보의 폭 $b=400\text{mm}$로 가정하면

$$d=\sqrt{\frac{9.59\times10^7}{400\text{mm}}}=489\text{mm}\rightarrow520\text{mm}$$

④ 보의 춤은 과다처짐 방지를 위한 최소 깊이 $\dfrac{l}{16}=\dfrac{8,000}{16}=500\text{mm}$ 보다 크므로 처짐량 설계는 하지 않아도 된다.

(4) 인장철근비 ρ 값의 수정 : 인장지배 단면으로 가정하면

① 수정 $R_n = \dfrac{M_u}{\Phi bd^2} = \dfrac{340 \times 10^6}{0.85 \times 400 \times 520^2} = 3.698\text{MPa}$

② 수정 $\rho = \dfrac{0.85 f_{ck}}{f_y}\left[1 - \sqrt{1 - \dfrac{2R_n}{0.85 f_{ck}}}\right]$

$$= \frac{0.85 \times 21}{400} \times \left[1 - \sqrt{1 - \frac{2 \times 3.698}{0.85 \times 21}}\right] = 0.01047$$

(5) 철근량 A_s 산정 :

① $A_s = \rho \times bd = 0.01047 \times 400 \times 520 = 2,178\text{mm}^2$

② ∴ 5 − D 25(2,535mm²)를 1단 배근으로 한다.

(6) 설계휨강도 검토 :

① $a = \dfrac{A_s f_y}{0.85 f_{ck} b} = \dfrac{2,535 \times 400}{0.85 \times 21 \times 400} = 142\text{mm}$

② 중립축 거리 $c = \dfrac{a}{\beta_1} = \dfrac{142}{0.85} = 167\text{mm}$

③ $\varepsilon_s = \dfrac{d-c}{c}(0.003) = \dfrac{520 - 167}{167} \times 0.003 = 0.0063 > \varepsilon_y$

따라서 인장철근이 항복하며

④ $M_n = A_s f_y (d - \dfrac{a}{2}) = 2,535 \times 400\,(520 - 142/2) \times 10^{-6}$

$= 455.30\text{kNm}$

⑤ 인장지배 단면이 되며, $\Phi = 0.85$를 사용한다.

⑥ $\Phi M_n = 0.85 \times 455.30 = 387.60\text{kNm} > M_u$ 이므로 만족한다.

(7) 보의 소요폭 산정 :

$b = (2 \times 40\text{mm}) + (2 \times 10\text{mm}) + (5 \times 25\text{mm}) + (4 \times 25\text{mm}) = 325\text{mm}$

5-7 복근 직사각형 보 해석 및 설계

5-7-1 복근 배근의 필요성

보와 같은 휨부재의 압축철근(compression reinforcement)은 건물에서 충분한 공간 확보와 같은 건축적 문제로 인한 보의 높이(depth)에 대한 제한이 요구될 때 많이 사용된다. 하지만 인장철근이 배근된 보에 압축철근이 더해진 복근 보(doubly reinforced beam)의 극한모멘트 저항능력(ultimate moment capacity)은 인장철근만 배근된 단근 보(singly reinforced beam)에 비하여 약 5% 내외 증가하는 것으로 여러 실험결과가 보여주고 있다. 따라서 직사각형 보의 모멘트 저항능력을 증가시키기 위해 압축철근을 배근하는 것은 바람직한 방법이 아니지만 철근콘크리트 보에 압축철근을 배근하는 대표적인 장점들은 다음과 같이 정리할 수 있다.

① 장기처짐 감소 : 압축철근 배근으로 얻을 수 있는 가장 중요한 것으로 지속하중 및 콘크리트의 크리프에 의한 장기처짐을 제어하는 이점이 있다.

② 연성 증대 : 압축철근 배근으로 등가압축응력 깊이 값을 줄일 수 있으므로 파괴 시 인장철근의 변형률을 증가시킬 수 있어서 연성적 거동을 증대시킬 수 있다.

③ 파괴형태의 변화 : 보의 인장철근비가 균형철근비보다 크면, 보는 취성적으로 파괴할 수 있다. 이러한 경우 압축철근을 배근하여 압축을 받는 부분이 충분히 보강되어 콘크리트의 파괴로 인한 취성파괴가 일어나기 전에 인장철근이 먼저 항복에 도달하도록 하여 보의 연성적 파괴를 유도한다.

④ 철근 조립의 편의 : 압축철근은 보의 전단력에 대한 보강으로 사용되는 스터럽 고정 및 거푸집과의 일정한 간격 유지에 도움을 주기 때문에 압축측 양모서리에 압축철근을 배근하는 것이 일반적이다.

5-7-2 복근 직사각형 보 공칭휨강도(Nominal flexural strength)

(1) 압축철근의 항복 검토

복근 직사각형 보의 공칭휨강도는 단면에 배근된 압축철근이 항복하느냐 또는 항복하지 않느냐에 따라 다르게 생각할 수 있다. 복근 직사각형 보에서 압축철근의 항복 여부는 그림 5-11의 복근 직사각형 보의 변형률에서 닮은꼴 삼각형 적합조건을 이용하면 압축철근의 변형률을 구하는 식은 다음 식 (5-40)과 같이 나타낼 수 있다.

$$\varepsilon_s{}' = \frac{(c-d')}{c} \times 0.003 \quad (5\text{-}40)$$

식 (5-41)에서 $c = \dfrac{a}{\beta_1}$, $\varepsilon_s{}' = \varepsilon_y = \dfrac{f_y}{E_s}$로 대입하고 철근의 탄성계수 값 $E_s = 2\times10^5\,\text{MPa}$을 대입하여 다시 정리하면 압축철근이 항복하기 위한 등가응력 블록깊이에 대한

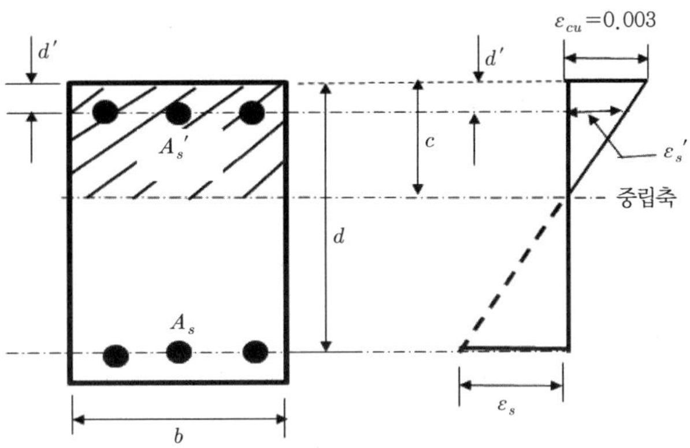

그림 5-11 복근 직사각형 보의 변형률

위 식은 다음 식 (5-41)과 같이 나타낼 수 있다.

$$a \geq \frac{\beta_1 d'}{(1-\frac{f_y}{600})} \tag{5-41}$$

따라서 식 (5-41)에서 구한 등가압축응력 깊이(a)가 식 (5-41)의 우측변의 값보다 크게 되면 압축철근이 항복하게 된다. 또한, 식 (5-41)을 간편한 식으로 정리하면 다음 식 (5-42)와 같이 나타낼 수 있다.

$$\left[\frac{d'}{a}\right]_{\lim} = \frac{1}{\beta_1}\left[1-\frac{f_y}{600}\right] \tag{5-42}$$

식 (5-42)를 이용하여 압축철근의 항복 여부를 검토할 수 있는 한계값을 〈표 5-5〉에 요약하여 나타냈다. 여기서, d'/a값이 $\left[\frac{d'}{a}\right]_{\lim}$ 보다 작아야 극한상태에서 압축철근이 항복하게 된다. 그러므로 〈표 5-5〉에 주어진 값을 이용하여 압축철근의 항복 여부를 쉽게 검토할 수 있다.

〈표 5-5〉 압축철근의 항복 여부 검토용 d'/a 한계값

f_y(MPa)	f_{ck}(MPa)				
	≤28	30	35	40	50
240	0.706	0.718	0.749	0.783	0.862
300	0.588	0.598	0.624	0.653	0.718
350	0.490	0.498	0.520	0.544	0.599
400	0.392	0.399	0.416	0.435	0.479
500	0.196	0.199	0.208	0.218	0.239

앞에서 언급했듯이 복근 직사각형 보의 공칭휨강도(nominal flexural strength)는 압축철근의 항복 여부에 따라 두 가지 서로 다르게 계산할 수 있다.

(2) 압축철근이 항복할 때

복근 보에서 압축철근이 항복한다고 가정하면, 그림 5-12에서 보듯이 압축철근 A_s'와 같은 양의 인장철근이 평형을 이루는 보의 공칭휨모멘트 (그림 5-12(b))와 압축철근량을 공제한 인장철근($A_s - A_s'$)과 압축콘크리트가 평형을 (그림 5-12(c)) 이루는 보의 공칭휨모멘트로 분리하여 해석한다.

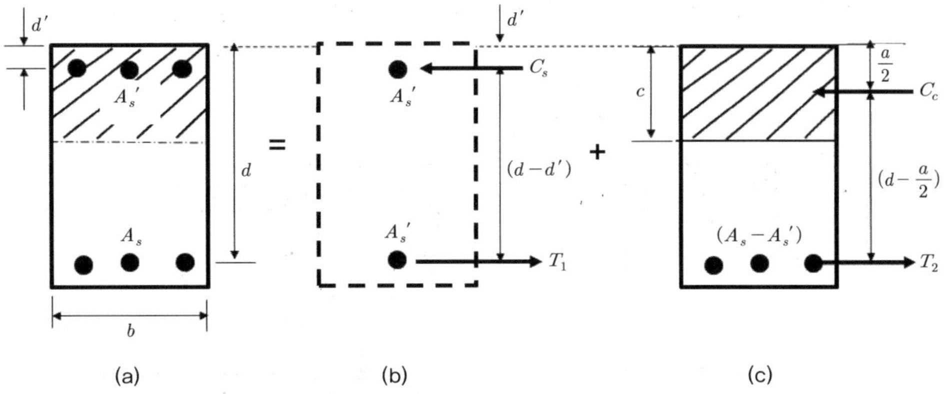

그림 5-12 복근 직사각형 보의 공칭강도(압축철근 항복인 경우)

먼저, 압축 철근량과 같은 양의 인장철근이 평형을 이루는 보의 공칭휨모멘트값은 그림 5-12(b)에서 압축철근에 의한 압축력(C_s')과 인장철근에 의한 인장력(T_1)이 우력으로 작용하므로 공칭휨강도 값은 다음 식 (5-43)과 같이 계산된다.

$$M_{n1} = A_s' f_y (d - d') \qquad (5\text{-}43)$$

다음으로, 압축철근을 공제한 인장철근과 압축콘크리트 단면이 힘의 평형을 이루는 경우는 보의 공칭휨모멘트 값은 그림 5-12(c)에서 다음 식 (5-44)와 같이 계산된다.

$$M_{n2} = (A_s - A_s') f_y \left(d - \frac{a}{2}\right) \qquad (5\text{-}44)$$

그러므로 압축철근이 항복하는 경우의 복근 직사각형 보의 공칭휨강도 값은 식 (5-43)과 식 (5-43)에서 얻어진 공칭휨모멘트 값을 합한 다음 식 (5-45)와 같이 계산된다.

$$\therefore\ M_n = A_s' f_y (d - d') + (A_s - A_s') f_y \left(d - \frac{a}{2}\right) \qquad (5\text{-}45)$$

하지만 위의 식 (5-45)에서 등가 압축응력깊이 값은 다음과 같이 계산된다.

$$a = \frac{(A_s - A_s') f_y}{0.85 f_{ck} b}$$ 이다.

(3) 압축철근이 항복하지 않을 때

복근 직사각형 보에서 압축철근이 항복하지 않은 경우에는 압축철근의 응력이 철근의 항복강도 ($f_s < f_y$)보다 작은 값을 나타내므로 압축철근이 부담하는 압축력은 철근의 탄성계수 값(E_s)에 실제 압축철근의 변형률(f_s)을 곱하여 얻을 수 있다. 이러한 압축

철근이 항복하지 않을 때의 복근 직사각형 보의 단면에서의 힘의 분포를 그림 5-13에 나타냈다.

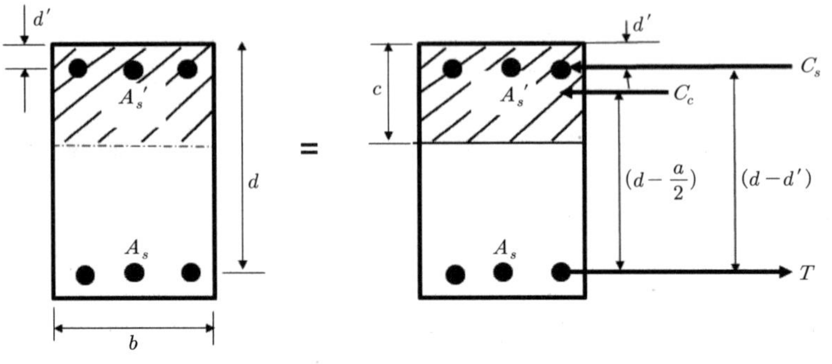

그림 5-13 복근 직사각형 보의 공칭강도(압축철근이 항복하지 않은 경우)

그림 5-13에서 힘의 평형조건식은 다음 식 (5-46)과 같이 나타낼 수 있으며, 여기서 C_c는 압축콘크리트가 부담하는 압축력이고, C_s는 압축철근이 부담하는 압축력이며, T는 인장철근이 부담하는 인장력이다.

$$C_c + C_s = T \qquad (5\text{-}46)$$

위의 식 (5-46)에서, $C_c = 0.85 f_{ck} ab$ 이고, $C_s = A_s' f_s' = A_s'(E_s \varepsilon_s')$로 계산되며, 각각의 힘을 식 (5-46)에 대입하여 정리하면 다음 식 (5-47)과 같이 주어진다.

$$0.85 f_{ck} ab + A_s'(E_s \varepsilon_s') = A_s f_y \qquad (5\text{-}47)$$

위의 식 (5-47)에서, $c = \dfrac{a}{\beta_1}$ 및 $\varepsilon_s' = \dfrac{(c-d')}{c} \times 0.003$의 값을 대입하여 등가압축응력깊이 a에 대한 값으로 정리하면 다음 식 (5-48)과 같이 나타낼 수 있다.

$$(0.85 f_{ck} b) a^2 + (0.003 E_s A_s' - A_s f_y) a - (0.003 E_s A_s' \beta_1 d') = 0 \qquad (5\text{-}48)$$

위의 식 (5-48)에 주어진 2차방정식에서 먼저 등가압축응력 블록깊이 a를 새로 계산하여 이 값을 이용하여 압축철근이 항복하지 않을 경우의 복근 직사각형보의 공칭휨강도를 계산하면 다음 식 (5-49)와 같이 계산된다.

$$M_n = C_c\left(d - \frac{a}{2}\right) + C_s(d - d') \qquad (5\text{-}49)$$

예제 5-12 그림과 같은 직사각형 보 단면의 공칭휨 강도를 구하시오.
단, $f_{ck} = 24\text{MPa}$, $f_y = 400\text{MPa}$

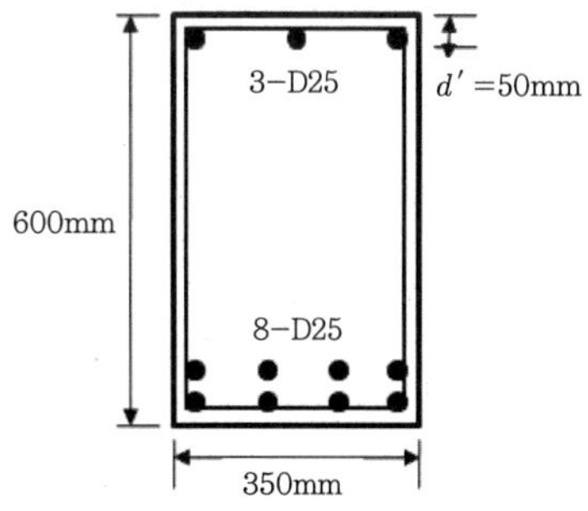

풀 이 (1) 철근비의 적정성 검토 :

① 보의 유효춤 산정 :

$d = 600 - (40 + 10 + 25 + 25/2)$

$\fallingdotseq 520\text{mm}$

② 최외단 인장철근까지의 거리 산정 :

$d_t = 600 - (40 + 10 + 25/2) \fallingdotseq 540\text{mm}$

③ 인장철근비 $\rho = \dfrac{A_s}{bd} = \dfrac{(8 \times 507)}{350 \times 520} = \dfrac{4{,}056}{350 \times 520} = 0.0223$

④ 압축철근비 $\rho' = \dfrac{A_s}{bd} = \dfrac{3 \times 507}{350 \times 520} = \dfrac{1{,}521}{350 \times 520} = 0.00835$

따라서 유효철근비, $((\rho - \rho') = 0.01395 \le \rho_{max}$

⑤ 최대 인장철근비 산정 : 인장지배 단면 변형률 한계에 대하여

$\rho_{max} = 0.0163 \times \dfrac{d_t}{d} = 0.169$

따라서 계수모멘트에 의해 요구되는 인장철근비(ρ)가 인장지배 단면을 만족시키는 최대 철근비(ρ_{max})보다 크고, 유효철근비 $(\rho - \rho')$가 ρ_{max} 보다 작으므로 압축철근이 있는 복근보로 계산한다.

(2) 압축철근의 항복 여부 검토 : 압축철근이 항복하였다고 가정하면

$$a = \frac{(A_s - A_s')f_y}{0.85 f_{ck} b} = \frac{2{,}535 \times 400}{0.85 \times 24 \times 350} = 142\text{mm}$$

(3) 중립축 위치 및 변형률 산정 :

① 중립축 거리 $c = \dfrac{a}{\beta_1} = \dfrac{142}{0.85} = 167\text{mm}$

② 압축철근 변형률 산정 :

$$\varepsilon_s' = \frac{c - d'}{c} \times \varepsilon_u = \frac{167 - 50}{167} \times 0.003 = 0.00210 \ge \varepsilon_y$$

③ 인장철근 변형률 산정 :

$$\varepsilon_s = \frac{d - c}{c} \times \varepsilon_u = \frac{520 - 167}{167} \times 0.003 = 0.0063 \ge \varepsilon_y$$

$$\varepsilon_t = \frac{d_t - c}{c} \times \varepsilon_u = \frac{540 - 167}{167} \times 0.003 = 0.0067 \Rightarrow \Phi = 0.85$$

④ 압축철근이 항복하기 위한 등가압축응력 블록 깊이의 한계식을 이용하는 경우에도 등가압축응력 블록깊이가 한계값 보다 크므로 압축철근이 항복하였음을 확인할 수 있음.

$$a \geq \frac{\beta_1 d'}{(1 - \frac{f_y}{600})} = \frac{0.85 \times 50}{(1 - \frac{400}{600})} = 127.5\text{mm}$$

(4) 복근 보의 공칭휨강도 산정 :

$$\therefore\ M_n = (A_s - A_s')f_y(d - \frac{a}{2}) + A_s' f_y (d - d')$$

$$= [2,535 \times 400\,(520 - \frac{142}{2}) + (1,521 \times 400)(520 - 50)] \times 10^{-6}$$

$$= 741\text{kNm}$$

예제 5-13 그림과 같은 보의 설계휨강도를 구하시오.

단, $f_{ck} = 27\text{MPa}$, $f_y = 400\text{MPa}$

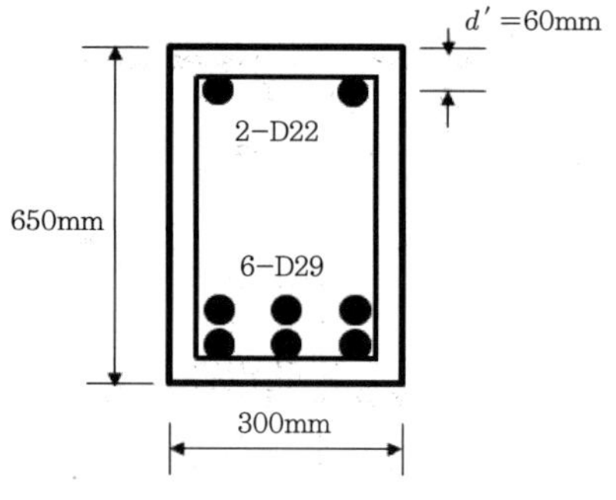

풀 이 (1) 유효춤 산정 :

$$d = 650 - (40 + 10 + 29 + 25/2) \fallingdotseq 560\text{mm}$$

$$d_t = 650 - (40 + 10 + 29/2) \fallingdotseq 585\text{mm}$$

(2) 인장 및 압축철근량 산정 :

① 인장철근비 산정 : $\rho = \frac{A_s}{bd} = \frac{3,852}{300 \times 560} = 0.0229$

② 압축철근량 산정 : $A_s' = (2 \times 387) = 774\text{mm}^2$

③ 압축철근비 산정 : $\rho' = \frac{A_s'}{bd} = \frac{774}{300 \times 560} = 0.0046$

따라서 유효철근비, $(\rho - \rho') = 0.0183 \leq \rho_{max}$

(3) 압축철근의 필요성 검토 : 인장지배단면의 변형률 한계에 대하여

$$\rho_{max} = 0.0183(\frac{d_t}{d}) = 0.0183 \times (\frac{585}{560}) = 0.0191$$

따라서 계수모멘트에 의해 요구되는 소요 인장철근비(ρ)가 인장지배 단면을

만족시키는 최대 철근비(ρ_{max})보다 크고, 유효철근비 $(\rho-\rho')$가 ρ_{max} 보다 작으므로 압축철근이 있는 복근보로 계산한다.

(4) 등가압축응력 깊이 산정 :

① $a=\dfrac{(A_s-A_s{}')f_y}{0.85f_{ck}b}=\dfrac{3{,}078\times400}{0.85\times27\times300}=179\text{mm}$

② $c=\dfrac{a}{\beta_1}=\dfrac{179}{0.85}=210\text{mm}$

(5) 압축철근의 항복 여부 검토 :

$$\varepsilon_s{}'=\frac{c-d'}{c}\times0.003=\frac{210-60}{210}\times0.003=0.00214\geq\varepsilon_y$$

압축철근이 항복하므로 가정은 유효하다.

(6) 인장철근 항복 여부 검토 및 강도감소계수 산정 :

① $\varepsilon_t=\dfrac{d_t-c}{c}\times0.003=\dfrac{585-210}{210}\times0.003=0.0054$

② 인장철근 변형률이 0.005보다 크므로 강도감소계수 : $\Phi=0.85$

(7) 설계휨강도 산정 :

$$\Phi M_n=\Phi[(A_s-A_s{}')f_y(d-\frac{a}{2})+A_s{}'f_y(d-d')]$$

$$=0.85[3{,}078\times400(560-\frac{179}{2})+774\times400(560-60)]\times10^{-6}$$

$$=623\text{kNm}$$

예제 5-14 그림과 같은 보의 설계휨강도를 구하시오.
단, $f_{ck}=30\text{MPa}$, $f_y=400\text{MPa}$

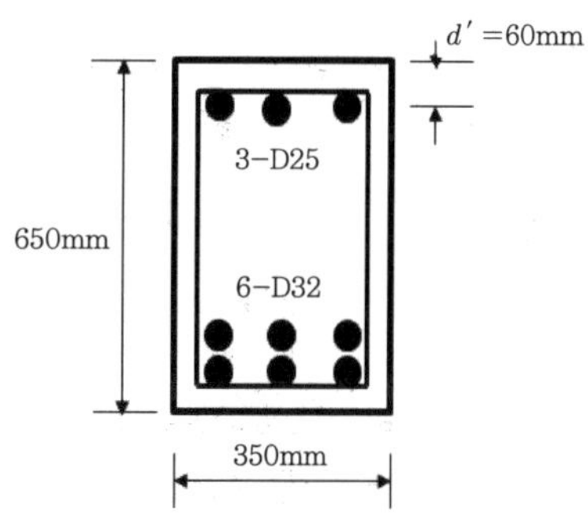

풀 이 (1) 유효춤 산정 :

$d=650-(40+10+30+25/2)$

$\fallingdotseq 560\text{mm}$

$d_t=650-(40+10+32/2)\fallingdotseq 585\text{mm}$

(2) 인장 및 압축철근량 산정 :

① 인장철근비 산정 : $\rho=\dfrac{A_s}{bd}=\dfrac{4{,}764}{350\times560}=0.0243$

② 압축철근량 산정 : $A_s{}'=(3\times507)=1{,}521\,\text{mm}^2$

③ 압축철근비 산정 : $\rho' = \dfrac{A_s'}{bd} = \dfrac{1,521}{350 \times 560} = 0.0077$

따라서 유효철근비, $(\rho - \rho') = 0.0166 \le \rho_{max}$

(3) 압축철근의 필요성 검토 :

① $\rho_{max} = 0.020(\dfrac{d_t}{d}) = 0.020 \times (\dfrac{585}{560}) = 0.0209$

② $\therefore\ \rho \ge \rho_{max}$이고, 유효철근비 $(\rho - \rho')$가 ρ_{max} 보다 작으므로 압축철근이 있는 복근보로 계산한다.

(4) 등가압축응력 깊이 산정 : 압축철근이 항복하였다고 가정할 때

① $a = \dfrac{(A_s - A_s')f_y}{0.85 f_{ck} b} = \dfrac{3,243 \times 400}{0.85 \times 30 \times 350} = 145\text{mm}$

② $\beta_1 = 0.85 - 0.007(f_{ck} - 28\text{MPa}) = 0.836$

③ $c = \dfrac{a}{\beta_1} = \dfrac{145}{0.836} = 173\text{mm}$

(5) 압축철근의 항복 여부 검토 ;

$\varepsilon_s' = \dfrac{c - d'}{c} \times 0.003 = \dfrac{173 - 60}{173} \times 0.003 = 0.00196 < \varepsilon_y$

(6) 압축철근이 항복하지 않는다. 그러므로 압축철근이 항복하지 않을 때의 등가압축응력 깊이 및 중립축 거리를 산정하기 위해 힘의 평형조건을 이용한다.

① 새로운 등가압축응력 깊이 산정식을 이용하면

$(0.85 f_{ck} b)a^2 + (0.003E_s A_s' - A_s f_y)a - (0.003 E_s A_s' \beta_1 d') = 0$

$\therefore\ 8,925a^2 - 993,000a - 45,776,016 = 0$

$\therefore\ a = 146.30\text{mm},\ c = 146.3/0.836 = 175\text{mm}$

② 압축철근이 항복하지 않을 때의 변형률 산정 :

$\varepsilon_s' = \dfrac{c - d'}{c} \times 0.003 = \dfrac{175 - 60}{175} \times 0.003 = 0.00197 < \varepsilon_y$

③ 강도저감계수 검토

$\varepsilon_t = \dfrac{d_t - c}{c} \times 0.003 = \dfrac{585 - 175}{175} \times 0.003 = 0.0070 \Rightarrow \Phi = 0.85$

(7) 설계휨강도 산정 :

$M_n = \Phi\,[C_c(d - \dfrac{a}{2}) + C_s(d - d')]$

$= \Phi\,[0.85 f_{ck} ab\,(d - \dfrac{a}{2}) + A_s'\,(E_s \varepsilon_s')\,(d - d')]$

$$= 0.85[0.85 \times 30 \times 146.3 \times 350(486.85)$$
$$+ 1{,}521(2 \times 10^5 \times 0.00197) \times (500)] \times 10^{-6}$$
$$= 795\text{kNm}$$

예제 5-15 그림과 같은 직사각형 보의 설계휨강도를 구하시오.
단, $f_{ck} = 24\text{MPa}$, $f_y = 400\text{MPa}$

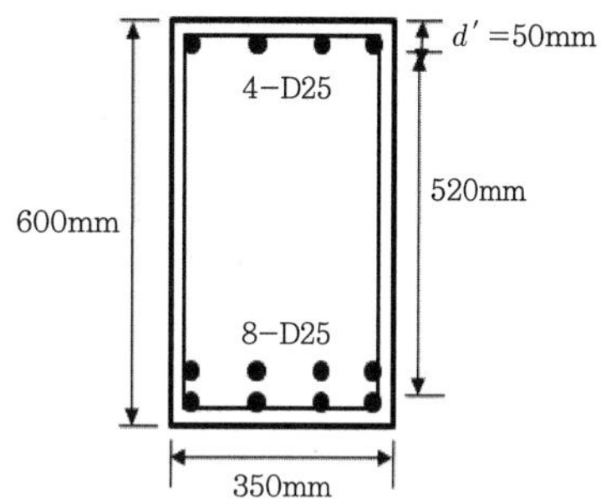

풀 이 (1) 철근비의 적정성 검토 :

① 보의 유효춤

$d = 600 - (40 + 10 + 25 + 25/2)$

$\fallingdotseq 520\text{mm}$

② 최외단 인장철근까지의 거리 $d_t = 600 - (40 + 10 + 25/2) \fallingdotseq 540\text{mm}$

③ 인장철근비 $\rho = \dfrac{A_s}{bd} = \dfrac{(8 \times 507)}{350 \times 520} = 0.0223$

④ 압축철근비 $\rho' = \dfrac{A_s'}{bd} = \dfrac{(4 \times 507)}{350 \times 520} = 0.0111$

따라서 유효철근비, $(\rho - \rho') = 0.0122 \le \rho_{max}$

⑤ 최대 인장철근비 산정 : 인장지배 변형률 한계에 해당하는,

$$\rho_{max} = 0.0163 \times \frac{d_t}{d} = 0.169$$

따라서 소요 인장철근비(ρ)가 인장지배 단면을 만족시키는 최대 철근비(ρ_{max})보다 크고, 유효철근비 $(\rho - \rho')$가 ρ_{max} 보다 작으므로 압축철근이 있는 복근보로 계산한다.

(2) 압축철근의 항복 여부 검토 : 항복하였다고 가정하면

$$a = \frac{(A_s - A_s')f_y}{0.85 f_{ck} b} = \frac{2{,}028 \times 400}{0.85 \times 24 \times 350} = 113\text{mm}$$

(3) 중립축 위치 및 압축철근의 변형률 산정 :

① $c = \dfrac{a}{\beta_1} = \dfrac{113}{0.85} = 13\text{mm}$

② $\varepsilon_s' = \dfrac{c - d'}{c}\varepsilon_u = \dfrac{133 - 50}{133} \times 0.003 = 0.00187 < \varepsilon_y$

따라서 압축철근이 항복하지 않으며, 등가응력 블록깊이의 한계식을 이용하면,

③ $a \geq \dfrac{\beta_1 d'}{(1-\dfrac{f_y}{600})} = \dfrac{0.85 \times 50}{(1-\dfrac{400}{600})} = 127.5\text{mm}$

∴ 압축철근이 항복하지 않는다.

따라서 앞에서 산정한 등가압축응력 블록깊이는 사용할 수 없으며, 복근 보 힘의 평형조건을 이용하여 압축철근이 항복하지 않을 때의 압축응력 블록깊이를 다시 구하여야 한다.

(4) 압축철근이 항복하지 않을 때의 새로운 a값 산정 :

① 평형조건식 $C_c + C_s = T$을 이용하여 a에 대한 2차 방정식을 이용하면

$$(0.85f_{ck}b)a^2 + (0.003E_sA_s' - A_sf_y)a - (0.003E_sA_s'\beta_1 d') = 0$$

$$(0.85 \times 24 \times 350)a^2 + [(0.003 \times 200{,}000 \times 2{,}028) - (4{,}056 \times 400)]a - (0.003 \times 200{,}000 \times 2{,}028 \times 0.85 \times 50) = 0$$

$$7{,}140a^2 - 405{,}600a - 51{,}714{,}000 = 0$$

$$a = 118.3\text{mm}$$

② 압축철근이 항복하지 않을 때의 중립축 거리

$$c = \frac{a}{\beta_1} = \frac{118.3}{0.85} = 139.2\text{mm}$$

$$\varepsilon_s' = \frac{c-d'}{c}\varepsilon_u = \frac{139.2-50}{139.2} \times 0.003 = 0.00192$$

따라서 압축철근이 항복하지 않음.

③ 압축철근이 항복하지 않을 때 보 단면에 생기는 힘 산정 :

④ $C_c = 0.85f_{ck}ab$

$$= [0.85 \times 24 \times 118.3 \times 350] \times 10^{-3} = 844.6\text{kN}$$

⑤ $C_s = (E_s \cdot \varepsilon_s)A_s'$

$$= [(200{,}000 \times 0.00192) \times 2{,}028] \times 10^{-3} = 778.7\text{kN}$$

(5) 공칭휨강도 산정 :

$$M_n = C_c(d - \frac{a}{2}) + C_s(d-d')]$$

$$= [844.6(520 - \frac{118.3}{2}) + 778.7(520-50)] \times 10^{-3}$$

$$= 755.35\text{kNm}$$

예제 5-16 그림의 보가 계수모멘트 $M_u = 1,000\text{kNm}$를 받을 때 필요한 인장 및 압축철근량을 구하시오.

단, $f_{ck} = 21\text{MPa}$, $f_y = 300\text{MPa}$

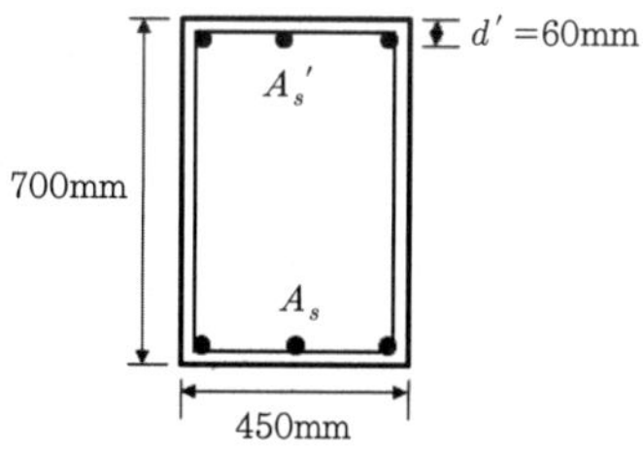

풀 이 (1) 인장철근만으로 설계 가능 검토 : 2단 배근을 고려하면, $d = 620\text{mm}$, $d_t = 640\text{mm}$라 두면

(2) 단근보 또는 복근 보로 설계할지에 대해 검토 :

① 소요 인장철근비 산정 : $\rho = \dfrac{0.85 f_{ck}}{f_y}\left[1 - \sqrt{1 - \dfrac{2R_n}{0.85 f_{ck}}}\right]$

② $R_n = \dfrac{M_u}{\Phi b d^2} = \dfrac{1,000 \times 10^6}{0.85 \times 450 \times 620^2} = 6.80\text{MPa}$

③ $\rho = \dfrac{0.85 \times 21}{300} \times \left[1 - \sqrt{1 - \dfrac{2 \times 6.80}{0.85 \times 21}}\right] = 0.0305$

④ 최대 인장철근비 산정 : 인장지배 변형률 한계에 해당하는,

$$\rho_{max} = 0.0190 \times \frac{d_t}{d} = 0.196$$

⑤ 계수모멘트에 의해 요구되는 인장철근비(ρ)가 인장지배 단면을 만족시키는 최대 철근비(ρ_{max})보다 크므로 압축철근이 있는 복근 보로 계산한다.

(3) 최대 인장철근비(ρ_{max})에 의해 저항되는 설계모멘트(M_{u1}) 산정 :

① $M_{u1} = \Phi \rho_{max} b d^2 f_y \left(1 - \dfrac{\rho_{max} f_y}{1.7 f_{ck}}\right)$

$$= [0.85 \times 0.0196 \times 450 \times 620^2 \times 300\left(1 - \frac{0.0196 \times 300}{1.7 \times 21}\right)] \times 10^{-6}$$

$$= 722.16\text{kNm}$$

② 최대 인장철근비에 의한 인장철근량 A_{s1}

$$A_{s1} = \rho_{max} \times bd = 0.0196 \times 450 \times 620 = 5,468\text{mm}^2$$

(4) 압축철근에 의해 저항되어야 할 설계모멘트(M_{u2}) 산정 :

① $M_{u2} = 1,000\text{kNm} - 722.16\text{kNm} = 277.84\text{ kNm}$

극한상태에서 압축철근이 항복한다고 가정하고, 압축철근량을 계산하기 위해 식, $M_{u2} = \Phi A_s' f_y (d - d')$ 를 이용하면,

② $A_s{}' = \dfrac{M_{u2}}{\Phi f_y(d-d')} = \dfrac{277.84\times 10^6}{0.85\times 300(620-60)} = 1{,}946\text{mm}^2$

(5) 철근량 산정 :

① 전체 인장철근량 A_s

$A_s = A_{s1} + A_s{}' = 5{,}468 + 1{,}946 = 7{,}414\,\text{mm}^2$

② 전체 압축철근량 $A_s{}'$

$A_s{}' = 1{,}946\text{mm}^2$

(6) 필요 철근수량 산정 : D29 철근($A_s = 642\text{mm}^2$)을 사용하면

① 필요 인장철근 개수

$$n = \frac{7{,}414}{642} = 11.55 \Rightarrow 12\text{개}(A_s = 7{,}704\,\text{mm}^2)$$

② 필요 압축철근 개수

$$n' = \frac{1{,}946}{642} = 3.03 \Rightarrow 4\text{개}(A_s' = 2{,}568\text{mm}^2)$$

③ 인장철근비 $\rho = \dfrac{A_s}{bd} = \dfrac{7{,}704}{450\times 620} = 0.0276$

④ 압축철근비 $\rho' = \dfrac{A_s'}{bd} = \dfrac{2{,}568}{450\times 620} = 0.0092$

따라서 유효철근비, $(\rho - \rho') = 0.0184 \le \rho_{max}$

(7) 압축철근의 항복 여부 검토 :

① 등가압축응력 블록 깊이

$$a = \frac{(A_s - A_s{}')f_y}{0.85 f_{ck} b} = \frac{5{,}136\times 300}{0.85\times 21\times 450} = 192\text{mm}$$

② 중립축 거리 $c = \dfrac{192}{0.85} = 226\text{mm}$

③ 압축철근 변형률

$$\varepsilon_s{}' = \frac{c-d'}{c}\times\varepsilon_u = \frac{226-60}{226}\times 0.003 = 0.0022 > \varepsilon_y$$

압축철근이 항복

④ 최외단 인장철근에서의 변형률 산정 :

$$\varepsilon_t = \frac{d_t - c}{c}\times\varepsilon_u = \frac{640-226}{226}\times 0.003 = 0.0055$$

⑤ 강도감소계수 : $\Phi = 0.85$

(8) 보의 설계휨강도 산정 :

$$\Phi M_n = \Phi[(A_s - A_s')f_y(d - \frac{a}{2}) + A_s'f_y(d-d')]$$
$$= 0.85[(7,704 - 2,568) \times 300 \times (620 - 192/2) + 2,568 \times 300 \times 560)] \times 10^{-6}$$
$$= 1,052\,\text{kNm} > 1,000\,\text{kNm}$$

예제 5-17 그림과 같은 보 단면이 계수모멘트 $M_u = 860\text{kNm}$를 받을 때 인장 및 압축 철근량을 구하시오.
단, $f_{ck} = 24\text{MPa}$, $f_y = 400\text{MPa}$

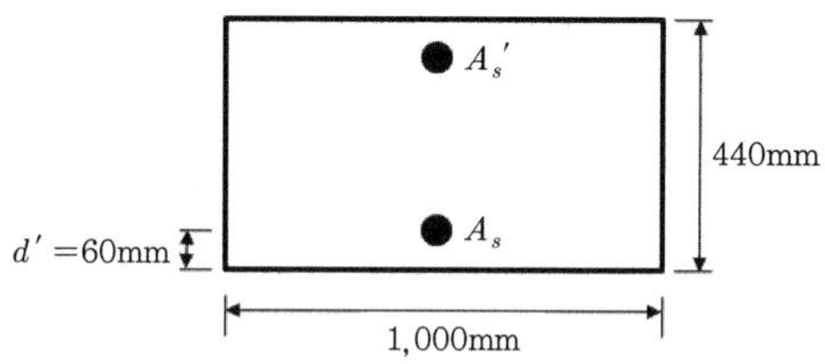

풀 이 (1) 인장철근만으로 설계 가능 검토 : 보의 폭이 비교적 크므로 1단 배근으로 가정하면

① 유효춤 산정 : $d = d_t = 440 - 60 = 380\text{mm}$

② 소요 인장철근비 산정 :

$$\rho = \frac{0.85 \times f_{ck}}{f_y}\left[1 - \sqrt{1 - \frac{2R_n}{0.85 f_{ck}}}\right]$$
$$= \frac{0.85 \times 24}{400}\left[1 - \sqrt{1 - \frac{2 \times 7.00}{0.85 \times 24}}\right]$$
$$= 0.0208$$

③ $R_n = \dfrac{M_u}{\Phi b d^2} = \dfrac{860 \times 10^6}{0.85 \times 1,000 \times 380^2} = 7.00\text{MPa}$

④ 최대 인장철근비 검토 : 인장지배 단면일 때 〈표 5-3〉으로부터
$\rho_{max} = 0.0163$

⑤ 소요 인장철근비(ρ)가 최대 인장철근비(ρ_{max})보다 크므로 압축철근이 있는 복근보로 취급한다.

(2) 최대 인장철근(ρ_{max})에 의해 저항되는 설계모멘트 산정 :

① $M_{u1} = \Phi \rho_{max} b d^2 f_y (1 - \dfrac{\rho_{max} \times f_y}{1.7 f_{ck}})$

$$= [0.85 \times 0.0163 \times 1,000 \times 380^2 \times 400(1 - \frac{0.0163 \times 400}{1.7 \times 24})] \times 10^{-6}$$
$$= 672.38\text{kNm}$$

② 최대 인장철근비에 의한 인장철근량 A_{s1}

$$A_{s1} = \rho_{\max} \times bd = 0.0163 \times 1{,}000 \times 380 = 6{,}194\text{mm}^2$$

(3) 압축철근에 의해 저항되어야 할 모멘트 산정 :

$$M_{u2} = 860\,\text{kNm} - 672.38\text{kNm} = 187.62\text{kNm}$$

(4) 압축철근량 산정 : 극한상태에서 압축철근이 항복한다고 가정하면

$$A_s{}' = \frac{M_{u2}}{\Phi f_y (d-d')} = \frac{187.62 \times 10^6}{0.85 \times 400 \times (380-60)} = 1{,}724\text{mm}^2$$

(5) 철근량 산정 :

① 전체 인장철근량 A_s

$$A_s = A_{s1} + A_s{}' = 6{,}194 + 1{,}724 = 7{,}918\text{mm}^2$$

② 전체 압축철근량 $A_s{}'$

$$A_s{}' = 1{,}724\text{mm}^2$$

(6) 필요 철근수량 산정

① 필요 인장철근 개수 : (D29 철근, $A_s = 642\text{mm}^2$)

$$n = \frac{7{,}918}{642} = 12.33 \Rightarrow 13\text{개}(A_s = 8{,}346\,\text{mm}^2)$$

② 필요 압축철근 개수 : (D32 철근, $A_s = 794\text{mm}^2$)

$$n' = \frac{1{,}724}{794} = 2.17 \Rightarrow 3\text{개}(A_s' = 2{,}382\text{mm}^2)$$

③ 인장철근비 $\rho = \dfrac{A_s}{bd} = \dfrac{8{,}346}{1{,}000 \times 380} = 0.0219$

④ 압축철근비 $\rho' = \dfrac{A_s'}{bd} = \dfrac{2{,}382}{1{,}000 \times 380} = 0.0063$

따라서 유효철근비, $(\rho - \rho') = 0.0156 \le \rho_{\max}$

(7) 압축철근의 항복 여부 검토 :

① 등가압축응력 블록 깊이

$$a = \frac{(A_s - A_s{}')f_y}{0.85 f_{ck} b} = \frac{5{,}963 \times 400}{0.85 \times 24 \times 1{,}000} = 117\text{mm}$$

② 중립축 거리 $c = \dfrac{117}{0.85} = 138\text{mm}$

③ 압축철근 변형률

$$\varepsilon_s{}' = \frac{c-d'}{c} \times \varepsilon_u = \frac{138-60}{138} \times 0.003 = 0.00169 < \varepsilon_y$$

∴ 압축철근이 항복하지 않으므로 새로운 a값을 구하여야 한다.

(8) 힘의 평형조건을 이용하여 새로운 등가압축응력 깊이값 a를 산정 :

① $(0.85f_{ck} \cdot b)a^2 + (0.003E_sA_s' - A_sf_y)a - (0.003E_sA_s'\beta_1 d') = 0$

$= 20,400a^2 - 1,908,600a - 72,919,800 = 0$

$\therefore\ a = 122.70\text{mm},\ c = \dfrac{a}{\beta_1} = 144.35\text{mm}$

② 압축철근 변형률 산정 :

$\varepsilon'_s = \dfrac{144.35 - 60}{144.35} \times 0.003 = 0.00175 < \varepsilon_y$

③ 압축철근 강도 산정 :

$f_s' = E_s \times \varepsilon_s' = 2 \times 10^5 \times 0.00175 = 350\text{MPa}$

④ 새로운 압축철근량 산정 :

$A_s' = \dfrac{M_{u2}}{\Phi f_y(d - d')} = \dfrac{187.62 \times 10^6}{0.85 \times 350 \times 320} = 1,971\text{mm}^2$

(9) 철근량 산정 :

① 전체 인장철근량 A_s

$A_s = A_{s1} + A_s' = 6,194 + 1,971 = 8,165\text{mm}^2$

② 전체 압축철근량 A_s'

$A_s' = 1,971\text{mm}^2$

(10) 필요 철근수량 산정 :

① 필요 인장철근 개수 : (D29 철근, $A_s = 642\text{mm}^2$)

$n = \dfrac{8,165}{642} = 12.72 \Rightarrow 13$개 $(A_s = 8,346\text{mm}^2)$

② 필요 압축철근 개수 : (D32 철근, $A_s = 794\text{mm}^2$)

$n' = \dfrac{1,971}{794} = 2.48 \Rightarrow 3$개 $(A_s = 2,382\text{mm}^2)$

(11) 최외단 인장철근에서의 변형률 및 강도감소계수 산정 :

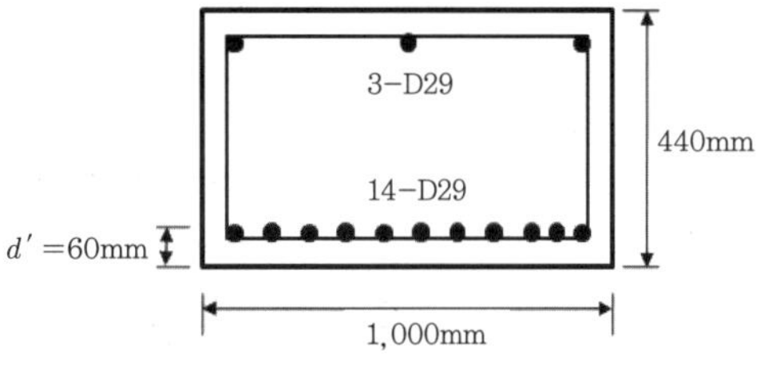

① $\varepsilon_t = \dfrac{d_t - c}{c} \times \varepsilon_u$

$= \dfrac{380 - 144.35}{144.35} \times 0.003$

$= 0.0049$

② $\Phi = 0.65 + (\varepsilon_t - 0.002)\dfrac{200}{3} = 0.843$

(12) 보의 설계휨강도 검토 :

① $C_c = 0.85 f_{ck} ab = 0.85 \times 24 \times 122.70 \times 1{,}000 \times 10^{-3} = 2{,}503.08\text{kN}$

② $C_s = (E_s \times \epsilon_s')A_s = 2 \times 10^5 \times 0.00175 \times 8{,}346 \times 10^{-3} = 2{,}921\text{kN}$

$$\begin{aligned}\Phi M_n &= \Phi[C_C(d - \frac{a}{2}) + C_s(d - d')] \\ &= 0.843[(2{,}503.08(380 - \frac{122.70}{2}) + 2{,}921(380 - 60)] \times 10^{-3} \\ &= 1{,}460.35\text{kNm} > 860\text{kNm}\end{aligned}$$

5-8 단근 T형보 설계

5-8-1 개 요

철근콘크리트 바닥 시스템은 주로 슬래브와 보로 구성되며, 시공에서도 기둥 콘크리트 경화 후 보와 슬래브의 콘크리트가 동시에 타설되기 때문에 슬래브와 보는 동시에 하중을 지지하게 된다. 그러므로 보는 상부에 여분의 폭을 가지게 되며 이러한 폭을 플랜지(flange)라 하고 이러한 플랜지를 가지는 보를 T형보라고 하며, T형보의 아래 부분을 웨브(web)라고 한다.

그림 5-14에서 내부 보는 양쪽에 플랜지를 가지고 있는 T형보이고, 외부 보들은 한쪽에만 플랜지를 가지고 있어서 반T형보(half T-beam)라고 한다. 그러므로 T형보 해석에서 압축을 받는 부분(zone)이 직사각형이면 앞 단원에서 언급한 직사각형 보로 해석하고, T자 형태이면 T형보로 해석한다.

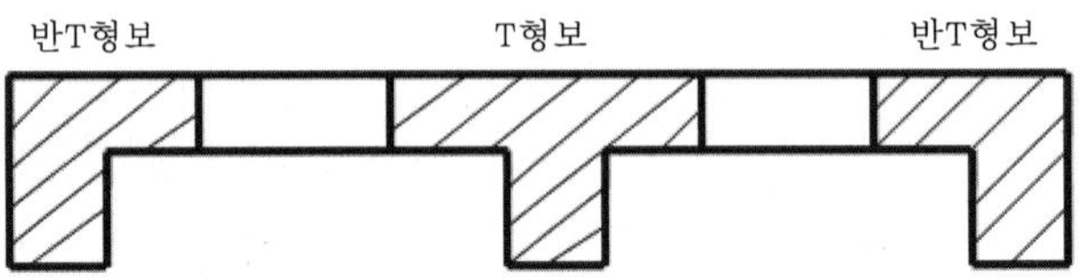

그림 5-14 바닥구조 시스템에서의 T형보

5-8-2 T형보의 유효폭

단순 지지된 T형보의 플랜지에 하중이 작용하면, T형보의 웨브(web)에 인접한 부분의 압축응력은 웨브에서 멀리 떨어진 부분의 압축응력보다 높게 작용한다. 그러므로 플랜지에 작용하는 압축응력 분포를 최대 압축응력이 일정하게 작용하는 플랜지 폭(width)으로 했을 때의 플랜지 길이를 T형보의 유효폭(b_e, effective width)이라 한다.

T형보 개념은 보의 휨압축력에 대하여 압축측 면적을 늘리는 장점이 있다. 이러한 유효폭은 하중형태(등분포, 집중하중), 지지형태, 보의 간격, 보와 슬래브의 상대적 강성 등에 의해 영향을 받으며, 콘크리트구조설계 기준에서는 슬래브와 보가 일체로 타설된 T형보의 유효 폭(b_e)은 다음 중 가장 작은 값으로 하도록 규정하고 있다.

(1) T형보의 유효폭(b_e)

① 보 경간의 1/4 : $l/4$

② 양쪽으로 각각 내민 플랜지 두께의 8배씩+보의 복부 두께 : $16t_f + b_w$

③ 양쪽 슬래브의 중심간 거리

(2) 반T형보의 유효폭(b_e)

① 보 경간의 1/12에 보의 복부(웨브) 폭을 더한 값 : $\dfrac{l}{12} + b_w$

② 한쪽으로 내민 플랜지 두께의 6배에 보의 복부(웨브) 폭을 더한 값 : $6t_f + b_w$

③ 인접 보와의 내측 거리 1/2에 보의 복부(웨브) 폭을 더한 값

(3) 독립T형보의 추가 압축면적을 제공하는 플랜지의 두께는 복부(웨브) 폭의 1/2 이상이어야 하며, 플랜지의 유효폭은 복부(웨브) 폭의 4배 이하로 한다.

(4) T형보의 플랜지(장선구조 제외)로 취급되는 슬래브에서 주철근이 보의 방향과 같을 때에는 다음 요구조건에 따라 보의 직각방향으로 슬래브 상부에 철근을 배치한다.

① 횡방향 철근은 T형보의 내민 플랜지를 캔틸레버로 보고, 그 플랜지에 작용하는 계수하중에 대하여 설계한다. 이때 독립T형보의 경우 내민 플랜지 전폭을 유효폭으로 보아야 하며, 그 밖의 T형보의 경우 T형보 유효폭 계산에 따라 계산된 유효폭만 고려한다.

② 횡방향 철근의 간격은 슬래브 두께의 5배 이하로 하고, 또는 450mm 이하로 하여야 한다.

5-8-3 T형보 공칭휨강도

T형보에서 압축응력 부분이 직사각형이면 보의 폭이 b_e인 직사각형 보로 해석하며, 이러한 경우는 등가압축응력 깊이 a가 T형보의 플랜지 두께(h_f) 내에 있는 경우이다. 이때 T형보의 공칭휨강도는 단근 직사각형 보에서 구한 값과 동일하며, 다음 식 (5-50)과 같이 계산되어진다.

$$\begin{aligned} M_n &= A_s f_y \left(d - \frac{a}{2}\right) \\ &= \rho f_y b_e\, d^2 \left(1 - \frac{\rho f_y}{1.7 f_{ck}}\right) \end{aligned} \tag{5-50}$$

한편 그림 5-15와 같은 T형보에서 압축응력 부분이 T자 형태를 가지면 T형보로 해석하게 되며, 이러한 경우는 등가압축응력 깊이 a가 T형보의 웨브(web)에 있게 되는 경우이다.

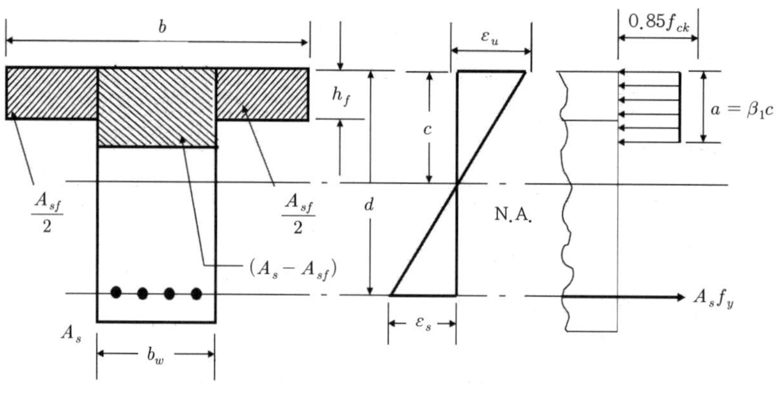

그림 5-15 T형보의 변형률 및 응력분포

이러한 T형보의 공칭휨강도를 유도하는 방법은, 그림 5-16(a)에 보여진 것과 같이 압축응력이 작용하는 플랜지의 내민 부분과 그림 5-16(b)와 같이 나머지 직사각형 보가 담당하는 부분에 대한 저항모멘트로 각각 분리하여 유도한다. 구체적으로 살펴보면, 압축측 플랜지 내민 부분$(b_e - b_w)h_f$이 분담하는 압축력과 플랜지 내민 부분에 상당하는 등가 인장철근(A_{sf})이 부담하는 인장력이 평형을 이루는 부분과 압축측 웨브(web) 부분이 분담하는 압축력과 등가 인장철근을 공제한 인장철근$(A_s - A_{sf})$이 부담하는 인장력이 평형을 이루는 부분으로 나누어 해석한다.

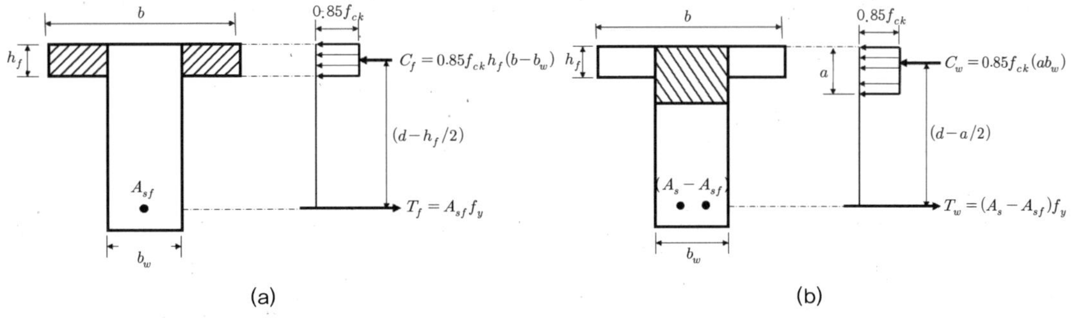

그림 5-16 중립축이 웨브(복부)에 있는 T형보

우선 그림 5-16(a)로부터 압축측 내민 플랜지 부분이 담당하는 콘크리트 압축력(C_f)은 다음 식 (5-51)과 같이 나타낼 수 있다.

$$C_f = 0.85 f_{ck} h_f (b_e - b_w) \tag{5-51}$$

그리고 등가의 인장철근(A_{sf})이 부담하는 인장력(T_f)은 다음 식 (5-52)와 같이 나타낼 수 있다.

$$T_f = A_{sf} f_y \tag{5-52}$$

다음으로 평형조건, $C_f = T_f$을 적용하면 등가 인장철근 면적, A_{sf}를 다음 식 (5-53)으로 계산되어진다.

$$A_{sf} = \frac{0.85 f_{ck} (b_e - b_w) h_f}{f_y} \tag{5-53}$$

따라서 등가 인장철근이 먼저 항복한다고 가정하면 플랜지 부분에 의한 공칭휨모멘트는 식 (5-54)와 같이 얻어진다.

$$M_f = A_{sf} f_y (d - \frac{h_f}{2}) \tag{5-54}$$

마찬가지로 그림 5-16(b)로부터 압축측 웨브(web) 부분이 담당하는 콘크리트의 압축력, C_w는 다음 식 (5-55)와 같이 나타낼 수 있다.

$$C_w = 0.85 f_{ck}\, a\, b_w \tag{5-55}$$

또한, 등가 인장철근을 공제한 인장철근($A_s - A_{sf}$)이 부담하는 인장력, T_w는 다음 식 (5-56)과 같이 나타낼 수 있다.

$$T_w = (A_s - A_{sf}{}') f_y \tag{5-56}$$

마찬가지로 힘의 평형조건, $C_w = T_w$을 이용하면 등가압축응력깊이 a의 값은 다음 식 (5-57)과 같이 얻어진다.

$$a = \frac{(A_s - A_{sf})f_y}{0.85 f_{ck}\, b_w} \tag{5-57}$$

그러므로 T형보의 웨브에 대한 공칭휨모멘트는 그림 5-16(b)로부터 다음 식 (5-58)과 같이 계산되어진다.

$$M_w = (A_s - A_{sf}) f_y \,(d - \frac{a}{2}) \tag{5-58}$$

마지막으로 위의 식 (5-54)와 식 (5-58)을 합하여 T형보 전체에 대한 공칭휨강도는 다음 식 (5-59)와 같이 나타낼 수 있다.

$$M_n = A_{sf} f_y \,(d - \frac{h_f}{2}) + (A_s - A_{sf})\, f_y \,(d - \frac{a}{2}) \tag{5-59}$$

T형보의 설계휨강도는 위의 식 (5-59)에 강도감소계수 $\Phi = 0.85$를 곱하여 최종적으로 얻게 된다.

예제 5-18 그림과 같은 단근 T-형보의 공칭휨 강도를 구하시오.(단, 압축철근은 무시한다)
단, $f_{ck} = 24\text{MPa}$,
$f_y = 400\text{MPa}$이다.

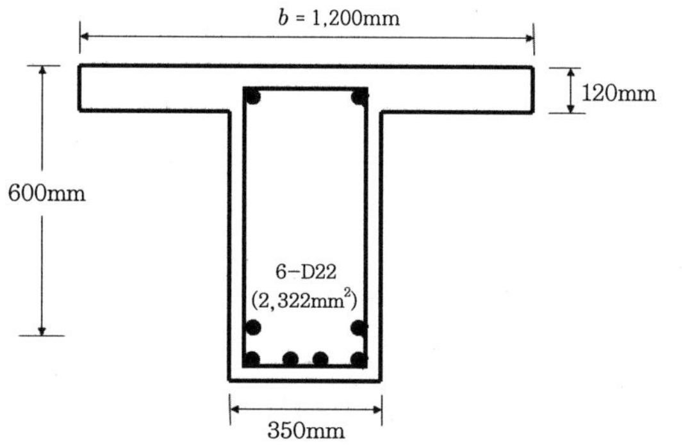

풀 이 (1) 압축응력 블록깊이 a 산정 :

① 힘의 평형조건

$0.85 f_{ck} a b_e = A_s f_y$을 이용하면

$$\therefore\ a = \frac{2{,}322 \times 400}{0.85 \times 24 \times 1{,}200} = 38\text{mm}$$

② 압축응력 블록깊이 a가 슬래브의 두께보다 작으므로 압축응력 부분이 직사각형이 되므로 보의 폭이 1,200mm이고 유효춤이 600mm인 직사각형 보로 해석한다.

(2) T형보의 공칭휨강도 산정 :

$$\therefore\ M_n = A_s f_y (d - \frac{a}{2}) = (2{,}322 \times 400)(600 - 19) \times 10^{-6} = 539.64\text{kNm}$$

(3) 인장철근의 항복 여부 검토 :

① $c = \dfrac{38\text{mm}}{0.85} = 44.7\text{mm}$

② $\varepsilon_s = \dfrac{d-c}{c} \times 0.003 = \dfrac{600-44.7}{44.7} \times 0.003 = 0.0372 > \varepsilon_y$

따라서 인장철근이 항복하므로 위에서 구한 공칭휨강도 값은 유효하다.

예제 5-19 그림과 같은 단근T-형 보의 설계휨강도를 구하시오.
단, $f_{ck} = 21\text{MPa}$, $f_y = 400\text{MPa}$ 이다.

풀 이 (1) 압축응력 블록깊이 a 산정 : a의 깊이가 플랜지 내에 있다고 가정하면,

$\therefore\ a = \dfrac{4{,}056 \times 400}{0.85 \times 21 \times 700} = 129.85\text{mm}$

따라서 $a > h_f$가 되며, T형보로 해석한다.

(2) 다음 그림과 같이 압축측 플랜지 내민 부분$(b_e - b_w)h_f$이 분담하는 압축력과 플랜지 내민 부분에 상당하는 등가 인장철근(A_{sf})이 부담하는 인장력이 평형을 이루는 부분을 고려하면

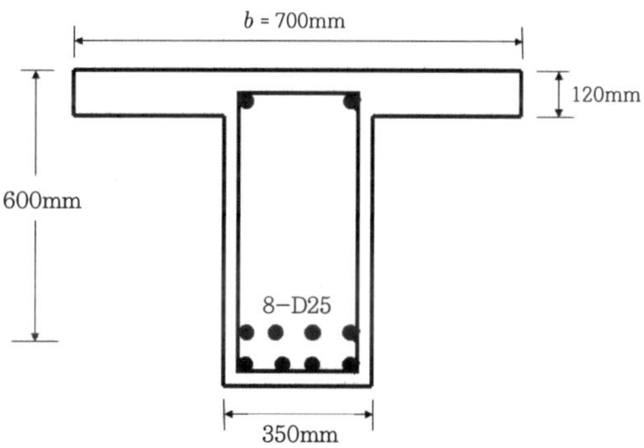

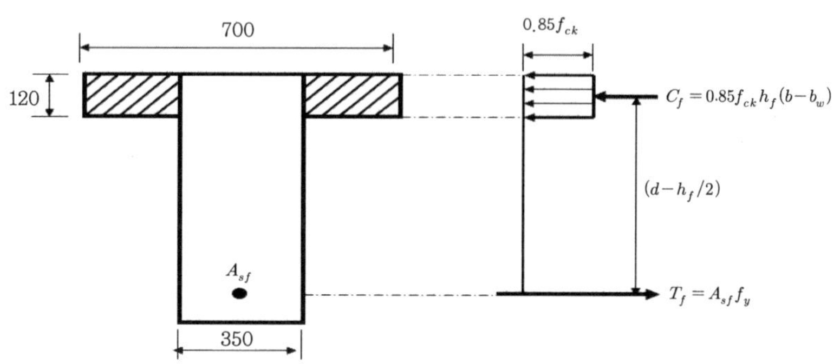

① 플랜지 콘크리트의 압축력 C_f 산정 :

$$C_f = 0.85 f_{ck} h_f (b_e - b_w) = 0.85 \times 21 \times 120 \times (700-350) \times 10^{-3}$$
$$= 749.7\text{kN}$$

② 등가 인장철근 면적 A_{sf}는 평형조건 $C_f = T_f$을 적용하여 구한다.

$$A_{sf} = \frac{0.85 f_{ck} (b_e - b_w) h_f}{f_y} = 1{,}874\,\text{mm}^2$$

③ 플랜지에 대한 공칭휨강도 산정 :

$$M_f = A_{sf} f_y (d - \frac{h_f}{2}) = 1{,}874 \times 400 \times (600 - \frac{120}{2}) \times 10^{-6}$$

$$= 404.78\,\text{kNm}$$

(3) 웨브에 대한 공칭휨강도 산정 :

압축측 웨브(web) 부분이 분담하는 압축력과 등가 인장철근을 공제한 인장철근$(A_s - A_{sf})$이 부담하는 인장력이 평형 부분을 고려하면,

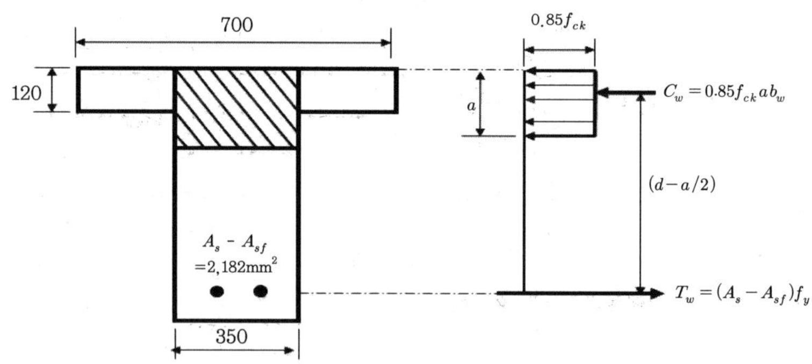

① 웨브의 등가응력 블록깊이 a 및 강도감소계수 산정 :

$$a = \frac{(A_s - A_{sf}) f_y}{0.85 f_{ck}\, b_w} = \frac{2{,}182 \times 400}{0.85 \times 21 \times 350} = 139.7\text{mm}$$

$$c = \frac{139.7}{0.85} = 164.35\text{mm}$$

$$\therefore\ \varepsilon_t = \frac{d_t - c}{c} \times 0.003 = \frac{620 - 164.35}{164.35} \times 0.003 = 0.0083 > 0.005$$

$$\therefore\ \Phi = 0.85$$

② 웨브에 대한 공칭휨강도 산정 :

$$M_w = (A_s - A_{sf}) f_y (d - \frac{a}{2}) = 2{,}182 \times 400(600 - \frac{139.7}{2}) \times 10^{-6}$$

$$= 462.72\text{kNm}$$

(4) 설계휨강도 산정 :

$$\Phi M_n = \Phi(M_f + M_w) = 0.85[A_{sf} f_y (d - \frac{h_f}{2}) + (A_s - A_{sf}) f_y (d - \frac{a}{2})]$$

$$= 0.85(404.78 + 462.72) = 737.38\text{kNm}$$

예제 5-20 그림과 같은 단근T-형보가 고정하중에 의한 모멘트 300kNm, 활하중에 의한 모멘트 200kNm를 받을 때 인장철근량을 구하시오.
단, $f_{ck} = 24\text{MPa}$, $f_y = 400\text{MPa}$이다.

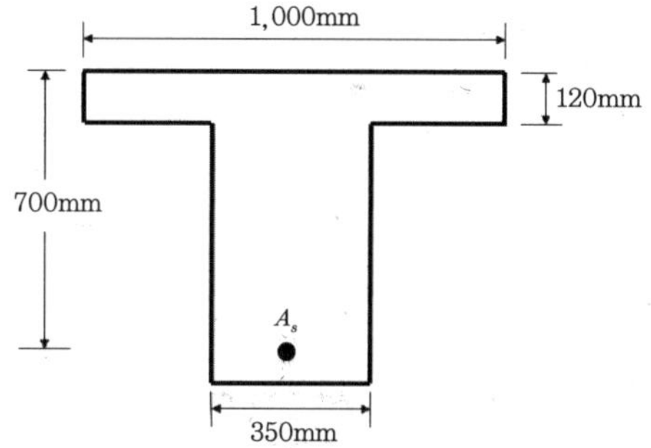

풀 이 (1) 계수휨모멘트 산정 :

$$M_u = 1.2M_d + 1.6M_L = (1.2 \times 300) + (1.6 \times 200) = 680\text{kNm}$$

(2) 등가압축응력 블록깊이 산정 :

$$a = \frac{A_s f_y}{0.85 f_{ck}\, b_e} = \frac{\rho b d f_y}{0.85 f_{ck}\, b_e}$$

(3) 필요한 소요 철근비 산정 : 등가 압축응력 블록 깊이가 슬래브 두께보다 작다고 가정하면

$$\rho = \frac{0.85 \times 24}{400} \times \left[1 - \sqrt{1 - \frac{2 \times 1.63}{0.85 \times 24}}\right] = 0.00426$$

여기서, $R_n = \dfrac{M_u}{\Phi b d^2} = \dfrac{680 \times 10^6}{0.85 \times 1,000 \times 700^2} = 1.63\text{MPa}$

(4) 등가압축응력 블록깊이 산정 :

$$\therefore\ a = \frac{0.00426 \times 700 \times 400}{0.85 \times 24} = 58.33\text{mm}$$

따라서 $a < h_f$가 되어 보의 폭과 유효춤이 각각 1,000mm×700mm인 직사각형 보로 해석한다.

(5) 필요 인장철근량 및 철근개수 산정 : 힘의 평형조건을 이용하여

① $A_s = \dfrac{0.85 f_{ck} a b}{f_y} = \dfrac{0.85 \times 24 \times 58.33 \times 1,000}{400} = 2,975\text{mm}^2$

② $n = \dfrac{2,975}{507} = 5.86$개 $\Rightarrow 6 - \text{D}25(A_s = 3,042\text{mm}^2)$

(6) 설계휨강도 산정 :

$$\Phi M_n = \Phi A_s f_y (d - \frac{a}{2}) = 0.85 \times 3{,}042 \times 400 (700 - \frac{58.33}{2})$$

$$= 694\text{kNm} \geq 680\text{kNm} \qquad \therefore \text{ OK}$$

예제 5-21 그림과 같은 T-형보의 경간이 4.5m일 때 설계휨강도를 구하시오.
단, $f_{ck} = 21\text{MPa}$, $f_y = 400\text{MPa}$

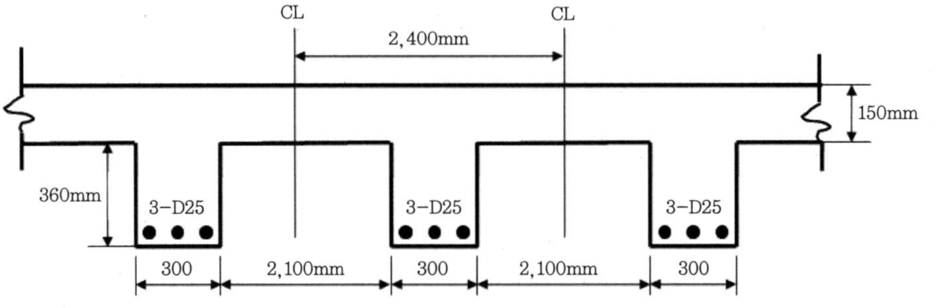

풀 이 (1) 유효춤 산정 : $d = d_t = 510 - (40 + 10 + 25/2) \fallingdotseq 450\text{mm}$

(2) 철근량 산정 : $A_s = (3 \times 507) = 1{,}521\,\text{mm}^2$

(3) T형보의 유효폭 산정 :

① $b_e = \dfrac{L}{4} = \dfrac{4{,}500}{4} = 1{,}125\,\text{mm}$

② $b_e = 16t + b_w = (16 \times 150) + (300) = 2{,}700\text{mm}$

③ 양쪽 슬래브의 중심간 거리 : $b_e = 2{,}400\,\text{mm}$

위의 값 중에서 가장 작은 값을 T-형보의 유효폭으로 한다.

$\therefore\ b_e = 1{,}125\,\text{mm}$

(4) 등가압축응력 깊이 산정 :

$$a = \frac{A_s f_y}{0.85 f_{ck} b_e} = \frac{1{,}521 \times 400}{0.85 \times 21 \times 1{,}125} = 52\,\text{mm}$$

여기서, 등가압축응력 깊이가 슬래브의 두께보다 작으므로 T형보는 폭 1,125mm를 가지는 직사각형 보로 해석한다.

(5) 중립축 거리 산정 :

$$c = \frac{a}{\beta_1} = \frac{52}{0.85} = 61\text{mm}$$

(6) 인장철근의 항복 여부 검토 및 강도감소계수 산정 :

$$\varepsilon_s = \varepsilon_t = \frac{d-c}{c} \times 0.003 = \frac{450-61}{61} \times 0.003 = 0.019 \geq \varepsilon_y$$

인장철근이 항복하며, ϵ_s가 0.005보다 크므로 강도감소계수 $\Phi = 0.85$

(7) 설계휨강도 산정 :

$$\Phi M_n = \Phi A_s f_y (d - \frac{a}{2})$$

$$= 0.85[1,521 \times 400\,(450 - \frac{52}{2}) \times 10^{-6}] = 219\text{kNm}$$

예제 5-22 그림과 같은 T-형보의 설계휨강도를 구하시오.

단, $f_{ck} = 24\text{MPa}$

$f_y = 400\text{MPa}$

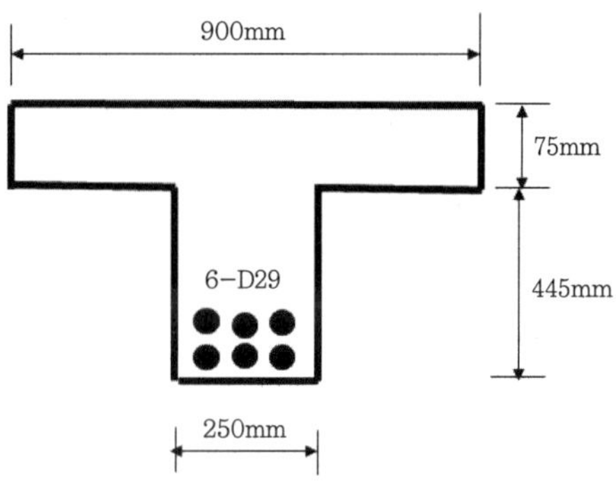

풀 이 (1) 유효춤 산정 :

$d = 520 - (40 + 10 + 290 + 25/2) \fallingdotseq 430\text{mm}$

$d_t = 520 - (40 + 10 + 29/2) \fallingdotseq 455\text{mm}$

(2) 인장철근량 산정 : $A_s = (6 \times 642) = 3,852\text{mm}^2$

(3) 등가압축응력 깊이 산정 :

$$a = \frac{A_s f_y}{0.85 f_{ck}\, b_e} = \frac{3,852 \times 400}{0.85 \times 24 \times 900} = 84\text{mm}$$

여기서, 등가압축응력 깊이가 슬래브 두께보다 크므로 T형보로 해석한다.

(4) 압축 플랜지 면적에 대응하는 인장철근량 산정 :

$$A_{sf} = \frac{0.85 f_{ck}\, t\,(b_e - b_w)}{f_y} = \frac{0.85 \times 24 \times 75 \times 650}{400} = 2,486\text{mm}^2$$

(5) $M_{nf} = A_{sf} f_y (d - \frac{t}{2}) \times 10^{-6}$

$$= 2,486 \times 400 \times (430 - \frac{75}{2}) \times 10^{-6} = 390\text{kNm}$$

(6) 웨브의 등가압축응력 깊이 및 중립축 거리 산정 :

$$a = \frac{(A_s - A_{sf}) f_y}{0.85 f_{ck}\, b_w} = \frac{1,366 \times 400}{0.85 \times 24 \times 250} = 107\text{mm}$$

$$c = \frac{a}{\beta_1} = \frac{107}{0.85} = 126\text{mm}$$

(7) 웨브 인장철근의 항복 여부 검토 및 강도감소계수 산정 :

$$\varepsilon_s = \frac{d-c}{c} \times 0.003 = \frac{430-126}{126} \times 0.003 = 0.0072 \geq \varepsilon_y$$

$$\varepsilon_t = \frac{d_t - c}{c} \times 0.003 = \frac{455-126}{126} \times 0.003 = 0.0078$$

인장철근이 항복하며, 강도감소계수 $\Phi = 0.85$

(8) $M_w = (A_s - A_{sf}) f_y (d - \frac{a}{2}) \times 10^{-6}$

$$= 1{,}366 \times 400 \times (430 - \frac{107}{2}) \times 10^{-6} = 206\text{kNm}$$

(9) 설계휨강도 산정 :

$$\Phi M_n = \Phi[M_{nf} + M_w] = 0.85[390 + 206] = 507\text{kNm}$$

예제 5-23 그림과 같은 보의 설계휨강도를 구하시오.
단, $f_{ck} = 27\text{MPa}$, $f_y = 400\text{MPa}$

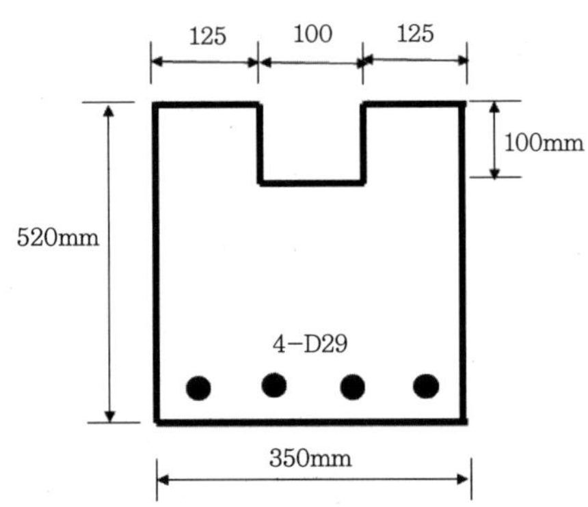

풀 이 (1) 유효춤 산정 :

$d = 520-(40+10+15) = 455\text{mm}$

(2) 인장철근량 산정 :

$A_s = (4 \times 642) = 2{,}568\text{mm}^2$

(3) 등가압축응력 깊이 산정 :

단면의 평형조건 $T = C$를 이용하여

$A_s f_y = 0.85 f_{ck} [2 \times (100 \times 125) + 350(a - 100)]$

$\therefore \ a = 157\text{mm}$

(4) 중립축 거리 산정 :

$$c = \frac{a}{\beta_1} = \frac{157}{0.85} = 184\text{mm}$$

(5) 인장철근의 항복 여부 검토 및 강도감소계수 산정 :

① $\varepsilon_s = \varepsilon_t = \dfrac{d-c}{c} \times 0.003 = \dfrac{455-184}{184} \times 0.003 = 0.0044 \geq \varepsilon_y$

인장철근이 항복하며,

② 강도감소계수 $\Phi = 0.65 + (\varepsilon_t - 0.002)\dfrac{200}{3} = 0.81$

(6) 설계휨강도 산정 : 인장철근에 대한 두 부분의 압축력을 이용하면

① 압축측 내민 부분$(2 \times 100 \times 125)$의 압축력 산정 :

$C_1 = 0.85 f_{ck}(2 \times 100 \times 125) \times 10^{-3} = 574\text{kN}$

② 압축측 웨브 부분(350×57)의 압축력 산정 :

$C_2 = 0.85 f_{ck}(350 \times 57) \times 10^{-3} = 454\text{kN}$

(7) $\Phi M_n = \Phi[C_1 \times (455 - 50) + C_2 \times (455 - 128.25)] \times 10^{-3}$

$= 0.81 \times (381\,\text{kNm}) = 309\text{kNm}$

예제 5-24 그림과 같은 보의 설계휨강도를 구하시오.
단, $f_{ck} = 24\text{MPa}$, $f_y = 400\text{MPa}$

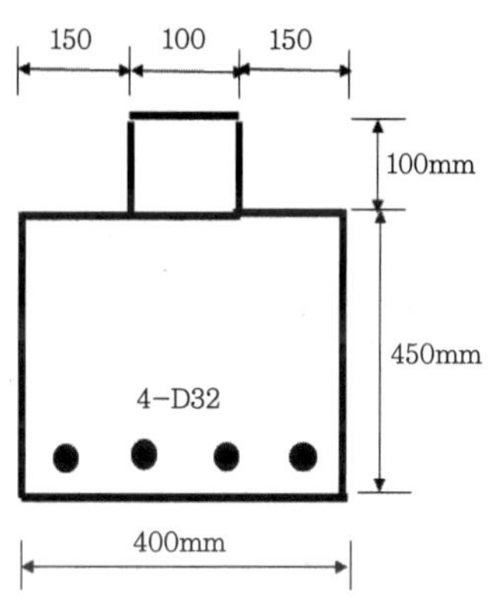

풀 이 (1) 유효춤 산정 :

$d = 550 - (40 + 10 + 15) = 485\text{mm}$

(2) 인장철근량 산정 :

$A_s = (4 \times 794) = 3{,}176\text{mm}^2$

(3) 등가압축응력 깊이 산정 : 단면의 평형 조건 $T = C$를 이용하여

$A_s f_y = 0.85 f_{ck}[(100 \times 100) + 400(a - 100)]$

$(3{,}176 \times 400) = 0.85 \times 24(10{,}000 + 400a - 40{,}000)$

$\therefore\ a = 231\text{mm}$

(4) 중립축 거리 산정 :

$$c = \frac{a}{\beta_1} = \frac{231}{0.85} = 271\text{mm}$$

(5) 인장철근의 항복 여부 검토 및 강도감소계수 산정 :

① $\varepsilon_s = \varepsilon_t = \dfrac{d - c}{c} \times 0.003 = \dfrac{485 - 271}{271} \times 0.003 = 0.00237 \geq \varepsilon_y$

인장철근이 항복하며,

② 강도감소계수 : $\Phi = 0.65 + (\varepsilon_t - 0.002)\dfrac{200}{3} = 0.675$

(6) 설계휨강도 산정 : 인장철근에 대한 두 부분의 압축력을 이용하면

① 압축측 내민 부분(100×100)의 압축력 산정 :

$$C_1 = 0.85 f_{ck}(100 \times 100) \times 10^{-3} = 204\text{kN}$$

② 압축측 웨브 부분(400×131)의 압축력 산정 :

$$C_2 = 0.85 f_{ck}(400 \times 131) \times 10^{-3} = 1{,}069\text{kN}$$

(7) $\Phi M_n = \Phi[C_1 \times (485 - 50) + C_2 \times (485 - 165.5)] \times 10^{-3}$

$= 0.675 \times (430\text{kNm}) = 290\text{kNm}$

chapter 6

전단 및 비틀림 설계

6-1 개 요

철근콘크리트보는 하중에 의해 보의 내부에 발생하는 모멘트 및 전단력에 대해 우선적으로 저항할 수 있는 구조부재이다. 철근콘크리트보 설계에서는 부재가 휨에 대하여 충분히 저항할 수 있도록 부재의 크기 및 휨보강철근을 우선적으로 산정하여 이용자로 하여금 부재가 파괴될 때 사전에 인지할 수 있도록 설계한다. 또한, 보의 전단파괴는 때때로 급격하고 취성적으로 발생되기 때문에 이에 대한 고려도 이루어져야만 한다. 하지만 보의 전단파괴는 부재의 형태 및 크기, 하중이나 부재의 특성에 따라 다양하게 발생하므로 이에 대한 유일한 설계 방법이 없는 실정이다. 구조설계기준에서 사용된 전단설계에 대한 식들은 모두 여러 가지 실험결과를 바탕으로 얻어진 실험설계식이다. 한편 그림 6-1과 같은 철근콘크리트보에서 보의 전단력이 크고 모멘트가 작은 곳에서는 보 단면 중앙부에서 대각선방향으로 인장측으로 발생하는 경사균열이 발생하며, 이러한 균열을 복부 전단균열(web shear cracks)이라 하고, 보의 모멘트가 균열모멘트보다 크고 전단력이 비교적 큰 곳에서는 휨균열 상부에서 보축에 45° 방향으로 균열이 발생하는데, 이러한 균열을 휨 전단균열(flexure shear cracks)이라 한다.

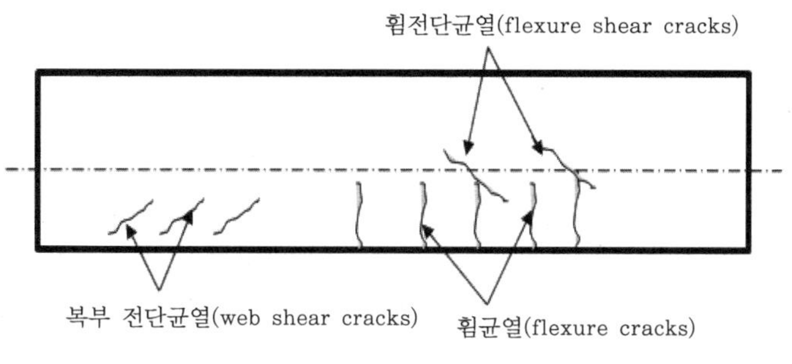

그림 6-1 단순보의 균열형태

6-2 콘크리트보의 전단응력

그림 6-2에서 균열이 발생되지 않은 단순보 형태의 철근콘크리트보에서 휨모멘트가 보단면의 위치에 따라 변화하게 되면 전단력과 전단응력이 보에 존재하게 된다. 이러한 전단응력을 알아보기 위해 우선 면적 ABCD를 고려하면, 보의 단면에서 전단응력은 단면에 작용하는 수평적 힘의 평형조건을 이용하여 구할 수 있다.

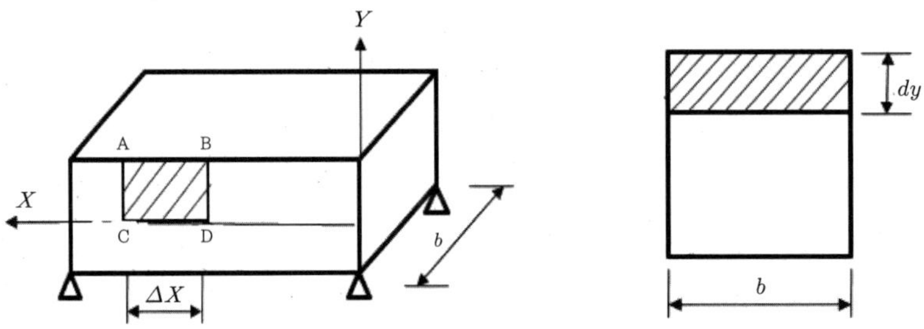

(a) 단순보 (b) 단면

그림 6-2 단순보의 균열형태

전단보강이 없는 철근콘크리트보의 전단응력(shear stress, γ)은 수평방향의 힘의 합, 즉 $\Sigma H = 0$를 이용하여 얻어진다. 우선 전단력과 휨모멘트의 변화 관계식으로부터 전단력은 다음 식 (6-1)과 같이 나타나며,

$$V = \frac{dM}{dx} \tag{6-1}$$

그림 6-2(b)로부터, 다음 식 (6-2)와 (6-3)의 관계식이 얻어진다.

$$dA = b \cdot dy \tag{6-2}$$

$$dF = \sigma \cdot dA \text{이며,} \tag{6-3}$$

위의 식 (6-3)에서, $\sigma = +\dfrac{M \times y}{I}$이다.

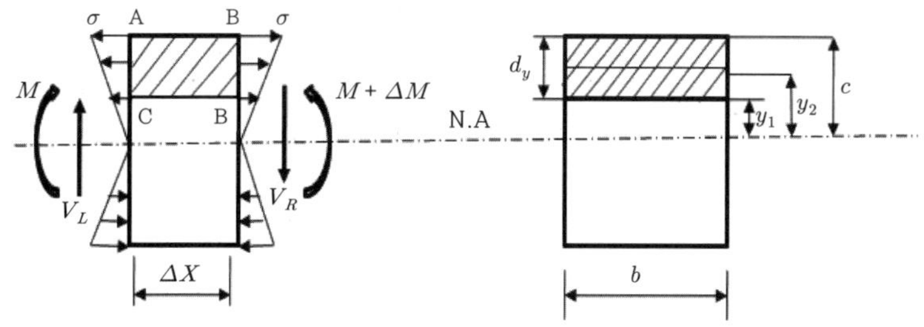

(a) 작용 힘 (b) 단면

그림 6-3 보단면에서 힘의 관계

위 그림 6-3의 보 단면에 작용하는 힘의 관계에서, y_1에서 보의 위쪽 끝까지의 합력, F_1과 F_2는 다음 식 (6-4)와 (6-5)와 같이 얻어지며, 그림 6-4에 상세하게 나타냈다.

$$F_1 = \int \sigma dA = \frac{M}{I}\int y dA = \frac{M}{I}\int_{y_1}^{c} y b dy \qquad (6\text{-}4)$$

$$F_2 = \frac{M+\Delta M}{I}\int y dA = \frac{M+\Delta M}{I}\int_{y_1}^{c} y b dy \qquad (6\text{-}5)$$

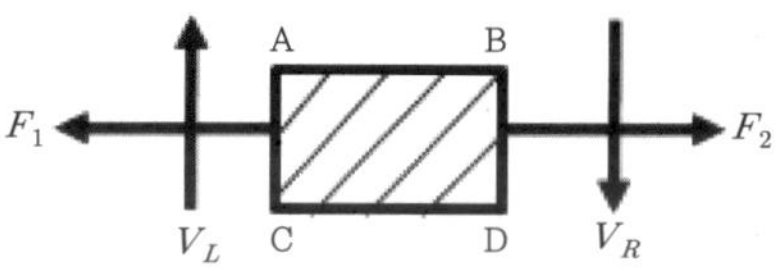

그림 6-4 ABCD면에 작용하는 힘의 관계

그림 6-4에서 수평방향으로의 단면 변형이 없는, 즉 수평방향 힘의 평형조건을 이용하면 수평방향의 힘은 다음 식 (6-6)과 같으며,

$$V_H = F_2 - F_1 = \frac{\Delta M}{I}\int_{y_1}^{c} y b dy \qquad (6\text{-}6)$$

단면 A와 B 사이의 평균 전단응력, $\nu_{ave} = \dfrac{V_H}{b\Delta x}$이며, 이 값을 식 (6-6)을 대입하여 다시 정리하면 다음 식 (6-7)과 같다.

$$\therefore\ \nu_{ave} = \frac{V_H}{b\Delta x} = \frac{\Delta M}{Ib\Delta x}\int_{y_1}^{c} y b dy \qquad (6\text{-}7)$$

위의 식 (6-7)에서 $\Delta x \rightarrow 0$로 하면, 다음 식 (6-8)과 같이 나타나며,

$$\nu_{ave} = \lim_{\Delta x \to 0} \frac{\Delta M}{Ib\Delta x} \int_{y_1}^{c} y\,b\,dy = \lim_{\Delta x \to 0} \frac{\Delta M}{\Delta x} \left(\frac{1}{Ib}\right) \int_{y_1}^{c} y\,b\,dy$$

$$= \frac{dM}{dx} \left(\frac{1}{Ib}\right) \int_{y_1}^{c} y\,b\,dy \qquad (6-8)$$

위의 식 (6-8)에서, $V = \dfrac{dM}{dx}$, $Q = \displaystyle\int_{y_1}^{c} y\,b\,dy$라 두면,

탄성보에서의 전단응력은 다음 식 (6-9)와 같이 얻어진다.

$$\therefore\ \nu_{ave} = \frac{VQ}{Ib} \qquad (6-9)$$

여기서, $Q = \displaystyle\int_{y_1}^{c} y\,b\,dy$이고, 단면 1차 모멘트이다.

6-3 전단보강 없는 보의 전단응력

콘크리트는 인장에 매우 취약하므로 철근으로 적절하게 보강하지 않으면 쉽게 파괴에 이르게 되며, 보에 발생하는 인장응력은 축방향 인장력, 휨모멘트, 전단력 및 비틀림 모멘트와 이들 힘들의 복합작용으로 주로 발생하게 된다. 그림 6-5에는 철근콘크리트보에서 발생하는 전단균열에 대한 대표적인 형태를 나타냈다.

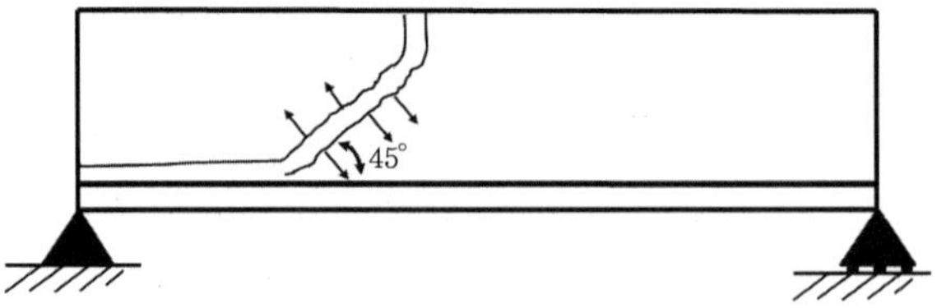

그림 6-5 단순보의 대표적인 전단균열 형태

또한 전단균열은 발생하는 조건에 따라 그림 6-6(a)에 보여진 것과 같은 웨브전단균열이 나타나며, 이는 보의 춤이 비교적 작은 단면에 다소 약한 휨모멘트와 높은 전단력이 작용할 때 발생하는 경우이다. 또한 그림 6-6(b)와 같은 휨전단균열의 형태로 나타나며, 이는 전형적인 철근콘크리트보의 균열형태를 보여주고 있다.

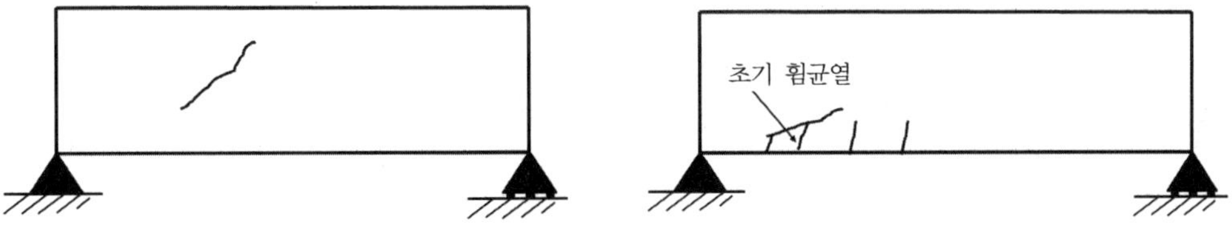

(a) 웨브전단 균열 (b) 휨전단균열

그림 6-6 전단균열 형태

한편 전단보강을 하지 않은 그림 6-7과 같이 철근콘크리트 보에서 균열이 생긴 철근콘크리트보에 하중을 증가시키면 수직휨균열은 콘크리트 인장응력이 콘크리트 휨파괴계수(f_r)보다 큰 최대 휨모멘트 단면에서 발생되며, 경사 인장균열(inclined cracks)은 지지점 근처에서 수직 휨균열이 먼저 발생한 후 발생한다.

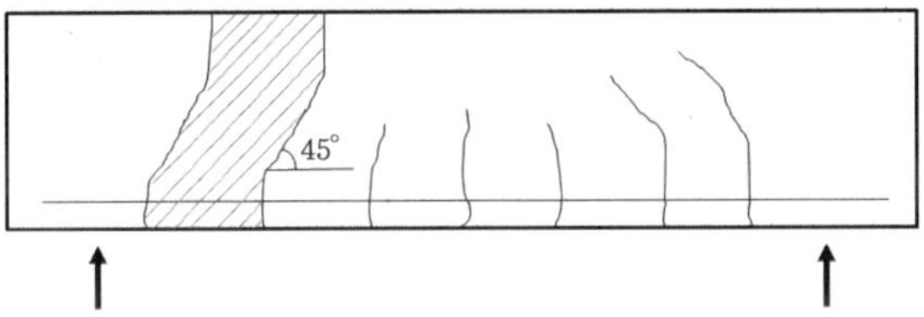

그림 6-7 단순보의 전단균열 형태

먼저 그림 6-7에서 두 개의 균열 사이 보 단면을 고려하면 그림 6-8과 같은 힘의 관계를 얻을 수 있다.

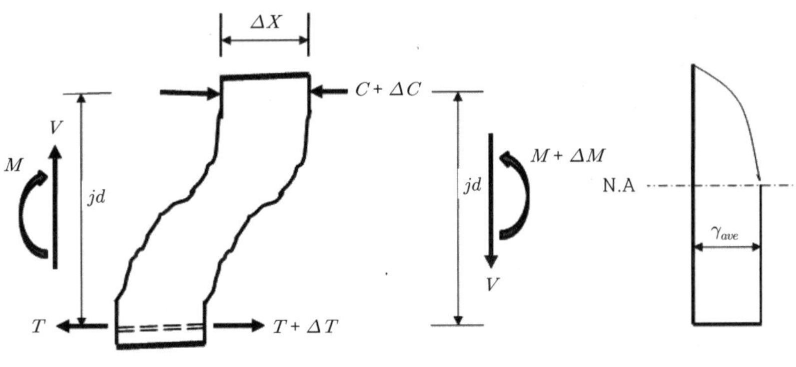

그림 6-8 두 균열 사이에서 힘의 관계

그림 6-8에서, 평형 모멘트 M은 다음 식 (6-10)과 같으며,

$$M = T \times jd \tag{6-10}$$

여기서, jd = 휨 팔길이(the flexural lever arm)

보의 주근에 의한 인장력과 인장력의 증가분은 각각 다음 식 (6-11)과 (6-12)와 같으며,

$$\therefore\ T = \frac{M}{jd} \tag{6-11}$$

$$T + \Delta T = \frac{M + \Delta M}{jd} \tag{6-12}$$

위의 식 (6-10)과 (6-11)에서 인장력의 증가분 다음 식 (6-13)과 같다.

$$\therefore\ \Delta T = \frac{\Delta M}{jd} \tag{6-13}$$

모멘트 평형조건을 이용하면 식 (6-14)가 되며,

$$\Delta M = V\Delta x \tag{6-14}$$

위의 식 (6-14)로부터 다음 식 (6-15)가 얻어지며,

$$\Delta T = \frac{V\Delta x}{jd} \tag{6-15}$$

따라서 균열에 대한 하부에서의 평균전단응력은 다음 식 (6-16)과 같다.

$$\nu = \frac{\Delta T}{b_w \Delta x} \text{가 되고,}\ \therefore\ \nu = \frac{V}{b_w jd} \tag{6-16}$$

구조설계기준에서는 $j = 1.0$을 적용하여 전단보강되지 않은 콘크리트보에서 발생하는 전단응력은 다음 식 (6-17)과 같이 계산한다.

$$\nu = \frac{V}{b_w d} \tag{6-17}$$

6-4 전단보강 없는 보의 내력

전단보강이 없는 철근콘크리트보의 균열면에 작용하는 힘은 그림 6-9와 같으며, 균열면에서의 힘 관계를 고려하면,

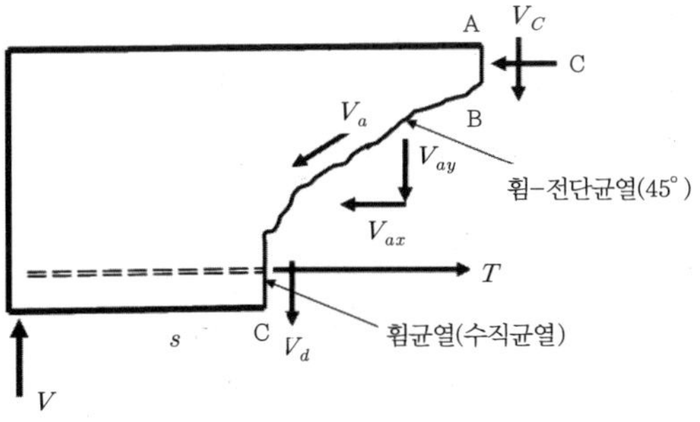

그림 6-9 전단철근이 없는 보의 균열에서 힘의 관계

균열단면, A-B-C를 지나는 전단력은 다음 식 (6-18)과 같이 나타난다.

$$V = V_c + V_{ay} + V_d \qquad (6\text{-}18)$$

여기서, V_c : 균열되지 않은 압축측 콘크리트의 전단력

V_{ay} : 균열 사이 골재의 상호작용으로 발생하는 수직전단력

V_d : 주철근의 쐐기작용으로 인한 전단력

여러 전단실험에 의하면 경사진 균열이 발생한 후에는 주철근의 쐐기작용으로 인한 전단력(V_d)과 균열 사이 골재의 상호작용으로 발생하는 수직전단력(V_{ay})에 의해 전체 인장력의 약 40～60%가 지지되는 것으로 나타나고, 주인장철근의 축방향 인장에 의해 균열이 확대되었을 때 V_d와 V_{ay}에 의한 전단력 지지능력은 급격히 감소하는 것으로 나타났다. 따라서 전단보강이 없는 보의 전단강도는 콘크리트 인장강도, 보의 철근비, 전단스팬과 보 춤의 비와 보 단면 크기에 따라 영향을 받으며, 전단력을 지지할 수 있는 전단보강철근이 필요함을 알 수 있다.

6-5 전단보강된 보의 거동

철근콘크리트보에 발생하는 경사균열은 보의 휨저항능력을 감소기키는 전단강도를 발생시키며, 보강된 스터럽은 이러한 경사균열의 발생을 억제하지 못하지만 경사균열이 발생한 후의 균열에 대한 억제 역할을 하므로 전단보강은 보의 휨저항능력을 최대한 발휘할 수 있도록

해준다. 그림 6-10과 같은 경사진 전단보강철근이 보강된 콘크리트보의 균열에서 단면에 발생하는 힘들에 대한 콘크리트보의 전단거동은 많이 알려진 트러스 모델을 이용하여 유도할 수 있다. 이러한 트러스 모델은 1902년에 Ritter와 Morsch에 의해 처음으로 유도되었다.

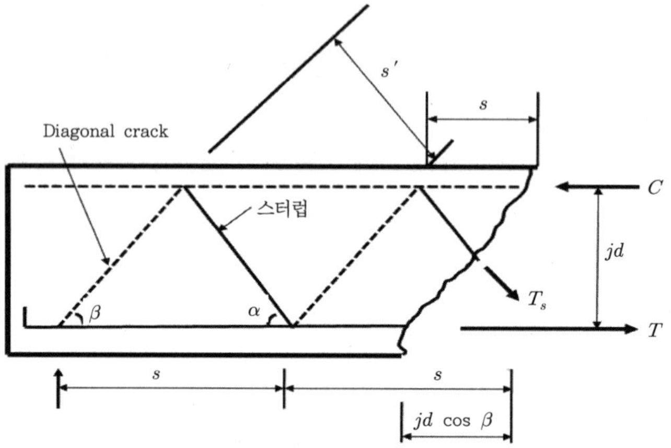

그림 6-10 전단보강된 보의 균열에서 힘 관계

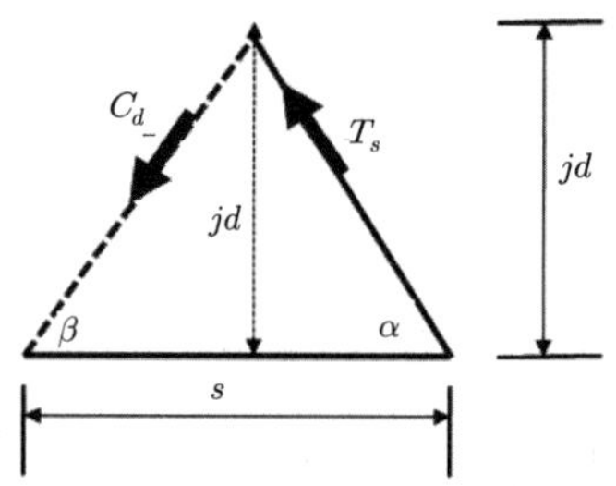

그림 6-11 전단해석을 위한 트러스 모델

우선 그림 6-10에서 하나의 대각선 균열과 스터럽이 이루는 하나의 트러스 형태를 고려하면 그림 6-11과 같은 트러스 형태를 얻을 수 있으며, 그림 6-11에서 스터럽의 수직성분 V_s는 다음 식 (6-19)와 같다.

$$V_s = C_d \sin\beta = T_s \sin\alpha \tag{6-19}$$

여기서, C_d : 콘크리트의 경사방향 압축력, T_s : 균열을 지나는 스터럽의 인장력,

그리고 스터럽 간격 s는 다음 식 (6-20)과 같이 얻어진다.

$$s = jd(\cot\alpha + \cot\beta) \tag{6-20}$$

그러므로 스터럽의 단위길이에 대한 스터럽 힘은 $\frac{T_s}{s}$가 되며, 다음 식 (6-21)과 같이 얻어진다.

$$\frac{T_s}{s} = \frac{V_s}{jd\sin\alpha(\cot\alpha + \cot\beta)} \tag{6-21}$$

여기서, 스터럽의 단면적을 A_v라 하면, 스터럽의 최대 힘, $T_s = A_v f_y$가 되며, 이것을 식 (6-21)에 대입하면 다음 식 (6-22)가 얻어진다.

$$V_s = \frac{A_v f_y}{s} jd\sin\alpha(\cot\alpha + \cot\beta) \tag{6-22}$$

식 (6-22)에서 수직 스터럽 배근을 고려하면, 균열의 각도는 45°, $\alpha = 90°$, $\beta = 45°$가 되므로 스터럽에 의해 지지되는 전단력은 다음 식 (6-23)과 같이 얻어진다.

$$V_s = \frac{A_v f_y jd}{s} \tag{6-23}$$

또한 경사진 스터럽의 경우에는 $\alpha = 45°$가 되므로 식 (6-22)로부터 스터럽에 의해 지지되는 전단력은 다음 식 (6-24)와 같이 나타낼 수 있다.

$$V_s = \frac{A_v f_y d}{s}(\sin\alpha + \cos\alpha) \tag{6-24}$$

그러므로 구조설계기준은 철근콘크리트보의 콘크리트 취성파괴 억제와 적절한 안전율을 제공하기 위하여 스터럽에 의해 지지되는 최대 전단력 V_s을 다음 식 (6-25)로 제한하고 있다.

$$V_s = \frac{2}{3}\sqrt{f_{ck}}\, b_w d \tag{6-25}$$

철근콘크리트보의 전단강도에서 전단철근 역할은 다음과 같다.

① 전단력(V_s)의 일부분에 저항한다.

② 만나는 면의 전단력(interface shear)을 증가시켜 대각선 균열의 확대를 제어한다.

③ 축방향 철근의 다우얼 역할에 의한 힘(dowel force)을 증가시킨다.

④ 압축콘크리트에 대한 스터럽의 잠김역할(confining action)은 강도를 증가시킨다.

⑤ 콘크리트에 대한 스터럽의 잠김역할(confining action)은 부정정구조물의 최대 하중에서 발생하는 소성힌지의 회전능력을 증가시키고, 항복을 일으키는 길이를 증가시킨다.

6-6 보의 전단설계

철근콘크리트구조물에 하중이 작용하면 구조부재에서는 휨모멘트뿐만 아니라 전단, 축력 및 비틀림도 동시에 발생되는 것이 일반적이다. 그러나 철근콘크리트 부재의 대표적인 파괴 형태에는 휨파괴와 전단파괴를 들 수 있는데, 휨파괴에 비하여 사인장파괴라 불리는 전단파괴는 매우 위험하므로 설계기준에서는 전단을 받는 단면의 설계는 다음 식 (6-26)과 같이 규정하고 있다.

$$\text{소요전단강도} \le \text{설계전단강도}$$

$$V_u \le \Phi V_n \tag{6-26}$$

여기서, V_u : 해당 단면의 계수전단력

ϕ : 전단에 대한 강도감소계수(=0.75)

V_n : 공칭전단강도(Nominal shear strength)

또한, 부재의 공칭전단강도는 다음 식 (6-27)과 같다.

$$V_n = V_c + V_s \tag{6-27}$$

여기서, V_c : 콘크리트의 공칭전단강도, V_s : 전단철근의 공칭전단강도

일반 콘크리트부재인 경우 부재 단부의 반력으로 인하여 압축이 생기면 단면의 전단강도는 증가한다. 이러한 이유 때문에 설계기준에서는 지지점으로부터 보의 유효춤 (d)만큼 떨어진 곳에서의 전단력 $V_{u,d}$ 값을 이용하여 전단설계를 한다. 이러한 규정은 모든 경우에 적용되는 것이 아니므로 적용 시 주의해야 한다.

6-6-1 콘크리트의 전단강도(V_c)

콘크리트에 의한 공칭전단강도는 균열이 생기지 않는 보의 전단저항, 골재의 맞물림작용 및 인장철근의 장부작용에 의한 전단저항을 포함하며, 콘크리트구조설계 기준에서는 상세한 계산을 하지 않으면 다음 식에 따라 계산하도록 되어 있다.

(1) 전단과 휨모멘트만을 받는 부재의 경우

$$V_c = \frac{1}{6}\sqrt{f_{ck}}\, b_w d \tag{6-28}$$

여기서, b_w : 복부폭 또는 원형 단면의 지름

d : 압축연단으로부터 인장철근 중심까지의 거리

(2) 축방향 압축력을 받는 부재의 경우

$$V_c = \frac{1}{6}\left(1 + \frac{N_u}{14A_g}\right)\sqrt{f_{ck}}\, b_w d \tag{6-29}$$

여기서, A_g : 전단면적, N_u : 계수축하중

또한 구조설계기준에서는 콘크리트 전단강도는 상세한 계산에 의해 구할 수 있도록 하였다.

(3) 전단과 휨모멘트만을 받는 부재의 경우

$$V_c = \left(0.16\sqrt{f_{ck}} + 17.6\rho_w \frac{V_u d}{M_u}\right) b_w d \tag{6-30}$$

그러나 식 (6-30)의 값은 $0.29\sqrt{f_{ck}}\, b_w d$를 초과할 수 없으며, M_u는 전단을 고려하는 단면에서 V_u와 동시에 발생하는 계수휨모멘트이며, $\frac{V_u d}{M_u}$의 값은 1.0 이하로 취해야 한다.

(4) 축방향 압축력을 받는 부재의 경우

M_u를 다음과 같이 구한 M_m으로 대체하여 V_c를 계산할 수 있으나 이때 $\frac{V_u d}{M_u}$의 값은 1.0 이하라는 제한을 받지 않는다.

$$M_m = M_u - N_u \frac{(4h - d)}{8} \tag{6-31}$$

그러나 V_c는 다음 식 (6-32) 이하로 해야 한다.

$$V_c = 0.29\sqrt{f_{ck}}\, b_w d \sqrt{1 + \frac{N_u}{3.5A_g}} \tag{6-32}$$

(5) 축방향 인장력을 현저히 받는 부재의 경우

$$V_c = \frac{1}{6}\left(1 + \frac{N_u}{3.5A_g}\right)\sqrt{f_{ck}}\, b_w d \tag{6-33}$$

여기서, N_u는 인장일 때 부(−)이다.

6-6-2 전단철근에 의한 전단강도(V_s)

계수전단력 V_u가 설계전단강도 ΦV_c를 초과하는 곳에는 식 (6-26)과 (6-27)을 만족시키기 위해 전단철근을 두어야 하며, 전단철근에 의한 전단강도 V_s는 다음과 같은 규정에 따라야 한다.

① 전단강도 V_s는 부재축에 직각인 전단철근을 사용하는 경우에 다음 식 (6-34)와 같다.

$$V_s = \frac{A_v f_y d}{s} \tag{6-34}$$

여기서, A_v와 s는 각각 전단철근의 총 단면적 및 전단철근의 간격을 말하며, 식 (6-34)에서 전단철근 단면적 A_v와 간격 s는 각각 다음 식 (6-35)와 (6-36)과 같다.

$$A_v = \frac{(V_u - \Phi V_c)s}{\Phi f_y d} \tag{6-35}$$

$$s = \frac{\Phi A_v f_y d}{V_u - \Phi V_c} = \frac{A_v f_y d}{V_s} \tag{6-36}$$

② 경사스터럽을 전단철근으로 사용하는 경우 다음 식 (6-37)과 같이 계산되어진다.

$$V_s = \frac{A_v f_y d}{s}(\sin\alpha + \cos\alpha) \quad (\alpha \geqq 30°) \tag{6-37}$$

여기서, A_v 및 s는 그림 6-10으로부터 다음 식 (6-38)과 (6-39)와 같이 계산된다.

$$A_v = \frac{(V_u - \Phi V_c)s}{\Phi f_y d(\sin\alpha + \cos\alpha)} \tag{6-38}$$

$$s = \frac{\Phi A_v f_y d(\sin\alpha + \cos\alpha)}{V_u - \Phi V_c} \tag{6-39}$$

전단철근이 1개의 굽힘철근 또는 받침부에서 같은 거리에서 구부린 평행한 1조가 철근으로 구성될 때 전단철근의 전단강도는 다음 식 (6-40)과 같이 계산할 수 있다.

$$V_s = A_v f_y \sin\alpha \tag{6-40}$$

다만, V_s는 $0.25\sqrt{f_{ck}}\,b_w d$를 초과할 수 없다.

③ 어느 경우나 철근에 의한 전단강도 V_s는 $(\frac{2\sqrt{f_{ck}}}{3})b_w d$ 이하로 해야 한다.

6-6-3 전단철근의 형태

콘크리트구조설계 기준에서는 철근콘크리트 부재의 경우 전단철근으로서 다음과 같은 보강근이 사용될 수 있다고 규정되어 있다. 대표적인 전단철근의 형태가 그림 6-12와 같다.

① 부재축에 직각인 스터럽(stirrup)
② 부재축에 직각으로 배치된 용접철망
③ 주인장철근에 45° 이상의 각도로 설치되는 스터럽
④ 주인장철근에 30° 이상의 각도로 구부린 굽힘철근
⑤ 스터럽과 굽힘철근의 조합
⑥ 나선철근

전단철근의 설계기준 항복강도는 400MPa를 초과하여 취할 수 없다. 다만, 용접 이형철망을 사용하는 경우 전단철근의 설계기준 항복강도는 550MPa를 초과하여 취할 수 없다. 또한 전단철근으로 사용된 스터럽과 기타 철근 또는 철선은 압축연단에서 d거리까지 직접 연장되거나 이음으로 연장하여 철근의 설계항복강도를 발휘할 수 있도록 정착되어야 한다.

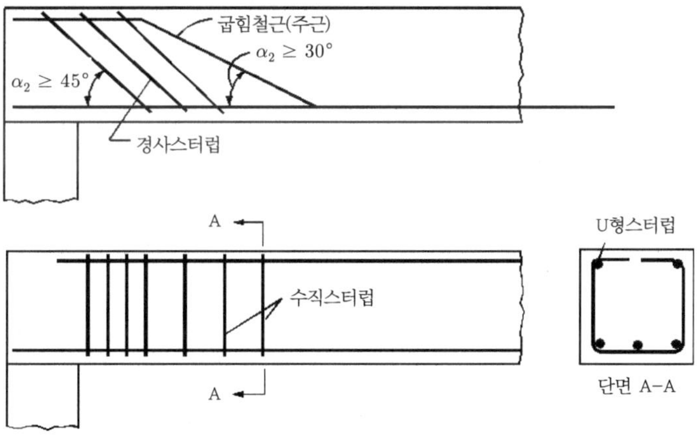

그림 6-12 전단보강된 보의 균열에서 힘 관계

6-6-4 최소 전단철근량

① 계수전단력 V_u가 콘크리트에 의한 설계전단강도 ΦV_c의 $\frac{1}{2}$을 초과하는 모든 철근콘크리트 휨부재는 다음의 경우를 제외하고 최소 단면적의 전단철근을 배치하여야 한다.

a. 슬래브와 기초판
b. 콘크리트의 장선구조

c. 전체 높이가 250mm 이하이거나 I형보, T형보에서 그 높이가 플랜지 두께의 2.5배, 또는 복부(web) 폭의 $\frac{1}{2}$ 중 큰 값 이하인 보

② 전단철근이 없어도 계수휨모멘트와 계수전단력을 저항할 수 있다는 것을 실험에 의해 확인할 수 있다면 위의 최소 전단철근은 적용하지 않을 수 있다.

③ 위의 규정 또는 해석에 의해 전단철근이 필요하고, 비틀림을 고려하지 않아도 되는 곳의 최소 전단철근량은 다음 식 (6-41)과 같이 얻어진다.

$$A_{v,\min} = 0.0625\sqrt{f_{ck}}\frac{b_w s}{f_y} \quad (6-41)$$

그러나 식 (6-41)의 최소 전단철근량은 $A_v = \dfrac{0.35\,b_w s}{f_y}$ 보다 작지 않아야 한다.

6-6-5 전단철근의 간격

콘크리트구조설계 기준에서는 철근콘크리트 부재의 경우 전단철근 간격 제한을 다음과 같이 규정하고 있다.

① 부재축에 직각으로 설치되는 스터럽의 간격은 철근콘크리트 부재의 경우 $\frac{1}{2}d$ 이하 또는 600mm 이하로 하여야 한다.

② 경사 스터럽과 굽힘철근은 부재의 중간높이 $0.5d$에서 반력점 방향으로 주인장철근까지 연장된 45° 선과 한 번 이상 교차되도록 배치해야 한다.

③ V_s가 $(\sqrt{f_{ck}}/3)b_w d$를 초과하는 경우에 위 ①, ②에서 규정된 최대 간격은 절반으로 감소시켜야 한다.

최소 전단철근량을 배근하기 위한 소요전단강도에 의하여 계산되는 스터럽의 간격은 다음 식 (6-42)와 식 (6-43)과 같이 각각 나타낼 수 있다.

① 수직 스터럽 간격 : $s = \dfrac{\Phi A_v f_y d}{V_u - \phi V_c}$ (6-42)

② 경사 스터럽 간격 : $s = \dfrac{\Phi A_v f_y d}{V_u - \phi V_c}(\sin\alpha + \cos\alpha)$ (6-43)

스터럽 최대 간격은 $V_s \le (\sqrt{f_{ck}}/3)b_w d$인 경우 각각 다음 식 (6-44)와 (6-45)와 같으며,

$$s_{\max} = \frac{A_v f_y}{0.35 b_w} \quad (6-44)$$

$$s_{\max} = \frac{d}{2} \text{ 또는 } 600\text{mm} \tag{6-45}$$

위의 식 (6-44)와 (6-45)에서 얻어진 값 중 가장 작은 값으로 하고, V_s가 $(\sqrt{f_{ck}}/3)b_w d$를 초과하는 경우 위의 식에서 얻어진 최대 간격의 1/2로 한다.

6-7 전단설계

6-7-1 전단설계의 최대 전단력

철근콘크리트보 상부에 하중이 작용하면 지지점이 면한 보에서 대략 경사균열이 45° 방향으로 진행되며, 지지점에서 보의 유효춤 d 만큼 떨어진 거리 이내에 작용하는 하중은 45° 경사균열의 상부 압축대에 의해 지지점으로 직접 전달되므로 균열이나 스터럽 응력에 어떠한 영향도 주지 않는다. 구조설계기준에서는 지지점 내면에서 d 만큼 떨어진 거리 이내에 위치한 단면은 거리 d에서 구한 전단력 $V_{u,d}$의 값으로 설계할 수 있도록 하였다.

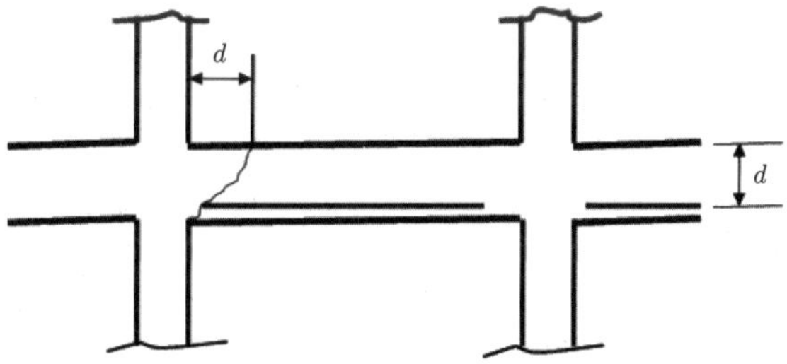

그림 6-13 전단설계의 최대 전단력 위치

6-7-2 전단설계 과정

일반적으로 진행되는 전단설계 절차를 간단히 정리하였다.

(1) 계수전단력 산정

부재의 전체 길이에 걸쳐 위험단면에서의 계수전단력을 산정하여야 한다. 이때 지지점에서 보의 유효춤인 d 만큼 떨어진 위험단면에서 계수전단력을 구한다. 여기서 계수전단력은 다음과 같다.

계수전단력 : $V_u = 1.2V_D + 1.6V_L$

(2) 콘크리트의 전단강도 산정

콘크리트의 전단강도는 식, $\Phi V_c = \Phi \frac{\sqrt{f_{ck}}}{6} b_w d$에서 구하며, 이때 전단에 대한 강도감소 계수 Φ는 0.75이다.

(3) 전단보강 여부 판결

$V_u \geq \Phi V_c/2$이면 최소 전단철근을 배근하도록 규정되어 있으므로 전단철근이 요구되지 않는 $V_u \leq \Phi V_c/2$ 구간을 산정한다.

(4) 전단철근의 전단강도 산정

전단철근의 전단강도는 식 $\Phi V_s = V_u - \Phi V_c$로부터 구한다.

(5) 보 단면의 적정성 검토

ΦV_s가 $\frac{2}{3}\Phi \sqrt{f_{ck}} b_w d$)를 초과하면 단면을 크게 하거나 콘크리트 압축강도를 증대시키는 것과 같은 방법으로 단면의 크기를 검토한다.

(6) 전단철근 간격 산정 및 최대 간격 검토

수직전단철근의 간격 s는 $\Phi(\frac{A_v f_y d}{\Phi V_s})$이다. 이때 전단철근의 최대 간격은 $\frac{d}{2}$ 또는 600mm 이하이어야 하며, 최소 전단철근 소요면적에 대한 간격은 $(\frac{A_v f_y}{0.35 b_w})$이다.

(7) 전단철근 배근도 작성

안전성, 경제성 및 시공성을 고려하여 전단철근 배근도를 작성한다. 전단철근으로는 D10과 D13이 많이 사용되며, 경제적 배근은 전단철근의 최소, 중간, 최대 배근간격에 의하여 제한하는데, 전단철근의 최소 간격을 만족시키고, 지지면에서 첫 번째 전단철근을 $s/2$에 두고, 최대 간격을 $d/2$까지로 하여 배근한다. 전단보강을 위한 요구사항을 대략 그림 6-14에 나타냈다.

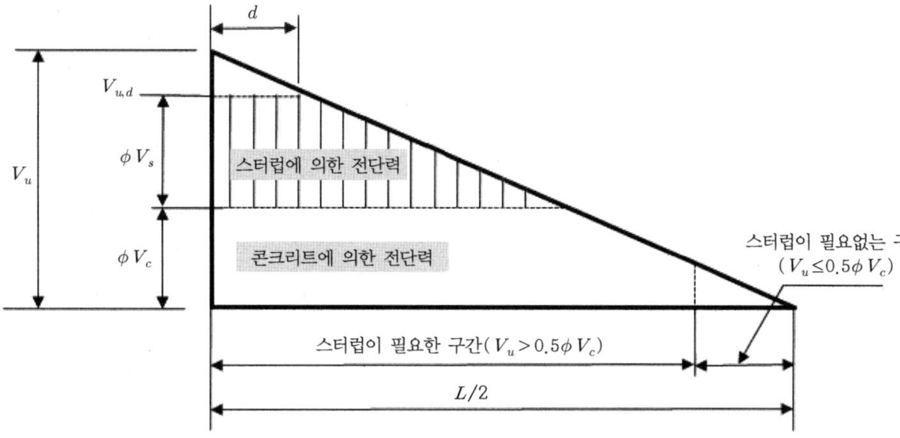

그림 6-14 전단강도 요구 구간

예제 6-1 스팬이 8m인 단순보가 고정하중 $w_d = 30$kN/m, 활하중 $w_l = 20$kN/m을 받을 때 전단보강을 설계하시오. 보 폭 $b_w = 300$mm, 유효춤 $d = 600$mm, 콘크리트의 압축강도 $f_{ck} = 21$MPa, 철근의 항복강도 $f_y = 300$MPa이다. 단, 스터럽은 D10 철근을 사용한다.

풀 이 (1) 계수전단력 산정($V_{u,d}$) :

① 계수하중 산정 :

$$w_u = 1.2w_D + 1.6w_L = (1.2 \times 30) + (1.6 \times 20) = 68(\text{kN/m})$$

② 지지점에서 전단력 산정 :

$$V_{u,\text{지지점}} = \frac{w_u l}{2} = 272\text{kN}$$

③ 지지점에서 유효춤 만큼 떨어진 곳의 전단력 산정 :

$$V_{u,d} = 272\text{kN} - (68\text{kN/m}^2 \times 0.6\text{m}) = 231.2\text{kN}$$

(2) 콘크리트의 전단강도 산정(ΦV_c) :

$$\Phi V_c = \frac{1}{6}\Phi\sqrt{f_{ck}}\, b_w\, d = 0.75 \times \frac{1}{6}\sqrt{21} \times 300 \times 600 \times 10^{-3}$$

$$= 103.11\text{kN}$$

$$\therefore\ V_c = 137.48\text{kN}$$

(3) 전단철근의 전단강도 산정(ΦV_s) :

$$\Phi V_s = V_{u,d} - \Phi V_c$$

$$= 128.09\text{kN}$$

$\therefore\ V_s = 170.78(\text{kN})$

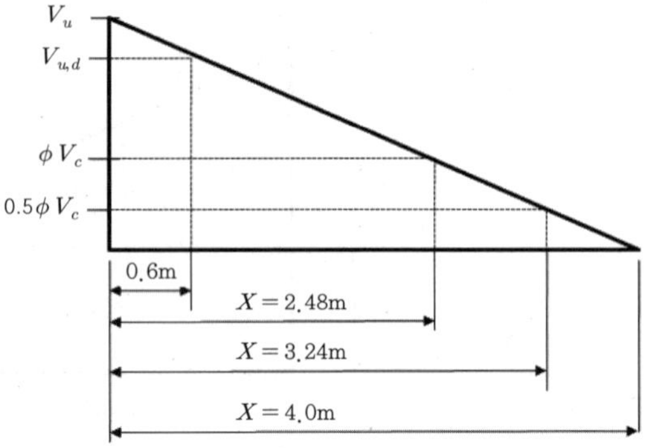

(4) 전단보강 필요 여부 검토

$(V_{u,d} \geq \frac{1}{2}\Phi V_c$일 때) :

$V_u > \frac{1}{2}\Phi V_c$

$= 231.2\text{kN} > 51.56\,\text{kN}$

∴ 전단보강근인 스터럽이 필요함.

(5) 보단면의 적정성 검토($\Phi V_s < \frac{2}{3}\Phi\sqrt{f_{ck}}\,b_w d$일 때) :

$\Phi V_s < \frac{2}{3}\Phi\sqrt{f_{ck}}\,b_w d = 128.09\text{kN} < 412.43\text{kN}$

∴ 단면을 크게 할 필요 없음.

(6) 전단철근이 요구되는 지점까지의 거리 산정($V_u \geq \frac{1}{2}\Phi V_c$일 때) :

$272-(68\times x_c) = 51.56 \quad \therefore\ x_{s+c} = 3.24\,\text{m}$

∴ 지지점에서 3.24m 지점까지는 전단보강이 필요함.

(7) 스터럽 간격 산정(s) : D10을 스터럽으로 사용하면

$A_v = (2\times 71) = 142\text{mm}^2$

① 위험단면($V_{u,d}$)에서의 스터럽 간격 산정 :

$$s = \frac{\Phi A_v f_y d}{V_{u,d}-\Phi V_c} = \frac{0.75\times 142\times 300\times 600}{(231.2-103.11)\times 10^3}$$

$= 149.66\,\text{mm} \Rightarrow 140\text{mm}$

② 설계기준에서의 최소 보강철근 기준에 의한 간격 산정 :

$$s_{\max} = \frac{A_v f_y}{0.35\,b_w} = \frac{142\times 300}{0.35\times 300} = 406\,\text{mm}$$

③ 설계기준에 의한 간격 :

$$s_{\max} = \frac{d}{2} = 300 \text{ 또는 } 600\text{mm 이하}$$

④ 따라서 작은 값인, D10－@140mm 스터럽을 배근함.

(8) 최소 전단보강근 검토 :

① $A_{v,\min} = 0.0625\sqrt{f_{ck}}\,\frac{b_w s}{f_y} = 0.0625\times\sqrt{21}\times\frac{300\times 140}{300}$

$= 40.09\,\text{mm}^2 < A_v$

② $A_{v,\min} = \dfrac{0.35 b_w s}{f_y} = \dfrac{0.35 \times 300 \times 140}{300} = 49\text{mm}^2 < A_v$

(9) 앞에서 구한 전단철근 간격 s =140mm는 실제로 지지점에서 d만큼 떨어진 지점에서 요구되는 간격이며, 일반적으로 이 지점을 지나서부터는 전단력이 감소한다. 그리고 2가지 배근간격으로 스터럽을 배근하는 것이 일반적이므로 전단력도 그림에서 전단철근이 부담하는 전단력(V_s)은 서서히 감소하여 $\Phi V_c = 103.11$kN인 곳에서 0값이 되므로 이곳까지의 거리는 $x_s = 2.48$m이다. 또 간단한 방법 중 하나는 최대 스터럽 간격($s_{\max}$)이 요구하는 거리(x_c)를 지지점으로부터 구하는 것이다. 즉 최대 스터럽 간격($s_{\max}$)이 요구하는 거리(x_c)를 지지점으로부터 구하면,

① $s_{\max} = \dfrac{d}{2} = 300\text{mm}, \ V_s = \dfrac{A_v f_y d}{s_{\max}} = \dfrac{140 \times 300 \times 600}{300} = 84\text{kN}$

② $\Phi V_s = 0.75 \times 84 = 63\text{kN}$

③ $x_c = \dfrac{272 - (103.11 + 63)}{272} \times 4\text{m} = 1.56\text{m}$

그러므로 지지점으로부터 약 1.56m 이후부터는 최대 스터럽 간격($s_{\max}$)으로 배근하게 된다.

(10) 전단철근의 배근 : 첫 번째 전단철근을 지지점에서 $s/2$ 인 70mm에 배근하고, 다음으로 11개의 전단철근을 140mm 간격으로 배근하며, 6개의 전단철근을 300mm 간격으로 배근하며, 전단철근이 필요하지 않는 3.2m 지점을 초과하여 배근이 가능하며, 요약하면 다음과 같다.

① 첫 번째 스터럽 : $\dfrac{s}{2} = 70\text{mm}$

② 11−@140mm = 1,540mm
합계 = 1,610 > 1,560mm

③ 6−@300 = 2,100mm
합계 = 3.410m < 4.0m

예제 6-2 스팬이 3.5m인 캔틸레버보에 계수하중 $w_u = 80\text{kN/m}$ 가 작용할 때 전단보강을 설계하시오. 보 폭 $b_w = 300\text{mm}$, 유효춤 $d = 540\text{mm}$, 콘크리트의 압축강도 $f_{ck} = 27\text{MPa}$, 철근의 항복강도 $f_y = 400\text{MPa}$이다. 단, 스터럽은 D10 철근을 사용한다.

풀 이

(1) 계수전단력 산정 :

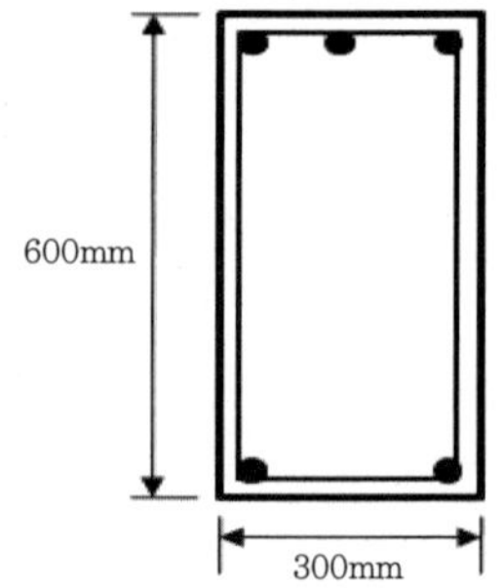

① 지지점 전단력 :

$V_{u,\text{지지점}} = w_u l = 260\,\text{kN}$

② 지지점에서 유효춤 만큼 떨어진 곳의 전단력 산정 :

$V_{u,d} = 260 - (80 \times 0.54) = 217\text{kN}$

(2) 콘크리트의 전단강도 산정(ΦV_c) :

① $\Phi V_c = \frac{1}{6}\Phi\sqrt{f_{ck}}\,b_w d = 0.75 \times \frac{1}{6}\sqrt{27} \times 300 \times 540 \times 10^{-3}$

$= 105.22\text{kN}$

② $V_c = 140\text{kN}$

(3) 전단철근의 전단강도 산정(ΦV_s) :

$\Phi V_s = V_{u,d} - \Phi V_c = 111.78\text{kN} \quad \therefore\ V_s = 149.04\text{kN}$

(4) 전단보강 필요 여부 검토($V_{u,d} > \frac{1}{2}\Phi V_c$일 때) :

$V_u > \frac{1}{2}\Phi V_c = 231.2\,\text{kN} > 52.61\,\text{kN}$

∴ 전단보강근인 스터럽이 필요함.

(5) 보단면의 적정성 검토($\Phi V_s < \frac{2}{3}\Phi\sqrt{f_{ck}}\,b_w d$일 때) :

$\Phi V_s < \frac{2}{3}\Phi\sqrt{f_{ck}}\,b_w d = 111.78\,\text{kN} < 420.9\text{kN}$

∴ 단면을 크게 할 필요 없음

(6) 전단철근이 요구되는 지점까지의 거리 산정($V_u > \frac{1}{2}\Phi V_c$일 때) :

$260 - (80 \times x_c) = 52.61 \quad \therefore\ x_c = 2.60\text{m}$

∴ 지지점에서 2.60m 지점까지는 전단보강이 필요함.

(7) 스터럽 간격 산정(s) : D10을 스터럽으로 사용하면

$A_v = (2 \times 71) = 142\text{mm}^2$

① 위험단면($V_{u,d}$)에서의 스터럽 간격 산정 :

$$s = \frac{\Phi A_v f_y d}{V_u - \Phi V_c} = \frac{0.75 \times 142 \times 400 \times 600}{(217 - 105.22) \times 10^3} = 228\text{mm} \Rightarrow 200\text{mm}$$

② 설계기준에서의 최소 보강철근 기준에 의한 간격 :

$$s_{\max} = \frac{A_v f_y}{0.35\, b_w} = \frac{142 \times 400}{0.35 \times 300} = 541\text{mm}$$

③ 설계기준에 의해

$$s_{max} = \frac{d}{2} = 270\text{mm} \text{ 또는 } 600\text{mm 이하}$$

④ D10-@200mm 스터럽을 배근한다.

(8) 최소 전단보강근 검토 :

① $A_{v,min} = 0.0625\sqrt{f_{ck}}\dfrac{b_w s}{f_y} = 0.0625 \times \sqrt{27} \times \dfrac{300 \times 200}{400}$

$= 48.72\text{mm}^2 < A_v$

② $A_{v,min} = \dfrac{0.35\, b_w\, s}{f_y} = \dfrac{0.35 \times 300 \times 200}{400} = 52.50\text{mm}^2 < A_v$

(9) 앞에서 구한 전단철근 간격 $s = 200$mm는 실제로 지지점에서 d만큼 떨어진 지점에서 요구되는 간격이며, 이 지점을 지나서부터는 전단력이 감소한다. 또한 2가지 배근 간격으로 스터럽을 배근하는 것이 일반적이므로 전단력도 그림에서 전단철근이 부담하는 전단력(V_s)은 $\Phi V_c = 105.22$kN인 곳에서 0값이 되므로 이곳까지의 거리는 $x = 1.93$m이다. 간단한 방법 중 하나는 최대 스터럽 간격(s_{max})이 요구하는 거리(x_c)를 지지점으로부터 계산하면

① $s_{max} = \dfrac{d}{2} = 270\text{mm}, \quad V_s = \dfrac{A_v\, f_y\, d}{s_{max}} = \dfrac{142 \times 400 \times 540}{270} = 112\text{kN}$

② $\Phi V_s = 0.75 \times 112 = 84\text{kN}$

$x_c = \dfrac{260 - (105.22 + 84)}{260} \times 3.5 = 0.95\text{m}$

그러므로 지지점으로부터 약 0.95m 이후부터는 최대 스터럽 간격(s_{max})으로 배근하게 된다.

(10) 전단철근의 배근 : 첫 번째 전단철근을 지지점에서부터 약 100mm에 배근하고, 다음으로 5개의 전단철근을 200mm 간격으로 배근하며, 8개의 전단철근을 270mm 간격으로 배근하며, 전단보강이 불필요한 2.6m까지 배근이 가능하며, 요약하면 다음과 같다.

① 첫 번째 스터럽 : $\dfrac{s}{2} = 100\text{mm}$

② 5-@200mm = 1,000mm

합계 = 1,100 > 950mm

③ 8-@270 = 2,160mm

합계 = 3.26m < 3.5m

6-8 스트럿-타이(Strut-tie) 모델을 이용한 전단설계

보 부재는 선형 변형률 분포를 가정할 수 있는 보이론이 적용되는 경우와 응력 교란 구역으로 보이론을 적용할 수 없는 경우로 나누어진다. 대표적인 응력 연속구역 부재로는 깊은보, 연결보, 내민받침, 보-기둥 접합부, 개구부를 갖는 영역이 있다. 응력불연속구역의 설계를 위해 스트럿-타이 모델이 사용된다. 다음 그림과 같이 하중의 흐름을 압축부재인 스트럿과 인장부재인 타이, 그리고 스트럿과 타이가 결합하는 절점으로 표현하여 설계에 활용한다.

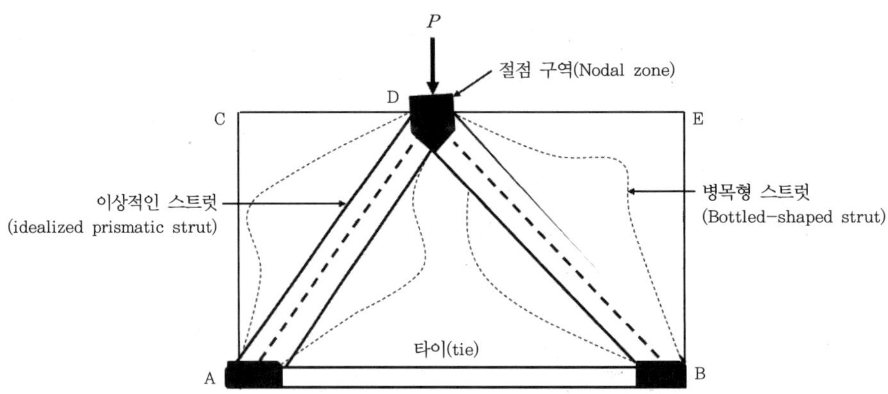

그림 6-15 스트럿-타이 구성

또한 그림 6-15의 스트럿-타이 구성은 그림 6-16과 같은 이상화된 모델로 형상화할 수 있다. 그림에서 스트럿은 콘크리트에 의해 저항할 수 있는 압축력을 말하며, 스트럿은 주로

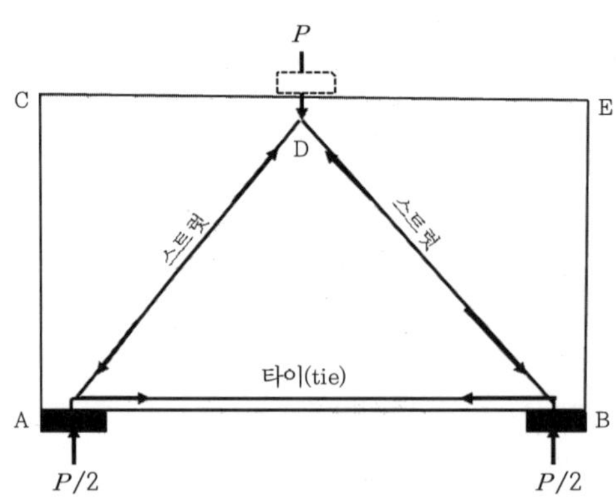

그림 6-16 이상화된 스트럿-타이 모델

콘크리트로 구성되거나 콘크리트와 압축철근으로 구성된다. 또한 스트럿-타이 모델에서 타이 부재는 인장부재를 말한다. 타이 부재는 콘크리트와 철근의 조합으로 구성된다. 하지만 콘크리트의 인장저항 부분은 타이에서 무시되며, 부재의 균열 및 강성 증진에 이바지하는 것으로 한다. 절점(node)은 축이 만나는 교차점 또는 스트럿과 타이가 만나는 부분을 말하며, 절점구역(nodal zone)은 절점을 둘러싸는 구역을 나타낸다.

6-8-1 용어 정의

스트럿-타이 모델에서 사용되는 기본적인 용어 정의는 다음과 같다.

① B구역 : 보이론이 적용되는 부재의 일부분

② D구역 : 기하 불연속이거나 하중 불연속에서 부재의 폭이나 깊이 이내에 있는 부재의 일부분

③ 절점 : 스트럿, 타이, 집중하중이 결합되는 점

④ 절점부 : 스트럿과 타이의 힘이 전달되는 절점 주변의 콘크리트 부분

⑤ 스트럿 : 압축부재, 압축응력장 힘의 합력을 나타냄

⑥ 변형스트럿 : 양 단부보다 중앙부의 너비가 큰 스트럿

⑦ 스트럿-타이 모델 : D-구역에서 절점에 결합되는 스트럿과 타이로 이루어진 트러스 모델. 절점에서 계수하중을 지지점이나 B구역에 전달함

⑧ 타이 : 인장부재

6-8-2 스트럿-타이 모델을 이용한 설계 과정

① 스트럿-타이 모델은 부재를 트러스로 모형화하여 D구역의 콘크리트부재를 설계하는 것에 사용된다. 트러스 모델은 그림 6-15에서 정의한 스트럿, 타이, 절점으로 구성된다. 트러스 모델은 모든 계수하중을 지지점이나 주변의 D구역으로 전달할 수 있어야 한다.

② 스트럿-타이 모델은 작용하중과 반력이 평형을 이루어야 한다.

③ 트러스의 형상을 결정할 때 스트럿, 타이, 절점부의 크기가 고려되어야 한다.

④ 타이는 스트럿을 가로지를 수 있지만 스트럿은 절점에서만 겹쳐질 수 있다.

⑤ 절점에서 결합되는 모든 스트럿과 타이의 각도는 25°보다 커야 한다.

⑥ 스트럿, 타이, 절점부의 설계는 다음 식 (6-46)에 따라야 한다.

$$\Phi F_n \geq F_u \tag{6-46}$$

여기서, F_u는 계수하중에 의해 발생하는 스트럿, 타이, 절점부에 작용하는 힘이고, F_n는 스트럿, 타이, 절점부의 공칭강도이고, Φ는 강도감소계수이다.

6-8-3 스트럿(Strut) 강도

① 스트럿의 공칭압축강도는 스트럿 양단부에서 다음 식 (6-47)과 같이 계산된다.

$$F_{ns} = f_{cu} A_c \tag{6-47}$$

여기서, A_c는 스트럿의 단면적이고 콘크리트 유효강도 f_{cu}는 a., b. 중 작은 값이다.

a. 스트럿의 콘크리트 유효압축강도

b. 절점부의 콘크리트 유효압축강도

② 스트럿의 콘크리트 유효압축강도는 다음 식 (6-48)과 같이 계산된다.

$$f_{cu} = 0.85 \beta_s f_{ck} \tag{6-48}$$

여기서, β_s는 스트럿의 유형에 따라 다음과 같이 주어진다.

a. 일정한 단면을 가지는 스트럿의 경우 $\beta_s = 1.00$

b. 인장부재의 스트럿일 경우 $\beta_s = 0.40$

c. 그 외의 경우 $\beta_s = 0.60$

③ β_s=0.75를 사용하려면 스트럿에 발생하는 인장변형을 억제하는 철근을 배근해야 한다.

a. f_{ck}가 41.3MPa보다 작을 경우 다음 식 (6-49)를 만족하도록 수직·수평 스터럽을 배근한다.

$$\Sigma \frac{A_{si}}{bs_i} \sin\gamma_i \geq 0.003 \tag{6-49}$$

여기서, A_{si}는 수직·수평 각 방향 철근의 단면적이고, s_i는 각 방향 철근의 간격이고, γ_i는 각 방향 철근의 스트럿 축방향에 대한 각도를 나타낸다.

b. 한 방향으로만 스터럽이 배근되는 경우에는 스트럿 축방향에 대한 각도 γ는 40도보다 작아야 한다.

6-8-4 타이(Tie) 강도

① 타이의 공칭강도는 다음 식 (6-50)과 같다.

$$F_{nt} = A_{st} f_y \tag{6-50}$$

② 스트럿-타이 모델에서 스트럿과 달리 타이는 서로 교차할 수 있다.

③ 타이는 충분한 정착길이를 확보하거나 기계장치, 표준갈고리 등에 의해 정착되어야 한다.

④ 절점부 강도

㉠ 절점부의 공칭압축강도는 다음 식 (6-51)과 같다.

$$F_{nn} = f_{cu} A_n \tag{6-51}$$

여기서, 콘크리트 유효압축강도 f_{cu}는 ㉡에서 정의되고, A_n는 a., b.에 의해 결정된다.

a. 절점부에 작용하는 하중에 수직인 단면적

b. 절점부에 작용하는 하중의 합력에 수직인 단면적

㉡ 절점부에서는 스터럽이 배근되지 않고 콘크리트 유효압축강도는 다음 식 (6-52)와 같이 계산된다.

$$f_{cu} = 0.85 \beta_n f_{ck} \tag{6-52}$$

여기서, β_n은 절점부의 유형에 따라 다음과 같이 정해진다.

a. 스트럿과 하중점으로 이루어진 절점부인 경우 $\beta_n = 1.00$

b. 하나의 타이가 정착된 절점부인 경우 $\beta_n = 0.8$

c. 2개 이상의 타이가 정착된 절점부인 경우 $\beta_n = 0.6$

6-9 비틀림 모멘트 설계

보 단면에 발생하는 비틀림응력은 모멘트가 보의 표면에 평행하게 작용할 때 일어난다. 이러한 모멘트를 비틀림 모멘트(torsional moment)라고 하며, 구조부재의 회전과 부재 표면에 원통방향(spiral) 형태의 균열을 발생시키게 된다. 일반적으로 철근콘크리트구조물에서, 구조부재의 평면이 굽었을(curved) 때, 캔틸레버 슬래브를 지지할 때, 스팬드럴 보(spandrel beams)와 같은 경우에 비틀림 모멘트를 받는다. 철근콘크리트 부재는 순수 비틀림만 작용하는 경우는 드물고 대부분의 경우는 휨과 전단이 함께 작용한다. 장방형이나 플랜지(Flange)가 있는 철근콘크리트 부재의 비틀림 모멘트 설계방법은 전단설계법과 유사하며, 다음 식에 의해 비틀림 부재를 설계한다.

$$T_u \leqq \Phi T_n \tag{6-53}$$

$$T_n = T_s = \frac{2A_0\,A_t f_{yt}}{s}\cot\theta \tag{6-54}$$

여기서, T_u : 계수 비틀림 모멘트, T_n : 공칭 비틀림 모멘트, T_s : 비틀림 보강철근에 의한 내력, Φ : 비틀림 강도감소계수(=0.75), A_0 : 폐쇄형 비틀림 보강철근 중심이 감싸고 있는 콘크리트의 유효면적($A_o = 0.85A_{oh}$)

계수 비틀림 모멘트 T_u가 먼저 계산된 후 콘크리트에 의해 부담되는 비틀림 모멘트 강도 T_c가 결정되어야 한다. 강도감소계수에 의해 수정된 값 ΦT_c가 계수 비틀림 모멘트보다 작다면 (즉 $T_u > \Phi T_c$) 그 초과 비틀림 모멘트를 분담하기 위한 비틀림 철근이 배근되어야 한다.

비틀림 철근이 필요할 때는 폐쇄형 스터럽과 주철근이 함께 보강되어야 한다. 조합된 폐쇄형 스터럽의 크기와 간격을 결정하기 위하여 전단보강철근 요구사항은 비틀림에 관한 요구사항과 함께 고려되어야 한다. 이와 유사하게 비틀림에 대한 주철근도 휨과 축하중을 위한 것들과 함께 추가배근되어야 한다.

6-9-1 비틀림이 고려되지 않아도 되는 경우

프리스트레싱 (prestressing)되지 않은 철근콘크리트 부재에서 소요 비틀림 모멘트(T_u)가 균열 비틀림 모멘트, $T_{cr} = \Phi(\frac{1}{3}\sqrt{f_{ck}})\frac{A_{cp}^2}{P_{cp}}$의 1/4보다 작으면 비틀림에 대한 고려를 설계 시 무시할 수 있으며, 다음 식 (6-55)와 같이 계산되어진다.

$$T_u < \Phi(\frac{1}{12}\sqrt{f_{ck}})\frac{A_{cp}^2}{P_{cp}} \tag{6-55}$$

여기서, P_{cp} : 보의 둘레 길이, A_{cp}는 콘크리트 단면의 바깥둘레로 둘러싸인 단면적이고, 뚫린 단면의 경우 뚫린 면적을 포함한다.

6-9-2 비틀림 철근량의 계산

① 비틀림 모멘트에 저항하기 위한 길이방향 철근량은 다음 식 (6-56)을 이용하여 산정한다.

$$T_n = \frac{2A_0 A_t f_{yt}}{s}\cot\theta \tag{6-56}$$

여기서, f_{yt}는 횡방향 비틀림 보강철근의 설계기준 항복강도이고, A_t는 간격 s 내의 비틀림에 저항하는 폐쇄스터럽 1가닥의 단면적이다. A_o는 $0.85A_{oh}$로 취할 수 있고 압축경사각 θ는 30°~60°의 값으로 프리스트레싱되지 않은 부재나 프리스트레스 힘이 주철근의 인장강도 40% 미만인 경우는 45°로 취할 수 있고, 프리스트레스 힘이 주철근 인장강도의 40% 이상인 경우는 37.5°로 취할 수 있다.

② 비틀림에 저항하기 위한 길이방향 철근은 다음 식 (6-57)의 값 이상이어야 한다.

$$A_{l,\min} = \frac{A_t}{s} P_h \left(\frac{f_{yt}}{f_{yl}} \right) \cot^2 \theta \tag{6-57}$$

여기서, θ는 식 (6-31)에 사용된 값이며, A_l / s값은 식 (6-31)에서 계산되는 값으로서 최소 비틀림 철근량의 규정을 적용하지 않는다. 그리고 P_h는 최외곽부의 폐쇄형 수직 비틀림 보강근의 중심선 둘레길이이다.

③ 비틀림에 의해 요구되는 철근은 비틀림과 조합하여 작용하는 전단력과 휨모멘트 및 축력에 대해 요구하는 철근에 중첩한다. 이때 철근의 간격과 배치는 가장 엄격한 요구조건을 만족시켜야 한다.

④ 휨을 받는 부재에서 휨모멘트에 의한 압축을 고려하기 위해 휨압축영역의 종방향 비틀림 철근의 면적을 $M_u / (0.9 d f_{yl})$만큼 줄일 수 있다. 여기서 M_u는 T_u와 함께 단면에 작용하는 계수모멘트이다. 그러나 이 경우 필요한 철근량은 최소 비틀림 철근량의 규정을 만족시켜야 한다.

6-9-3 비틀림 모멘트와 전단력이 작용하는 경우 단면치수의 제한

설계에서는 콘크리트의 균열 폭이 지나치게 광대하게 발생하는 것을 제한하고, 콘크리트 압축대에 의한 파괴를 방지하기 위하여 비틀림 모멘트와 전단력이 작용하는 철근콘크리트 부재의 단면에 대한 다음과 같은 제한을 두고 있다.

① 속찬 단면(solid section) : 전단에 의한 응력은 단면의 전체 폭에 걸쳐 발생하지만 비틀림에 의한 응력은 부재축에 회전하는 방향으로 저항한다고 가정하여 다음 식 (6-58)을 만족시켜야 한다.

$$\sqrt{\left(\frac{V_u}{b_w d} \right)^2 + \left(\frac{T_u P_h}{1.7 A_{oh}^2} \right)^2} \le \Phi \left(\frac{V_c}{b_w d} + \frac{2}{3} \sqrt{f_{ck}} \right) \tag{6-58}$$

여기서, A_{oh} : 폐쇄형 스터럽에 둘러싸인 보의 단면적이다.

② 속빈 단면(hollow section) : 전단과 비틀림에 의해 발생한 응력이 다음 식 (6-59)를 만족시켜야 한다.

$$\left(\frac{V_u}{b_w d} \right) + \left(\frac{T_u P_h}{1.7 A_{oh}^2} \right) \le \Phi \left(\frac{V_c}{b_w d} + \frac{2}{3} \sqrt{f_{ck}} \right) \tag{6-59}$$

③ 만약 속빈 단면의 벽두께가 A_{oh}/P_h보다 작다면 식 (6-59)의 둘째 항을 $\dfrac{T_u}{1.7A_{oh}t}$로 대체하여 계산해야 한다. 여기서, t는 응력이 계산되는 위치에서 속빈 단면의 벽두께이며, 속빈 단면의 벽두께가 변할 경우에는 식 (6-59)의 좌변 값이 최대가 되는 위치에서 계산해야 한다. 또한 균열이 발생한 이후에 속찬 단면의 벽두께는 다음 식 (6-60)에 따라 계산한다.

$$t = \frac{A_{oh}}{P_h} \tag{6-60}$$

④ 프리스트레싱되지 않은 비틀림 철근의 설계기준 항복강도는 400MPa 이하로 해야 한다.

6-9-4 최소 비틀림 철근량

① 비틀림 보강철근이 부족할 경우 사인장 균열이 발생함과 동시에 부재가 취성적으로 파괴하며, 이러한 취성적 파괴를 방지하기 위하여 길이방향 폐쇄 스터럽의 최소 면적 이상이 되도록 하여야 한다.

② 전단과 비틀림 철근이 동시에 요구되는 경우 수직방향 폐쇄 스터럽의 최소 면적은 다음 식 (6-61)에 따라 계산한다.

$$(A_v + 2A_t) = 0.0625\sqrt{f_{ck}}\,\frac{b_w s}{f_{yt}} \geq \frac{0.35 b_w s}{f_y} \tag{6-61}$$

③ 전단과 비틀림 철근이 동시에 요구되는 경우 길이방향 최소 비틀림 철근의 전체 면적은 다음 식 (6-62)에 따라 계산한다.

$$A_{l.\min} = \frac{0.42\sqrt{f_{ck}}\,A_{cp}}{f_{yl}} - \left(\frac{A_t}{s}\right)P_h \frac{f_{yt}}{f_{yl}} \tag{6-62}$$

여기서, f_{yl}는 길이방향 비틀림 보강철근의 설계 항복강도이고, A_t/s는 $0.175 b_w/f_{yt}$ 이상으로 취해야 한다.

6-9-5 비틀림 철근의 상세

① 비틀림 철근은 길이방향 철근 또는 길이방향 긴장재와 다음 중에서 해당 보강근으로 구성될 수 있다.

a. 부재축에 수직인 폐쇄스터럽 또는 폐쇄띠철근
b. 부재축에 수직인 횡방향 강성으로 구성된 폐쇄용접철망
c. 철근콘크리트 보에서 나선철근

② 수직방향 비틀림 철근은 다음 중 하나의 방법에 의해 정착되어야 한다.
a. 길이방향 철근 주위로 135° 표준갈고리에 의해 정착
b. 정착부에 둘러싸인 콘크리트가 플랜지나 슬래브 또는 기타 유사한 부재에 의해 박리가 일어나지 않도록 된 영역은 7-2-4절의 복부철근 정착에 따라 정착시켜야 한다.

③ 길이방향 비틀림 철근은 양단에 정착되어야 한다.

④ 속빈 단면의 비틀림에서 수직방향 비틀림 철근의 중심선에서 단면 내벽까지의 거리가 $0.5A_{oh}/P_h$ 이상이어야 한다.

⑤ 길이방향 비틀림 철근의 간격은 $P_h/8$보다 작아야 하고, 또한 300mm보다 작아야 된다.

⑥ 비틀림에 대한 수직방향 철근은 폐쇄 스터럽의 둘레를 따라 300mm 이하 간격으로 배근해야 하며, 다음 식 (6-63)을 이용하여 간격을 결정한다.

$$\frac{A_t}{s} = \frac{T_u}{\Phi 2A_0 f_{yt}}\tan\theta \qquad (6-63)$$

⑦ 비틀림에 요구되는 길이방향 철근은 폐쇄 스터럽의 둘레를 따라 300mm 이하의 간격으로 분포시켜야 한다. 길이방향 철근이나 긴장재는 스터럽의 내부에 배치시켜야 하며, 스터럽의 각 모서리에 최소한 하나의 길이방향 철근이나 긴장재가 있어야 한다. 좌굴을 방지하기 위해 길이방향 철근의 직경은 스터럽 간격의 1/24 이상이 되어야 하며, D10 이상이어야 한다.

예제 6-3 다음 그림과 같은 철근콘크리트로 스팬드럴 보($b_w D$ = 300mm×500mm)가 120mm 두께의 슬래브와 접하고 있고, 지지점에서 d만큼 떨어진 위험단면에서의 계수하중이 M_u = 150kN·m, V_u = 150kN, T_u = 20kN·m일 때 단면의 적합 여부를 검토하고, 스터럽을 설계하시오.
단, f_{ck} = 21MPa, $f_{yt} = f_{yl}$ = 400MPa

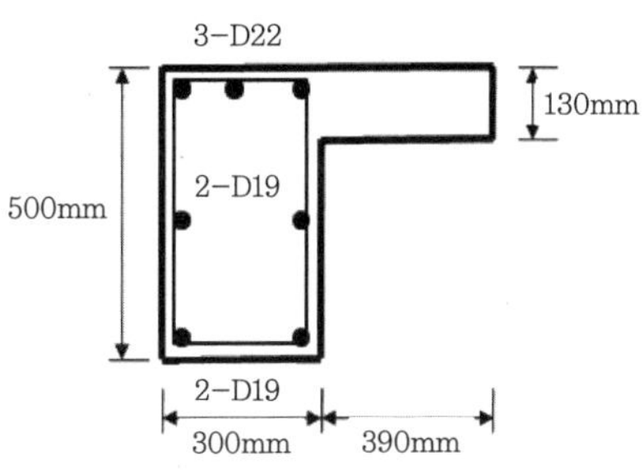

풀 이 (1) 인장철근량 산정 :

① $\rho = \dfrac{0.85 f_{ck}}{f_y}\left[1 - \sqrt{1 - \dfrac{2R_n}{0.85 f_{ck}}}\right]$

$= \dfrac{0.85 \times 21}{400}\left[1 - \sqrt{1 - \dfrac{2 \times 3.038}{0.85 \times 21}}\right]$

$= 0.00838 > \rho_{\min} = \dfrac{1.4}{400} = 0.0035$

② 여기서, $R_n = \dfrac{M_u}{\phi b_w d^2} = \dfrac{150 \times 10^6}{0.85 \times 300 \times 440^2} = 3.038\text{MPa}$

③ $\therefore\ A_s = 0.00838 \times 300 \times 440 = 1{,}106\text{mm}^2 < 1{,}161\text{mm}^2$ (HD22−3)

따라서 휨을 제외한 비틀림을 부담할 수 있는 주근의 단면적은 다음과 같다.

④ $A_s = 1{,}161 - 1{,}106 = 55\text{m}^2$, $A_s' = 574\text{mm}^2$(HD19−2)

(2) 비틀림 철근 설계 여부 검토 :

$A_{cp} = 300 \times 500 = 150{,}000\text{mm}^2$, $P_{cp} = 2(300 + 500) = 1{,}600\text{mm}$

(3) 최소 비틀림 하중 검토 :

$T_u = \dfrac{1}{12}\Phi\sqrt{f_{ck}}\left(\dfrac{A_{cp}^{\ 2}}{P_{cp}}\right) = \dfrac{1}{12} \times 0.85 \times \sqrt{21} \times \left(\dfrac{150{,}000^2}{1600}\right) \times 10^{-6}$

$= 4.5\text{kNm} < T_u = 20\text{kNm}$ $\therefore$ 비틀림 철근이 필요하다.

(4) 단면의 크기 적정성 여부 검토 : 속찬 단면이며, 피복두께를 40mm로 가정하면

① $A_{oh} = (300 - 2 \times 40 - 10) \times (500 - 2 \times 40 - 10) = 86{,}100\text{mm}^2$

② $P_h = (300 - 2 \times 40 - 10 + 500 - 40 \times 2 - 10) \times 2 = 1{,}240\text{mm}$

③ $V_c = \dfrac{1}{6}\sqrt{f_{ck}}\, b_w d = 1/6\sqrt{21} \times 300 \times 440 \times 10^{-3} = 100.82\text{kN}$

④ 응력 $\nu = \sqrt{\left(\dfrac{V_u}{b_w d}\right)^2 + \left(\dfrac{T_u P_h}{1.7 A_{oh}^{\ 2}}\right)^2}$

$= \sqrt{\left(\dfrac{150{,}000}{300 \times 440}\right)^2 + \left(\dfrac{20 \times 10^6 \times 1{,}240}{1.7 \times 86{,}100^2}\right)^2} = 2.272\text{MPa}$

⑤ $\nu \leq \phi\left(\dfrac{V_c}{\phi_{wd}} + 0.67\sqrt{f_{ck}}\right) = 0.85\left(\dfrac{114{,}560}{300 \times 450} + 0.67 \times \sqrt{21}\right)$

$= 7.44\text{MPa}$

∴ 보의 단면은 충분하다.

(5) 전단철근 및 비틀림 철근 산정 :

① $V_s = \dfrac{V_u}{\Phi} - V_c = \dfrac{150}{0.75} - 100.82 = 99.18\text{kN}$

② $\dfrac{A_v}{s} = \dfrac{V_s}{f_y d} = \dfrac{99,180}{400 \times 440} = 0.563\,\text{mm}^2/\text{mm}$

∴ 전단력에 해당하는 스터럽 양 $0.563\,\text{mm}^2/\text{mm}$가 요구된다.

③ $A_o = 0.85 A_{oh} = 0.85 \times 86,100 = 73,185\text{mm}^2$

④ $T_n = \dfrac{2A_o A_t f_{yt}}{s}\cot\theta,\ \theta = 45°,\ T_n = \Phi T_u$로부터

⑤ $\dfrac{A_t}{s} = \dfrac{T_u}{\Phi 2 A_0 f_{yt}}\tan\theta = \dfrac{20 \times 10^6}{2 \times 0.75 \times 73,185 \times 400}\tan(45)$

$= 0.455(\text{mm}^2/\text{mm})$

(6) 보강철근 산정 : 속이 찬 단면이며, 피복두께를 40mm로 가정하면

$\dfrac{A_v}{s} + \dfrac{2A_t}{s} \geq \dfrac{0.35\,b_w}{f_{yt}} = 0.563 + (2 \times 0.455)$

$= 1.4\text{mm}^2/\text{mm} \geq 0.265$ ∴ O.K

(7) D10 철근을 사용하는 최대 간격 : $s = \dfrac{2 \times 71}{0.2625} = 546.15\text{mm}$

(8) 설계기준의 최대 간격 검토 :

최대 간격 $P_h/8 = 1,240/8 = 155\text{mm}$ 또는 300mm를 만족시켜야 하므로 폐쇄 스터럽 간격 ∴ HD10-@150

(9) 비틀림 모멘트에 대한 길이방향 철근 산정 :

① $A_l = \left(\dfrac{A_t}{s}\right) P_h \left(\dfrac{f_{yt}}{f_{yl}}\right)\cot^2\theta$

$= 0.455 \times 1,240 \times \left(\dfrac{400}{400}\right) \times 1^2 = 564.2\text{mm}^2$

② 또한 $\dfrac{A_t}{s} = 0.455 > 0.175\dfrac{b_w}{f_{yt}} = 0.175 \times \dfrac{300}{400} = 0.13125$

∴ O.K

③ ∴ $A_{l,\min} = \dfrac{0.42\sqrt{f_{ck}}\,A_{cp}}{f_{yl}} - \left(\dfrac{A_t}{s}\right) P_h \left(\dfrac{f_{yv}}{f_{yl}}\right)$

$= \dfrac{0.42 \times \sqrt{21} \times 150,000}{400} - 0.455 \times 1,240 \times \dfrac{400}{400}$

$= 157.55\text{mm}^2 < A_l = 564.2\text{mm}^2$ ∴ O.K

(10) 휨보강설계에서 소요 주철근량이 $A_s = 1,106\text{mm}^2$이나 배근량은 HD22-3 ($1,161\text{mm}^2$)이므로 $1,161-1,106 = 55\text{mm}^2$는 비틀림에 저항하는 길이 방향 철근으로 볼 수 있다.

따라서 비틀림 보강 길이방향 철근은 $(564.2-55) = 509.2\text{mm}^2$를 요하며, 최대 간격 300mm를 만족하도록 단면의 중앙부와 하단부에 각각 509.2/2 $=254.6\text{mm}^2$ HD19-2(574mm^2)의 길이방향 철근을 배근하고, 길이방향 철근의 최소 지름은 스터럽 간격의 $s/24$인 $150/24 = 6.25\text{mm}$ 이상, 즉 D10 이상의 지름 철근을 필요로 하므로 만족한다.

chapter 7

철근의 정착 및 이음

7-1 철근의 정착

철근콘크리트보에서 휨에 의한 압축력에는 콘크리트가 저항하고, 휨에 의한 인장력은 인장측에 배근된 철근이 부담한다고 하면 콘크리트와 철근 사이에 힘의 전달이 필요하고 이것을 두 재료 사이의 부착(bond)이라고 한다. 두 재료 사이의 평형을 위해 부착응력(bond stress)이 존재하며, 만약에 부착력이 없다면 철근은 콘크리트로부터 뽑히고 철근이 부담하는 인장력은 0이 되므로 보는 인장력에 쉽게 파괴하게 된다. 이러한 철근과 콘크리트의 부착력은 철근의 표면적, 표면상태, 철근의 매입길이, 콘크리트 강도, 콘크리트 수축과 같은 여러 가지 요소의 영향을 받는다. 부착응력은 실제로 철근의 매입 길이에 따라 변하므로 설계기준에서는 부착력을 적용하기보다는 정착길이(development length, l_d)의 개념을 적용한다.

철근의 정착길이는 콘크리트에 묻힌 철근이 뽑히거나 미끄러지는 현상이 생기지 않으면서 철근이 항복강도에 도달할 수 있도록 하는데 필요한 철근의 최소 매입길이를 말한다. 철근의 정착길이(l_d)는 철근의 인장강도, 직경 크기, 콘크리트의 압축강도 등과 같이 철근콘크리트 부재가 공통으로 가지는 값들에 따라 정해지는 정착길이를 나타내는 기본정착길이(l_{db})를 적용하여 산정한다. 그림 7-1과 같이 외력에 의해 콘크리트에 매입된 철근과 힘의 평형조건을 이용하여 계산한다.

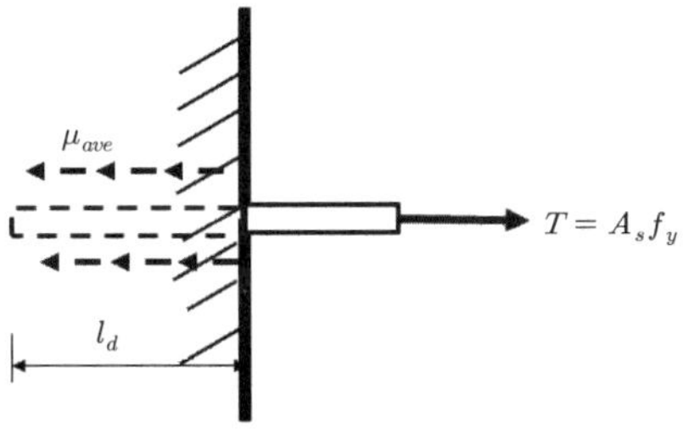

그림 7-1 철근의 정착길이 및 힘의 평형

그림 7-1에서, 부재의 외력과 내력의 힘의 평형조건은 다음 식 (7-1)과 같이 나타낸다.

$$A_s f_y = \mu_{ave}\, d_p l_{db} \tag{7-1}$$

여기서, $A_s = \dfrac{\pi d_b^2}{4}$: 철근의 단면적, d_b : 철근의 직경, μ_{ave} : 보의 부착파괴 시 극한 부착응력의 평균값을 나타내며 콘크리트 압축강도의 제곱근에 비례한다. d_p : 철근의 공칭둘레 (πd_b), l_{db} : 철근의 기본 정착길이

위의 식 (7-1)에서 기본정착길이에 대하여 정리하면 다음 식 (7-2)와 같아진다.

$$l_{db} = \frac{A_s f_y}{\mu_{ave} d_p} = \frac{\pi {d_b}^2 f_y}{4\mu_{ave}(\pi d_b)} = \frac{d_b f_y}{4\,\mu_{ave}} \tag{7-2}$$

또한, 실제로 콘크리트에 매입된 철근의 정착길이(l_d)는 철근콘크리트부재가 공통으로 가지고 있는 값들과 콘크리트 피복두께, 철근 간격, 철근표면의 도막 여부 등 서로 다른 조건을 고려해야 하므로 식 (7-2)의 기본정착길이에 이러한 조건을 고려한 보정계수를 곱한 값으로 산정한다. 따라서 인장 이형철근과 이형철선의 정착길이 $l_d = (l_{db} \times$보정계수)로 다음 식 (7-3)과 같이 나타낼 수 있다.

$$l_d = \frac{0.9 d_b f_y}{\lambda\sqrt{f_{ck}}} \times \frac{\alpha\,\beta\,\gamma}{\dfrac{c_b + K_{tr}}{d_b}} \tag{7-3}$$

여기서, d_b : 인장철근의 직경, λ : 경량골재 콘크리트계수(1.0－보통콘크리트)

α : 철근 위치계수, β : 철근 도막계수, γ : 철근 크기 계수

K_{tr} : 횡방향 철근지수 $= \dfrac{40A_{tr}}{s \times n} \le 2.5$, A_{tr} : 횡방향 철근의 전체 단면적

s : 횡방향 철근의 최대 중심간격

n : 쪼개질 가능성이 있는 면을 따라 정착되거나 이어지는 철근 수

7-1-1 철근의 정착 일반

① 철근콘크리트부재 각 단면의 철근에 작용하는 인장력 또는 압축력이 단면의 양측에서 발휘될 수 있도록 묻힘길이, 갈고리, 기계적 정착 또는 이들의 조합에 의해 철근을 정착해야 한다. 이때 갈고리는 압축철근의 정착에서 유효하지 않은 것으로 본다.

② 이 장에서 사용하는 $\sqrt{f_{ck}}$ 값은 8.4MPa를 초과하지 않아야 한다. 인장정착, 압축정착, 표준갈고리의 인장정착은 모두 $\sqrt{f_{ck}}$ 의 함수이다. 또한 기준식은 21MPa에서 42MPa까지 압축강도를 가지는 콘크리트의 매입 철근에 대한 실험 결과로 만들어졌다.

7-1-2 인장 이형철근 및 이형철선의 정착

① 인장 이형철근 및 이형철선의 정착길이(development length, l_d)는 상세한 계산을 하지 않는 경우 식 (7-4)의 기본정착길이(l_{db})에 보정계수를 곱하여 계산하는 방법과 식 (7-5)의 상세를 적용하여 구한 정착길이(l_d)로 한다. 다만, 이렇게 구한 정착길이(l_d)는 항상 300mm 이상이어야 한다.

② 상세한 계산을 하지 않을 경우 인장 이형철근 및 이형철선의 기본정착길이(l_{db})는 식 (7-4)에 따라 구해야 하며, 보정계수는 〈표 7-1〉에 따른다.

$$l_{db} = \frac{0.6 d_b f_y}{\lambda \sqrt{f_{ck}}} \qquad (7\text{-}4)$$

〈표 7-1〉 보정계수

조 건 \ 철근지름	D19 이하의 철근과 이형철선	D22 이상의 철근
정착되거나 이어지는 철근의 순간격이 d_b 이상이고, 피복두께도 d_b 이상이면서 l_d 전구간에 설계기준에서 규정된 최소 철근량 이상의 스터럽 또는 띠철근을 배근한 경우, 그리고 정착되거나 이어지는 피복두께가 $2d_b$ 이상이고, 피복두께가 d_b 이상인 경우	$0.8\alpha\beta\lambda$	$\alpha\beta\lambda$
기 타	$1.2\alpha\beta\lambda$	$1.5\alpha\beta\lambda$

그리고 〈표 7-1〉에 수록된 α, β, λ는 다음과 같이 구할 수 있다.

㉠ α = 철근배근 위치 계수 :

a. 상부철근(정착길이 또는 이음부 아래로 300mm를 초과하여 굳지 않은 콘크리트를 친 수평철근) ………… 1.3

b. 기타 철근 ………… 1.0

㉡ β = 에폭시 도막계수 :

a. 피복두께가 $3d_b$ 미만 또는 순간격이 $6d_b$ 미만인 에폭시 도막철근 또는 철선 1.5

b. 기타 에폭시 도막철근 또는 철선 1.2

c. 도막되지 않은 철근 1.0

㉢ λ = 경량콘크리트계수 :

a. f_{sp}값이 규정되어 있지 않은 경우

λ=0.75, 전 경량콘크리트

λ=0.85, 모래 경량콘크리트

다만, 0.75에서 0.85 사이의 값은 모래 경량콘크리트의 잔골재를 경량잔골재로 치환하는 체적비에 따라 직선보간한다. 0.85에서 1.0 사이의 값은 보통 중량콘크리트의 굵은골재를 경량골재로 치환하는 체적비에 따라 직선보간한다.

b. f_{sp}값이 주어진 경우

$$\lambda = f_{sp} / (0.56\sqrt{f_{ck}}) \le 1.0$$

여기서, f_{sp} : 경량콘크리트의 평균 할렬 인장강도이다.

㉣ 에폭시 도막철근이 상부철근인 경우 상부철근의 보정계수 α와 에폭시 도막계수 β의 곱 $\alpha\beta$가 1.7보다 클 필요는 없다.

③ 인장 이형철근 및 이형철선의 정착길이는 다음 식 (7-5)에 따라 상세한 계산에 의해 구할 수 있으며, 구한 정착길이는 항상 300mm 이상이어야 한다.

$$l_d = \frac{0.90 d_b f_y}{\sqrt{f_{ck}}} \frac{\alpha\beta\gamma}{\left(\dfrac{c+K_{tr}}{d_b}\right)} \tag{7-5}$$

식 (7-5)에서 $\dfrac{c+K_{tr}}{d_b}$는 2.5 이하이어야 한다. 그리고 계수 γ, c와 K_{tr}은 다음과 같다.

㉠ γ = 철근 또는 철선의 크기 계수

a. D19 이하의 철근과 이형철선 0.8

b. D22 이상의 철근 1.0

㉡ c = 철근간격 또는 피복두께에 관련된 치수

철근 또는 철선의 중심으로부터 콘크리트 표면까지의 최단거리나 정착된 철근 또는 철선의 중심간 거리의 1/2 중 작은 값을 적용하여 mm 단위로 나타낸다.

㉢ K_{tr} = 횡방향 철근지수 $= \dfrac{A_{tr} f_{yt}}{10.7sn}$ .... (7-6)

횡방향 철근이 배근되었더라도 설계를 간편하게 하기 위해 $K_{tr} = 0$으로 적용할 수 있다.

④ 휨부재에 배근된 철근량이 해석에 의해 요구되는 소요 철근량을 초과하는 경우 계산된 정착길이에 $\left(\frac{\text{소요 } A_s}{\text{배근 } A_s}\right)$를 곱하여 정착길이를 감소시킬 수 있다. 다만, f_y를 발휘하도록 정착을 특별히 요구하는 경우는 적용되지 않는다. 과다 철근량을 포함한 모든 감소계수를 적용한 후의 정착길이는 300mm 이상이어야 한다.

⑤ 설계기준 항복강도가 550MPa을 초과하는 철근에 대해서는 다음을 만족시켜야 한다.

㉠ 횡방향 철근을 배치하지 않는 경우에는 c/d_b이 2.5 이상이어야 한다.

㉡ 횡방향 철근을 배치하는 경우는 $K_{tr}/d_b \geq 0.25$와 $(c+K_{tr})/d_b \geq 2.25$를 만족시켜야 한다.

7-1-3 압축 이형철근의 정착

압축을 받는 이형철근의 정착길이(l_{dc})는 인장을 받는 철근의 정착길이보다 작은 값이 요구되고, 그 이유로 압축철근은 인장콘크리트부재의 균열로 인한 철근과 철근을 둘러싼 콘크리트의 부착력 감소를 일으키는 균열을 발생시키지 않기 때문에 다음 식 (7-7)과 같이 기본정착길이에 보정계수를 곱하여 구한다.

$$l_{dc} = l_{db} \times (\text{보정계수}) \tag{7-7}$$

① 압축 이형철근의 정착길이(l_{dc})는 기본정착길이에 적용 가능한 모든 보정계수를 곱하여 구한다. 이때 구한 l_{dc}는 항상 200mm 이상이어야 한다.

② 압축 이형철근의 기본정착길이는 다음 식 (7-8)에 따라 구한다.

$$l_{db} = \frac{0.25 d_b f_y}{\lambda \sqrt{f_{ck}}} \tag{7-8}$$

다만, 이 값은 $0.043 d_b f_y$ 이상이어야 한다.

③ 압축 이형철근의 정착길이에 대한 보정계수는 다음과 같다.

㉠ 해석결과 요구되는 철근량을 초과하여 배근한 경우 ························ $\left(\frac{\text{소요} A_s}{\text{배근} A_s}\right)$

㉡ 지름이 6mm 이상이고, 나선간격이 100mm 이하인 나선철근 또는 중심간격 100mm 이하로 기둥의 띠철근 간격 요구조건에 따라 배근된 D13 띠철근으로 둘러싸인 압축 이형철근 ··· 0.75

휨인장 균열에 의해 정착이 약화되는 현상이 압축철근에서는 나타나지 않으며, 단부의 지압은 정착에 유익하기 때문에 압축 이형철근은 인장 이형철근보다 정착길이가 짧게 규정되어 있다. 과다 배근 철근이나 구속효과를 갖는 띠철근 또는 나선철근이 있는 경우 감소계수를 적용할 수 있다. 감소계수 0.75를 적용하는 띠철근이나 나선철근의 경우에 띠철근은 규정보다 더 제한적이지만 나선철근은 완화되어 있다. 〈표 7-2〉에 대표적인 압축철근의 정착길이를 요약하여 나타냈다.

〈표 7-2〉 압축철근의 정착길이(f_y=400MPa와 λ=1.0일 때)

철근번호	철근 직경(d_b), mm	압축철근 정착길이(l_{dc}), mm			
		21MPa	24MPa	27MPa	30MPa
D16	16	350	327	308	292
D19	19	415	388	366	347
D22	22	480	449	423	402
D25	25	546	510	481	456
D29	29	633	592	558	529
D32	32	698	653	616	584
D35	35	764	714	674	639

예제 7-1 다음 그림과 같은 기둥철근이 기초에 정착되는 기둥철근의 정착길이를 구하시오. 단, $f_{ck} = 27\text{MPa}$, $f_y = 400\text{MPa}$

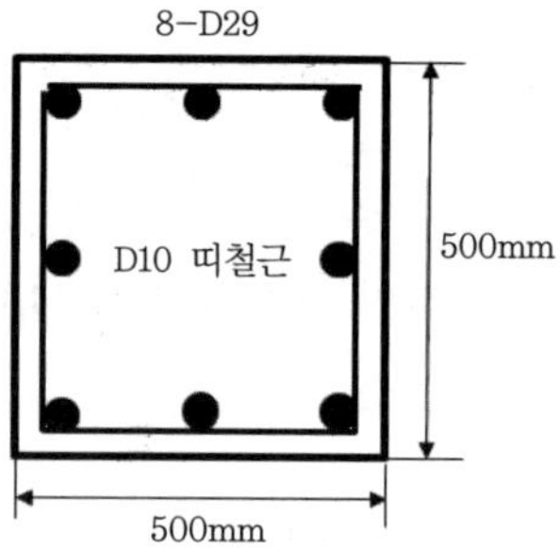

풀 이 (1) 압축 이형철근의 기본정착길이 산정 :

$$l_{db} = \frac{0.25 d_b f_y}{\lambda \sqrt{f_{ck}}} = \frac{0.25 \times 29 \times 400}{1.0 \times \sqrt{27}}$$

$$= 558\text{mm}$$

(2) 최소 압축철근 정착길이 검토 :

$$l_{dc,\min} = 0.043 d_b f_y$$

$$= (0.043 \times 29 \times 400) = 499\text{mm}$$

(3) 압축 이형철근 정착길이 산정 :

l_{dc} = 560mm 또는 600mm를 정착길이로 할 수 있다.

7-1-4 다발철근의 정착

① 인장 또는 압축을 받는 하나의 다발철근 내에 있는 개개 철근의 정착길이(l_d)는 다발철근이 아닌 경우 각 철근의 정착길이에 3개의 철근으로 구성된 다발철근에 대해서는 20%, 4개의 철근으로 구성된 다발철근에 대해서는 33%를 증가시켜야 한다.

② 다발철근의 정착길이(l_d)를 계산할 때 주어진 보정계수를 적절하게 선택하기 위해 한 다발 내에 있는 전체 철근단면적을 등가단면으로 환산하여 산정된 지름값을 하나의 철근으로 취급하여야 한다.

7-1-5 표준갈고리를 갖는 인장 이형철근의 정착

갈고리는, 철근이 콘크리트에 묻힌 직선길이가 정착길이(l_d)보다 작을 때 철근 끝에 사용한다. 철근이 온전한 역할을 하기 위해서는 콘크리트에 묻힌 최소 길이만큼 확보해야 하며, 또한 갈고리의 구부린 부분 직경도 고려해야 한다. 설계기준에서는 표준갈고리를 규정하여 갈고리의 내민길이가 일정한 길이 이상이 되도록 규정하고 있다.

① 주철근의 표준갈고리는 다음 규정을 따라야 한다.

㉠ 90° 표준갈고리 : 구부린 끝에서 $12d_b$ 이상 더 연장해야 한다.

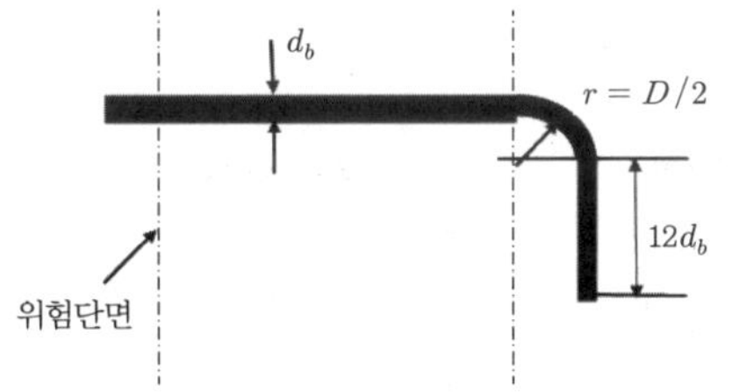

그림 7-2 90° 표준갈고리

㉡ 180° 표준갈고리 : 구부린 반원 끝에서 $4d_b$ 이상 또한 60mm 이상 더 연장해야 한다.

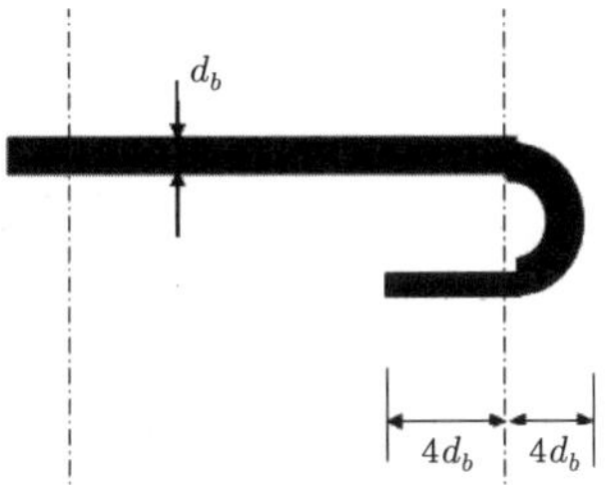

그림 7-3 180° 표준갈고리

㉢ 주철근의 180° 표준갈고리와 90° 표준갈고리의 구부림 최소 내면 반지름은 〈표 7-3〉의 값 이상으로 한다.

〈표 7-3〉 구부림의 최소 내면 반지름

철근 크기	최소 내면 반지름
D10~D25	d_b
D29~D35	$4d_b$
D138 이상	$5d_b$

② 스터럽과 띠철근의 표준갈고리는 90° 표준갈고리와 135° 표준갈고리로 분류되며, 다음과 같다.

㉠ 90° 표준갈고리

a. D16 이하인 철근은 구부린 끝에서 $6d_b$ 이상 더 연장해야 한다.

b. D19, D22 및 D25 철근은 구부린 끝에서 $12d_b$ 이상 더 연장해야 한다.

㉡ 135° 표준갈고리

D25 이하의 철근은 구부린 끝에서 $6d_b$ 이상 더 연장해야 한다.

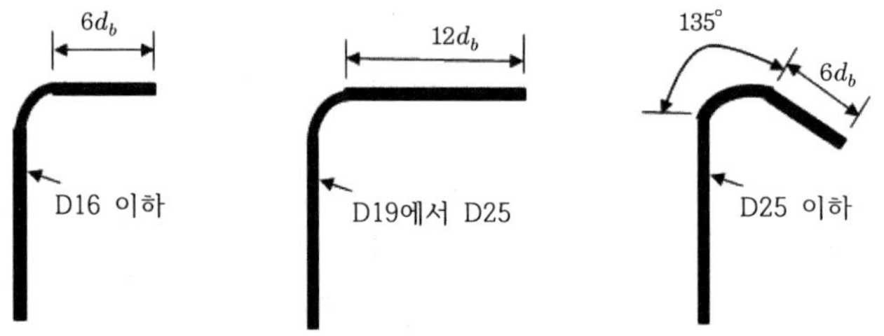

그림 7-4 스터럽과 띠철근의 표준갈고리

갈고리를 갖는 철근의 파괴는 갈고리면에서 콘크리트 피복 쪼개짐이 파괴의 주요 원인이 되고, 이 쪼개짐은 국부응력 집중현상이 매우 높은 갈고리 안쪽에서 시작된다. 갈고리로 연장한 인장철근의 정착은 갈고리 안쪽의 압축응력 크기를 지배하는 철근지름 d_b의 함수이다. 표준갈고리로 연장한 철근에만 적용되며, 표준갈고리보다 큰 내면 반지름을 가지는 철근에 대해서는 규정되어 있지 않다. 보정계수는 철근의 항복강도, 증가된 피복두께, 콘크리트의 쪼개짐에 저항하는 횡방향 띠철근 또는 스터럽의 구속효과 등을 고려하고 있다.

③ 단부에 표준갈고리가 있는 인장 이형철근의 정착길이(l_{dh})는 다음 식 (7-9)의 표준갈고리 기본정착길이(l_{hb})에 적용 가능한 모든 보정계수를 곱해서 구해야 한다. 그러나 이렇게 구한 l_{dh}는 항상 $8d_b$ 이상 또한 150mm 이상이어야 한다.

④ 표준갈고리를 갖는 인장 이형철근의 기본정착길이는 철근의 설계기준 항복강도가 400MPa인 경우 다음 식 (7-9)에 의해 구할 수 있다.

$$l_{hb} = \frac{0.24\,d_b f_y}{\lambda\sqrt{f_{ck}}} \tag{7-9}$$

⑤ 표준갈고리를 갖는 인장 이형철근의 기본정착길이(l_{hb})에 대한 보정계수는 다음과 같다.

㉠ 콘크리트 피복두께 : D35 이하 철근에서 갈고리 평면에 수직방향인 측면 피복두께가 70mm 이상이며, 90° 갈고리에 대해서는 갈고리를 넘어선 부분의 철근 피복두께가 50mm 이상인 경우 ········ 0.7

㉡ 띠철근 또는 스터럽 :

a. D35 이하 90° 갈고리 철근에서 정착길이 l_{dh} 구간을 $3d_b$ 이하 간격으로 띠철근 또는 스터럽이 정착되는 철근을 수직으로 둘러싼 경우, 그리고 갈고리 끝 연장부와 구부림부의 전구간을 $3d_b$ 이하 간격으로 띠철근 또는 스터럽이 정착되는 철근을 평행하게 둘러싼 경우 ········ 0.8

b. D35 이하 180° 갈고리에서 정착길이 l_{dh} 구간을 $3d_b$ 이하 간격으로 띠철근 또는 스터럽이 정착되는 철근을 수직으로 둘러싼 경우 ········ 0.8

㉢ 배치된 철근량이 소요철근량을 초과하는 경우 :

a. 전체 f_y를 발휘하도록 정착을 특별히 요구하지 않는 단면에서 휨철근이 소요철근량 이상 배치된 경우 ········ $\left(\frac{\text{소요 } A_s}{\text{배근 } A_s}\right)$

다만, ㉡의 a., b.에서 첫 번째 띠철근 또는 스터럽은 갈고리 구부러진 부분 바깥면으로부터 $2d_b$ 이내에서 갈고리의 구부러진 부분을 둘러싸야 한다.

⑥ 갈고리는 압축을 받는 경우 철근정착에 유효하지 않는 것으로 보아야 한다.

⑦ 표준갈고리에 의한 정착은 부재의 불연속단에서 갈고리 철근의 양 측면과 상부(또는 하부)의 피복두께가 70mm 미만으로 표준갈고리에 의해 정착되는 경우 전 정착길이 l_{dh} 구간에 $3d_b$ 이하의 간격으로 갈고리 철근이 띠철근이나 스터럽으로 둘러싸여야 한다. 그러나 이 경우에 ㉡의 보정계수 0.8은 적용되지 않는다.

예제 7-2 그림과 같은 캔틸레버 보 상부에 D22 철근이 배근되었을 때, 기둥에 정착되어야 하는 갈고리철근의 정착길이를 구하시오. 상부철근은 D10 스터럽으로 150mm 간격으로 배근되어 있다. 단, $f_{ck}=27\text{MPa}$, $f_y=400\text{MPa}$

풀 이 (1) 90° 구부린 표준갈고리 사용 :

① 90° 구부린 갈고리 정착길이 산정 : $\beta=\lambda=1.0$ (보통콘크리트)

$$l_{dh}=\frac{0.24\beta d_b f_y}{\lambda\sqrt{f_{ck}}}\times(\text{보정계수})$$

② 보정계수 적용 검토 :

D22 철근이며, 갈고리에 수직한 면의 피복두께가 60mm이므로 보정계수 적용은 없다.

③ 정착길이 산정 :

$$l_{dh}=\frac{0.24\beta d_b f_y}{\lambda\sqrt{f_{ck}}}\times(\text{보정계수})=\frac{0.24\times1.0\times22\times400}{1.0\sqrt{27}}$$

$$=407\,\text{mm}\fallingdotseq410\,\text{mm}$$

④ 정착길이 적합성 검토 :

$l_{dh}\geq 8d_b=176\text{mm}$, 적합

$l_{dh}=150\text{mm}$ 이상, 적합

(2) 180° 구부린 표준갈고리 사용 :

① 보정계수가 없으므로 90° 갈고리 정착길이를 그대로 적용한다.

$l_{dh}=410\text{mm}$

② 갈고리 길이 산정 :

$l_{dh}\geq 4d_b=88\text{mm}$ 또는 60mm 이상, 적합

③ 정착길이 상세도 :

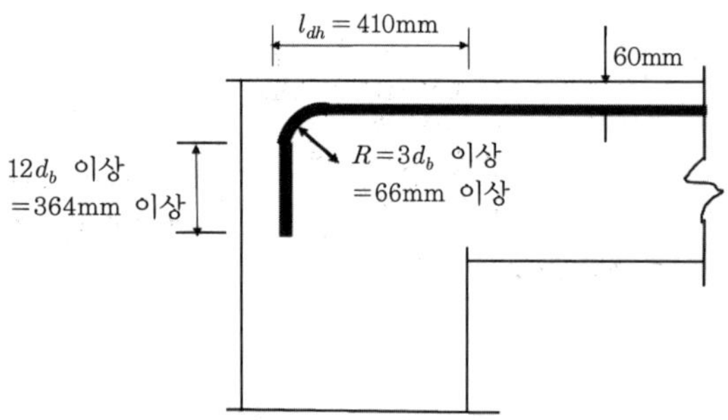

(90° 표준갈고리)

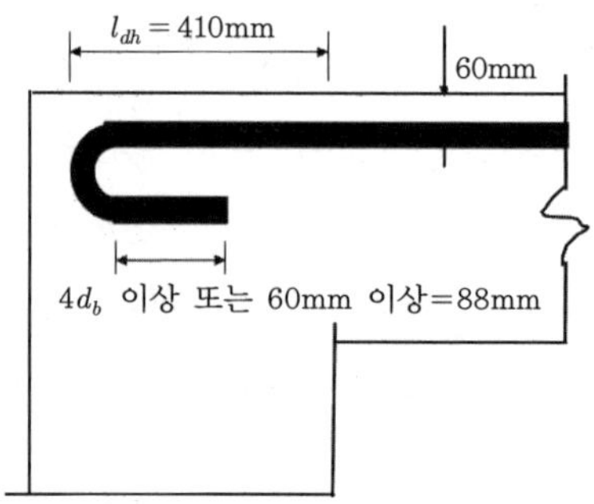

(180° 표준갈고리)

7-1-6 확대머리 이형철근 및 기계적 인장정착

확대머리 이형철근과 기계적 정착에 의한 이형철근의 정착은 다음과 같이 규정되어 있다.

① 확대머리 이형철근의 인장에 대한 정착길이는 다음 식 (7-10)과 같이 구할 수 있다.

$$l_{dt} = 0.19\frac{\beta f_y d_b}{\sqrt{f_{ck}}} \tag{7-10}$$

여기서, β는 에폭시 도막철근 1.2, 다른 경우 1.0이며, 정착길이 $8d_b$, 또한 150mm 이상이어야 한다.

한편 식 (7-9)를 적용하기 위해서는 다음 조건을 만족시켜야 한다.

㉠ 철근의 설계기준 항복강도는 400MPa 이하이어야 한다.

㉡ 콘크리트의 압축강도는 40MPa 이하이어야 한다.

㉢ 철근의 지름은 35mm 이하이어야 한다.

㉣ 보통 중량콘크리트를 사용한다. 경량콘크리트에 적용 불가하다.

㉤ 확대머리의 순지압면적(A_{brg})은 $4A_b$ 이상이어야 한다.

㉥ 순피복두께는 $2d_b$ 이상이어야 한다.

㉦ 철근 순간격은 $4d_b$ 이상이어야 한다. 다만, 상하 기둥이 있는 보-기둥 접합부의 보 주철근으로 사용되는 경우 접합부의 횡보강철근이 0.3% 이상이고, 확대머리의 뒷면이 횡보강철근 바깥면부터 50mm 이내에 위치하면 철근 순간격은 $2.5d_b$ 이상으로 할 수 있다.

② 확대머리 이형철근은 압축을 받는 경우에 유효하지 않다.

③ 철근의 설계기준 항복강도가 발휘될 수 있는 어떠한 기계적 정착장치도 정착 방법으로 사용할 수 있다. 철근의 정착은 기계적 정착장치와 철근의 최대 응력점과 기계적 정착장치 사이의 매입길이 조합으로 이루어질 수 있다.

7-2 정착철근의 상세

7-2-1 휨철근의 정착 일반

① 휨부재에서 최대 응력점과 경간 내의 인장철근이 끝나거나 철근이 굽힌 위험단면에서 철근의 정착에 대한 안전을 검토해야 한다. 이때 ③과 ④의 정착 규정도 만족해야 한다.

② 휨철근은 휨에 저항하는데 더 이상 철근이 필요하지 않는 점에서 부재의 유효깊이 d 또는 $12d_b$ 이상 더 연장되어야 한다. 다만, 단순경간의 받침부와 캔틸레버의 자유단에서 이 규정은 적용되지 않는다.

③ 연속철근은 굽힘되거나 절단된 인장철근이 휨을 저항하는데 더 이상 필요하지 않는 점에서 정착길이(l_d) 이상의 묻힘길이를 확보해야 한다.

④ 인장철근을 구부려서 복부를 지나 정착하거나 부재의 반대측에 있는 철근쪽으로 연속하여 정착한다.

⑤ 철근응력이 직접적으로 휨모멘트에 비례하지 않는 휨부재의 인장철근은 적절한 정착이 마련되어야 한다. 이와 같은 부재는 경사형, 계단형 또는 변단면 기초판, 브래킷, 깊은 휨부재, 인장철근이 압축면에 평행하지 않는 부재들이다. 깊은 휨부재에 대해서는 7-2-2⑤와 7-2-3④에 따라야 한다.

⑥ 휨철근은 다음 조건 중 하나를 만족하지 않는 한 인장구역에서 절단할 수 없으며, 원칙적으로 전체 철근량의 50%를 초과하여 한 단면에서 절단하지 않아야 한다.

㉠ 절단점에서 V_u가 $\frac{2}{3}\Phi V_n$을 초과하지 않는 경우

㉡ 절단점에서 부재 유효깊이의 3/4 구간에 절단된 철근 또는 철선을 따라 전단과 비틀림에 대해 필요한 양을 초과하는 스터럽이 배근되어 있는 경우로 이때 초과되는 스터럽의 단면적 A_v는 $0.42 b_w s / f_y$ 이상이어야 하고, 간격 s는 $d/(8\beta_b)$ 이내이어야 한다.

㉢ D35 이하의 철근에서 연속철근이 절단점에서 휨에 필요한 철근량의 2배 이상 배근되어 있고, V_u가 $0.75\Phi V_n$을 초과하지 않는 경우

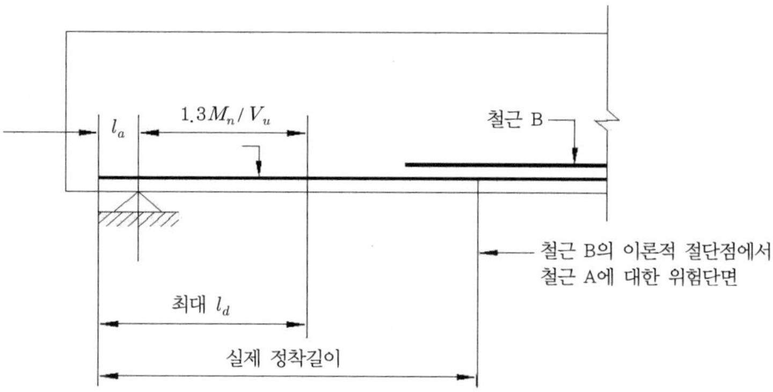

그림 7-5 단순보의 정착길이 제한 규정

7-2-2 정모멘트 철근의 정착

① 단순부재에서 정모멘트 철근의 1/3 이상, 연속부재에서 정모멘트 철근의 1/4 이상을 부재의 같은 면을 따라 받침부까지 연장해야 한다. 보의 경우는 이러한 철근을 받침부 내로 150mm 연장해야 한다.

② 휨부재가 횡하중을 지지하는 주구조물의 일부일 때 7-2-2①에 따라 받침부 내로 연장되어야 할 정모멘트 철근은 받침부의 전면에서 설계기준 항복강도 f_y를 발휘할 수 있도록 정착되어야 한다.

③ 단순받침부와 변곡점의 정모멘트 철근은 인장 이형철근 및 이형철선의 정착에 따라 f_y에 대하여 계산된 정착길이(l_d)가 다음 식 (7-11)을 만족토록 철근지름을 제한해야 한다.

$$l_d \leqq \frac{M_n}{V_u} \tag{7-11}$$

여기서, M_n / V_u의 값은 철근의 끝 부분이 압축 반력으로 눌려서 구속을 받는 경우 30% 증가시킬 수 있다.

④ 단순받침부의 중심선을 지나 절단되는 철근에서 표준갈고리 또는 적어도 표준갈고리에 등가되는 기계적 정착에 의해 정착되는 경우 식 (7-11)을 만족시키지 않아도 되며, 직선철근으로 정착하는 경우 다음 식 (7-12)를 만족시켜야 한다.

$$\frac{V_u - 0.5\Phi V_s}{M_n} \leq \frac{l_a}{l_d jd} \tag{7-12}$$

⑤ 깊은 보의 단순받침부에서 정모멘트 철근은 받침부 전면에서 f_y를 발휘할 수 있도록 정착해야 한다. 예외로 스트럿-타이 모델에 따라 설계하는 경우에 정모멘트 철근은 스트럿-타이 모델에서 규정하고 있는 정착 규정에 따라 정착한다. 또한 깊은 보의

내부 받침부에서 정철근은 연속되거나 인접경간의 정철근과 이어져야 한다.

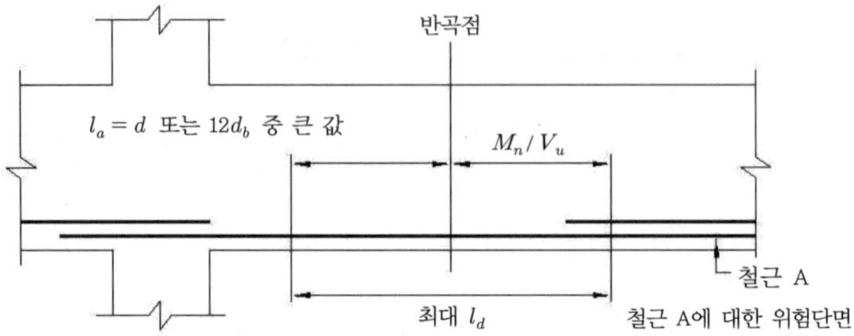

그림 7-6 변곡점의 정모멘트 철근 정착길이 제한 규정

7-2-3 부모멘트 철근의 정착

① 연속되거나 구속된 부재, 캔틸레버 부재 또는 강결된 골조의 어느 부재에서나 부모멘트 철근은 묻힘길이, 갈고리 또는 기계적 정착에 의하여 받침부 내에 정착되거나 받침부를 지나서 정착되어야 한다.

② 부모멘트 철근은 7-1-1①과 7-2-1②에 의한 소요 묻힘길이가 경간 내에 확보되어야 한다.

③ 받침부에서 부모멘트에 대해 배근된 전체 인장철근량의 1/3 이상은 변곡점을 지나 부재의 유효깊이 $12d_b$ 또는 순경간의 1/16 중 제일 큰 값 이상의 묻힘길이가 확보되어야 한다.

④ 깊은 휨부재의 내부 받침부에서 부모멘트 철근은 인접경간의 부모멘트 철근과 연속되어야 한다.

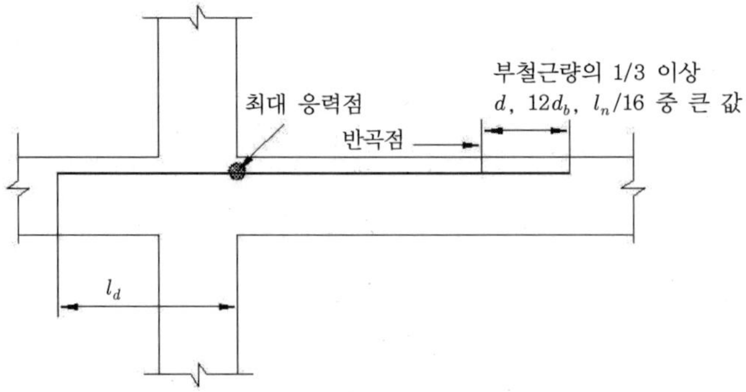

그림 7-7 연속보의 부모멘트 철근 정착

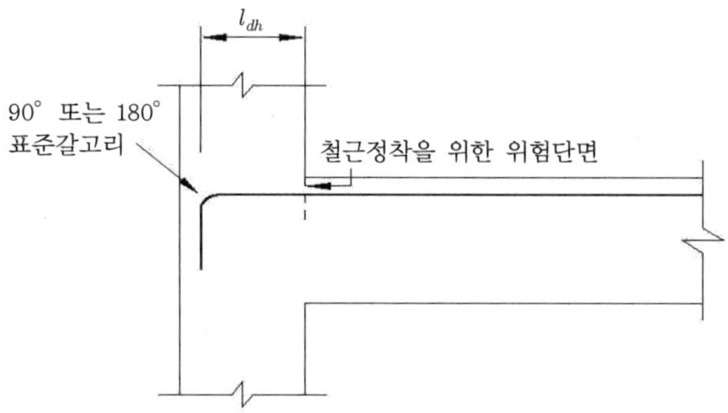

그림 7-8 외부 기둥에서의 표준갈고리 정착

7-2-4 복부철근의 정착

① 복부철근은 피복두께의 요구조건과 다른 철근의 간격이 허용하는 한 부재의 압축면과 인장면 가까이까지 연장되어야 한다.

② 한 가닥 U형 또는 복U형 스터럽의 단부는 다음 중 한 가지 방법에 의해 정착되어야 한다.

㉠ D16 이하의 철근 또는 지름 16mm 이하의 철선으로 길이방향 철근을 둘러싸는 표준갈고리로 정착하여야 한다.

㉡ f_y가 300MPa 이상인 D19, D22 및 D25 스터럽은 길이방향 철근을 둘러싸는 표준갈고리 외에 추가로 부재의 중간 깊이에서 갈고리 단부의 바깥까지에 $\dfrac{0.17 d_b f_y}{\sqrt{f_{ck}}}$ 이상의 묻힘길이를 확보하여 정착시킨다.

㉢ U형 스터럽을 구성하는 용접원형철망의 각 가닥은 다음의 a. 또는 b.의 방법으로 정착해야 한다.

a. U형 스터럽의 가닥 상부에 50mm 간격으로 2개의 종방향 철선을 배치해야 한다.

b. 길이방향 철선 하나는 압축면에서 $d/4$ 이하에 배치하고, 두 번째 길이 방향 철선은 첫 번째 철선으로부터 50mm 이상의 간격으로 압축면에 가까이 배치한다. 이때 두 번째 길이방향 철선은 굴곡부 바깥에 두거나 굴곡부 내면 지름이 $8d_b$ 이상인 경우는 굴곡부 상에 둘 수 있다.

㉣ 용접원형 또는 이형철망 한 가닥 스터럽에서 각 단부의 정착은 2개의 길이방향 철선을 50mm 이상 떨어지게 배치하되, 안쪽의 철선은 부재의 중간깊이 $d/2$에서 $d/4$ 또는 50mm 중 큰 값 이상 떨어지게 배치한다. 이때 인장면에 가장 가까이 배치된 길이방향 철선은 인장면에 가장 가까이 배근된 휨 주철근보다 인장면에서 더 멀리 배치되지 않아야 한다.

㉤ 장선구조의 조건에 따라 D13 이하 철근 또는 지름 13mm 이하의 철선스터럽인 경우 표준갈고리를 두어야 한다.

③ U형 또는 복U형 스터럽의 양 정착단 사이의 연속구간 내의 굽힌 부분은 종방향 철근을 둘러싸야 한다.

④ 전단철근으로 사용하기 위해 굽힌 종방향 주철근이 인장구역으로 연장되는 경우에 종방향 주철근과 연속되어야 하고, 압축구역으로 연장되는 경우는 식 $V_s = A_v f_{yt} \sin\alpha \le 0.25\sqrt{f_{ck}}\, b_w d$ 식 (6-17)을 만족시키는 응력 f_{yt}를 사용하여 부재의 중간 깊이 $d/2$를 지나서 7-1-2의 규정에 따라 계산된 정착길이 만큼을 확보해야 한다.

⑤ 폐쇄형으로 배근된 한 쌍의 U형 스터럽 또는 띠철근은 겹침이음길이 $1.3l_d$ 이상일 때 적절하게 이어진 것으로 볼 수 있다. 깊이 450mm 이상인 부재에서 스터럽의 가닥들이 부재의 전깊이까지 연장된다면 폐쇄 스터럽의 이음이 적절한 것으로 볼 수 있다. 이때 한 가닥의 이음부에서 발휘하는 인장력 $A_b f_y$는 40kN 이하이어야 한다. 여기서 A_b는 철근 1개의 단면적이다.

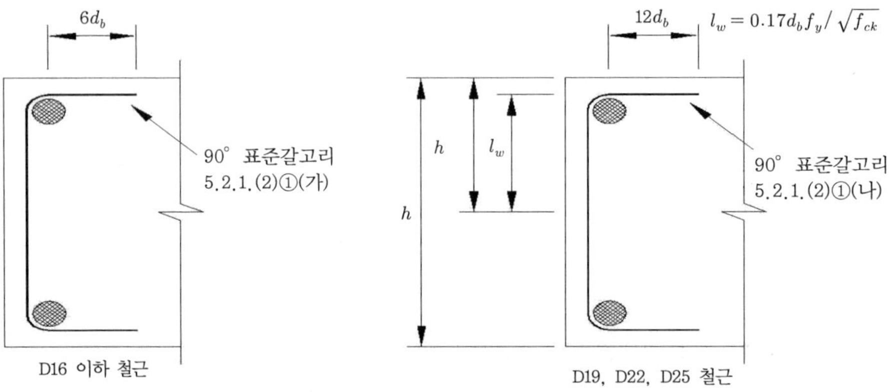

그림 7-9 이형철근의 U형 스터럽에 대한 90° 표준갈고리 정착

〈표 7-4〉 U형 복부철근의 정착길이(f_y=400MPa인 경우)

f_{ck} (MPa)	$\frac{l_w}{d_b}$	$l_w = 0.17 d_b f_y \sqrt{f_{ck}}$ (mm)		
		D19	D22	D25
21	14.84	290	330	380
24	13.88	270	310	350
27	13.09	250	290	330
30	12.42	240	280	310
35	11.49	220	260	290
40	10.75	210	240	270
45	10.14	200	230	260
50	9.62	190	220	250

예제 7-3 그림과 같은 단순지지를 받는 보의 단면에 D10 철근으로 스터럽이 150mm로 배근되어 있을 때, 보통콘크리트보 단면의 정착길이를 구하시오. 단, f_{ck} = 24MPa, f_y = 400MPa

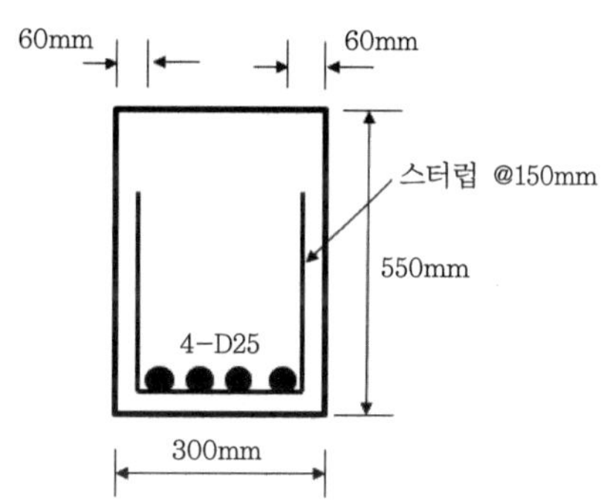

풀 이 (1) 정산식에 의한 정착길이 산정 :

① d_b= 25mm

순피복두께 : $(60-12.5-10)=37.5\text{mm}$

철근의 순간격 : $\dfrac{300-(2\times40)-(2\times10)-(4\times25)}{3}=33.33\text{mm}$

② 철근의 정착길이 산정 : $l_d = \dfrac{0.9 d_b f_y}{\lambda\sqrt{f_{ck}}} \times \dfrac{\alpha\beta\gamma}{\dfrac{c_b+K_{tr}}{d_b}}$

③ λ=경량골재 콘크리트계수(=1.0-보통콘크리트), α=철근 위치계수(=1.0), β=철근 도막계수(=1.0), γ=철근 크기 계수(=1.0)

④ c_b=철근의 중심에서 최단 표면까지의 거리와 철근 중심간 거리의 1/2 중에서 작은 값=철근 중심간 거리의 1/2=(12.5+33+12.5)/2=29mm

⑤ 횡방향 철근지수 산정 : $K_{tr} = \dfrac{40A_{tr}}{s\times n} = \dfrac{40\times(2\times71.3)}{150\times2} = 19.0\text{mm}$

⑥ $\dfrac{c_b + K_{tr}}{d_b} = \dfrac{29+19}{25} = 1.92 \le 2.5$ 만족한다.

⑦ 정착길이 산정 :

$$l_d = \frac{0.9 d_b f_y}{\lambda \sqrt{f_{ck}}} \times \frac{\alpha \beta \gamma}{\dfrac{c_b + K_{tr}}{d_b}} = \frac{0.9 \times 25 \times 400}{1.0 \times \sqrt{21}} \times \frac{1}{1.92}$$

$$= 1{,}023\,\mathrm{mm} \fallingdotseq 1{,}050\,\mathrm{mm}$$

따라서 정착길이 최소 기준 300mm 이상이므로 만족한다.

(2) 약산 식(simplified approach)에 의한 정착길이 산정 :

① 약산 식에 의한 정착길이 :

$$l_d = \frac{0.6 d_b f_y}{\lambda \sqrt{f_{ck}}} \times \alpha\beta = \frac{0.6 \times 25 \times 400}{1.0 \times \sqrt{21}} \times 1.0 \times 1.0 = 1{,}309\mathrm{mm}$$

② (소요철근량/배근철근량) 비에 따른 보정계수 산정 :

소요철근비 산정 : $\rho = 0.85\rho_{\max} = (0.85 \times 0.0142) = 0.01207$

$\text{소요철근량} = \rho \times bd = 0.01207 \times 300 \times 490 = 1{,}755\mathrm{mm}^2$

$$\frac{\text{소요철근량}}{\text{배근철근량}} = \frac{1{,}755}{4 \times 507} = 0.865$$

③ 정착길이 산정 :

$l_d = 1{,}309 \times 0.865 = 1{,}132\mathrm{mm} \fallingdotseq 1{,}150\mathrm{mm} \ge 300\mathrm{mm}$ 이상

④ 비교 검토 : 약산 식을 이용하여 얻어진 정착길이가 정산 식에 의한 길이보다 약 9.5% 정도 차이나므로 두 개의 식에 의한 정착길이 산정 모두 만족함을 알 수 있었다.

7-3 철근의 이음

7-3-1 일반사항

철근의 길이는 철근의 직경, 운반장비 및 기타 조건에 따라 결정되며, 철근의 길이가 짧은 경우에는 철근과 철근 사이에 충분한 힘(응력)을 전달하기 위해 필요한 만큼의 겹침이음이 필요하다. 또한 하나의 기본적인 겹침이음 끝 부분에서 발생하는 응력은 0이 되며, 반면에 콘

크리트에 묻힌 이음길이 l_d는 충분한 철근의 항복응력 f_y를 발생시킬 수 있어야 한다. 겹침이음된 인장 또는 압축철근의 연속성을 확보하기 위해 겹침이음(lap splice)길이(l_d)에 대한 최소값을 두어야 한다. 충분한 이음길이가 제공되지 않으면 콘크리트의 박리(spalling)와 인장균열(splitting)이 발생한다.

① 철근은 설계도 또는 시방서에서 요구하거나 허용한 경우 책임기술자의 승인 하에서만 이음할 수 있다.

② 겹침이음은 다음 규정에 따라야 한다.

㉠ D35를 초과하는 철근은 겹침이음할 수 없다. 다만, 서로 다른 크기의 철근을 압축부에서 겹침이음하는 경우와 말뚝에 지지되는 기초판에는 이 규정이 적용되지 않는다.

㉡ 다발철근의 겹침이음은 다발 내의 개개 철근에 대한 겹침이음길이를 기본으로 하여 결정되어야 하며, 각 철근은 7-1-4에 따라 겹침이음길이를 증가시켜야 한다. 그러나 한 다발 내에 각 철근의 이음은 한 군데에서 중복하지 않아야 한다. 또한 두 다발 철근을 개개 철근처럼 겹침이음하지 않아야 한다.

㉢ 휨부재에서 서로 직접 접촉되지 않게 겹침이음된 철근은 횡방향으로 소요 겹침이음길이의 1/5 또는 150mm 중 작은 값 이상 떨어지지 않아야 한다.

③ 용접이음과 기계적 연결은 다음의 규정에 따라야 한다.

㉠ 용접이음은 철근의 설계기준 항복강도 f_y의 125% 이상을 발휘할 수 있는 완전용접이어야 한다.

㉡ 기계적 연결은 철근의 설계기준 항복강도 f_y의 125% 이상을 발휘할 수 있는 완전기계적 연결이어야 한다.

㉢ ㉠ 또는 ㉡의 요구조건을 만족시키지 않는 용접이음이나 기계적 연결은 7-3-2④를 만족시켜야 하며, D16 이하의 철근에만 허용된다.

7-3-2 인장 이형철근 및 이형철선의 이음

① 인장을 받는 이형철근 및 이형철선의 겹침이음길이는 A급, B급으로 분류하며, 다음 값 이상으로 하여야 한다. 그러나 300mm 이상이어야 한다.

㉠ A급 이음 : $1.0l_d$

㉡ B급 이음 : $1.3l_d$

여기서, l_d는 7-1-2에 따라 계산된 인장 이형철근의 정착길이이다. 이때 7-1-2①에 규정된 300mm 최소값과 7-1-2⑤의 보정계수도 적용하지 않는다.

② 겹침이음에서 A급 이음과 B급 이음은 다음과 같이 분류한다.

㉠ A급 이음 : 배근된 철근량이 이음부 전체 구간에서 해석 결과 요구되는 소요 철근량의 2배 이상이고, 소요 겹침이음길이 내에 겹침이음된 철근량이 전체 철근량의 1/2 이하인 경우

㉡ B급 이음 : ㉠에 해당되지 않은 경우

③ 서로 다른 크기의 철근을 인장 겹침이음하는 경우 이음길이는 크기가 큰 철근의 정착길이와 크기가 작은 철근의 겹침이음길이 중 큰 값 이상이어야 한다.

④ 이음부에 배근된 철근량이 해석결과 요구되는 소요 철근량의 2배 미만인 경우에 7-3-1③㉠ 또는 ㉡의 요구조건을 만족해야 한다.

⑤ 7-3-1③㉠ 또는 ㉡을 만족하지 않더라도 이음부에 배근된 철근량이 해석결과 요구되는 소요 철근량의 2배 이상이고, 다음의 ㉠과 ㉡의 요구조건을 따르는 경우 D16 이하의 철근에 대해 용접이음 또는 기계적 연결에 의한 이음을 허용한다.

㉠ 각 철근의 이음부는 서로 600mm 이상 엇갈려야 하고, 이음부에서 계산된 인장응력의 2배 이상을 발휘할 수 있도록 이어져야 한다. 또한 배근된 전체 철근이 140MPa 이상의 응력을 발휘할 수 있어야 한다.

㉡ 각 단면에서 발휘하는 인장력을 계산할 때 이어진 철근은 규정된 이음강도를 발휘하는 것으로 보아야 한다. 이어지지 않은 연속철근의 인장응력은 실제로 짧게 배근된 정착길이와 설계기준 항복강도 f_y를 발휘할 수 있도록 계산된 정착길이 l_d와의 비를 f_y에 곱하여 사용하여야 한다.

⑥ 인장부재의 철근이음은 7-3-1③㉠ 또는 ㉡에 따라 완전용접이나 기계적 연결로 이루어져야 한다. 이때 인접철근의 이음은 750mm 이상 떨어져서 서로 엇갈려야 한다.

〈표 7-5〉 인장겹침이음의 분류

$\dfrac{\text{배근 } A_s}{\text{소요 } A_s}$	소요 겹침이음길이 내의 이음된 철근 A_s의 최대(%)	
	≦ 50%	< 50%
≧ 2	A급	A급
< 2	B급	B급

7-3-3 압축 이형철근의 이음

① 압축철근의 겹침 이음길이는 다음 식 (7-13)과 같이 구할 수 있다.

$$l_s = \left(\frac{1.4 f_y}{\lambda\sqrt{f_{ck}}} - 52\right) d_b \tag{7-13}$$

여기서, 겹침이음길이는 f_y가 400MPa 이하인 경우는 $0.072f_yd_b$ 이상, f_y가 400MPa를 초과할 경우는 $(0.13f_y-24)d_b$ 이상이어야 하고, 어느 경우나 300mm 이상이어야 한다. 이때 콘크리트의 설계기준 강도가 21MPa 미만인 경우는 겹침이음길이를 1/3 증가시켜야 한다. 또한 압축철근의 겹침이음길이는 인장철근의 겹침이음길이보다 길 필요는 없다.

② 서로 다른 크기의 철근을 압축부에서 겹침이음하는 경우 이음길이는 크기가 큰 철근의 정착길이와 크기가 작은 철근의 겹침이음길이 중 큰 값 이상이어야 한다. 이때 D41과 D51 철근은 D35 이하 철근과의 겹침이음이 허용된다.

③ 압축부에서 사용하는 용접이음과 기계적 연결은 7-3-1③㉠과 ㉡의 요구조건을 만족시켜야 한다.

④ 철근이 압축력만 받을 경우 철근과 직각으로 절단된 철근의 양 끝을 적절한 장치에 의해 중심이 잘 맞도록 접촉시킴으로써 압축응력을 직접 지압에 전달할 수 있다.

⑤ 철근의 양 단부는 철근축의 직각면에 1.5° 이내의 오차를 갖는 평탄한 면이 되어야 하고, 조립 후 지압면의 오차는 3° 이내이어야 한다.

⑥ 단부 지압이음은 폐쇄 띠철근, 폐쇄 스터럽 또는 나선철근을 배치한 압축부재에서만 사용하여야 한다.

7-4 기둥철근 이음에 관한 특별규정

① 겹침이음, 맞댐용접이음, 기계적 연결 또는 단부 지압이음은 7-4②에서 ⑥까지의 제한 조건에 따라 사용되어야 한다. 이와 같은 철근이음은 기둥의 모든 하중조합에 대한 요구조건을 만족시켜야 한다.

② 계수하중에 의해 철근이 압축응력을 받는 경우 겹침이음은 7-3-3①과 ②에 따라야 하며 해당되는 경우에 다음의 ㉠과 ㉡에도 따라야 한다.

㉠ 띠철근 압축부재의 경우 겹침이음길이 전체에 걸쳐서 띠철근이 $0.0015hs$ 이상의 유효단면적을 갖는다면 겹침이음길이에 계수 0.83을 곱할 수 있다. 그러나 겹침이음길이는 300mm 이상이어야 한다. 여기서 유효단면적은 부재의 치수 h에 수직한 띠철근 가닥의 전체 단면적이다.

㉡ 나선철근 압축부재의 경우 나선철근으로 둘러싸인 축방향 철근의 겹침이음길이에 계수 0.75를 곱할 수 있다. 그러나 겹침이음길이는 300mm 이상이어야 한다.

③ 계수하중이 작용할 때 철근이 $0.5f_y$ 이하의 인장응력을 받고 어느 한 단면에서 전체 철근의 1/2을 초과하는 철근이 겹침이음되면 B급 이음으로, 전체 철근의 1/2 이하가 겹침이음되고 그 겹침이음이 교대로 l_d 이상 서로 엇갈려 있으면 A급 이음으로 해야 한다.

④ 계수하중이 작용할 때 철근이 $0.5f_y$보다 큰 인장응력을 받는 경우 겹침이음은 B급 이음으로 하여야 한다.

⑤ 기둥철근의 용접이음이나 기계적 연결은 7-3-1③의 ㉠과 ㉡의 요구조건을 만족시켜야 한다.

⑥ 7-3-3④와 ⑤에 따른 단부 지압이음은 이음이 서로 엇갈려 있거나 이음 위치에서 추가 철근이 배근된 경우 압축할 수 있다. 기둥 각 면에 배근된 연속철근은 그 면에 배근된 수직철근량에 설계기준 항복강도 f_y의 25%를 곱한 값 이상의 인장강도를 가져야 한다.

예제 7-4 다음 그림과 같은 보단면에 대하여 인장철근 D22의 정착길이를 계산하시오. 단, $f_{ck}=24\text{MPa}$, $f_y=400\text{MPa}$, 최소 피복두께 40mm, 스터럽 D10-@150이다.

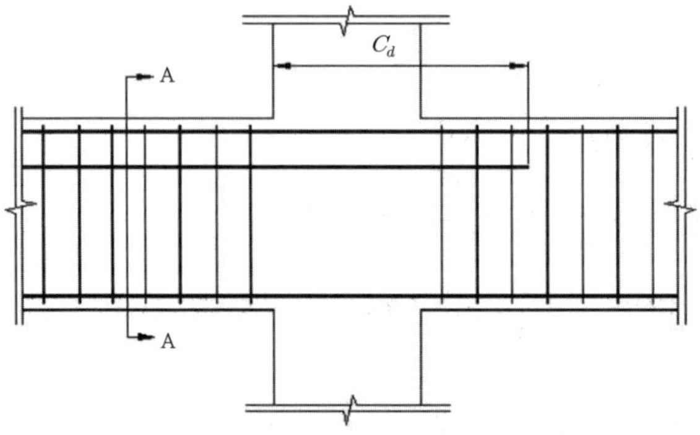

(입면도)

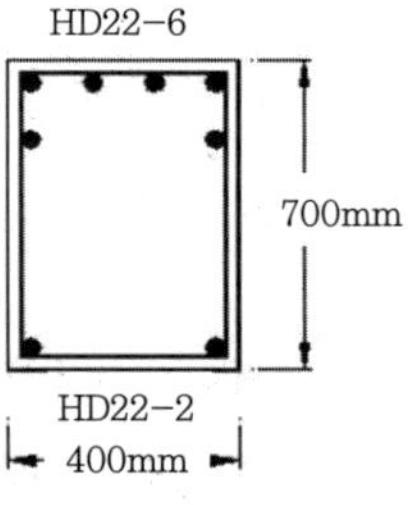

(단면 A)

풀 이 (1) 상세한 계산을 하지 않는 경우의 정착길이 산정 :

① 기본 정착길이 산정 :

$$l_{db}=\frac{0.6d_bf_y}{\lambda\sqrt{f_{ck}}}=\frac{0.6\times22\times400}{1.0\times\sqrt{24}}=1{,}078\text{mm}$$

② 정착철근의 순간격 산정 :

$$S_s=\frac{[400-2\times(\text{최소 피복두께})-2\times(\text{D10스터럽})-4\times\text{D22}]}{3}$$

$$= \frac{[400-(2\times40)-(2\times10)-(4\times22)]}{3} = 70.7\text{mm}$$

$$= 3.21d_b > d_b(= 22\text{mm})$$

③ 보정계수를 고려한 정착길이 산정 : D22 이상 철근 사용

㉮ 보정계수 $= \alpha\beta$을 적용하고,

㉯ 철근배근 위치계수 : $\alpha = 1.3$(상부철근)

㉰ 에폭시 도막계수 : $\beta = 1.0$

㉱ 경량콘크리트계수 : $\lambda = 1.0$(일반콘크리트)

㉲ 정착길이 : $l_d = (\alpha\beta)\,l_{db} = (1.3\times1.0)\times1{,}078\text{mm}$

$$= 1{,}401\text{mm} > 300\text{mm} = 63.69d_0 \quad \therefore \text{OK}$$

(2) 상세한 계산에 의한 정착길이 산정 :

① 정착길이 일반식 : $l_d = \dfrac{0.90d_bf_y}{\sqrt{f_{ck}}}\dfrac{\alpha\beta\gamma}{\left(\dfrac{c+K_{tr}}{d_b}\right)}$

여기서, 철근배근 위치계수 : $\alpha = 1.3$, 에폭시 도막계수 : $\beta = 1.0$, 철근의 크기계수 : $\gamma = 1.0$

② $\dfrac{c+K_{tr}}{d_b}$의 계산에서 K_{tr}을 0으로 할 경우

㉮ 철근의 중심에서 표면까지 거리 $= 40+10+\dfrac{22}{2} = 60\text{mm}$

㉯ (철근의 중심간 거리)/2 $= \dfrac{(70.67+22)}{2} = 46.34\text{mm}$

따라서 c값은 작은 값으로 하므로 $c = 46.34\text{mm}$이다.

$$\therefore \frac{c+K_{tr}}{d_b} = \frac{46.34+0}{22} = 2.11 < 2.5 \quad \text{OK}$$

③ 정착길이 산정 :

$$l_d = \frac{0.90\times22\times400}{\sqrt{24}}\times\frac{1.3\times1\times1}{2.11} = 996\text{mm} > 300\text{mm}$$

그러므로 정착길이는 기준에서 요구하는 최소 길이 300mm 이상이다.

(3) D10@150 스터럽을 고려한 정착길이 산정 :

① $K_{tr} = \dfrac{40A_{tr}}{s\,n} = \dfrac{40\times(2\times71)}{150\times4} = 9.47$

② $\dfrac{c+K_{tr}}{d_b} = \dfrac{46.34+9.47}{22} = 2.54 > 2.5$, 그러므로 2.5를 사용한다.

③ 정착길이 산정 :

$$l_d = \frac{0.90 \times 22 \times 400}{\sqrt{24}} \times \frac{1.3 \times 1 \times 1}{2.5} = 841\text{mm}$$

$$= 38.2d_b > 300\text{mm} \quad \text{OK}$$

(4) 정착길이에 대한 검토 :

첫 번째 근사식을 이용하여 얻는 방법은 단순해서 사용하기 편리하고, 두 번째 식을 이용하여 얻는 방법은 다소 복잡하지만 정착길이를 줄일 수 있어서 단순식을 이용하는 경우보다 경제적이다.

예제 7-5 다음 그림과 같이 슬래브 상단 인장철근이 D13-@200일 때 정착길이를 구하시오. 다만, $f_{ck}=24\text{MPa}$, $f_y=400\text{MPa}$이다. 최소 피복두께는 20mm이다.

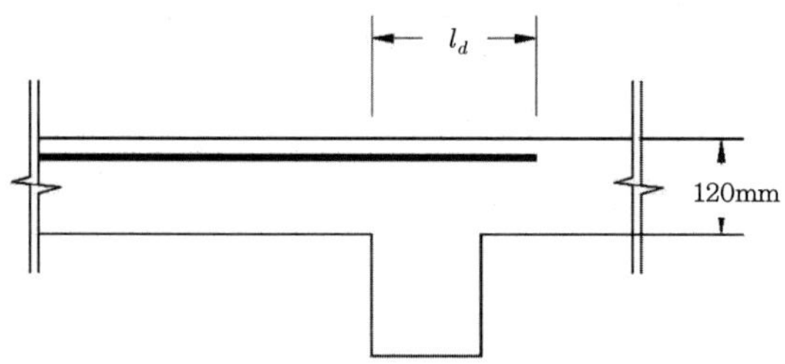

슬래브 설계에서 인접한 슬래브의 배근간격이 다를 경우 위의 그림과 같이 철근을 정착하게 된다.

풀 이 (1) 상세한 계산을 하지 않는 경우의 정착길이 산정 :

① 기본 정착길이 산정 :

$$l_{db} = \frac{0.6 d_b f_y}{\lambda\sqrt{f_{ck}}} = \frac{0.6 \times 13 \times 400}{1.0 \times \sqrt{24}} = 637\text{mm} = 49d_b$$

② 정착 철근의 순간격 산정 :

$S_s = 120 - 13\text{mm} = 107\text{mm} = 8.23d_b > 2d_b$

피복두께 : $20\text{mm} = 1.54d_b > d_b$

③ 보정계수 산정 : 순간격 $> 2d_b$이고, 피복두께가 d_b 이상이며, D19 이상 철근 사용

㉮ 보정계수 : $0.8\alpha\beta$을 적용하고,

㉯ 철근배근 위치계수 : $\alpha=1.0$(슬래브 두께가 120mm 이상)

㉰ 에폭시 도막계수 : $\beta=1.0$

㉣ 정착길이 : $l_d = (0.8\alpha\beta)\,l_{db} = (0.8 \times 1.0 \times 1.0) \times 637\text{mm}$

$= 510\text{mm} > 300\text{mm} = 40d_b$ OK

(2) 상세한 계산에 의한 정착길이 산정 :

① 정착길이 일반식 : $l_d = \dfrac{0.90 d_b f_y}{\sqrt{f_{ck}}} \dfrac{\alpha\beta\gamma}{\left(\dfrac{c+K_{tr}}{d_b}\right)}$

여기서, 철근배근 위치계수 : $\alpha = 1.0$, 에폭시 도막계수 : $\beta = 1.0$, 철근의 크기계수 : $\gamma = 0.8$(D19 이하 철근)

② $\dfrac{c+K_{tr}}{d_b}$ 의 계산에서 K_{tr}을 0으로 할 경우

㉮ 철근의 중심에서 표면까지의 거리 $= 20 + \dfrac{13}{2} = 26.5\text{mm}$

㉯ (철근의 중심간 거리)/2 $= \dfrac{(200)}{2} = 100\text{mm}$

따라서 c값은 작은 값으로 하므로 $c = 26.5\text{mm}$이다.

$\therefore \dfrac{c+K_{tr}}{d_b} = \dfrac{26.5+0}{13} = 2.04 < 2.5$

③ 정착길이 산정 :

$l_d = \dfrac{0.90 \times 13 \times 400}{\sqrt{24}} \times \dfrac{0.8 \times 1 \times 1}{2.04} = 375\text{mm} > 300\text{mm}$ OK

(3) 정착길이 검토 :

철근간격이 슬래브와 같이 넓은 경우 두 번째 방법에 의한 정착길이가 더 경제적이며, 계산도 간편하고 정착길이도 감소한다.

예제 7-6 그림과 같이 D10 또는 D13이 90° 표준갈고리로 벽체나 보에 인장정착될 경우 인장정착 길이를 구하시오.
단, $f_{ck} = 24\text{MPa}$, $f_y = 400\text{MPa}$, 피복두께는 20mm이다.

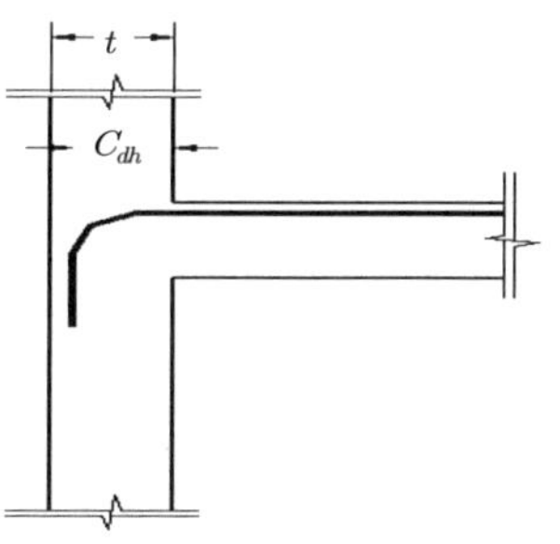

풀 이 (1) 표준갈고리를 가지는 인장철근의 기본 정착길이 산정 :

$$l_{hb} = \frac{0.24\beta\, d_b f_y}{\lambda\sqrt{f_{ck}}} = \frac{0.24 \times 1.0 \times d_b \times 400}{1 \times \sqrt{24}} = 19.6 d_b$$

(2) 정착길이 산정 : 피복두께 20mm<50mm일 때, $l_d = l_{hb}$

① D10을 사용 할 때 :

$l_d = 1.0\,l_{hb} = 1.0 \times (19.6 \times 10) = 196\text{mm} > 8\,d_b$ 또는 150mm

② D13을 사용 할 때 :

$l_d = 1.0\,l_{hb} = 1.0 \times (19.6 \times 13) = 255\text{mm} > 8d_b$ 또는 150mm

예제 7-7 다음 그림과 같은 사각형 기둥의 겹침이음길이를 구하시오.

단, $f_{ck} = 27\text{MPa}$, $f_y = 400\text{MPa}$

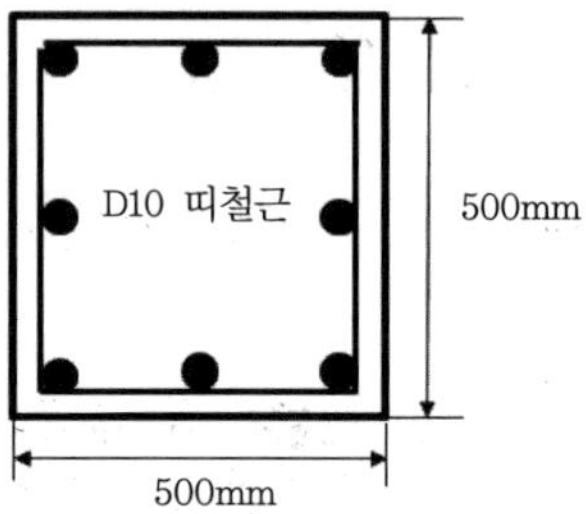

풀 이 (1) 띠철근 간격 산정 :

① 주철근 지름의 16배 :

$(16 \times 29) = 464\text{mm}$

② 띠철근 지름의 48배 : $(48 \times 9.5) = 456\text{mm}$

③ 기둥 단면 치수 : 500mm

④ 띠철근 간격은 : $s ≒ 450\text{mm}$

(2) 겹침이음길이 산정 :

$$l_{sc} = \left(\frac{1.4 f_y}{\lambda\sqrt{f_{ck}}} - 52\right)d_b = \left(\frac{1.4 \times 400}{1.0\sqrt{27}} - 52\right) \times 29 = 1{,}615\text{mm}$$

(3) 철근의 항복강도에 따른 겹침 길이 검토 :

$f_y \le 400\text{MPa}$일 때, $l_{sc} \le 0.072 f_y d_b = 0.072 \times 400 \times 29 = 835\text{mm}$

따라서 기둥철근의 겹침길이 $l_{sc} ≒ 840\text{mm}$로 한다.

(4) 기둥철근이음에 대한 감소계수 적용 검토 : 0.83 감소계수

띠철근 유효단면적≥0.0015$h \times s$(띠철근 간격)이면 감소계수 0.83 적용한다.

$\therefore\ (2 \times 71.3) = 142.6\text{mm}^2 \ge (0.0015 \times 500 \times 450) = 337.5\text{mm}^2$

감소계수를 적용하지 않는다.

(5) 압축기둥 철근의 겹침이음길이 산정 :

$l_{sc} = 840\text{mm}$

chapter 8

기둥설계

8-1 축력을 받는 기둥

기둥은 수직부재로써 바닥이나 지붕으로부터의 수직하중을 지지하고 이들 하중을 기초로 전달하는 역할을 한다. 압축만을 받는 기둥은 거의 없고, 압축과 모멘트를 동시에 받는 기둥의 경우가 대부분이며, 압축재에서 콘크리트의 압축파괴 시 최대 압축변형률은 휨재에 극한 휨모멘트가 발생할 때의 변형률처럼 0.003 부근에서 측정되므로 휨재의 기본가정이 압축재에서도 동일하게 적용된다. 압축부재를 설계하는데 필요한 설계가정은 다음과 같다.

① 휨모멘트와 축력을 받는 부재의 단면설계는 힘의 평형조건과 변형률 적합조건을 만족시켜야 한다.

② 철근과 콘크리트의 변형률은 중립축으로부터 거리에 비례한다.

③ 휨모멘트 또는 휨모멘트와 축력을 동시에 받는 부재의 콘크리트 압축연단에서 극한변형률은 0.003이다.

④ 철근의 응력이 설계기준 항복강도 f_y 이하일 때, 철근의 응력은 그 변형률에 철근의 탄성계수(E_s)를 곱한 값으로 산정하고, 철근의 변형률이 f_y에 대응하는 변형률보다 큰 경우 철근의 응력은 변형률에 관계없이 f_y로 하여야 한다.

⑤ 콘크리트의 인장강도는 철근콘크리트 부재 단면의 축강도 계산에서 무시할 수 있다.

⑥ 콘크리트 압축응력 분포와 콘크리트 변형률 사이의 관계는 직사각형, 사다리꼴, 포물선형 또는 강도의 예측에서 광범위한 실험의 결과와 실질적으로 일치하는 어떤 형상으로도 가정할 수 있다.

⑦ 위 ⑥의 규정은 다음에 정의되는 등가 직사각형 응력블록으로 나타낼 수 있다.

㉠ 단면의 가장자리와 최대 압축변형률이 일어나는 연단으로부터 $\alpha = \beta_1 c$ 거리에 있고 중립축과 평행한 직선에 의해 이루어지는 등가 압축영역에 $0.85 f_{ck}$ 인 콘크리트 응력이 등분포하는 것으로 가정한다.

㉡ 계수 β_1은 콘크리트 압축강도가 28MPa 이하인 경우 0.85로 한다. 콘크리트 압축강

도가 28MPa를 초과할 경우 28MPa를 초과하는 매 1MPa의 강도에 대하여 β_1의 값을 0.007씩 감소시킨다. 그러나 그 값은 0.65보다 작지 않아야 한다.

8-1-1 기둥의 종류

철근콘크리트 기둥의 단면은 직사각형이거나 원형이며, 그림 8-1에서 축방향 철근(longitudinal steel)을 주근으로 하고 횡방향으로 띠철근을 일정한 간격으로 배치한 기둥을 띠철근 기둥(tied column)이라 하며, 횡방향으로 연속된 나선형 철근을 배치한 기둥을 나선철근 기둥(spiral column)이라 한다. 띠철근 기둥은 띠철근 사이에서 주근의 좌굴(buckling) 혹은 전단 및 축력에 의한 콘크리트의 압괴(crushing)에 의해 급격한 파괴형태를 나타내며, 나선철근 기둥은 나선철근으로 둘러싸인 바깥 부분의 콘크리트가 먼저 박리되고 안쪽 부분이 충분한 강도를 제공하여 파괴에 도달하기 전에 상당한 변형을 나타내는 파괴형태를 보여준다.

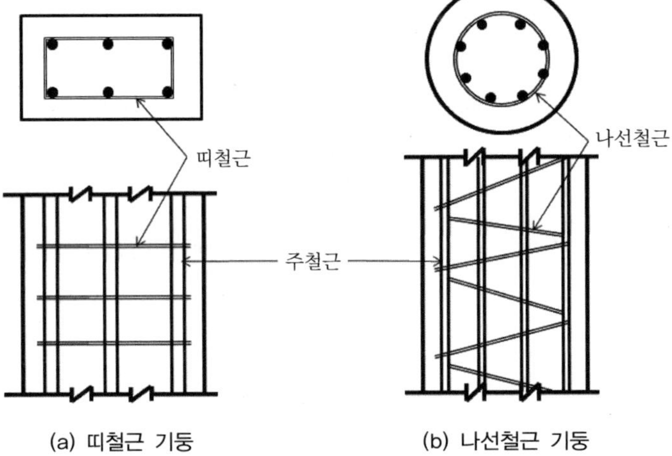

그림 8-1 철근콘크리트 기둥의 종류

8-1-2 축력을 받는 기둥의 축강도

기둥에 작용하는 하중이 비교적 작은 편심을 가지고 있어 편심에 의한 기둥 모멘트를 무시하고 축력만 고려하거나 비교적 큰 편심을 가지고 있어 기둥에 작용하는 축력과 함께 모멘트를 고려하는 단주와, 기둥에 작용하는 모멘트에 의한 횡처짐으로 인한 축하중강도가 상당히 감소하는 장주로 분류할 수 있다. 단주의 강도는 재료 강도와 기둥 단면의 크기에 의해 결정된다. 따라서 편심이 전혀 없는 순수축력을 받는 기둥의 공칭 축하중강도는 콘크리트와 철근이 부담하는 하중을 합한 다음 식 (8-1)과 같다.

$$P_0 = 0.85 f_{ck}(A_g - A_{st}) + f_y A_{st} \tag{8-1}$$

여기서, A_{st} : 기둥의 압축철근 단면적, A_g : 기둥의 전체 단면적이다.

위의 식에서 계수 0.85는 f_{ck}의 값을 저감시킴으로써 기둥 콘크리트에 장기적으로 작용하는 하중과 표준공시체에 의한 콘크리트 압축강도와의 차이를 보정해 주는 값이며, 실험 결과로부터 얻은 값이다. 축력을 받는 기둥의 파괴형태는 띠철근 또는 나선철근을 사용한 것에 따라 각각 다른 파괴형태를 나타낸다. 띠철근이 배근된 기둥은 띠철근 사이에서 주철근의 좌굴로 인하여 급격한 파괴를 나타내는 반면, 나선철근이 배근된 기둥은 심부의 외곽 콘크리트 박리와 함께 파괴될 때까지 상당한 변형을 나타내어 급격한 파괴는 방지한다.

8-1-3 축력을 받는 기둥의 설계 방정식 (Design Equation)

축력을 받는 기둥의 설계축하중강도(ΦP_n)는 압축재에 존재할 수 있는 예측치 못한 편심하중에 대비해야 한다. 따라서 기준에서는 띠철근 기둥인 경우 0.8배, 나선기둥인 경우 0.85배를 저감하여 사용하도록 규정하고 있다. 이러한 저감비율은 압축재 설계에서 최소 편심을 띠철근 기둥의 경우 $0.10h$, 나선기둥의 경우 $0.05h$로 규정하는 것과 같다. 따라서 중심축하중을 받는 단주의 설계 축하중강도는 다음 식 (8-2)와 (8-3)과 같이 각각 제한하고 있다.

(1) 띠철근 기둥의 경우

$$\Phi P_{n(\max)} = 0.80\Phi\left[0.85 f_{ck}(A_g - A_{st}) + A_{st} f_y\right] \tag{8-2}$$

(2) 나선철근 기둥의 경우

$$\Phi P_{n(\max)} = 0.85\Phi\left[0.85 f_{ck}(A_g - A_{st}) + A_{st} f_y\right] \tag{8-3}$$

그리고 식 (8-2)와 식 (8-3)에서 강도저감계수(Φ)는 띠철근 기둥의 경우 0.65, 나선철근 기둥의 경우 0.70으로 각각 규정하고 있다. 즉 나선철근 기둥이 띠철근 기둥보다 변형저항 능력이 크다고 할 수 있다. 한편, 프리스트레스트 콘크리트 부재의 설계축하중강도(ΦP_n)는 편심이 없는 경우의 설계 축하중강도(ΦP_n)에 대해서 나선철근 부재는 085배, 띠철근 부재는 0.80배를 초과하지 않아야 한다. 또한 식 (8-2)와 식 (8-3)의 설계 축하중강도식을 기둥의 철근비(ρ_g)를 이용하여 나타내면 각각 다음 식 (8-4)와 (8-5)와 같이 나타낼 수 있다.

(3) 띠철근 기둥의 경우

$$\Phi P_n = 0.8\Phi A_g\left[0.85 f_{ck} + \rho_g(f_y - 0.85 f_{ck})\right] \tag{8-4}$$

(4) 나선철근 기둥의 경우

$$\Phi P_n = 0.85\Phi A_g\left[0.85 f_{ck} + \rho_g(f_y - 0.85 f_{ck})\right] \tag{8-5}$$

8-1-4 압축부재의 제한 사항

(1) 압축부재의 설계 단면치수

① 둘 이상의 맞물린 나선철근을 가진 독립 압축부재의 유효단면 한계는 나선철근의 최외측에서 최소 피복두께에서 요구되는 콘크리트 최소 피복두께에 해당하는 거리를 더하여 취한다.

② 콘크리트 벽체나 교각구조와 일체로 시공되는 나선철근 또는 띠철근 압축부재의 유효단면 한계는 나선철근이나 띠철근 외측에서 40mm보다 크지 않게 취한다.

③ 정사각형, 8각형 또는 다른 형상의 단면을 가진 압축부재 설계에서 전체 단면적을 사용하는 대신에 실체 형상의 최소 치수에 해당하는 지름을 가진 원형단면을 적용할 수 있다. 이 경우 고려되는 부재의 전체 단면적, 요구되는 철근비 및 설계강도는 위의 원형단면을 기준으로 하여야 한다.

④ 하중에 의해 요구되는 단면보다 큰 단면으로 설계된 압축부재의 경우, 감소된 유효단면적을 적용하여 최소 철근량과 설계강도를 결정할 수 있다. 이때 감소된 유효단면적은 전체 단면적의 1/2 이상이어야 한다.

(2) 압축부재의 철근량 제한

① 비합성 압축부재의 축방향 주철근의 단면적은 전체면적(A_g)의 1% 이상, 8% 이하로 한다. 축방향 주철근이 겹침이음되는 경우의 철근비는 4%를 초과하지 않도록 한다.

② 압축부재의 축방향 주철근의 최소 개수는 사각형이나 원형 띠철근으로 둘러싸인 경우 4개, 삼각형 띠철근으로 둘러싸인 경우 3개, 나선철근으로 둘러싸인 경우 6개로 한다.

③ 나선철근의 철근비 ρ_s는 다음 식 (8-6) 이상으로 하여야 한다.

$$\rho_s = 0.45\frac{f_{ck}}{f_{yt}}\left(\frac{A_g}{A_c} - 1\right) \qquad (8\text{-}6)$$

여기서, 나선철근의 설계기준 항복강도(f_{yt})는 700MPa 이하로 하며, 400MPa를 초과하는 경우에는 겹침이음을 할 수 없다.

④ 식 (8-6)은 나선철근의 체적에 대한 나선철근의 바깥지름으로 둘러싸인 심부의 체적을 나눈 비의 값이며, 나선철근이 한 번 감긴다면 다음 식 (8-7)처럼 표현되며,

$$\rho_s = \frac{A_{sp} l_{sp}}{A_c l_c} \qquad (8\text{-}7)$$

위의 식 (8–7)은 다음 식 (8–8)로 다시 나타낼 수 있다.

$$\rho_s = \frac{4A_{sp}}{SD_c} \tag{8-8}$$

여기서, A_{sp} : 나선철근의 면적($= \pi d_{sp}^2/4$)

d_{sp} : 나선철근의 직경

l_{sp} : 나선철근 한 바퀴 길이($= \pi D_c$)

A_c : 심부의 면적($= \pi D_c^2/4$)

D_c : 나선철근 바깥지름으로 둘러싸인 심부의 직경

l_c : 나선철근의 피치(간격)

따라서 식 (8–7)과 식 (8–8)을 이용하여 나선철근의 중심에서 중심까지의 최대 간격을 다음 식 (8–9)로 계산할 수 있다.

$$s \leq \frac{\pi\, d_{sp}^2\, f_y}{0.45 D_c\, f_{ck}[(A_g/A_c) - 1]} \tag{8-9}$$

(3) 압축부재의 나선철근

압축부재에 사용되는 나선철근은 다음 규정을 따라야 한다.

① 나선철근은 균등한 간격을 갖는 연속된 철근이나 철선으로 이루어지며, 설계된 치수로부터 벗어남 없이 제작 · 설치할 수 있도록 그 크기가 확보되어야 한다.

② 나선철근의 순간격은 25mm 이상, 75mm 이하이어야 한다.

③ 나선철근의 정착은 나선철근 끝에서 1.5회전 만큼 더 확보하여야 한다.

④ 현장치기 콘크리트공사에서 나선철근 지름은 10mm 이상으로 하여야 한다.

⑤ 나선철근은 확대 기초판 또는 기초 슬래브의 윗면에서 그 위에 지지된 부재의 최하단 수평철근까지 연장되어야 한다.

⑥ 기둥머리가 있는 기둥의 나선철근은 기둥머리 지름이나 폭의 2배가 되는 곳까지 연장되어야 한다.

⑦ 나선철근은 수직간격재에 의해 제 위치에 단단하고 곧게 조립되어야 한다.

⑧ 보 또는 브래킷이 기둥의 모든 면에 연결되어 있지 않을 때는 나선철근이 끝나는 점부터 슬래브 또는 지판, 기둥전단머리 밑면까지 추가 띠철근을 배치하여야 한다.

⑨ 나선철근의 이음은 다음 두 방법 중 하나를 따라야 한다.

㉠ (i)~(iii) 중에 정의된 길이 이상이며, 최소 300mm 길이 이상인 겹침이음

(i) 이형철근 또는 이형철선 ································ $48d_b$

(ii) 원형철근 또는 원형철선 ………………………………………………………… $72d_b$

(iii) 에폭시 도막 이형철근 또는 철선 ……………………………………………… $72d_b$

㉡ 7-3-1③에 규정된 용접이음과 기계적 이음에 따른 규정

(4) 압축부재의 띠철근

압축부재에 사용되는 띠철근은 다음 규정을 따라야 한다.

① 띠철근의 지름은 축방향 철근이 D32 이하일 때 D10 이상의 띠철근 D35 이상 또는 다발철근일 때 D13 이상의 띠철근을 사용하며, 띠철근 대신 등가단면적의 이형철선 또는 용접철망을 사용할 수 있다.

② 띠철근의 수직간격은 축방향 철근지름의 16배 이하, 띠철근이나 철선지름의 48배 이하 또는 기둥단면의 최소 치수 중 가장 작은 값으로 한다.

③ 기초판 또는 슬래브의 윗면에 연결되는 압축부재의 첫 번째 띠철근 간격은 다른 띠철근 간격의 1/2 이하로 하여야 하고, 슬래브나 지판, 기둥전단머리에 배치된 최하단 수평철근 아래에 배치되는 첫 번째 띠철근도 다른 띠철근 간격의 1/2 이하로 하여야 한다.

④ 앵커볼트가 기둥 상단이나 주각 상단에 위치한 경우 앵커볼트는 기둥이나 주각의 적어도 4개 이상의 수직철근을 감싸고 있는 횡방향 철근에 의해 둘러 싸여져야 한다. 횡방향 철근은 기둥 상단이나 주각 상단에서 125mm 이내에 배치하고 적어도 2개 이상의 D13 철근이나 3개 이상의 D10 철근으로 구성되어야 한다.

⑤ 모든 모서리 축방향 철근과 하나 건너 위치하고 있는 축방향 철근들은 135° 이하로 구부린 띠철근의 모서리에 의해 횡지지되어야 한다. 다만, 띠철근을 따라 횡지지된 인접 축방향 철근의 순간격이 150mm 이상 떨어진 경우에는 추가 띠철근을 배치하여 축방향 철근을 횡지지하여야 한다. 또한, 축방향 철근이 원형으로 배치된 경우에는 원형 띠철근을 사용할 수 있다. 이때 원형 띠철근을 150mm 이상 겹쳐서 표준갈고리로 기둥 주근을 감싸야 한다.

8-1-5 축력을 받는 기둥 설계과정

(1) 재료강도의 결정 및 철근비 가정

철근콘크리트 기둥설계에 필요한 콘크리트 강도 및 철근의 항복강도를 결정한다. 그리고 가장 경제적인 영역의 철근비를 가정한다. 기둥에서 가장 경제적인 철근비는 띠철근 기둥에서는 기둥 단면적의 약 1~2%, 나선철근 기둥에서는 2.5~5%의 범위로 하는 것이 합리적인 값으로 알려져 있다.

(2) 소요강도 산정

하중계수를 적용한 소요 축하중(P_u) 및 소요 휨모멘트(M_u)를 산정한다.

(3) 기둥 단면의 크기 가정

소요 강도에 따른 기둥의 크기(b와 h)를 가정한다. 기둥의 크기는 다음 식 (8-10)과 (8-11)을 적용하여 구한다.

① 띠철근일 때 : $A_g \geq \dfrac{P_u}{0.40(f_{ck}+\rho f_y)}$ (8-10)

② 나선철근일 때 : $A_g \geq \dfrac{P_u}{0.50(f_{ck}+\rho f_y)}$ (8-11)

예제 8-1 그림과 같은 편심이 없는 띠철근 기둥의 설계 축하중을 구하시오.
단, f_{ck}= 24MPa, f_y= 400MPa 이다.

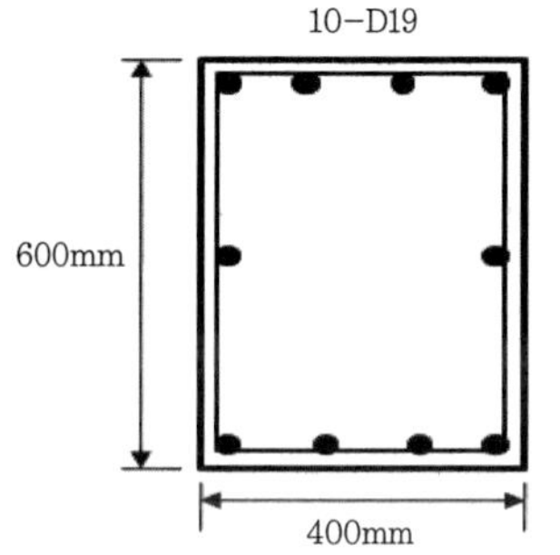

풀 이 (1) 공칭축하중 산정 :

$$P_0 = 0.85 f_{ck}(A_g - A_{st}) + A_{st} f_y$$
$$= [0.85 \times 24(240{,}000 - 2{,}870) + 2{,}870 \times 400]/1{,}000$$
$$= 5{,}985\,\text{kN}$$

(2) 설계축하중 산정 :

$$\therefore\ \Phi P_n = 0.85\Phi[0.85 f_{ck}(A_g - A_{st}) + A_{st} f_y]$$
$$= 0.85 \times 0.65[0.85 \times 24(240{,}000 - 2{,}870) + 2{,}870 \times 400]/1{,}000$$
$$= 3{,}307\text{kN}$$

예제 8-2 그림과 같은 편심이 없는 나선철근 기둥의 설계축하중 및 나선철근비를 구하고, 나선철근배근의 적합성을 검토하시오. 단, f_{ck} = 24MPa, f_y = 400MPa, 나선철근의 간격(피치)은 50mm이다.(단, 나선철근의 피복두께는 40mm이다)

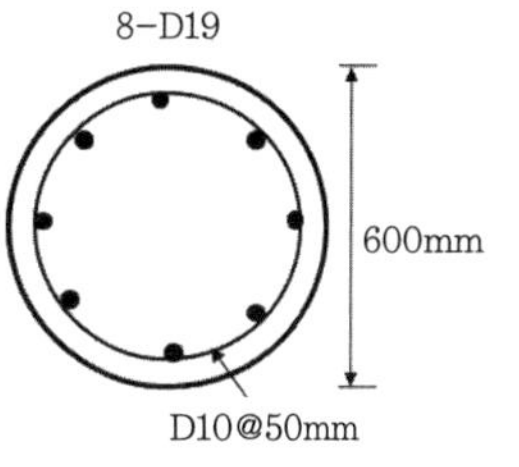

풀 이 (1) 공칭 축하중 산정 :

① 기둥의 단면적 :

$$A_g = \frac{\pi D^2}{4} = 282{,}600\text{mm}^2$$

② $P_0 = 0.85 f_{ck}(A_g - A_{st}) + A_{st} f_y$

$= [(0.85 \times 24 \times 280,304) + 2,296 \times 400]/1,000 = 6,637\,\text{kN}$

(2) 설계 축하중 산정 :

$\therefore\ \Phi P_n = 0.85\Phi[0.85 f_{ck}(A_g - A_{st}) + A_{st} f_y]$

$= 0.85 \times 0.70 \times P_0 = 3,949\text{kN}$

(3) 나선철근비 산정 :

$$\rho_s = 0.45\frac{f_{ck}}{f_y}\left(\frac{A_g}{A_c} - 1\right) = 0.45\frac{24}{400}\left(\frac{\frac{\pi \times 600^2}{4}}{\frac{\pi \times 520^2}{4}} - 1\right) = 0.00895 = 0.895\%$$

(4) 나선철근 간격 적정성 검토 :

$$s \le \frac{71 \times (\pi 520)}{\frac{\pi \times 520^2}{4} \times 0.00895} = 61\text{mm}$$

따라서 D100@50은 적절하다.

예제 8-3 그림과 같은 단면을 가지는 띠철근 기둥에 $P_u = 2,600\text{kN}$ 이 작용할 때 필요 철근량을 구하시오.

단, $f_{ck} = 21\text{MPa}$, $f_y = 400\text{MPa}$ 이다.

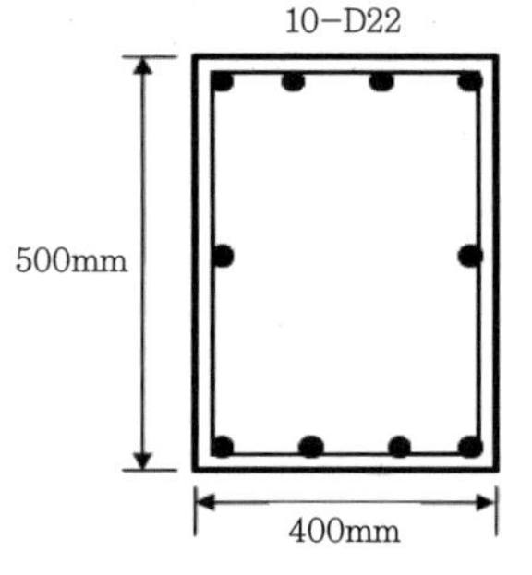

풀 이 (1) 설계 축하중 산정 :

$\Phi P_n = 0.80\Phi[0.85 f_{ck}(A_g - A_{st}) + A_{st} f_y]$

$2,600,000 = 0.80 \times 0.65[0.85 \times 21(200,000 - A_{st}) + A_{st}(400)]$

$= 1,856,400 + 198.72 A_{st}$

(2) 압축철근량에 대한 위의 식을 풀이하면,

① $A_{st} = \dfrac{743,600}{198.72} = 3,742\text{mm}^2$

② D22 철근 10개를 사용하면 $A_{st} = 3,870\text{mm}^2$

③ $\therefore\ \rho = \dfrac{3,870}{500 \times 400} = 0.01935 < \rho_{max}$

④ ∴ D22 철근 10개($A_{st} = 3,870\text{mm}^2$)가 주어진 기둥 단면에 그림과 같이 배근된다.

예제 8-4 고정하중이 1,800kN, 활하중이 1,050kN 작용하는 띠철근 기둥을 설계하시오. 단, $f_{ck} = 35\text{MPa}$, $f_y = 400\text{MPa}$ 이다.

풀 이 (1) 계수축하중 산정 :

$P_u = 1.2D + 1.6L = 3,840\text{kN}$

(2) 적절한 철근비 가정 : 띠철근 기둥의 경우 $\rho = 0.01 \sim 0.02$로 가정하고, $\rho = 0.015$를 선택하면

(3) 띠철근 기둥의 크기 산정 :

① $A_g \geq \dfrac{P_u}{0.40(f_{ck} + \rho f_y)} = \dfrac{3,840 \times 1,000}{0.40(35 + (400 \times 0.015))} = 234,146\text{mm}^2$

② 정사각형 기둥단면을 사용하면

$b \times h = 500 \times 500$, $A_g = 250,000\text{mm}^2$

(4) 필요 철근량 산정 :

$A_{st} = \rho \times A_g = 3,750\text{mm}^2$

(5) 필요철근 개수 산정 : D25 철근을 사용하면

$n = \dfrac{3,750\,\text{mm}^2}{507\,\text{mm}^2} = 7.39 \Rightarrow 8$개

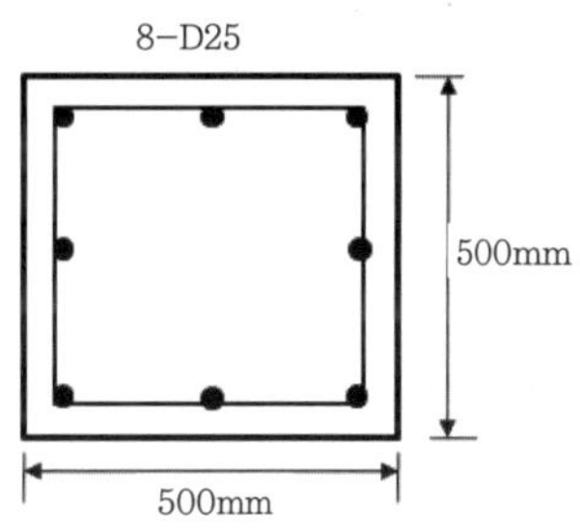

8-2 축력과 휨을 받는 기둥

8-2-1 하중-모멘트 상관곡선

철근콘크리트구조물의 압축부재는 압축하중뿐만 아니라 모멘트도 받게 되는 것이 일반적이다. 이러한 모멘트들은 그림 8-2의 (b)에 보여진 기둥에 작용하는 하중이 단면의 도심과 불일치(misalignment) 혹은 그림 8-2의 (c)에 보여진 보나 슬래브와 같은 수평부재들과의 연결로 인한 수평부재 양단에서의 불균형모멘트에 주로 기인하고 있다. 이러한 편심하중이 작용된 거리를 편심(eccentricity)이라 하며, e로 나타냈다. 또한 그림 8-2의 (b)는 작용하중 P를 단면의 도심축에 작용시키고 도심에 대하여 모멘트 $M = P.\,e$를 도입하여 작용시키면 그림 (c)와 같이 된다.

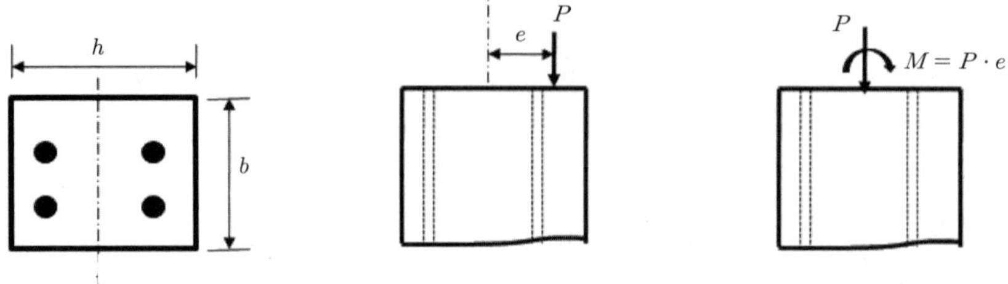

그림 8-2 휨모멘트와 축하중을 받는 기둥

이러한 편심거리가 비교적 작은 경우에는 기둥의 전단면적에 압축응력이 발생되어 콘크리트가 먼저 압괴되는 파괴가 일어나기 쉬우며, 편심이 비교적 큰 경우에는 단면 내의 인장력에 의한 철근의 항복이 콘크리트 파괴보다 우선적으로 일어날 수 있다. 이러한 기둥이 축하중과 휨모멘트를 동시에 받을 때 기둥의 설계는 다음 식 (8-12)와 같은 설계 기본 조건식을 만족시켜야 한다.

$$\Phi P_n \geq P_u,\ \Phi M_n \geq M_u \tag{8-12}$$

여기서, ΦP_n과 ΦM_n은 강도감소계수를 고려한 축하중 및 휨모멘트에 대한 설계강도이며, P_u와 M_u는 계수하중을 고려한 계수강도이다.

8-2-2 하중-모멘트 상관곡선 유도

축하중과 모멘트를 받는 철근콘크리트 기둥의 설계강도를 구하기 위해서는 변형률 적합조건과 힘의 평형조건이 만족되어야 한다. 그림 8-3의 변형률 그림(c)에서 콘크리트의 압축변형률이 0.003에 이르렀을 때 중립축거리를 압축측에서 가장 멀리 있는 철근의 변형률을 중심으로 나타내면 다음과 같으며, $c : 0.003 = d_1 : (0.003 - \varepsilon_{s1})$가 되고,

위의 식에서 중립축 거리의 식으로 나타내면 다음 식 (8-13)과 같다.

$$c = \frac{0.003}{(0.003 - \varepsilon_{s1})} d_1 \tag{8-13}$$

또한, i열의 철근 변형률은 비례관계식에 따라 다음 식 (8-14)로 나타낼 수 있다.

$$\varepsilon_{si} = (\frac{c - d_i}{c})(0.003) \tag{8-14}$$

철근 변형률에 따라 발생하는 철근응력 f_{si}는 철근 변형률에 따라 계산된다. 즉 철근 변형률(ε_{si})이 철근 항복변형률($\varepsilon_y = \dfrac{f_{si}}{E_s}$)보다 크면, $f_{si} = f_y$가 되고, 철근 변형률이 철근 항복

변형률보다 작으면 $f_{si} = E_s \varepsilon_{si}$가 된다. 또한 내력 그림(d)에서 콘크리트의 등가 압축응력 블록깊이 $a = \beta_1 c$가 되며, 어떠한 경우에도 a값은 h보다 크게 해서는 안 된다.

따라서 콘크리트가 받는 압축력은 다음 식 (8-15)와 같다.

$$C_c = 0.85 f_{ck} ab \qquad (8-15)$$

철근이 부담하는 철근의 힘은 다음 식 (8-16)과 같다.

$$C_{si} = f_{si} \times A_{si} \qquad (8-16)$$

하지만 $d_i < a$인 경우에는 콘크리트의 압축력을 계산하는데 철근의 면적을 포함하였으므로 철근이 부담하는 철근의 힘을 계산할 때 이 힘을 공제해야 하므로 철근의 힘은 다음 식 (8-17)과 같다.

$$C_{si} = (f_{si} - 0.85 f_{ck}) A_{si} \qquad (8-17)$$

따라서 콘크리트 및 철근의 축방향에 대한 힘의 평형조건은 다음 식 (8-18)로 나타낸다.

$$0.85 f_{ck} ab + C_{s1} + C_{s2} + C_{s3} - P = 0 \qquad (8-18)$$

기둥이 지지할 수 있는 공칭 축하중강도 P_n은 일반식 (8-19)로 나타낼 수 있다.

$$P_n = 0.85 f_{ck} ab + \sum_{i=1}^{n} C_{si} \qquad (8-19)$$

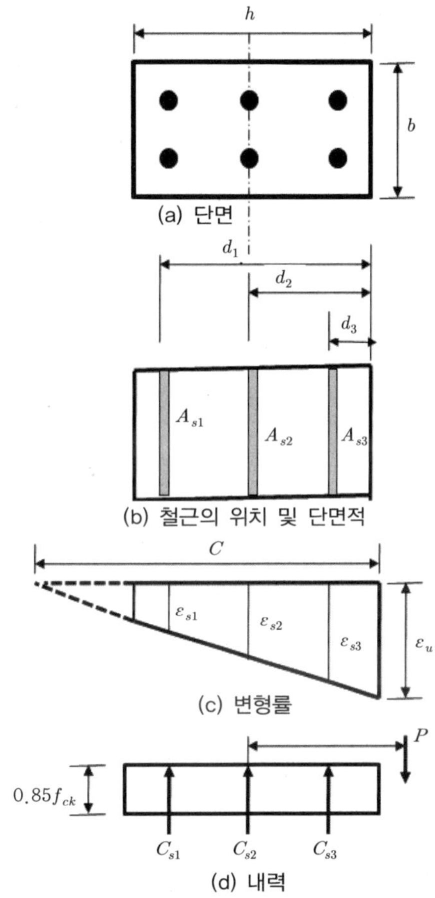

그림 8-3 직사각형 기둥의 변형률 및 내력

공칭휨모멘트는 기둥의 도심에 대한 모멘트 평형조건으로부터 구할 수 있다. 직사각형 기둥에서 도심은 $\frac{h}{2}$의 위치에 있다. 따라서 그림 8-3의 (d)에서 도심에 대한 모멘트 평형조건은 다음 식 (8-20)과 같고,

$$P_n \cdot e - 0.85 f_{ck} ab \left(\frac{h}{2} - \frac{a}{2}\right) - C_{s1}\left(\frac{h}{2} - d_1\right) - C_{s2}\left(\frac{h}{2} - d_2\right) - C_{s3}\left(\frac{h}{2} - d_3\right) = 0 \qquad (8-20)$$

$P_n \cdot e = M_n$이므로, 공칭휨모멘트의 일반식은 다음 식 (8-21)과 같아 나낸다.

$$M_n = 0.85 f_{ck} ab \left(\frac{h}{2} - \frac{a}{2}\right) + \sum_{n=1}^{n} C_{si}\left(\frac{h}{2} - d_i\right) \qquad (8-21)$$

이러한 하중-모멘트곡선을 구하는 과정을 요약하면 다음과 같다.

① 콘크리트의 압축 최대 변형률을 0.003으로 한다.

② 중립축 거리를 계산한다.

③ 변형률 그림으로부터 각각의 철근배근에 대한 변형률을 계산한다.

④ 콘크리트의 압축응력 블록과 각각의 철근배근에 대한 응력을 계산한다.

⑤ 콘크리트가 받는 압축력과 각각의 철근배근에서 힘을 계산한다.

⑥ 각각의 철근과 콘크리트 힘을 합하여 축력 P_n을 계산한다.

⑦ 기둥단면의 도심에 대한 모멘트 합에서 M_n을 계산한다.

예제 8-5 정사각형 기둥의 공칭강도와 설계강도를 계산하여 상관곡선을 작성하시오.
(f_y= 400MPa, f_{ck}= 24MPa, $E_s = 2\times10^5$MPa, D25 철근의 단면적=507mm²)

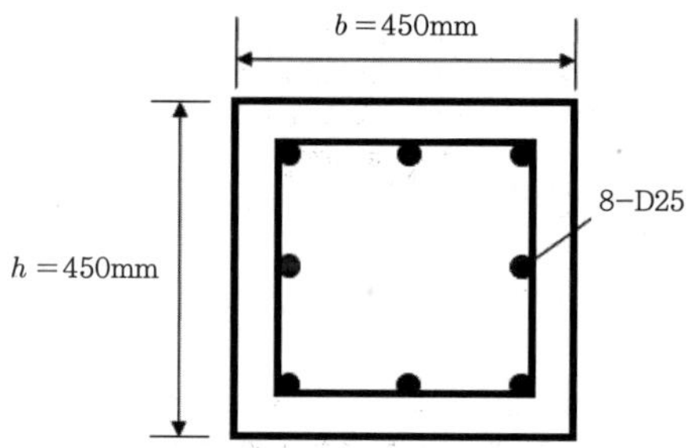

풀 이 (1) 주어진 기둥단면에서 기본값 산정 :

① $A_g = 450\times450 = 202{,}500\text{mm}^2$

② $A_{st} = 8\times507 = 4{,}056\text{mm}^2$

③ $\varepsilon_y = \dfrac{f_y}{E_s} = 0.002$

④ $A_{s_1} = 3\times507 = 1{,}521\text{mm}^2$

⑤ $A_{s_2} = 2\times507 = 1{,}014\text{mm}^2$

⑥ $A_{s_3} = 3\times507 = 1{,}521\text{mm}^2$

(2) ε_{s_1}의 값을 변화시켜서 공칭강도와 설계강도 산정 :

① ε_{s_1}=0.003일 때(순수 압축하중, pure axial load)

㉮ $P_n = 0.85f_{ck}(A_g - A_{st}) + f_y\cdot A_{st}$

$= 0.85\times24\times(202{,}500-4{,}056)+(400\times4{,}056)/1{,}000$

$= 5{,}671\text{kN}$

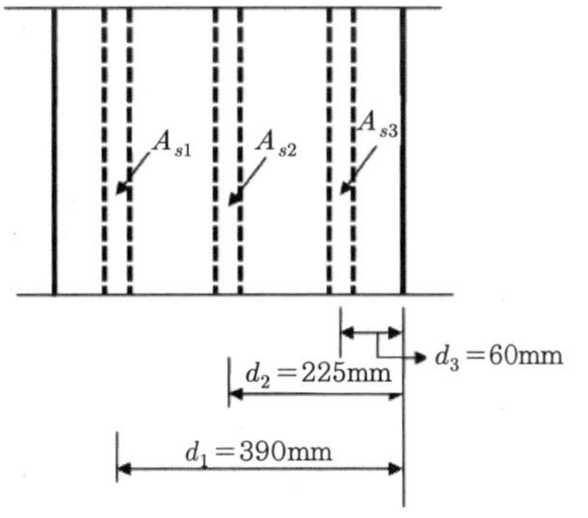

㉯ 설계 축하중강도 산정 :

$$\Phi P_n = 0.65 \times 0.8 \times P_n$$
$$= 0.65 \times 0.80 \times 5{,}671$$
$$= 2{,}949\text{kN}$$

② $\varepsilon_{s_1} = 0$일 때($c = d_1$)

㉮ $c = \dfrac{0.003}{0.003-0} \times d_1 = d_1$

$= 390$mm

$\therefore\ a = \beta_1 c = 0.85 \times 390 = 331.5$mm

각 열의 철근에 대한 변형률과 응력을 구한다.

㉯ $\varepsilon_{s_i} = (\dfrac{c-d_i}{c}) \times 0.003$, $\varepsilon_{s_2} = \dfrac{390-225}{390} \times 0.003 = 0.00126$

㉰ $f_{s_i} = E_s \times \varepsilon_{s_i} = 0.00126 \times 2 \times 10^5 = 252$MPa

각 열의 철근 내력을 산정하고 정리하면 :

㉱ $N_{s_i} = f_{s_i} \times A_{s_i}$

하지만 $d_i < a$인 경우

㉱ $N_{s_i} = (f_{s_i} - 0.85 f_{ck}) A_{s_i}$ 이므로

㉲ $\therefore\ N_{s_2} = (252 - 0.85 \times 24) \times 1{,}014 \times 10^{-3} = 234.8$kN 가 되고,

표로 나타내면 다음과 같다.

i	ε_{s_i}	f_{s_i}[MPa]	N_{s_i}[kN]	$\frac{h}{2} - d_i$
1	0	0		−165
2	0.00126	252	234.8	0.0
3	0.00253	400	385	165

㉳ 공칭 축하중강도 :

$$P_n = 0.85 f_{ck} ab + \sum_{i=1}^{n} N_{s_i}$$
$$= (0.85 \times 24 \times 331.5 \times 450) + (234.8 + 385) = 3{,}663\text{kN}$$

$$M_n = 0.85 f_{ck} ab (\frac{h}{2} - \frac{a}{2}) + \sum_{i=1}^{n} N_{s_i} (\frac{h}{2} - d_i)$$
$$= 0.85 \times 24 \times 331.5 \times 450 \times (\frac{450}{2} - \frac{331.5}{2}) \times 10^{-6}$$
$$+ [(234.8 \times 0) + (385 \times 165)] \times 10^{-3}$$

$= 244\text{kN} \cdot \text{m}$

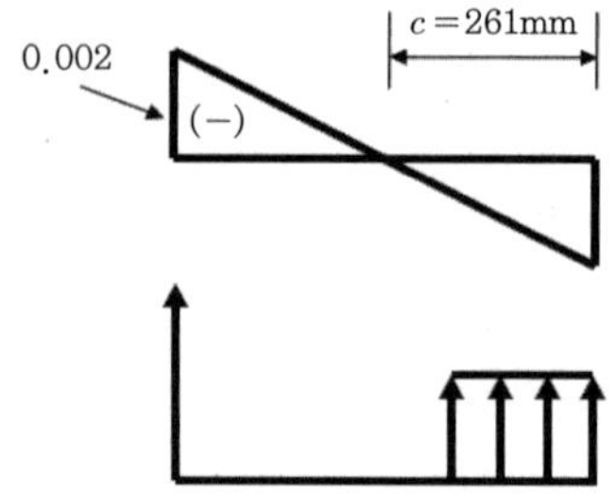

③ $\varepsilon_{s_i} = -\varepsilon_y$ 일 때(균형상태)

㉮ $c = \dfrac{0.003}{0.003 - (-0.002)} \times 390$

$= 234\text{mm}$

㉯ $a = 0.85 \times 234 = 199\text{mm}$

i	ε_{s_i}	f_{s_i}[MPa]	N_{s_i}[kN]	$\frac{h}{2} - d_i$
1	−0.002	−400	608.4	−165
2	0.00012	24	24	0.0
3	0.0022	400	608.4	165

㉰ $\therefore\ P_{nb} = 0.85 \times 24 \times 199 \times 450 \times 10^{-3} + (-608.4) + 24 + 608.4$

$= 1{,}851\text{kN}$

㉱ $M_{nb} = 0.85 \times 24 \times 199 \times 450 \times (\dfrac{450}{2} - \dfrac{199}{2}) \times 10^{-6}$

$+ [(-602.4) \times (-165) + (24 \times 0.0) + (608.4 \times 165)] \times 10^{-3}$

$= 229\text{kN} \cdot \text{m}$

㉲ 설계강도 산정 :

$\phi P_{nb} = 0.65 \times 1{,}851 = 1{,}203\text{kN} \cdot \text{m}$

$\phi M_{nb} = 0.65 \times 229 = 149\text{kN} \cdot \text{m}$

④ $\varepsilon_{s_1} = -4\varepsilon_y$ 일 때

㉮ $c = \dfrac{0.003}{0.003 - (-0.002 \times 4)} \times 390 = 106.3\text{mm}$

㉯ $a = 0.85 \times 118.6 = 90.3\text{mm}$

i	ε_{s_i}	f_{s_i}[MPa]	N_{s_i}[kN]	$\frac{h}{2} - d_i$
1	−0.0080	−400	−608.4	165
2	−0.0033	−400	−405.6	0.0
3	0.0013	260	364.4	165

㉰ $P_n = 0.85 \times 24 \times 90.3 \times 450 \times 10^{-3} + (-608.4) + (-405.6) + 364.3$

$= 179.2\text{kN}$

㉣ $M_n = 0.85 \times 24 \times 90.3 \times 450 \times (\frac{450}{2} - \frac{90.3}{2}) \times 10^{-6}$

$+ [(-608.4 \times -165) + (-405.6 \times 0.0) + (364.4 \times 165)]$

$\times 10^{-3} = 309.6\text{kN} \cdot \text{m}$

㉤ 설계강도 산정 :

$\phi P_n = 0.85 \times 179.2 = 151.9\text{kN}$

$\phi M_n = 0.85 \times 309.6 = 262.5\text{kN} \cdot \text{m}$

⑤ 상관곡선 작성 :

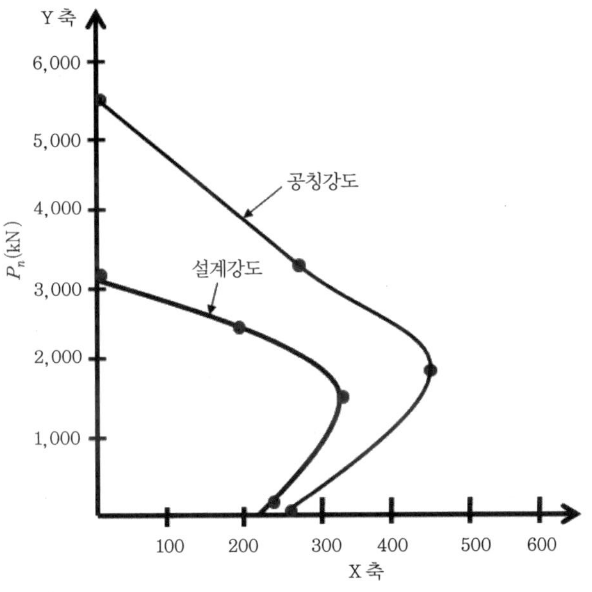

8-2-3 하중-모멘트 상관곡선(Interaction diagram)의 중요점

구조설계 엔지니어들은 기둥설계에 이용하기 위해 컴퓨터 프로그램 혹은 공개된 상관곡선을 접할 수 있다. 그러나 경우에 따라서는 이러한 것을 접할 수 없으며, 이때는 앞의 변형률 적합조건을 적용하여 상관곡선을 계산한다. 하지만 대부분의 경우는 그림 8-4와 같은 5단계의 변형률분포에 따른 축하중 및 휨모멘트를 일련의 직선으로 연결한 상관곡선이 대표적이다.

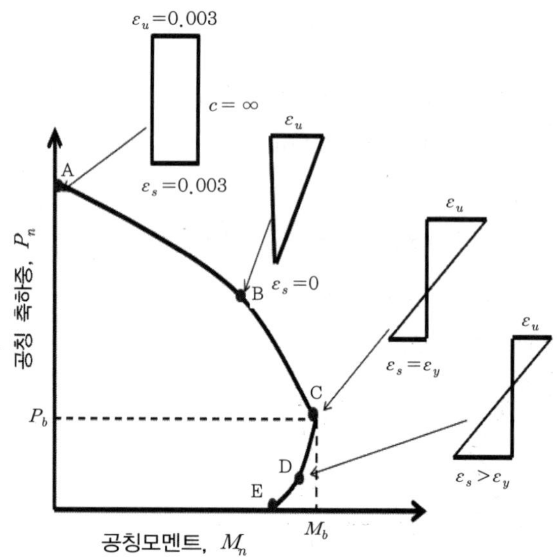

그림 8-4 하중-모멘트 상관곡선

(1) A점(순압축하중)

그림 8-4에서 A점은 휨모멘트가 작용하지 않는 기둥의 단면에 균등하게 축하중만 작용할 때의 기둥단면에서 변형률분포를 나타내며, 이때의 축하중은 기둥이 지지할 수 있는 최대 축하중을 말한다.

(2) B점(무 인장력, 균열의 시작)

그림 8-4에서 B점은 기둥의 한쪽 단면에서 콘크리트 변형률이 0에 도달하고 콘크리트 압괴(crushing)가 시작되는 축하중 및 휨모멘트에 해당하는 변형률분포를 나타내며, 기둥단면에서 최소 압축이 작용하는 면에서 균열이 시작됨을 나타낸다. 강도계산에서 콘크리트 인장력은 무시하기 때문에 상관곡선상의 B점 아래에서 파괴하중은 기둥단면이 부분적으로 균열을 가지는 경우가 된다.

(3) A-C구역(압축지배 파괴)

상관곡선의 A점과 C점 사이에 해당하는 축하중 P_n 및 M_n을 받는 기둥은 인장측 연단에 배근된 철근이 항복하기 전에 압축면의 압괴로 인하여 파괴된다. 이러한 경우를 압축지배(compression-controlled) 기둥이라고 한다.

(4) C점(균형파괴, 압축지배 한계 변형률)

상관곡선에서 C점은 기둥의 한 면이 압축변형률 0.003이고, 압축면으로부터 최대 거리에 있는 철근의 인장변형률이 철근의 항복변형률 ε_y에 도달할 때의 변형률분포를 나타낸다. 또한 이러한 경우의 파괴를 균형파괴라 하며, 이때는 압축면의 콘크리트가 압괴되며 동시에 압축면에서 가장 먼 거리에 있는 철근이 항복하는 파괴를 말한다.

(5) D점(인장지배 한계)

상관곡선상의 D점은 압축변형률이 0.003이고, 최외단 연단의 인장철근의 인장변형률이 0.005가 될 때의 변형률분포를 나타낸다. 이러한 상태의 기둥파괴를 연성파괴(ductile failure)라 하며, 파괴 시 인장변형률은 항복변형률의 약 2.5배가 된다. 이러한 경우를 인장 지배변형률 한계(tension-controlled strain limit)라 규정한다.

(6) C-D구역(전이영역)

상관곡선의 C점과 D점 사이의 하중과 휨모멘트를 가지는 휨부재와 기둥은 극한단면에서의 곡률(curvature) 크기가 철근변형률 0.002와 0.005 사이에 해당하는 극한곡률값 사이에 있기 때문에 이러한 기둥의 파괴를 전이파괴(transition failure)라 한다. 이 경우에는 강도감소계수 값이 C점에서의 강도감소계수 값($\Phi = 0.65$ 혹은 0.70)과 D점에서의 강도감소계수 값($\Phi = 0.90$) 사이를 갖는다.

8-2-4 강도감소계수

축력과 휨모멘트를 동시에 받는 부재에 대하여 P_n과 M_n에 적절한 단일 Φ값을 곱하여 설계강도를 구한다. 공칭강도에서 최외단 인장철근의 순인장변형률 ε_t가 압축지배 변형률 한계 ε_y와 인장지배변형률 한계 0.005 사이에 있는 단면의 경우 그림 8-5와 같이 Φ값을 직선보간하여 구한다.

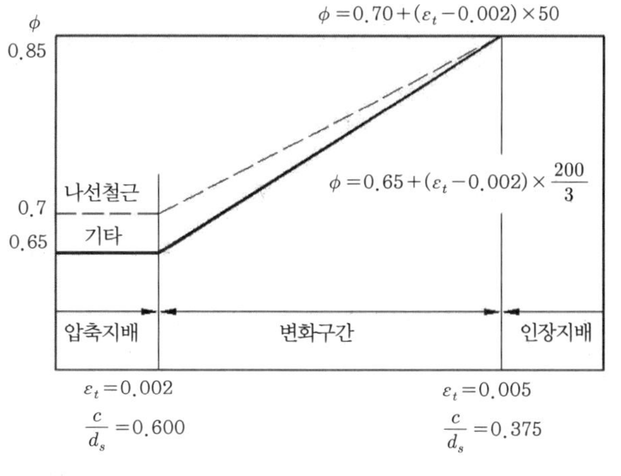

그림 8-5 강도감소계수 곡선

8-2-5 균형파괴 사각형 기둥 단면

기둥단면에서의 균형상태는 하중의 작용으로 인하여 압축측 콘크리트 변형률이 0.003에 도달하고, 인장철근 변형률이 철근 항복변형률(ε_y)에 동시에 도달하는 경우가 된다. 이러한 균형파괴단면에 작용하는 하중을 P_b라 하면 기둥단면에 작용하는 하중이 P_b보다 크면 압축지배단면이고, P_b보다 작으면 인장지배단면 기둥이 된다.

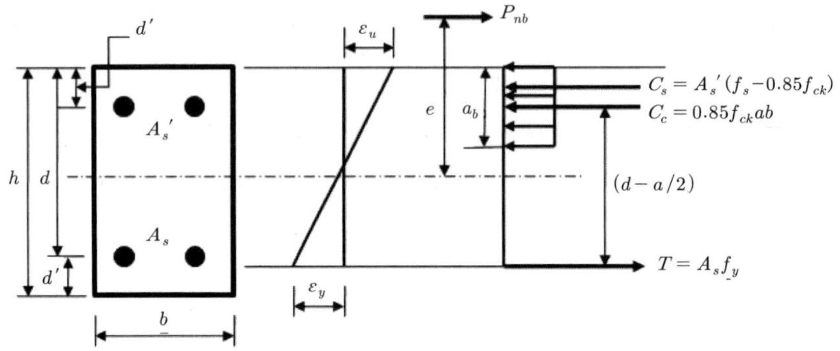

그림 8-6 균형상태의 직사각형 기둥의 변형률 및 응력분포

그림 8-6에서 직사각형 기둥의 축하중과 휨모멘트를 구하기 위하여 변형률 적합조건에 따라 중립축거리 c_b는 다음 식 (8-22)와 같다.

$$\frac{c_b}{d} = \frac{0.003}{0.003 + \dfrac{f_y}{E_s}(=\varepsilon_s)} \qquad \therefore \ c_b = \frac{600}{600 + f_y} d \tag{8-22}$$

여기서, $E_s = 2.0 \times 10^5 \,\mathrm{MPa}$이다.

그러므로 철근과 콘크리트의 균형상태에서 힘의 평형조건은 다음 식 (8-23)과 같다.

$$C_c + C_s - T - P_{nb} = 0 \tag{8-23}$$

따라서 각각의 힘을 위의 식에 대입하면 균형상태에서의 공칭축하중강도 P_{nb}는 다음 식 (8-24)로 나타난다.

$$P_{nb} = 0.85 f_{ck} ab + A_s'(f_y - 0.85 f_{ck}) - A_s f_y \tag{8-24}$$

또한 공칭휨모멘트강도 M_{nb}는 기둥단면의 도심에 대한 모멘트의 평형조건이 다음 식 (8-25)로 나타나며,

$$P_{nb} \cdot e - 0.85 f_{ck} a_b b \left(\frac{h}{2} - \frac{a_b}{2}\right) - A_s{}'(f_s - 0.85 f_{ck})\left(\frac{h}{2} - d'\right) - A_s f_y \left(\frac{h}{2} - d'\right) \quad (8\text{–}25)$$

$P_{nb} \cdot e = M_{nb}$이므로 공칭휨모멘트의 일반식은 다음 식 (8–26)과 같다.

$$M_{nb} = 0.85 f_{ck} a_b b \left(\frac{h}{2} - \frac{a_b}{2}\right) + A_s{}'(f_s - 0.85 f_{ck})\left(\frac{h}{2} - d'\right) + A_s f_y \left(\frac{h}{2} - d'\right) \quad (8\text{–}26)$$

예제 8–6 그림과 같은 띠철근 기둥의 균형상태에서 P_{nb}, e_b 및 M_{nb}를 구하시오.
다만, $f_{ck} = 24\text{MPa}$, $f_y = 400\text{MPa}$이다.

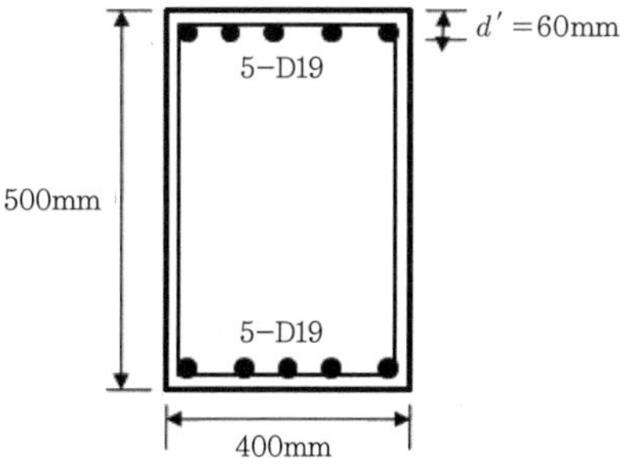

풀 이 (1) 균형상태의 중립축 거리 c_b 산정 :

보의 유효춤 : $d = 500 - 60$
$= 440\text{mm}$이므로

① $c_b = \dfrac{600 \times 440}{600 + 400} = 264\text{mm}$

② $a_b = \beta_1 c_b = 0.85 \times 264 = 224.4\text{mm}$

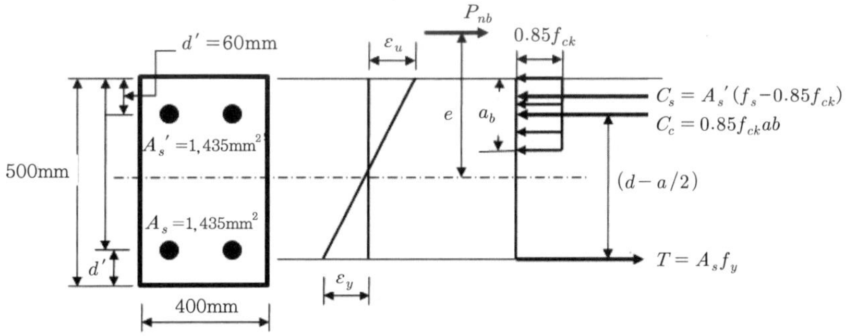

(2) 단면에 발생하는 힘 C_c, C_s, T 산정 :

① 콘크리트가 부담하는 압축력 산정 :

$C_c = 0.85 f_{ck} a_b b = 0.85 \times 24 \times 224.4 \times 400 \times 10^{-3}$
$= 1{,}831\text{kN}$

② 압축철근이 부담하는 압축력 산정 :

$C_s = A_s{}'(f_s - 0.85 f_{ck})$

여기서, $\varepsilon_s' \geq \varepsilon_y$이면, $f_s = f_y$, $\varepsilon_s' < \varepsilon_y$이면, $f_s = \varepsilon_s' \times E_s$

③ $\varepsilon_s' = \dfrac{c_b - d'}{c_b} \times 0.003 = \dfrac{(264-60)}{264} \times 0.003 = 0.0023 > \varepsilon_y$,

$\therefore f_s = f_y$

④ $C_s = A_s'(f_s - 0.85 f_{ck}) = 1{,}435 \times (400 - 0.85 \times 24) \times 10^{-3} = 545\text{kN}$

그리고 인장철근의 인장력

⑤ $T = f_y A_{st} = 400 \times 1{,}435 \times 10^{-3} = 574.0\text{kN}$

(3) 균형상태에서의 축하중 P_{nb}와 편심 e_b의 산정 : 힘의 평형조건에 의해

$C_c + C_s - T - P_{nb} = 0$, $P_{nb} = 1{,}831 + 545 - 574 = 1{,}802\text{kN}$

(4) 기둥의 도심에 대한 모멘트 평형조건에 의해

① $P_{nb} \cdot e_b = M_{nb} = C_c(\dfrac{h}{2} - \dfrac{a_b}{2}) + C_s(\dfrac{h}{2} - d') + T(\dfrac{h}{2} - d')$

② $M_{nb} = 1{,}831(250-112) + 545(250-60) + 574(250-60)/1{,}000$

$= 465.288\,\text{kN} \cdot \text{m}$

③ $e_b = \dfrac{465.288 \times 1{,}000}{1{,}802} = 258\text{mm}$

[해석] 만약 $P_{nb} = 1{,}802\text{kN}$ 보다 큰 축하중이 작용하거나 $e_b = 258\text{mm}$ 보다 적은 편심이 작용한다면 이 부재는 보부재보다는 기둥부재에 가까우며, 즉 압축이 지배하는 경우가 된다. 만약에 P_{nb}보다 작은 하중이 작용하거나 e_b보다 큰 편심이 작용한다면 이 부재는 기둥부재보다는 보부재에 가까우며, 즉 인장이 지배하는 경우가 된다.

예제 8-7 그림과 같은 띠철근 기둥의 단면 내력을 검토하시오.
다만, P_u =3,000kN, M_u = 700kN · m, $f_{ck} = 35\text{MPa}$, $f_y = 400\text{MPa}$ 이다.

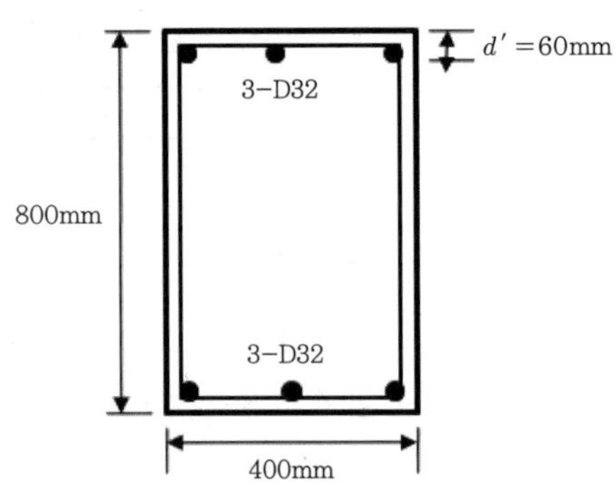

풀 이 (1) 기둥의 유효춤 산정 :

$d = 800 - 60 = 740\text{mm}$

(2) 철근의 단면적 산정 :

$A_s' = 2{,}382\,\text{mm}^2\,(3-\text{D}32)$, $A_s = 2{,}382\text{mm}^2\,(3-\text{D}32)$

(3) ΦP_n 산정 :

$$\Phi P_n = \Phi \times 0.8 P_o = \Phi \times 0.8 \times (0.85 f_{ck}(A_g - A_{st}) + f_y A_{st}$$
$$= 0.65 \times 0.8 \times (0.85 \times 35 \times (320{,}000 - 4{,}764) + 400 \times 4{,}764) \times 10^{-3}$$
$$= 5{,}868\text{kN}$$

(4) 균형상태의 중립축 거리 c_b를 구하면

① $\varepsilon_y = \dfrac{f_y}{E_s} = 0.002$

변형률 비례식을 이용하면

② $c_b = \dfrac{0.003}{(0.003 + \varepsilon_y)} \times 740 = 444\text{mm}$가 되며

③ $\beta_1 = 0.85 - 0.007(f_{ck} - 28) = 0.801 \le 0.85$

④ $ab = \beta_1 c_b = 0.801 \times 444 = 355.64\text{mm}$

(5) 균형상태에서의 C_c, C_s와 T_s 산정 :

① $C_c = 0.85 f_{ck} ab = 0.85 \times 35 \times 355.64 \times 400 \times 10^{-3} = 4{,}232\text{kN}$

② $C_s = (f_s - 0.85 f_{ck}) A_s'$

③ $\varepsilon_s' = \dfrac{c_b - d'}{c_b} \times 0.003 = \dfrac{444 - 60}{444} \times 0.003 = 0.0026 > \varepsilon_y$

$\therefore f_s = f_y$

④ $C_s = (400 - 0.85 \times 35) \times 2{,}382 \times 10^{-3} = 882\text{kN}$

⑤ $T_s = A_s f_y = 2{,}382 \times 400 \times 10^{-3} = 953\text{kN}$

(6) 힘의 평형조건을 이용하여

① $\Phi P_{nb} = \Phi(C_c + C_s - T_s) = 0.65(4{,}232 + 882 - 953) = 2{,}705\text{kN}$

$\Phi P_{nb} \le P_u$, 따라서 c_b보다 크게 중립축 거리 c를 가정한다. 따라서 압축지배 영역에 속하며 중립축의 위치가 아래쪽으로 더 내려온다.

(7) 단면의 도심에 대한 모멘트 평형방정식을 이용하면

① $P_{nb} \cdot e_b = \left[C_c\left(\dfrac{h}{2} - \dfrac{a}{2}\right) + C_s\left(\dfrac{h}{2} - d'\right) + T_s\left(\dfrac{h}{2} - d'\right)\right]$

$$= \left[4{,}232\left(400 - \frac{355.64}{2}\right) + 882(400 - 60) + 953(400 - 60)\right] / 1{,}000$$
$$= 1{,}564\text{kN} \cdot \text{m}$$

② $e_b = \dfrac{0.65 \times 1{,}564 \times 10^3}{2{,}701} = 375.82\text{mm}$

(8) 따라서 $c = 550\text{mm}$로 가정하여, ΦP_n 및 ΦM_n을 구하면

$$\varepsilon_s = \frac{d-c}{c} = \frac{740-550}{550} \times 0.003 = 0.00103 < \varepsilon_y$$

$\therefore\ \varepsilon_s < \varepsilon_y$

(9) 중립축이 아래로 더 내려왔으므로 $\varepsilon_s{}'$는 더 커진다.

① $\varepsilon_s{}' = \dfrac{550-60}{550} \times 0.003 = 0.00267 > \varepsilon_y$

따라서 인장철근의 응력은

$f_s = \varepsilon_s E_s = 0.00103 \times 2 \times 10^5 = 206\text{MPa}$

② $T_s = f_s \times A_s = 206 \times 2{,}382 = 491\text{kN}$

③ $C_c = 0.85 \times f_{ck} ab$

$= 0.85 \times 35 \times (0.801 \times 550) \times 400 = 5{,}242\text{kN}$

④ $C_s = (f_y - 0.85 f_{ck}) A_s{}'$

$= (400 - 0.85 \times 35) \times 2{,}382 = 882\text{kN}$

⑤ $\Phi P_{nb} = \Phi (C_c + C_s - T_s)$

$= 0.65 (5{,}242 + 882 - 491)$

⑥ $P_n = 3{,}362\text{kN} > P_u$

⑦ $M_n = \left[C_c \times \left(\dfrac{h}{2} - \dfrac{a}{2}\right) + C_s \left(\dfrac{h}{2} - d'\right) + T_s \left(\dfrac{h}{2} - d'\right) \right]$

$= 5{,}241 (400 - 220.275) + 882 (400 - 60) + 491 (400 - 60)$

$= 1{,}409\text{kN} \cdot \text{m}$

⑧ $\Phi M_n = 0.65 \times M_n$

$= 915\text{kN} \cdot \text{m} > M_u$ 그러므로 이 단면은 안전하다.

8-2-6 하중-모멘트 상관곡선을 이용한 기둥설계

휨모멘트와 축하중을 받는 철근콘크리트 기둥의 강도를 구하기 위하여 일련의 방정식들을 유도할 수 있지만 이러한 방정식들을 적용하는 것은 매우 지루한 과정이다. 이렇게 변형률 분포를 가정하고, 상관곡선상의 특정 위치에 해당하는 값을 계산하여 축하중과 휨모멘트를 구할 수 있다. 기둥의 설계강도를 인장철근의 변형률을 변화시키면서 구하여 얻어진 기둥의 상관곡선은 기둥설계에 적용될 수 있다. 부록 3의 상관곡선도는 일반 철근콘크리트 기둥설계를 위한 상관곡선 그림이다.

이러한 상관곡선들을 적용한 기둥설계 과정을 다음에 기술하였다.

(1) 재료강도의 결정 및 철근비 가정

철근콘크리트 기둥설계에 필요한 콘크리트의 설계강도 및 철근의 항복강도를 결정한다. 그리고 가장 경제적인 영역에 대한 철근비를 가정한다. 기둥에서는 기둥 단면적의 약 1~2% 범위로 한다.

(2) 소요강도 산정

하중계수를 적용한 소요 축하중(P_u) 및 소요 휨모멘트(M_u)를 산정한다.

(3) 기둥단면의 크기 가정

소요 강도에 따른 기둥의 크기(b와 h)를 가정한다. 기둥의 크기는 다음 식 (8-27)과 (8-28)을 이용하여 구한다.

① 띠철근일 때 : $$A_g \geq \frac{P_u}{0.40(f_{ck} + \rho f_y)} \quad (8\text{-}27)$$

② 나선철근일 때 : $$A_g \geq \frac{P_u}{0.50(f_{ck} + \rho f_y)} \quad (8\text{-}28)$$

위 식 중 기둥에서 가장 경제적인 철근비로 띠철근 기둥에서는 기둥 단면적의 약 1~2%, 나선철근 기둥에서는 2.5~5% 범위로 하는 것이 합리적인 값으로 알려져 있다.

(4) 기둥의 세장효과 검토

$$\lambda = \frac{kl}{r} \leq 34 - 12\left(\frac{M_1}{M_2}\right) \leq 40 \quad (8\text{-}29)$$

위 식에서 $r=$ 단면 반경이고, 사각형단면에서 $r = 0.3h$이고, 원형단면에서는 $r = 0.25D$이다. 한편 M_1와 M_2는 기둥의 단부모멘트이고, M_2는 M_1보다 큰 값으로 하며, $\frac{M_1}{M_2}$는 부재가 단곡률일 때(+), 복곡률일 때(−)로 간주한다.

(5) 상관곡선에 의한 철근비 결정

부록 3의 상관곡선에서는 휨방향에 대한 철근 위치를 나타내는 계수 γ값을 이용하며, 이는 기둥 외측단에서 그에 가장 가까운 주철근의 중심까지 거리를 d'라 하면 다음 식 (8-30)으로 얻어진다.

$$\gamma = \frac{h - 2d'}{h} \quad (8\text{-}30)$$

이러한 γ값은 0.6~0.9의 범위에 있으며, 부록 3에서는 0.7과 0.8에 대한 상관곡선을 나타냈다. 또한 철근비가 기둥단면적의 3~4%를 초과하면 더 큰 단면을 선정하거나 철근비가

1% 미만일 때는 1% 혹은 작은 단면을 선택한다.

(6) 철근의 선택 및 철근량 산정

앞서 구한 철근비에 따라 철근량을 구하고, 구한 철근량에 적합한 철근의 크기 및 개수를 산정한다.

(7) 적합성 검토

건축구조설계기준에 따라 $\Phi P_{n(\max)} \geq P_u$가 됨을 검토한다. 그리고 정착 및 이음에 대한 규정을 검토한다.

예제 8-8 띠철근 기둥에 고정하중 $P_D = 1{,}000\text{kN}$, 활하중 $P_L = 800\text{kN}$, 고정하중에 의한 모멘트 $M_D = 60\text{kN}\cdot\text{m}$ 및 활하중에 의한 $M_L = 100\text{kN}\cdot\text{m}$가 작용할 때 띠철근 기둥을 설계하시오. 단, $f_{ck} = 24\text{MPa}$, $f_y = 400\text{MPa}$이다.

풀 이 (1) 계수하중 산정 :

$$P_u = 1.2 \times 1{,}000 + 1.6 \times 800 = 2{,}480\text{kN}$$

$$M_u = 1.2 \times 60 + 1.6 \times 100 = 232\text{kN}\cdot\text{m}$$

(2) 기둥단면 산정 : $\rho = 0.015$로 가정하면

$$A_g \geq \frac{2{,}480 \times 10^3}{0.40\,(24 + 0.015 \times 400)} = 206{,}667\text{mm}^2$$

∴ 기둥단면 $b \times h = 460 \times 460\text{mm}\,(A_g = 211{,}600\text{mm}^2)$로 한다.

(3) 기둥의 세장효과 검토 :

기둥의 높이 및 지지조건이 없으므로 세장효과에 대한 고려를 하지 않아도 된다.

(4) 상관곡선을 이용한 철근비 산정 :

① $d' = \left(\text{피복두께} + \text{띠철근 지름} + \dfrac{\text{주근지름}}{2}\right)$

$= 40 + 10 + 10 = 60\text{mm}$

② $\gamma = \dfrac{h - 2d'}{h} = \dfrac{460 - (2 \times 60)}{460} = 0.74 \rightarrow 0.75$

③ 부록 3의 계수 값 산정 :

$$Y\text{축} : \frac{P_u}{A_g} = \frac{P_u}{b \times h} = \frac{2{,}480 \times 10^3}{211{,}600} = 11.72\text{MPa}$$

$$X축 : \frac{M_u}{bh^2} = \frac{232 \times 10^6}{460 \times 460 \times 460} = 2.38\,\text{MPa}$$

④ 철근비 결정 : 부록 3의 그래프를 이용하여

$\gamma = 0.7$일 때 $\Rightarrow \rho = 0.014$

$\gamma = 0.8$일 때 $\Rightarrow \rho = 0.013$

$\therefore\ \rho = 0.0135$, 따라서 최소 및 최대 철근비 조건을 만족한다.

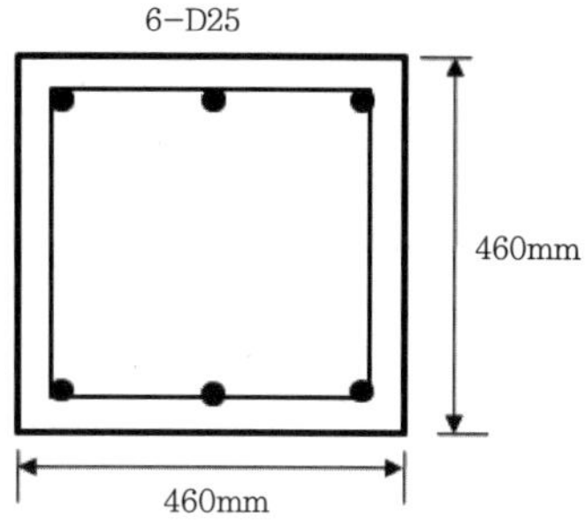

(5) 철근량 산정 및 철근 개수 산정 :

$A_{st} = 0.0135 \times 460 \times 460 = 2{,}857\text{mm}^2$

$\therefore\ 6-\text{D25}(A_{st} = 3{,}042\text{mm}^2)$

예제 8-9 계수축하중 $P_u = 2{,}200\text{kN}$ 및 계수휨모멘트 $M_u = 200\text{kN}\cdot\text{m}$를 받는 띠철근 기둥을 설계하시오. 단, $f_{ck} = 21\text{MPa}$, $f_y = 400\text{MPa}$.

풀 이 (1) 기둥 단면적 산정 : 철근비 $\rho = 0.015$로 가정하고,

$$A_g \geq \frac{P_u}{0.40\,(f_{ck} + \rho f_y)} = \frac{2{,}200 \times 10^3}{0.40(21 + 0.015 \times 400)}$$

$= 203{,}703\text{mm}^2$

(2) 기둥단면 산정 : 직사각형 단면을 고려하면

$b \times h = 420 \times 500\text{mm}(A_g = 210{,}000\text{mm}^2)$로 한다.

(3) 상관곡선을 이용한 철근비 산정 :

① $d' = \left(\text{피복두께} + \text{띠철근 지름} + \dfrac{\text{주근지름}}{2}\right)$

$= 40 + 10 + 10 = 60\text{mm}$

② $\therefore\ \gamma = \dfrac{h - 2d'}{h} = \dfrac{500 - (2 \times 60)}{500} = 0.76 \rightarrow 0.75$

③ 부록 3의 계수값 산정 :

$$Y축 : \frac{P_u}{A_g} = \frac{P_u}{b \times h} = \frac{2{,}200 \times 10^3}{210{,}000} = 10.48\text{MPa}$$

$$X축 : \frac{M}{bh^2} = \frac{200 \times 10^6}{420 \times 500^2}$$

$= 1.90\,\text{MPa}$

④ 철근비 산정 : 부록 3의 그래프를 이용하면

$\gamma=0.7$일 때 $\Rightarrow \rho=0.014$

$\gamma=0.8$일 때 $\Rightarrow \rho=0.014$

$\therefore\ \rho=0.014$

(4) 철근 단면적 산정 및 철근 개수 산정 :

$A_{st}=\rho bh=0.014\times420\times500$

$=2{,}940\text{mm}^2$

$\therefore\ 8-\text{D22}(A_g=3{,}096\text{mm}^2)$

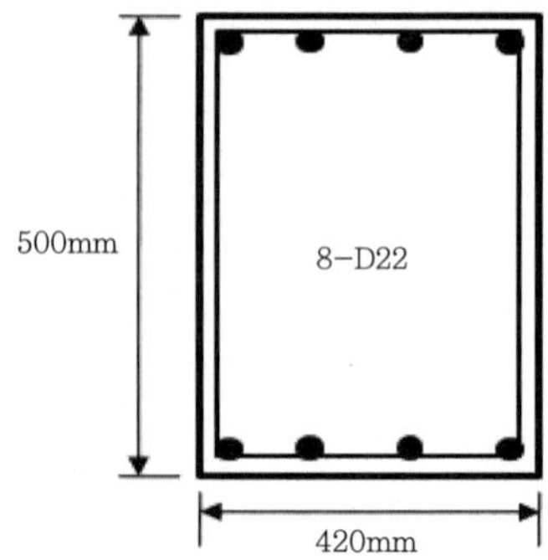

예제 8-10 계수하중 $P_u=5{,}000\text{kN}$, 계수휨모멘트 $M_u=225\text{kNm}$가 작용할 때 나선철근 기둥을 설계하시오. 단, $f_{ck}=27\text{MPa}$, $f_y=400\text{MPa}$이다.

풀 이 (1) 기둥단면 산정 : 나선철근 기둥이므로 $\rho=0.04$로 가정하면

① $A_g \geq \dfrac{P_u}{0.5(f_{ck}+f_y\rho})=\dfrac{5{,}000\times10^3}{0.5\,(27+0.04\times400)}=232{,}558\text{mm}^2$

② $D^2=\sqrt{\dfrac{4A_g}{\pi}}=544\text{mm}$

$\therefore$ 기둥단면 직경 : $D=560\text{mm}(A_g=246{,}176\text{mm}^2)$로 한다.

(2) 기둥의 세장효과 검토 :

기둥의 높이 및 지지조건이 없으므로 세장효과에 대한 고려를 하지 않아도 된다.

(3) 상관곡선을 이용한 철근비 산정 :

① $d'=\left(\text{피복두께}+\text{띠철근 지름}+\dfrac{\text{주근지름}}{2}\right)$

$=40+10+10=60\text{mm}$

② $\therefore\ \ \gamma=\dfrac{h-2d'}{h}=\dfrac{560-(2\times60)}{560}=0.786\rightarrow0.80$

③ 부록 3의 계수값 산정 :

Y축 : $\dfrac{P_u}{A_g}=\dfrac{P_u}{D^2}=\dfrac{5{,}000\times10^3}{246{,}176}=15.94\text{MPa}$

X축 : $\dfrac{M_u}{D^3}=\dfrac{225\times10^6}{560^3}=1.28\text{MPa}$

④ 철근비 산정 : 부록 3의 그래프를 이용하면,

$\gamma=0.8$일 때 $\Rightarrow \rho=0.032$

$\therefore\ \rho=0.032$

(4) 철근량 산정 및 철근 개수 산정 :

$A_{st}=0.032\times 246,176$

$=7,877.63\text{mm}^2$

$\therefore$ 13−D29$(A_{st}=8,346\text{mm}^2)$

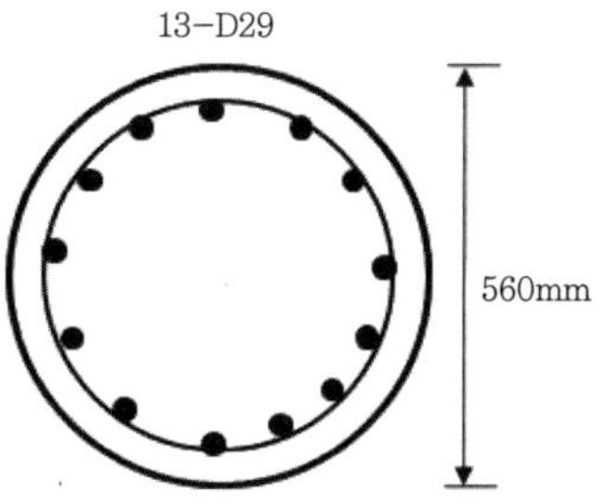

8-3 2축 휨을 받는 기둥

앞 절에서는 편심하중이 작용하는 1축하중을 받는 기둥의 해석과 설계에 대하여 논하였다. 1축하중을 받는 기둥은 그림 8-7에서와 같이 P_n이 y축에 작용할 때 축하중 P_n과 x축에 대한 모멘트 $M_{nx}=P_n e_y$를 부담하는 경우이거나 그림 8-8에서와 같이 P_n이 x축에 작용할 때 축하중 P_n과 y축에 대한 모멘트 $M_{ny}=P_n e_x$를 부담하는 경우가 된다.

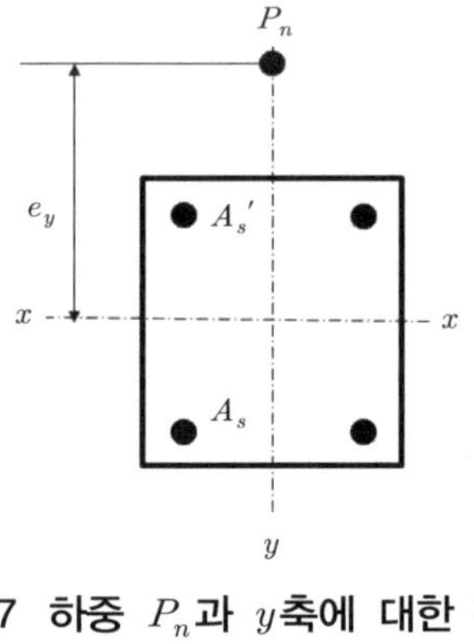

그림 8-7 하중 P_n과 y축에 대한 편심거리 e_y를 가지는 1축하중 휨모멘트

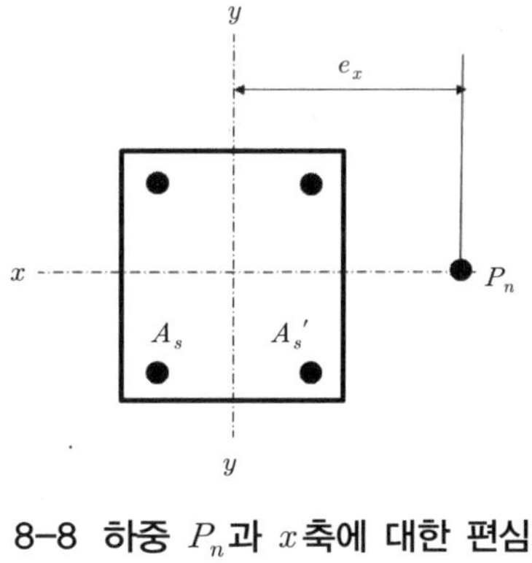

그림 8-8 하중 P_n과 x축에 대한 편심거리 e_x를 가지는 1축하중 휨모멘트

한편, 그림 8-9와 같이 P_n이 x축으로부터 거리 e_y와 y축으로부터 거리 e_x 만큼 떨어진 임의의 곳에 작용할 때, 기둥단면은 x축에 대한 모멘트 $M_{nx}=P_n e_y$와 축하중 P_n, 그리고 y축에 대한 모멘트 $M_{ny}=P_n e_x$와 축하중 P_n 등의 여러 가지 힘들을 부담하게 된다. 이러

한 복합적인 힘들을 부담하는 기둥단면을 2축 휨(biaxial bending)을 받는 기둥단면이라고 한다. 이러한 2축 휨을 받는 기둥의 양축에 대한 중립축, 콘크리트 압축면적, 내부력과 내부력의 작용 위치 등을 계산하기 위해서는 정적해석법을 이용해서는 쉽게 얻기 어렵다. 그러므로 이러한 축하중 및 2축 휨을 받는 기둥의 강도를 구하는 실제적인 방법 개발이 필요하다.

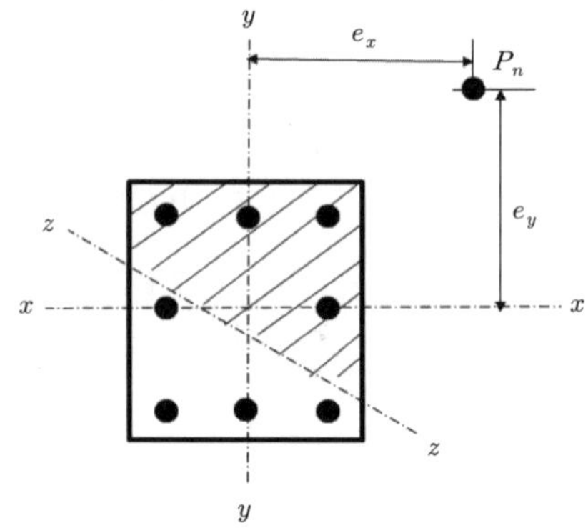

그림 8-9 2축 휨(biaxial bending)의 기둥 단면

축하중을 받는 기둥의 2축 휨강도는 그림 8-10과 같이 3차원 상관곡선으로 나타낼 수 있다. 그림 8-10에서 상관 표면은 P_n축으로부터 방사선으로 얻어진 1축 상관곡선의 연속적 곡선으로부터 얻어졌다. 그리고 곡선 M_{0x}는 x축에 대한 1축 휨의 상관곡선을 나타내며, 곡선 M_{0y}는 y축에 대한 1축 휨의 상관곡선을 나타낸다. 그림 8-10에서 일정한 축하중 P_n에서의 평면(plane)은 임의의 축에 대한 휨모멘트 M_n의 선(contour)을 나타낸다.

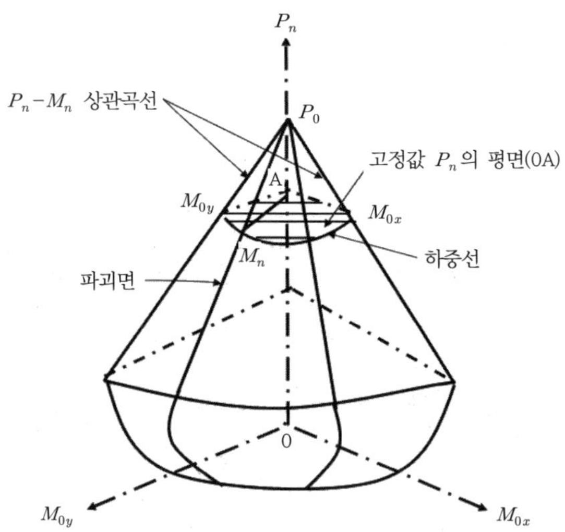

그림 8-10 2축 상관 표면(biaxial interaction surface)

8-3-1 2축 휨을 받는 원형기둥(등분포 철근배근)

원형 단면의 둘레를 따라 일정한 간격으로 철근이 배근된 기둥은 모든 방향으로 거의 동일한 모멘트 성능을 가지게 된다. 이러한 원형기둥이 x와 y축에 대하여 2축 휨을 받으면 등

가의 1축 모멘트 M_u는 다음 식 (8-31)로 얻어진다.

$$M_u = \sqrt{(M_{ux})^2 + (M_{uy})^2} = P_u \cdot e \tag{8-31}$$

$$e = \sqrt{(e_x)^2 + (e_y)^2} = \frac{M_u}{P_u} \tag{8-32}$$

여기서, $M_{ux} = P_u e_y = x$축에 대한 계수모멘트

$M_{uy} = P_u e_x = y$축에 대한 계수모멘트

$M_u = P_u e = M_{ux}$와 M_{uy}에 의한 단면의 등가 1축 계수모멘트

예제 8-11 2축 휨을 받는 직경 400mm의 원형 기둥을 설계하시오. 단, f_{ck} =27MPa, f_y =400MPa, P_u =900kN, M_{ux} =115kN · m, M_{uy} =80kN · m

풀 이 (1) 공칭축하중 산정 : Φ =0.7

$$P_n = \frac{900}{0.7} = 1{,}286\text{kN}$$

(2) x축에 대한 공칭모멘트 산정 :

$$M_{nx} = \frac{115}{0.7} = 165\text{kN}\cdot\text{m}$$

(3) y축에 대한 공칭모멘트 산정 :

$$M_{ny} = \frac{80}{0.7} = 114\text{kN}\cdot\text{m}$$

(4) 등가 1축 계수모멘트 산정 :

$$M_u = \sqrt{(M_{ux})^2 + (M_{uy})^2} = \sqrt{(115)^2 + (80)^2} = 140\,\text{kN}\cdot\text{m}$$

(5) 필요 철근비 산정 : 기둥 상관곡선을 이용하여

$$A_g = \frac{\pi D^2}{4} = 125{,}600\text{mm}^2$$

y축 값 산정 : $\dfrac{P_u}{A_g} = \dfrac{900{,}000}{125{,}600} = 7.2$

x축 값 산정 : $\dfrac{M_u}{D^3} = \dfrac{140 \times 10^6}{400^3} = 2.20$

(6) γ값 산정 :

$$\gamma = \frac{h - 2d'}{h} = \frac{400 - (2 \times 60)}{400} = 0.7$$

(7) 소요 인장철근비 산정 : 기둥의 상관곡선으로부터

$\rho_g = 0.022$

(8) 소요 인장철근량 산정 및 철근 개수 산정 :

$A_{st} = 0.022 \times 125,600 = 2,763\text{mm}^2$

D25철근을 사용하면 6개의 철근이 요구된다.

$\therefore\ A_{st} = 3,042\text{mm}^2$

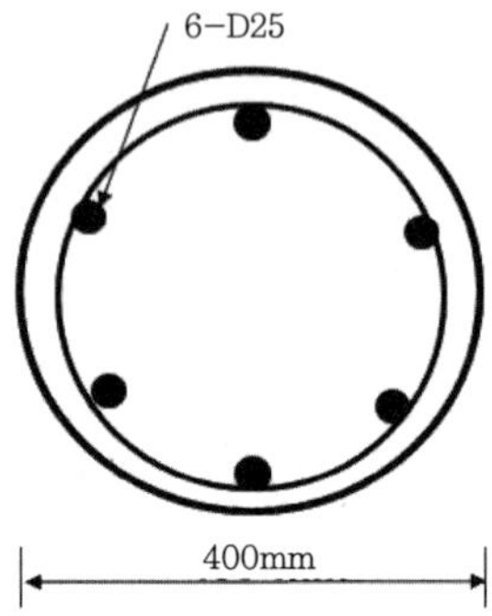

(9) 기둥 하중 지지력 산정 검토 :

$\Phi P_n = 0.85 \times 0.7[0.85 \times 27 \times (125,600 - 3,042) + (3,042 \times 400)]$

$= 2,398\text{kN} \geq P_u$

∴ 설계된 기둥단면이 적합하다.

8-3-2 2축 휨을 받는 사각형 단면 기둥

(1) 브레슬러 상반법(Bresler Reciprocal Method)

정사각형 또는 직사각형 기둥이 주축에 대하여 서로 다른(unequal) 휨모멘트를 가지게 되는 경우에는 각각의 방향에 대하여 서로 다른 철근량이 요구된다. 이러한 단면의 유사 해석법이 Boris Bresler에 의해 제시되었으며, Bresler reciprocal method(브레슬러 상반법)라 불리고 있다. 이 방법에 따르면 2축 휨을 받는 기둥의 하중 능력(capacity)은 다음 식 (8-33), (8-34)와 (8-35)로 나타낸다.

$$\frac{1}{P_u} = \frac{1}{P_{ux}} + \frac{1}{P_{uy}} - \frac{1}{P_{u0}} \tag{8-33}$$

또는

$$\frac{1}{P_n} = \frac{1}{P_{nx}} + \frac{1}{P_{ny}} - \frac{1}{P_{n0}} \tag{8-34}$$

여기서, P_u : 2축 휨의 계수하중

P_{ux} : 하중이 편심거리 e_y와 $e_x = 0$일 때의 계수축하중

P_{uy} : 하중이 편심거리 e_y와 $e_x = 0$일 때의 계수축하중

$P_{u0} = e_x = e_y = 0$일 때의 계수축하중

$$P_n = \frac{P_u}{\Phi},\ P_{nx} = \frac{P_{ux}}{\Phi},\ P_{ny} = \frac{P_{uy}}{\Phi},\ P_{n0} = \frac{P_{u0}}{\Phi} \tag{8-35}$$

위 식에서 1축 하중강도, P_{nx}, P_{ny}, P_{n0}는 앞에서 주어진 방정식으로 구하여 식 (8-34)에 대입하여 P_n값을 구한다. 한편, 브레슬러 방정식은 P_n값이 $0.1P_{n0}$보다 크거나 같을 경우에는 모든 경우에 대하여 적용할 수 있으며, P_n값이 $0.1P_{n0}$보다 작을 경우에는 축하중을 무시하고 기둥단면은 다음 식을 이용한 순수 2축 휨을 받는 부재로 설계한다.

$$\frac{M_{ux}}{M_x} + \frac{M_{uy}}{M_y} \leq 1.0 \tag{8-36}$$

$$\frac{M_{nx}}{M_{0x}} + \frac{M_{ny}}{M_{0y}} \leq 1.0 \tag{8-37}$$

여기서, $M_{ux} = P_u\, e_y = x$축에 대한 설계모멘트

$M_{uy} = P_u\, e_x = y$축에 대한 설계모멘트

M_x, $M_y = x$, y축에 대한 1축 모멘트 강도

$$M_{nx} = \frac{M_{ux}}{\Phi},\ M_{ny} = \frac{M_{uy}}{\Phi},\ M_{0x} = \frac{M_x}{\Phi},\ M_{0y} = \frac{M_y}{\Phi} \tag{8-38}$$

브레슬러 식은 축 인장하중을 받는 기둥단면의 강도를 구하는 데는 적용하지 않는 것이 좋다.

(2) 브레슬러 하중선법(Bresler Load Contour Method)

그림 8-10에서 파괴면(failure surface)은 일정한 P_n값에 대해 주어진 M_{nx}값과 M_{ny}에서의 자른(cut) 면을 나타낸다. 일반적으로 브레슬러 하중선법에서 무단위 표현 식(nondimension expression)은 다음 식 (8-39)와 같다.

$$\left(\frac{M_{nx}}{M_{0x}}\right)^{\alpha 1} + \left(\frac{M_{ny}}{M_{0y}}\right)^{\alpha 2} = 1.0 \tag{8-39}$$

브레슬러는 위 식에서 지수값 α는 동일한 값($\alpha_1 = \alpha_2$)을 가진다고 했다. 또한 브레슬러는 직사각형 단면에서 α값이 1.15~1.55값을 가지며 일반적으로 1.5가 된다고 가정했고, 정사각형 단면에서는 α값이 1.5~2.0값을 가지며 평균 1.75를 실제 설계에 적용할 수 있다고 제시하였다. 정사각형 기둥단면이 4면에 균등한 철근배근을 하면 α값을 1.5로 가정하며 다음 식 (8-40)과 같이 나타낸다.

$$\left(\frac{M_{nx}}{M_{0x}}\right)^{1.5} + \left(\frac{M_{ny}}{M_{0y}}\right)^{1.5} = 1.0 \tag{8-40}$$

한편 영국설계기준에서 α값은 $P_u/1.1P_{u0}$의 비가 각각 0.2, 0.4, 0.6과 ≥0.8일 때 1.0, 1.33, 1.67과 2.0을 가지고 있다고 가정한다.

(3) PCA(Parme Load Contour Method)

이 방법은 브레슬러 방법을 확장한 것으로 PCA에서 제시했다. 그림 8-11의 하중선 위의 B점은 1축 모멘트 값이 M_{0x}와 M_{0y}일 때의 2축 모멘트 값 M_{nx}와 M_{ny}이 같아지는 조건으로 얻어진다. 즉 그림 8-11에 있는 β값의 비이며, 기둥단면에 동시에 작용하도록 하는 1축 모멘트 능력의 고정된 부분(constant portion)을 나타낸다.

$$\frac{M_{nx}}{M_{ny}} = \frac{M_{0x}}{M_{0y}} \text{ 또는 } \frac{M_{nx}}{M_{0x}} = \frac{M_{ny}}{M_{0y}} = \beta \qquad (8-41)$$

실제 설계에서 그림 8-11에 나타낸 하중선은 유사한 두 개의 직선, AB와 BC로 표현할 수 있다. 선 AB의 기울기는 $(1-\beta)/\beta$이고, 선 BC의 기울기는 $\beta/(1-\beta)$이다. 따라서

$$\frac{M_{ny}}{M_{0y}} > \frac{M_{0x}}{M_{0y}} \text{ 일 때, } \quad \frac{M_{ny}}{M_{0y}} + \frac{M_{nx}}{M_{0x}}\left(\frac{1-\beta}{\beta}\right) = 1 \qquad (8-42)$$

$$\frac{M_{ny}}{M_{0y}} < \frac{M_{nx}}{M_{0x}} \text{ 일 때, } \quad \frac{M_{nx}}{M_{0x}} + \frac{M_{ny}}{M_{0y}}\left(\frac{1-\beta}{\beta}\right) = 1 \qquad (8-43)$$

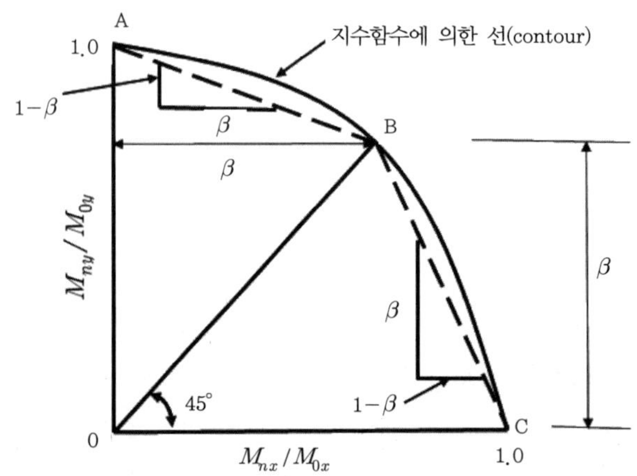

그림 8-11 일정한 P_n에서의 무단위 하중선(load contour)

또한 실제 β값은 P_n/P_0의 비에 따라 좌우되며, 기둥의 재료와 단면의 성질에 따라 좌우된다. 비교적 가벼운 하중을 받는 기둥의 β값은 0.55에서 0.7의 값을 가지며, 실제 설계에서는 평균적으로 $\beta = 0.65$의 값을 사용한다. 만약 직사각형 기둥단면의 모든 면에 철근이 골고루 배근되어 있을 경우 M_{0y}/M_{0x}의 비는 직사각형 단면의 폭에 대한 전체 춤의 비인 b/h로 나타낼 수 있다. 이러한 경우를 식 (8-42)와 식 (8-43)에 각각 대입하면 다음

식 (8-44)와 (8-45)가 각각 얻어진다.

$$M_{ny} + M_{nx}(\frac{b}{h})(\frac{1-\beta}{\beta}) \approx M_{0y} \tag{8-44}$$

$$M_{nx} + M_{ny}(\frac{b}{h})(\frac{1-\beta}{\beta}) \approx M_{0x} \tag{8-45}$$

또한, $\beta=0.65$와 $h/b=1.5$에 대하여 다음 식 (8-46)과 식 (8-47)과 같이 유도된다.

$$M_{0y} \approx M_{ny} + 0.36M_{nx} \tag{8-46}$$

$$M_{0x} \approx M_{nx} + 0.80M_{ny} \tag{8-47}$$

따라서 P_n, M_{nx}, M_{ny}와 2축 휨에 대한 식들을 적용하여 초기에 적절한 단면 크기를 유도할 수 있는 충분한 연습과 경험이 필요하다.

예제 8-12 브레슬러 상반법을 이용하여 기둥의 설계축하중을 구하시오. 단, $e_x=200$mm, $e_y=300$mm, $f_{ck}=27$MPa, $f_y=400$MPa

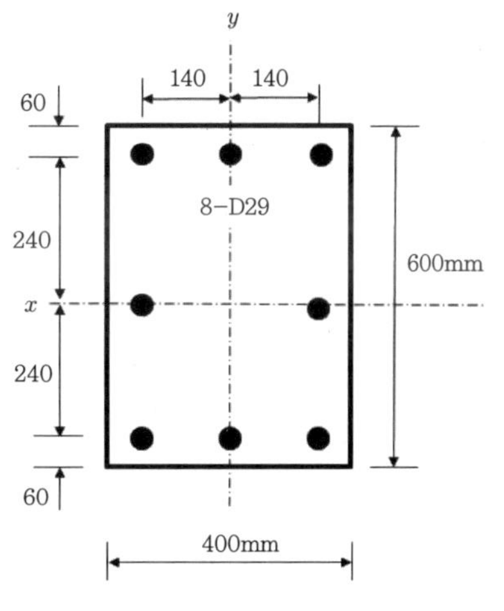

풀 이

(1) x축에 대한 1축하중 지지력(능력) P_{nx} 산정 :

① $e_y=300$mm, $b=400$mm, $d=540$mm, $d'=60$mm, $A_s=A_s'=1,926\text{mm}^2$

(2) 균형상태에 대하여,

① $c_b = \dfrac{600}{600+f_y}d = 324\text{mm}$, $a_b = 324 \times 0.85 = 275\text{mm}$

② $C_c = 0.85f_{ck}ab = 0.85 \times 27 \times 275 \times 400 \times 10^{-3} = 2,524\text{kN}$

③ $C_s = A_s'(f_y - 0.85f_{ck}) = 1,926(400-(0.85\times 27)) \times 10^{-6} = 727\text{kN}$

④ $T = A_s f_y = 1,926 \times 400 \times 10^{-3} = 770\text{kN}$

⑤ $P_{bx} = C_c + C_s - T = 2,481\text{kN}$, $\Phi P_{bx} = 0.65P_{bx} = 1,613\text{kN}$

(3) $e_y = 300\text{mm} < d$에 대하여 압축파괴 단면이라 가정하고, 균형 중립축 깊이보다 큰 값을 가정하면

① $c = 335\text{mm} > c_b = 324\text{mm}$, $a = 285\text{mm}$

② 압축철근 강도 검토 : $f_s{}' = 600(\frac{c-d'}{c}) = 600(\frac{335-60}{335})$

$= 493\text{MPa} \geq f_y$

③ 인장철근 강도 검토 : $f_s = 600(\frac{d-c}{c}) = 600(\frac{540-335}{335})$

$= 367\text{MPa} \leq f_y$

④ $\therefore\ \varepsilon_s = \frac{f_s}{E_s} = \frac{367}{200{,}000} = 0.00183 < \varepsilon_y$

인장철근이 항복하지 않으므로 압축지배 단면이다.

⑤ $C_c = 0.85 f_{ck} a b = 0.85 \times 27 \times 285 \times 400 \times 10^{-3} = 2{,}616\text{kN}$

⑥ $C_s = A_s{}'(f_y - 0.85 f_{ck}) = 1{,}926(400 - (0.85 \times 27)) \times 10^{-6} = 727\text{kN}$

⑦ $T = A_s f_y = 1{,}926 \times 367 \times 10^{-3} = 707\text{kN}$

⑧ $P_{bx} = C_c + C_s - T = 2{,}636\text{kN}$, $\Phi P_{bx} = 0.65 P_{bx} = 1{,}713\text{kN}$

(4) P_{nx} 산정 : 인장철근에 대한 모멘트를 구하면

① $d'' = 240\text{mm}$, $e' = (e + d'') = 540\text{mm}$

② $P_{nx} = \frac{1}{e'}[C_c(d - \frac{a}{2}) + C_s(d - d')]$

$= \frac{1}{540}[2{,}616(540 - \frac{285}{2}) + 727(540 - 60)] = 2{,}570\text{kN}$

(5) y축에 대한 1축 하중 지지력(능력) P_{ny} 산정 :

① $e_x = 200\text{mm}$, $b = 600\text{mm}$, $h = 400\text{mm}$, $d = 340\text{mm}$,

$d' = 60\text{mm}$, $A_s = A_s{}' = 1{,}926\text{mm}^2$

(6) 균형상태에 대하여,

① $c_b = \frac{600}{600 + f_y} d = (0.6 \times 340) = 204\text{mm}$, $a_b = 204 \times 0.85 = 174\text{mm}$

② $C_c = 0.85 f_{ck} a b = 0.85 \times 27 \times 174 \times 600 \times 10^{-3} = 2{,}396\text{kN}$

③ $C_s = A_s{}'(f_y - 0.85 f_{ck}) = 1{,}926(400 - (0.85 \times 27)) \times 10^{-6} = 727\text{kN}$

④ $T = A_s f_y = 1{,}926 \times 400 \times 10^{-3} = 770\text{kN}$

⑤ $P_{by} = C_c + C_s - T = 2{,}353\text{kN}$, $\Phi P_{by} = 0.65 P_{by} = 1{,}530\text{kN}$

(7) $e_x = 200\text{mm} < d$에 대하여 압축파괴 단면이라 가정하고, 균형 중립축 깊이보다 큰 값을 가정하면,

① $c = 220\text{mm} > c_b = 204\text{mm}$, $a = 187\text{mm}$

② 압축철근강도 검토 : $f_s{}' = 600(\frac{c-d'}{c}) = 600(\frac{220-60}{220})$

$= 436\text{MPa} \geq f_y$

③ 인장철근강도 검토 : $f_s = 600(\frac{d-c}{c}) = 600(\frac{340-220}{220})$

$= 327\text{MPa} \leq f_y$

④ $\therefore\ \varepsilon_s = \frac{f_s}{E_s} = \frac{327}{200{,}000} = 0.00164 < \varepsilon_y$

인장철근이 항복하지 않으므로 압축지배 단면이다.

⑤ $C_c = 0.85 f_{ck}\, a\, b = 0.85 \times 27 \times 187 \times 600 \times 10^{-3} = 2{,}575\text{kN}$

⑥ $C_s = A_s{}'(f_y - 0.85 f_{ck}) = 1{,}926(400 - (0.85 \times 27)) \times 10^{-6} = 727\text{kN}$

⑦ $T = A_s f_y = 1{,}926 \times 327 \times 10^{-3} = 630\text{kN}$

⑧ $P_{ny} = C_c + C_s - T = 2{,}672\text{kN}$, $\Phi P_{ny} = P_{uy} = 1{,}737\text{kN}$

(8) P_{ny} 산정 : 인장철근에 대한 모멘트를 구하면,

① $d'' = 140\text{mm}$, $e' = (e + d'') = 340\text{mm}$

② $P_{nx} = \frac{1}{e'}[C_c(d - \frac{a}{2}) + C_s(d - d')]$

$= \frac{1}{340}[2{,}575(340 - \frac{187}{2}) + 727(340 - 60)] = 2{,}466\text{kN}$

(9) 이론적 축하중 산정 :

① $P_{no} = 0.85 f_{ck} A_g + A_{st}(f_y - 0.85 f_{ck})$

$= (0.85 \times 27 \times 240{,}000) + 3{,}852(400 - 0.85 \times 27) = 6{,}960\text{kN}$

② $P_{u0} = \Phi P_{n0} = 0.65 \times 6{,}960 = 4{,}524\text{kN}$

(10) 브레슬러 방정식을 이용하면,

$$\frac{1}{P_u} = \frac{1}{P_{ux}} + \frac{1}{P_{uy}} - \frac{1}{P_{u0}} = \frac{1}{1{,}757} + \frac{1}{1{,}737} - \frac{1}{4{,}524}$$

$\therefore\ P_u = 732\text{kN}$, $P_n = \frac{P_u}{0.65} = 1{,}126\text{kN}$

예제 8-13 Parme Load Contour(PCA)법을 이용하여 기둥의 설계축하중을 구하시오.

단, $e_x = 200\text{mm}$,

$e_y = 300\text{mm}$, $f_{ck} = 27\text{MPa}$,

$f_y = 400\text{MPa}$

풀 이 (1) β값 가정 : 실제 설계에서 평균값은 $\beta=0.65$로 가정하고

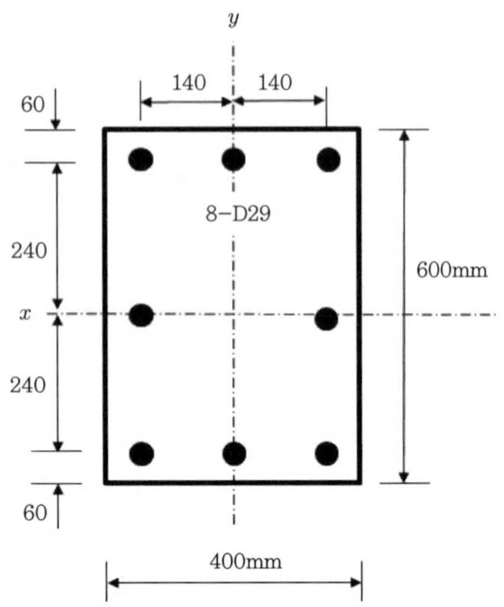

(2) 앞서 예제에서 얻은 값은 :

$P_{ux}=1{,}757\text{kN}$,

$P_{uy}=1{,}737\text{kN}$,

$P_{nx}=2{,}570\text{kN}$,

$P_{ny}=2{,}466\text{kN}$

(3) x축에 대한 단면 모멘트 산정 :

$$M_{0x}=P_{nx}\times e_y$$
$$=1{,}757\times 300\times 10^{-3}$$
$$=527\text{kN}$$

(4) y축에 대한 단면 모멘트 산정 :

$$M_{0y}=P_{ny}\times e_x=1{,}737\times 200\times 10^{-3}=348\text{kN}$$

(5) 공칭설계모멘트 산정 : 공칭하중을 P_n이라 두면,

① x축에 대한 단면 공칭설계모멘트

$$M_{nx}=P_n e_y=P_n\times 300=0.3P_n\text{kN}\cdot\text{m}$$

② y축에 대한 단면 공칭설계모멘트

$$M_{ny}=P_n e_x=P_n\times 200=0.2P_n\text{kN}\cdot\text{m}$$

(6) 공칭 설계하중 산정 : PCA법의 방정식을 이용하면,

① $\dfrac{M_{nx}}{M_{0x}}+\dfrac{M_{ny}}{M_{0y}}(\dfrac{1-\beta}{\beta})=1$, $\dfrac{0.3P_n}{527}+\dfrac{0.2P_n}{348}(\dfrac{1-0.65}{0.65})=1$

② $\dfrac{0.3P_n}{527}+\dfrac{0.1077P_n}{348}=1$

③ $\therefore\ P_n=1{,}138\text{kN}$, $\therefore\ P_u=\Phi P_n=740\text{kN}$

(7) 결과 비교 검토 : 브레슬러 상반법과 PCA법에 의한 결과 비교

◦ 브레슬러 상반법에 의한 $P_u=732\text{kN}$

◦ PCA법에 의한 $P_u=740\text{kN}$

◦ PCA법과 브레슬러 상반법에 의한 P_u의 차이는 단지 1.08%

8-4 세장 기둥의 해석

8-4-1 개요

축하중 P를 가지는 기둥이 수평방향으로 굽어지는 횡처짐(Δ)이 일어나면 이 기둥은 작용하는 축하중 P와 함께 $P\Delta$만큼의 모멘트를 받게 될 것이다. 따라서 기둥에 새롭게 작용하는 $P\Delta$만큼의 모멘트 영향으로 기둥의 축하중 지지력을 상당히 감소시키며, 이러한 기둥을 세장기둥(slender column) 또는 장주라 한다. 미국 ACI(American Concrete Institute) 기준에서는 기둥의 횡처짐으로 인한 모멘트로 인하여 약 5% 이상의 기둥 축하중 지지력이 감소되는 경우를 세장한 기둥이라 규정하고 있다. 기둥에 작용한 축하중으로 인하여 기둥이 일시적으로 횡처짐이 일어나는 것을 좌굴(buckling)이라 하며, 세장한 기둥의 좌굴은 기둥의 형상 및 수평방향의 버팀부재(bracing)에 따라 좌굴의 정도가 상이하게 나타난다. 이러한 세장한 기둥의 축하중 지지력은 좌굴하중(buckling load)이라 알려진 기둥에 대한 미분방정식을 이용해 산정된다.

8-4-2 세장 기둥의 좌굴하중(Buckling load)

중심축하중을 받는 기둥의 좌굴하중은 기둥 단부의 지지조건과 수평적 변형의 구속 여부에 따라 영향을 받는다. 이러한 좌굴하중은 스위스 수학자 오일러(Leonhard Euler)에 의해 1744년에 처음으로 유도되었으며, 이 좌굴하중을 오일러 좌굴하중(Euler buckling load, P_E)이라고 한다. 이러한 오일러 좌굴하중은 기둥의 양단이 단순지지이고 재료의 거동은 탄성영역 내에 있다는 전제하에 얻어지며 다음 식 (8-48)로 나타낸다.

$$P_E = \frac{\pi^2 EI}{l^2} \tag{8-48}$$

여기서, EI : 휨강성(flexural stiffness), l : 기둥의 길이를 나타낸다.

또한 중심축하중을 받는 기둥의 좌굴하중은 기둥 단부의 지지조건과 수평적 변형의 구속 여부에 따라 영향을 받으므로 임의의 경계조건과 수평적 구속상태에서 좌굴하중(P_c)은 유효좌굴길이의 개념을 도입하여 다음 식 (8-49)로 표현된다.

$$P_c = \frac{\pi^2 EI}{(kl)^2} \tag{8-49}$$

위의 식에서 k값은 유효길이계수(effective length factor)를 말하며, 양단 단순지지 경계조건과 수평적으로 구속되지 않은 기둥에서 $k=1.0$을 가지게 된다. 그림 8-12에 지지조건과 수평적 구속상태에 따른 기둥의 좌굴형태 및 이에 대응하는 유효좌굴길이 계수값을 〈표 8-1〉에 나타냈다.

〈표 8-1〉 기둥의 유효좌굴길이 계수값

	(1)	(2)	(3)	(4)	(5)	(6)
이론치(k)	0.5	0.7	1.0	2.0	1.0	2.0
설계치(k)	0.65	0.8	1.2	2.1	1.0	2.0

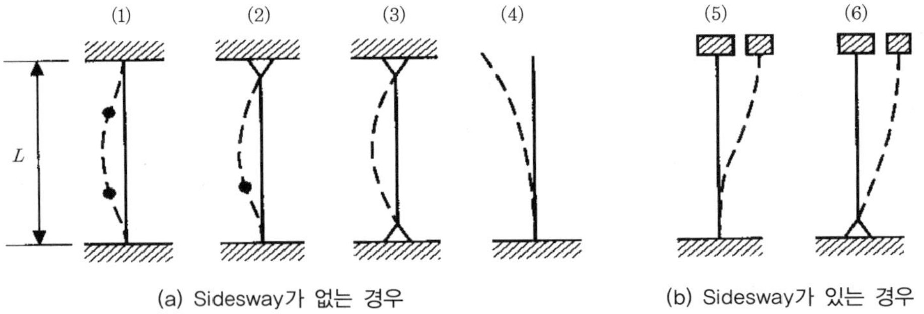

그림 8-12 기둥의 좌굴형태

8-4-3 골조(frame)내 기둥의 유효길이 및 계수

앞에서 서로 다른 단부의 지지조건과 수평방향 구속상태에 따른 기둥의 좌굴하중 및 유효좌굴길이 계수값에 대하여 논하였다. 그러나 골조에 있는 기둥의 좌굴하중이나 유효좌굴길이는 골조의 부정정차수와 함께 접합된 부재의 강성에 따라 기둥 단부의 고정도가 달라지기 때문에 앞서 언급한 단일 압축재의 경우와 같이 간단하지 않다. 그림 8-13에 대표적인 골조의 좌굴 및 유효좌굴계수값을 나타내고 있다.

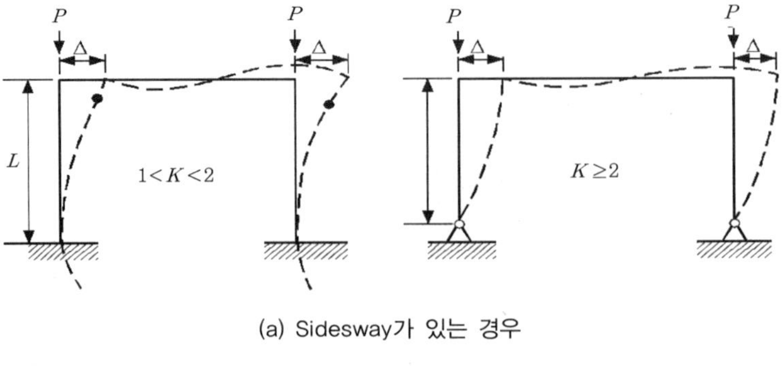

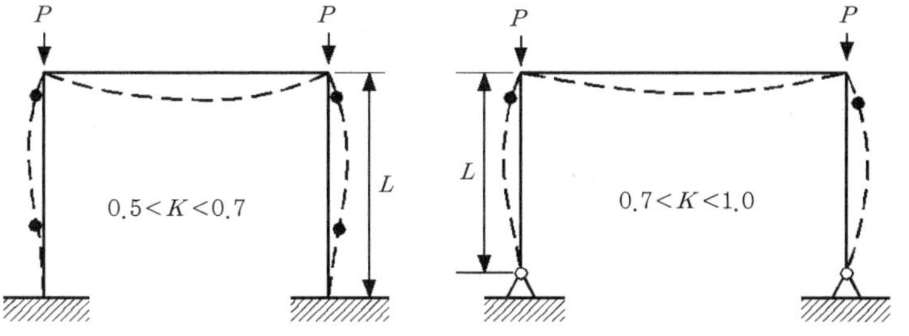

(b) Sidesway가 없는 경우

그림 8-13 골조의 좌굴 및 유효좌굴계수

골조에서 보와 기둥의 접합부에 접합된 보의 강성이 기둥의 강성보다 현저하게 큰 경우 기둥의 단부는 고정된 상태에 가깝게 되고, 기둥의 강성이 보의 강성보다 현저하게 큰 경우에는 단순지지 상태에 가깝게 된다. 하지만 어느 경우나 골조는 고정 혹은 단순지지 상태는 드물고, 두 가지 상태 사이의 고정도를 가지고 있다고 할 수 있다. 기둥의 고정도를 평가하는 데는 접합부에서 기둥의 강성을 보의 강성으로 나눈 값이며 다음 식 (8-50)으로 나타낼 수 있다.

$$\psi = \frac{\Sigma(E_c I_c / l_c)}{\Sigma(E_b I_b / l_b)} \tag{8-50}$$

여기서, 아래첨자 b와 c는 보와 기둥을 각각 나타내고, l_b와 l_c는 접합부들의 중심간 거리를 나타낸다. 따라서 $\Psi = 0$이 되는 경우 기둥이 접합부에 완전고정되어 있는 경우가 되며, $\Psi = \infty$가 되는 경우 기둥 단부가 단순지지된 경우가 된다.

구조설계기준에서는 기둥과 보의 철근비 변화 및 균열 등을 고려한 압축부재 양단의 상대강성도 함수이며, 그림 8-14에 나타낸 도표(Alignment Charts)를 이용하거나 계산식을 사용하여 유효길이계수를 구하도록 명시하고 있다.

(1) 도표(Alignment Charts) 방법

그림 8-14의 도표에서 수평구속(횡구속)된 골조와 수평구속되지 않은 골조는 서로 다른 좌굴거동을 보이므로 골조의 수평구속 상태를 판별한 후 각각의 경우에 맞는 도표를 사용한다.

먼저 기둥의 양 접합부에서의 상대강성 ψ_A 및 ψ_B를 식 (8-50)을 이용하여 계산하고, 수평 구속상태 조건에 따라 해당 도표에서 ψ_A와 ψ_B를 잇는 직선을 그어 k축의 값을 읽으면 된다.

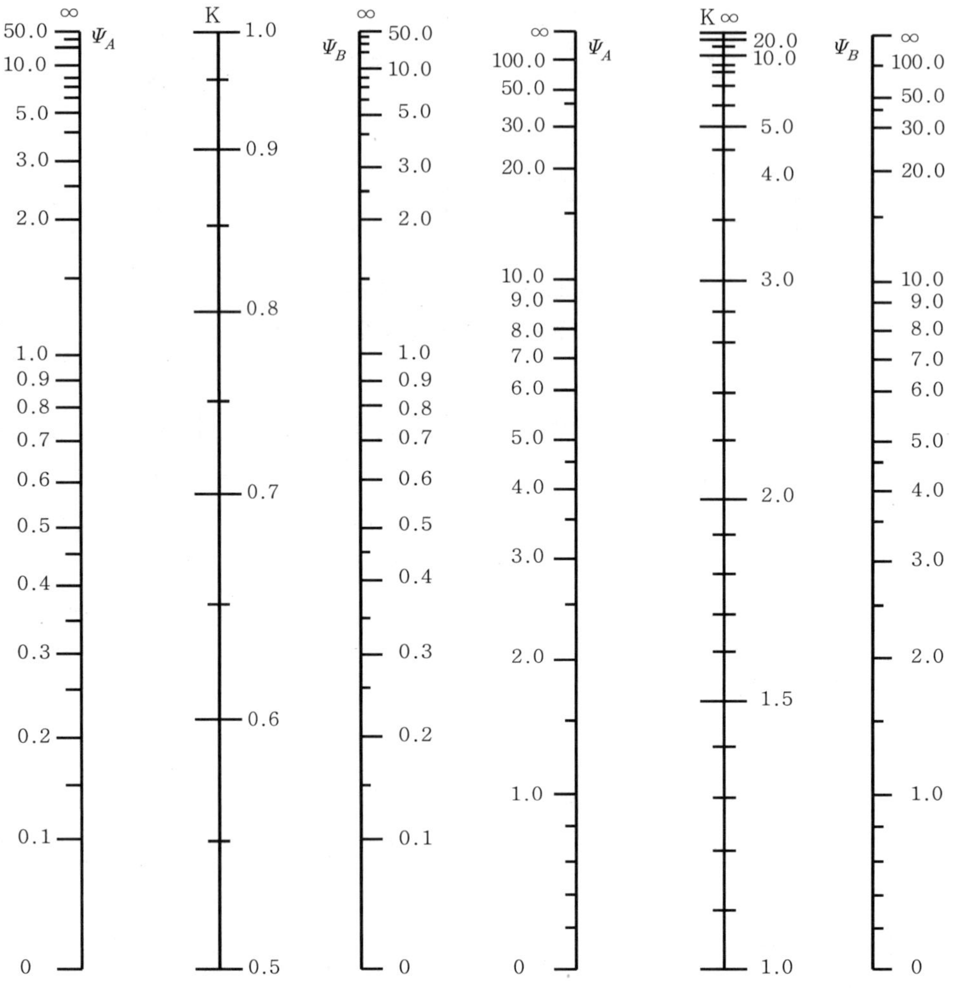

(a) 수평구속된(Nonsidesway) 경우 (b) 수평구속 없는(Sidesway) 경우

그림 8-14 유효좌굴 길이계수(Alignment Charts)

(2) 수식 방법

① 수평 구속 골조 압축부재의 유효길이계수 k는 다음 중 작은 값을 취한다.

$$k = 0.7 + 0.05(\psi_A + \psi_B) \leq 1.0 \quad (8\text{-}51)$$

$$k = 0.85 + 0.05\psi_{\min} \leq 1.0 \quad (8\text{-}52)$$

여기서, ψ_A와 ψ_B는 기둥 양단에서의 ψ 값이고, $\psi_{\min}$은 ψ_A와 ψ_B 중 작은 값이다.

② 수평구속되지 않은 골조의 압축부재에 대한 유효길이계수 k는 다음에 따라 구할 수 있다.

(i) $\psi_m<2$인 경우

$$k=\frac{20-\psi_m}{20}\sqrt{1+\psi_m} \tag{8-53}$$

(ii) $\psi_m\geq 2$인 경우

$$k=0.9\sqrt{1+\psi_m} \tag{8-54}$$

여기서, ψ_m은 ψ_A와 ψ_B의 평균값이다. 수평구속되지 않은 골재에서 한 단부가 힌지인 기둥의 유효길이계수는,

$$k=2.0+0.3\psi \tag{8-55}$$

의 식으로 계산된다. 이 식에서 ψ는 회전구속된 단부의 값이다.

예제 8-14 그림 8-14와 같은 골조에서 기둥 AB의 유효길이계수를 구하시오.
단, 보의 휨강성 EI는 모두 65×10^9kN · mm^{2}이며, 기둥에서는 $EI_{AB}=EI_{AG}$ $=50\times10^9$kN · mm^2, $EI_{BH}=70\times10^9$kN · mm^2

풀 이 (1) 주어진 보와 기둥의 EI값과 길이로부터 ψ값을 구하면

$$\psi_A=\frac{EI_{AB}/l_{AB}+EI_{AG}/l_{AG}}{EI_{AC}/l_{AC}+EI_{AD}/l_{AD}}=\frac{50\times10^9/3{,}000+50\times10^9/3{,}000}{65\times10^9/6{,}500+65\times10^9/6{,}500}$$
$$=1.66$$

$$\psi_B=\frac{EI_{AB}/l_{AB}+EI_{BH}/l_{BH}}{EI_{BE}/l_{BE}+EI_{BF}/l_{BF}}=\frac{50\times10^9/3{,}000+70\times10^9/3{,}000}{65\times10^9/6{,}500+65\times10^9/6{,}500}$$
$$=2.0$$

(2) 도표에 의한 해석 : 그림 8-14를 이용하면

① 수평구속된(Sidesway) 경우 $\psi_A=1.66$, $\psi_B=2.0$에 대하여
$k=0.845$

② 수평구속 없는(Nonsidesway) 경우 $\psi_A=1.66$, $\psi_B=2.0$에 대하여
$k=1.55$

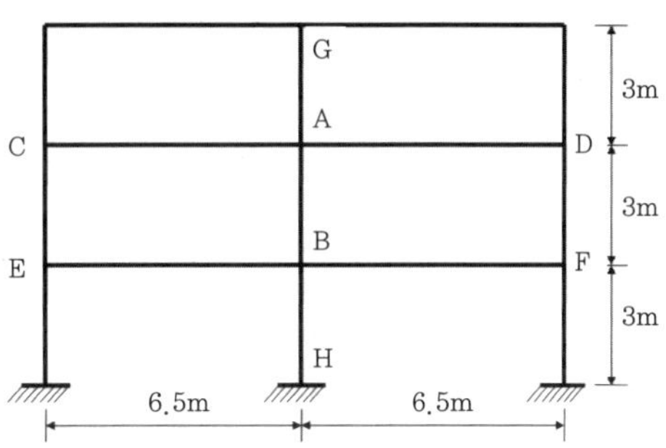

8-4-4 세장비 한계

기둥의 세장비 $k\frac{l}{r}$ 계산에서 l은 기둥의 비지지간 거리이고, r은 단면2차반경이다. 그림 8-15에 보여진 직사각형 단면과 원형 단면 기둥에 대한 단면2차반경 값은 일반적으로 다음과 같이 사용할 수 있다. 사각형 기둥단면에서는 $\gamma_x = 0.288h$, $\gamma_y = 0.288b$, 원형 기둥 단면에서는 $\gamma_x = \gamma_y = 0.25D$로 간편하게 계산될 수 있다.

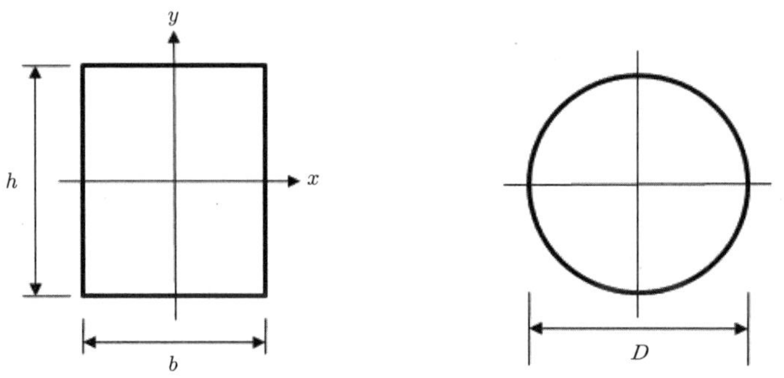

(a) 사각 기둥단면 (b) 원형 기둥 단면

그림 8-15 기둥단면의 단면2차반경

세장비가 작은 짧은 기둥에서는 세장효과를 무시하고 P-M상관곡선으로부터 직접 기둥의 설계강도를 계산할 수 있으며, 설계기준에서는 이에 대한 제한을 다음과 같이 규정하고 있다.

① 수평적으로 구속되지 않은 기둥 :

$$\lambda = \frac{kl}{r} \leq 22 \tag{8-56}$$

② 수평적으로 구속된 기둥 :

$$\lambda = \frac{kl}{r} \leq 34 - 12\frac{M_1}{M_2} \tag{8-57}$$

위 식에서 M_1와 M_2는 기둥의 단부모멘트이고, M_2는 M_1보다 큰 값으로 하며, 식 (8-57)의 오른쪽 항 $34 - 12\frac{M_1}{M_2}$의 값은 40을 넘을 수 없으며, $\frac{M_1}{M_2}$는 부재가 단곡률일 때 (+), 복곡률일 때 (−)로 간주한다.

8-4-5 수평구속에 대한 정의

실제 구조물에서 완전히 수평적 구속 골조나 완전한 비수평적 구속 골조는 드물다. 기준을 적용할 목적으로 수평이동에 대하여 수평구속 압축재는 수평변위가 구조체에 생기는 모멘트에 현저하게 영향을 주지 않는 층에 속한 부재를 말하며, 구조설계기준에서는 다음과 같이 규정하고 있다.

① 2계 해석에 의한 기둥 단부 휨모멘트의 증가량이 1계 탄성해석에 의한 단부 휨모멘트의 5%를 초과하지 않는 경우에 구조물의 기둥은 수평구속 구조물로 가정할 수 있다.

② 다음의 층 안정성 지수가 0.05 이하인 경우 해당 구조물 층은 수평구속 구조물로 가정할 수 있다.

$$Q = \frac{\Sigma P_u \Delta_0}{V_u l_c} \tag{8-58}$$

여기서, ΣP_u와 V_u는 각각 해당 층에서 전체 수직하중과 층전단력이고, Δ_0는 V_u로 인한 해당 층의 상단과 하단 사이의 1계 탄성해석에 의한 상대변위이다.

8-5 세장 기둥의 설계

8-5-1 모멘트 확대계수(단부 구속)

세장한 기둥의 설계를 위하여 설계기준에서는 모멘트 확대계수법을 이용하도록 하였으며, 이때 얻어진 기둥의 모멘트값은 세장효과로 인하여 증가하게 되며, 이 증가된 모멘트값을 이용하여 세장한 기둥을 설계할 수 있다. 그림 8-16과 같은 핀 지지조건의 기둥에 축력 P와 모멘트 M_0가 작용하면 δ=모멘트 M_0에 의한 처짐이며 1차 처짐이라 하고, δ_a=축력 P에 의한 처짐이다. 따라서 전체 처짐 $\delta = \delta_0 + \delta_a$이며, 이러한 전체 처짐을 2차 처짐이라 한다. 여기에서 처짐의 형태가 반 사인(half-sine wave) 형태를 가진다고 가정하면 $P-\delta$ 모멘트 곡선도 역시 사인곡선 형태를 가진다. 한편 처짐 δ_a는 모멘트면적법을 이용해서 얻을 수 있다. 그림 8-16(c)에서 빗금친 부분의 면적은 다음 식 (8-59)와 같다.

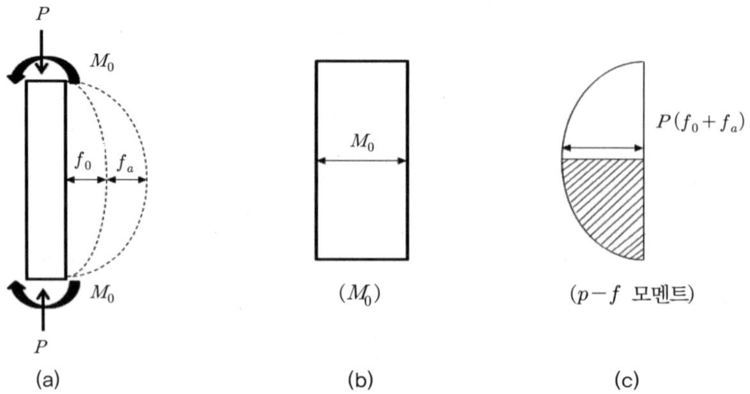

그림 8-16 세장한 기둥

$$Area = [\frac{P}{EI}(\delta_0 + \delta_a)]\frac{l}{2}\times\frac{2}{\pi} \tag{8-59}$$

처짐은 다음 식 (8-60)과 같이 나타내고,

$$\therefore\ \delta_0 = [\frac{P}{EI}(\delta_0 + \delta_a)\frac{l}{2}\times\frac{2}{\pi}](\frac{l}{\pi}) = \frac{Pl^2}{\pi^2 EI}(\delta_0 + \delta_a) \tag{8-60}$$

식 (8-60)을 간단한 식으로 표현하면 다음 식 (8-61)과 같으며,

$$\therefore\ \delta_a = (\delta_0 + \delta_a)\frac{P}{P_e} \tag{8-61}$$

식 (8-61)을 정리하여 다시 나타내면 다음 식 (8-62)와 같이 나타낸다.

$$\therefore\ \delta_a = \delta_0(\frac{P/P_e}{1-P/P_e}) \tag{8-62}$$

따라서 전체 처짐은 다음 식 (8-63)과 같으며,

$$\therefore\ \delta = \delta_0 + \delta_0(\frac{P/P_e}{1-P/P_e}) = \frac{\delta_0}{(1-P/P_e)} \tag{8-63}$$

그리고 최대 휨모멘트에 관한 식은 다음 식 (8-64)와 같다.

$$M_c = M_0 + P\delta \tag{8-64}$$

위의 식 (8-64)를 상세식으로 표현하면 다음 식 (8-65)와 같다.

$$M_c = M_0 + \frac{P\delta_0}{1-P/P_e} \tag{8-65}$$

한편, 모멘트 M_0 그림에서의 처짐에 관한 식은 다음 식 (8-66)과 같으며

$$\delta_0 = \frac{M_0 l^2}{8EI} \tag{8-66}$$

식 (8-66)을 식 (8-65)에 대입하면 다음 식 (8-67)과 같다.

$$M_c = \frac{M_0(1+0.23P/P_e)}{1-P/P_e} \tag{8-67}$$

설계기준에서는 확대모멘트 M_c값을 다음 식 (8-68)로 나타낸다.

$$M_c = \delta_{ns} \times M_0 \tag{8-68}$$

여기서, δ_{ns} =모멘트 확대계수 $= \dfrac{1}{1-P_u/P_c}$, $\quad P_c = \dfrac{\pi^2 EI}{(kl)^2}$

예제 8-15 다음 그림과 같은 기둥에 대하여 확대모멘트를 구하시오. 기둥단면 400×400mm이고, $P_u = 800\text{kN}$, $M_0 = 120\text{kN}\cdot\text{m}$, $k = 1.0$, $E = 25{,}000\text{MPa}$

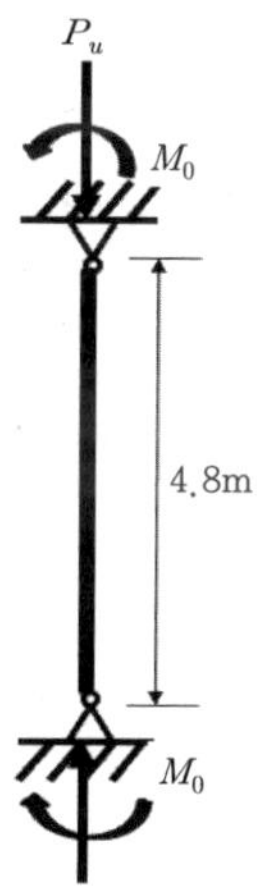

풀 이 (1) 기둥의 단면2차모멘트 산정 :

$$I = \frac{400 \times 400^3}{12} = 2.1333 \times 10^9 \text{mm}^2$$

(2) 확대모멘트 산정 :

$$M_c = \delta_{ns} \times M_0$$

(3) P_c 산정 :

$$P_c = \frac{\pi^2 EI}{(kl)^2} = \frac{3.14^2 \times 25 \times 10^9 \times I}{4{,}800^2} = 22{,}823\text{kN}$$

(4) 모멘트 확대계수 산정 :

$$\delta_{ns} = \frac{1}{1-P_u/P_c} = \frac{1}{1-(800/22{,}823)} = 1.036$$

(5) 확대모멘트 산정 :

$$M_c = \delta_{ns} \times M_0$$

$$= 1.036 \times 120\text{kN}\cdot\text{m} = 124.36\text{kN}\cdot\text{m}$$

8-5-2 등가 모멘트계수(C_m)

장주에 발생하는 상하 모멘트값의 크기가 동일하지 않을 때는 등가 모멘트계수를 이용하여 확대모멘트값을 계산할 수 있다.

위의 그림에서 등가 모멘트계수에 관한 식은 다음 식 (8-69)와 같다.

$$C_m = 0.6 + 0.4\frac{M_1}{M_2} \geq 0.4 \tag{8-69}$$

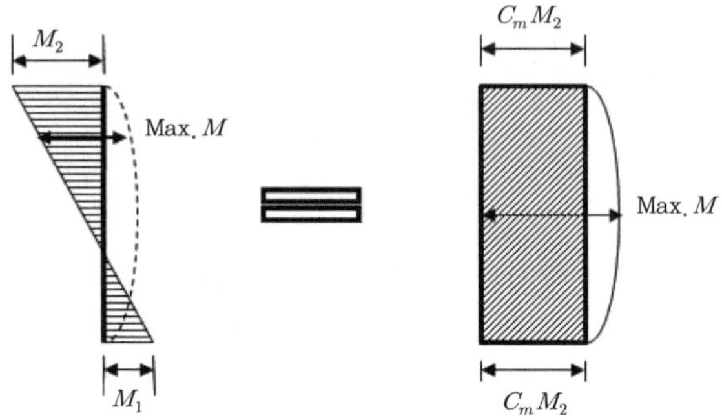

그림 8-17 등가 모멘트계수

① 수평방향의 변형이 구속된 골조에서 기둥의 세장비가 $34-12\frac{M_1}{M_2}$을 넘는 경우에는 세장효과에 의한 확대모멘트를 계산하여야 하며, 설계기준에서는 계수축하중 P_u에 대하여 확대계수 모멘트를 다음 식 (8-70)으로 계산하도록 규정하고 있다.

$$M_c = \delta_{ns} M_2 \tag{8-70}$$

여기서, δ_{ns}는 모멘트 확대계수이고, 아래첨자 ns는 수평변형이 구속된 상태를 나타내며, 다음 식 (8-71)로 나타낸다.

$$\delta_{ns} = \frac{C_m}{1-\left(\dfrac{P_u}{0.75P_c}\right)} \geq 1.0 \tag{8-71}$$

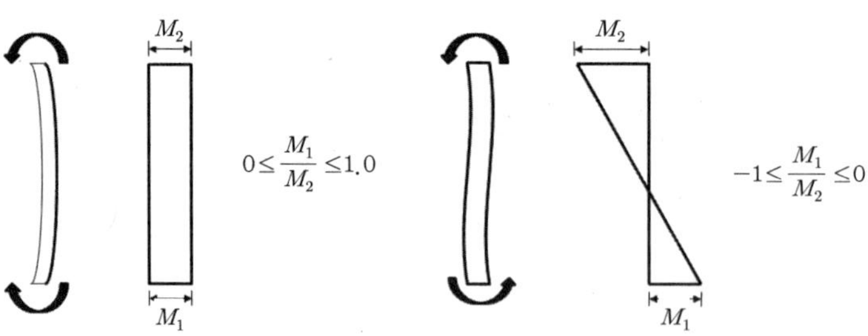

그림 8-18 세장 기둥의 곡률

위의 식 (8-71)에서 C_m은 등가 모멘트계수이고, P_c는 다음 식 (8-72)와 (8-73)으로 각각 주어진다.

$$C_m = 0.6 + 0.4\frac{M_1}{M_2} \geq 0.4(M_{1b} < M_{2b}) \tag{8-72}$$

$$P_c = \frac{\pi^2 EI}{(kl)^2} \tag{8-73}$$

여기서, M_1 / M_2는 기둥이 단일곡률로 변형될 때는 양(+)의 값을 취하고, 기둥의 양단 사이에 횡하중이 있는 경우에는 C_m을 1.0으로 취하여야 한다. 설계기준에서는 실험과 해석 결과를 토대로 이러한 현상들을 고려하여 휨강성을 다음과 같이 계산하도록 규정하고 있다.

㉠ 기둥단면에 철근이 배근되었을 때,

$$EI = \frac{0.2E_c I_g + E_s I_{se}}{1 + \beta_{dns}} \tag{8-74}$$

㉡ 기둥단면에 철근이 배근되지 않았을 때,

$$EI = \frac{0.4E_c I_g}{1 + \beta_{dns}} \tag{8-75}$$

여기서, E_c : 콘크리트의 탄성계수(MPa)

E_s : 2.0×10^5MPa(철근의 탄성계수)

I_g : 철근단면적을 무시한 콘크리트의 전단면에 대한 단면2차모멘트(mm^2)

I_{se} : 기둥 단면의 도심에 대한 철근의 단면2차모멘트(mm^2)

$(1 + \beta_{dns})$: 기둥 처짐에 대한 크리프 영향을 고려한 값

$$\beta_{dns} = \frac{\text{기둥의 계수 축 고정하중}}{\text{기둥의 전체 계수 축하중}} \tag{8-76}$$

② 단부 계수모멘트 M_2는 해석상 모멘트가 계산되지 않거나 매우 작은 값일 때는 각 주축에 대한 최소 편심거리를 고려하여 다음 값 이상으로 하여야 한다.

$$M_{2,\min} = P_u e_{\min} = P_u(15 + 0.03h) \tag{8-77}$$

$$M_2 \geq M_{2,\min} \tag{8-78}$$

여기서, 15와 h는 좌굴이 고려되는 방향의 기둥 전체 폭이며, mm 단위이다.

8-5-3 수평구속되지 않은 골조 기둥의 확대 휨모멘트

① 수평적으로 구속되지 않는 골조 기둥에 대한 확대 휨모멘트는 다음 식으로 주어진다.

$$M_1 = M_{1ns} + \delta_s M_{1s} \tag{8-79}$$

$$M_2 = M_{2ns} + \delta_s M_{2s} \tag{8-80}$$

위의 식에서 $\delta_s M_s$는 다음의 방법으로 구할 수 있다.

$$\delta_s M_s = \frac{M_s}{1 - \dfrac{\Sigma P_u}{0.75 \Sigma P_c}} \geq M_s \tag{8-81}$$

여기서, ΣP_u는 한 층의 모든 계수 연직하중의 합이고, ΣP_c는 수평방향 변위에 저항하는 모든 기둥의 임계하중 P_c의 합이다.

② 각 압축부재가 식 (8-63)을 만족시키는 경우 계수축하중 P_u와 식 (8-54)에 제시된 M_c에 대하여 부재를 설계하여야 한다.

$$\frac{l_u}{r} > \frac{35}{\sqrt{\dfrac{P_u}{f_{ck} A_g}}} \tag{8-82}$$

③ 횡방향 하중을 고려한 하중조합 이외에 계수축력을 포함한 전체 구조의 강도와 안정성 검토가 필요하다.

예제 8-16 다음과 같은 조건으로 버팀지지된 띠철근 기둥의 확대 계수휨모멘트를 구하시오.

단, $f_{ck} = 24\text{MPa}$, $f_y = 400\text{MPa}$, $E_c = 2.3 \times 10^4 \text{MPa}$

축하중(kN)	휨모멘트(kN · m)		l_u (mm)	$\psi_A = \psi_B$
	기둥 상부	기둥 하부		
$P_D = 600$ $P_L = 300$	$M_D = 80$ $M_L = 20$	$M_D = 100$ $M_L = 40$	7,400	0.7

풀 이 (1) 소요강도 산정 :

① $P_u = 1.2 \times 600 + 1.6 \times 300$

$= 1,200\text{kN}$

② $M_{u,\text{상부}} = M_1 = 1.2 \times 80 + 1.6 \times 20$

$= 128\text{kN} \cdot \text{m}$

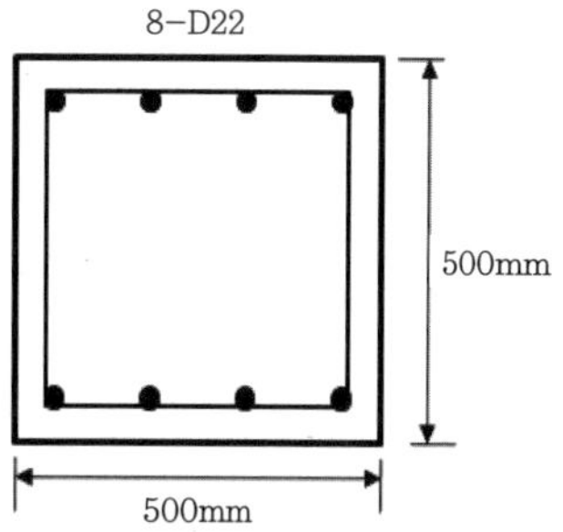

③ $M_{u,하부} = M_2 = 1.2 \times 100 + 1.6 \times 40$

$= 184\text{kN}\cdot\text{m}$

④ $A_s = A_s' = 4 \times 387 = 1{,}548\text{mm}^2$

(2) 장주효과 고려 검토 :

① 유효길이계수 k값 결정 :

$\psi_A = \psi_B = 0.7$일 때 그림 8-12를 이용하여 기둥의 유효좌굴길이계수 k값을 찾으면 $k \doteqdot 0.73$이고, 사각형 단면의 단면2차반경 $\gamma = 0.3h = 0.3 \times 500 = 150\text{mm}$

② 장주효과를 무시할 수 있는 조건을 검토하면 세장비

$$\lambda = \frac{kl_u}{\gamma} = \frac{0.73 \times 7{,}400}{150} = 36.01$$

$= 36.01 > 34 - 12 \times \dfrac{146}{208} = 25.58$이므로 세장효과를 고려해야 한다.

(3) 확대계수휨모멘트 M_c 결정 : 기둥의 상하부 모멘트가 동일하지 않으므로 δ_{ns}는

① $C_m = 0.6 + 0.4\dfrac{M_1}{M_2} = 0.6 + 0.4\dfrac{128}{184} = 0.88 \geqq 0.4$

② $P_c = \dfrac{\pi^2 EI}{(kl)^2}$를 계산하기 위하여 EI를 구하는 약산식은

③ $EI = \dfrac{0.2E_c I_g + E_s I_{se}}{1 + \beta_{dns}}$를 사용하면

$$I_g = \frac{500 \times 500^3}{12} = 5.21 \times 10^9\text{mm}^4$$

④ $I_{se} = 2 \times 1{,}548\,(250 - 60)^2 = 111{,}765{,}600\text{mm}^4$

⑤ $\beta_{dns} = \dfrac{\text{축방향 계수고정하중에 의한 최대 계수축력}}{\text{전체 계수 축하중에 의한 최대 계수축력}}$

$$= \frac{1.2P_D}{1.2P_D + 1.6P_L} = 0.6$$

⑥ $\therefore\ EI = \dfrac{0.2E_c I_g + E_s I_{se}}{1 + \beta_d} = 1.397 \times 10^{10}\,\text{kN mm}^2$

따라서 한계축력은

⑦ $P_c = \dfrac{\pi^2 EI}{(Kl_u)^2} = \dfrac{3.14^2 \times 1.397 \times 10^{10}}{(0.73 \times 7{,}400)^2} = 4{,}720\,\text{kN}$

따라서 휨모멘트 확대계수는

⑧ $\delta_{ns} = \dfrac{C_m}{1-P_u/\phi P_c} = \dfrac{0.88}{1-1200/(0.75\times 4{,}720)} = 1.33 \geq 1.0$

⑨ 설계용 최소 휨모멘트 검토

$M_{2,\,\min} = P_u(15+0.03h) = 1{,}200(15+0.03\times 500)/1{,}000$

$= 36\text{kN}\cdot\text{m} < M_2 = 184\text{kN}\cdot\text{m}$

$\therefore\ M_c = \delta_{ns}M_{2b} = 1.33\times 184 = 244.72\text{kN}\cdot\text{m}$

예제 8-17 다음 그림과 같은 기둥에 대하여 확대모멘트를 구하시오. 기둥단면 350×400mm이고, $P_u = 700\text{kN}$, $P_D = 140\text{kN}$ $M_1 = 100\text{kN}\cdot\text{m}$, $M_2 = 110\text{kN}\cdot\text{m}$, $k = 0.8$. $f_{ck} = 24\text{MPa}$, $f_y = 400\text{MPa}$

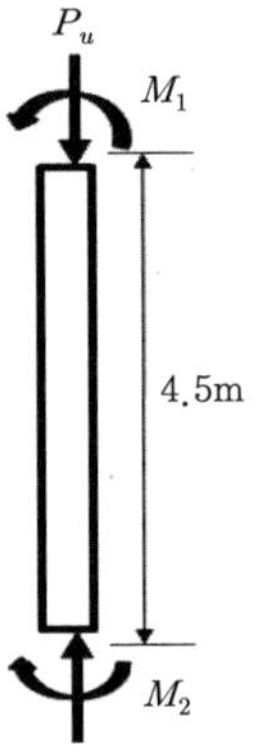

풀 이 (1) 기둥의 세장비 검토 :

세장비 $\lambda = \dfrac{kl_u}{r} = \dfrac{0.8\times 4{,}500}{0.3\times 400} = 30$

따라서 세장효과를 가지는 세장기둥으로 한다.

(2) 콘크리트 탄성계수 산정 :

$E_c = 8{,}500\sqrt{f_{cu}} = 8{,}500\times\sqrt{28} = 4.5\times 10^4\text{MPa}$

(3) I_g 산정 :

$I_g = \dfrac{350\times 400^3}{12} = 1.87\times 10^9\text{mm}^4$

(4) β_{dns} 산정 :

$\beta_{dns} = \dfrac{\text{계수 고정하중}}{\text{계수 전체 축하중}} = \dfrac{1.2P_D}{1.2P_D+1.6P_L} = \dfrac{1.2\times 140}{700} = 0.24$

(5) EI 산정 :

$\therefore\ EI = \dfrac{0.4E_cI_g}{1+\beta_{dns}} = \dfrac{0.4\times 4.5\times 10^4\times 1.87\times 10^9}{1+0.24}$

$= 2.72\times 10^{10}\text{kNmm}^2$

(6) P_c 산정 :

$P_c = \dfrac{\pi^2 EI}{(kl)^2} = \dfrac{3.14^2\times 2.72\times 10^{10}}{3{,}600^2} = 20{,}693\text{kN}$

(7) 등가 모멘트계수 산정 :

$$C_m = 0.6 + 0.4\frac{M_1}{M_2} = 0.964$$

(8) δ_{ns} 산정 :

$$\delta_{ns} = \frac{C_m}{1 - P_u / 0.75P_c} = \frac{0.964}{1 - \frac{700}{(0.75 \times 20,693)}} = 1.009$$

(9) 확대모멘트 산정 :

$$M_c = \delta_{ns} \times M_2$$

$$= 1.009 \times 110 = 111\text{kN} \cdot \text{m}$$

예제 8-18 예제 8-17을 이용하여 기둥에 필요한 철근량을 구하시오.

풀 이 (1) 예제 8-11에서 구한 확대모멘트 및 계수축하중 :

$$P_u = 700\text{kN}\,,\ M_c = 111.47\text{kN} \cdot \text{m}$$

(2) 상관곡선을 이용한 철근비 산정 :

① $d' = \left(\text{피복두께} + \text{띠철근 지름} + \frac{\text{주근지름}}{2}\right)$

$$= 40 + 10 + 10 = 60\text{mm}$$

② $\therefore\ \gamma = \frac{h - 2d'}{h} = \frac{400 - (2 \times 60)}{400}$

$$= 0.70$$

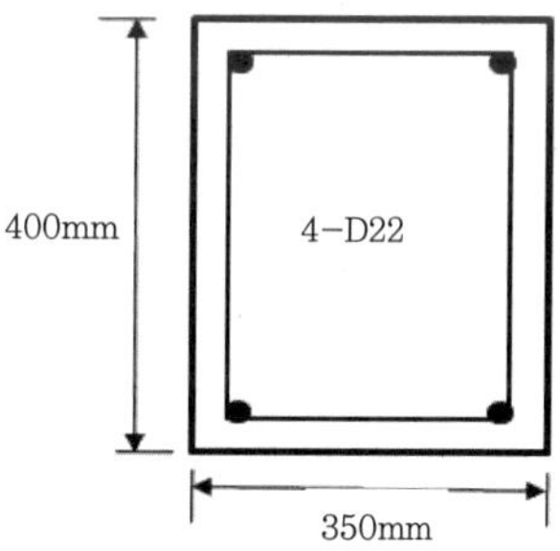

③ 부록 3의 계수 값 산정 :

$$Y\text{축} : \frac{P_u}{A_g} = \frac{P_u}{b \times h} = \frac{700 \times 10^3}{305 \times 400}$$

$$= 5.0\text{MPa}$$

$$X\text{축} : \frac{M_u}{bh^2} = \frac{111 \times 10^6}{350 \times 400 \times 400} = 1.98\text{MPa}$$

④ 철근비 결정 : 부록 3의 그래프를 이용하여

$\gamma = 0.7$일 때 $\Rightarrow \rho = 0.007 < \rho_{\min} = 0.01$, 최소 철근비 이하이므로 최소 철근비를 배근한다.

(3) 철근량 산정 및 철근 개수 산정 :

$$A_{st} = 0.01 \times 350 \times 400 = 1,400\text{mm}^2$$

$\therefore$ 4-D22($A_{st} = 1,548\text{mm}^2$)

예제 8-19 다음 그림과 같은 기둥 상하부에 편심을 가지는 띠기둥을 설계하시오.

단, $P_D = 500\text{kN}$, $P_L = 400\text{kN}$, $f_{ck} = 27\text{MPa}$, $f_y = 400\text{MPa}$

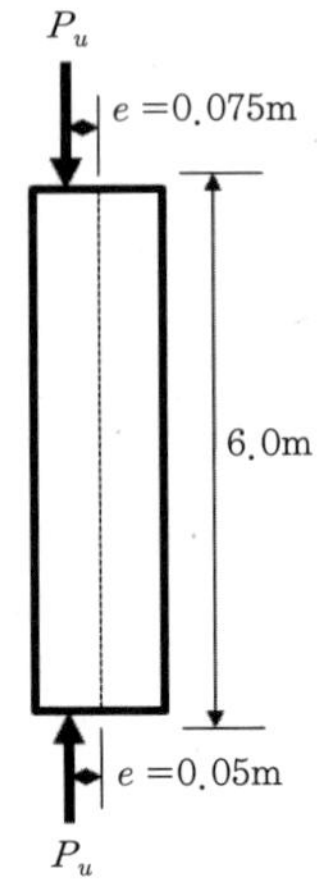

풀 이 (1) 계수하중 산정 :

① $P_u = 1.2 \times 500 + 1.6 \times 400 = 1{,}240\text{kN}$

② $M_{상부} = M_2 = 93\text{kN}\cdot\text{m}$, $M_{하부} = M_1 = 62\text{kN}\cdot\text{m}$

(2) 기둥 단면적 산정 : 철근비 ρ=0.015로 가정하고,

$$A_g \geq \frac{P_u}{0.40\,(f_{ck}+\rho f_y)} = \frac{1{,}240\times 10^3}{0.40(27+0.015\times 400)} = 93{,}939\text{mm}^2$$

$\therefore\ b\times h = 350\times 350\text{mm}(A_g = 122{,}500\text{mm}^2)$

(3) 기둥의 세장비 검토 :

$$\text{세장비} = \frac{kl_u}{r} = \frac{1.0\times 6{,}000}{0.3\times 350} = 57.14$$

따라서 세장효과를 가지는 세장기둥으로 한다.

(4) 콘크리트 탄성계수 산정 :

$$E_c = 8{,}500\sqrt{f_{cu}} = 8{,}500\times\sqrt{31} = 54{,}426\text{MPa}$$

(5) I_g 산정 :

$$I_g = \frac{350\times 350^3}{12} = 1.2505\times 10^9\text{mm}^4$$

(6) β_{dns} 산정 :

$$\beta_{dns} = \frac{\text{계수 고정하중}}{\text{계수 전체 축하중}} = \frac{1.2P_D}{1.2P_D+1.6P_L} = \frac{1.2\times 500}{1{,}240} = 0.484$$

(7) EI 산정 :

$$\therefore\ EI = \frac{0.4E_cI_g}{1+\beta_{dns}} = \frac{0.4\times 54{,}426\times 1.2505\times 10^9}{1+0.484}$$

$$= 1.835\times 10^{10}\text{kNmm}^2$$

(8) P_c 산정 :

$$P_c = \frac{\pi^2 EI}{(kl)^2} = 5{,}025\text{kN}$$

(9) 등가 모멘트계수 산정 :

$$C_m = 0.6 + 0.4\frac{M_1}{M_2} = 0.8668$$

(10) δ_{ns} 산정 :

$$\delta_{ns} = \frac{C_m}{1 - P_u / 0.75P_c} = \frac{0.8668}{1 - \frac{1,240}{(0.75 \times 5,025)}} = 1.29$$

(11) 확대모멘트 산정 :

$$M_c = \delta_{ns} \times M_2$$

$$= 1.29 \times 93 = 120\text{kN} \cdot \text{m}$$

(12) 상관곡선을 이용한 철근비 산정 :

① $d' = \left(\text{피복두께} + \text{띠철근 지름} + \frac{\text{주근지름}}{2}\right)$

$$= 40 + 10 + 10 = 60\text{mm}$$

② $\therefore\ \gamma = \frac{h - 2d'}{h} = \frac{350 - (2 \times 60)}{350} = 0.66 \Rightarrow 0.70$

③ 부록 3의 계수값 산정 :

Y축 : $\frac{P_u}{A_g} = \frac{P_u}{b \times h} = \frac{1,240 \times 10^3}{350 \times 350}$

$= 10.12\text{MPa}$

X축 : $\frac{M_u}{bh^2} = \frac{120 \times 10^6}{350^3}$

$= 2.80\text{MPa}$

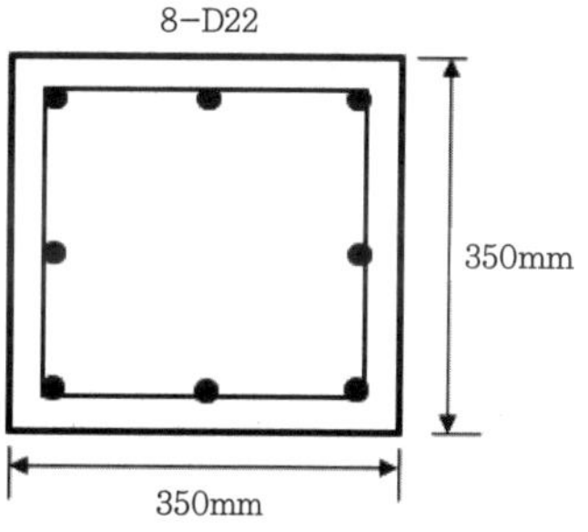

④ 철근비 결정 : 부록 3의 그래프를 이용하여

$\gamma = 0.7$일 때 $\Rightarrow \rho = 0.022$

(13) 철근량 산정 및 철근 개수 산정 :

$$A_{st} = 0.022 \times 350 \times 350 = 2,695\text{mm}^2$$

$\therefore$ 8-D22(A_{st} =3,096mm^2)

chapter 9

슬래브(Slab) 설계

9-1 개 요

1방향 슬래브는 4변에 의해 지지되는 2방향 슬래브 중에서 단변에 대한 장변의 비가 2배를 넘으면 1방향 슬래브로 해석하며, 슬래브란 벽체나 보 혹은 기둥에서 직접 지지되는 구조체로 형태에 따라 사각형, 사다리꼴, 원형 등으로 나눌 수 있으며, 하중을 지지하거나 보나 기둥에 하중을 전달하는 역할을 한다. 슬래브에서 하중이 단변방향으로만 전달되는 경우를 1방향 슬래브라 하고, 하중이 2방향으로 전달되는 경우를 2방향 슬래브라 한다. 1방향 슬래브는 무거운 활하중이 작용하거나 스팬의 길이가 6m를 넘는 특별한 경우에 주로 사용되는 구조이고, 2방향 슬래브는 일반적으로 경제적이며, 널리 사용되는 구조시스템이다. 또한 아파트나 유사건물 등에 비교적 작은 활하중이 작용하는 곳에서는 기둥이 직접 일정한 두께를 가지는 단순 슬래브를 지지하는 플랫 플레이트(flat plate)구조를 사용하며, 가장 경제적인 플랫 플레이트의 스팬길이는 약 4.5~6.0m이다. 비교적 긴 스팬에서는 휨에 대한 슬래브 두께보다 수직하중을 기둥에 전달하는데 요구되는 두께가 더 크게 되며, 결과적으로 패널 중앙부에서 콘크리트가 효과적이지 못하다. 이러한 경우 슬래브의 경량화, 슬래브 모멘트의 감소

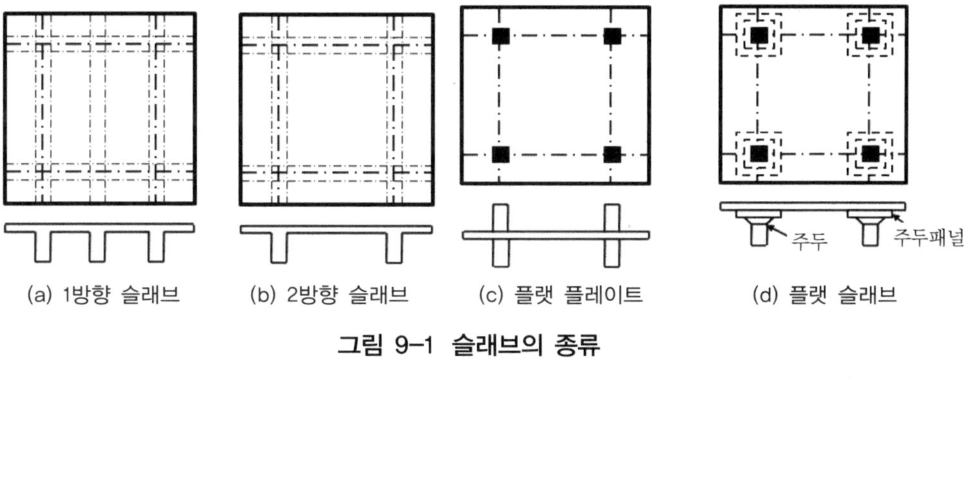

그림 9-1 슬래브의 종류

및 재료를 절약하기 위해 중앙부에서의 슬래브를 리브(rib)로 대체한 슬래브를 와플 슬래브(waffle slab)라 하며, 스팬 길이는 7.5~12.0m에 사용된다. 한편 무거운 산업용 하중($4.8kN/m^2$)이 작용할 때는 기둥 윗부분의 슬래브를 드롭 패널(drop panel) 혹은 주두(column capital) 형태로 두껍게 하여 하중을 기둥에 전달시키는 플랫 슬래브(flat slab) 구조를 사용하기도 하며, 적합한 스팬 길이는 6~9m 정도이다.

9-2 1방향 슬래브의 설계

1방향 슬래브란 하중을 한 방향으로 지지하는 슬래브이며, 주로 한 방향의 휨모멘트만 고려하므로 해석이 간편하고 모멘트 방향의 스팬이 짧아 슬래브 두께나 철근량을 줄일 수 있어 슬래브의 경제성을 높일 수 있는 바닥구조 형태이다. 1방향 슬래브 설계에는 지지하는 철근콘크리트보 위에 폭 1,000mm를 가지는 독립적인 슬래브가 평행하게 위치해 있다고 가정한다.

따라서 4변에 의해 지지되는 슬래브 중에서 장변 길이가 단변 길이의 2배 이상되는 슬래브는 1방향 슬래브로 해석한다.

9-2-1 1방향 슬래브의 최소 두께와 최대 허용처짐

구조설계기준에는 처짐계산에 의하여 더 작은 두께를 사용해도 유해하지 않다는 검토를 한 경우를 제외하고, 큰 처짐에 의하여 손상되기 쉬운 칸막이벽이나 기타 구조물을 지지하지 않는 1방향 슬래브 두께는 〈표 9-1〉에 따라야 하며, 최소 100mm 이상으로 하여야 한다.

〈표 9-1〉 처짐을 계산하지 않는 경우 1방향 슬래브의 최소 두께

부재	최소 두께 h			
	단순지지	1단 연속	양단 연속	캔틸레버
1방향 슬래브	큰 처짐에 의해 손상되기 쉬운 칸막이벽이나 기타 구조물을 지지 또는 부착하지 않는 부재			
• 1방향 슬래브	$l/20$	$l/24$	$l/28$	$l/10$
• 보와 리브가 있는 1방향 슬래브	$l/16$	$l/18.5$	$l/21$	$l/8$

단, 위의 표값은 보통콘크리트($w_c = 2,300kg/m^3$)와 설계기준 항복강도($f_y = 400MPa$)를 사용한 부재에

대한 값이며, 다른 조건에 대해서는 그 값을 다음과 같이 보정하여야 한다.

① w_c=1,500~2,000kg/m^3 범위의 단위질량을 갖는 구조용 경량콘크리트에 대해서는 계산된 h값에 $(1.65-0.00031w_c)$를 곱해야 하지만 1.09 이상이어야 한다.

② f_y가 400MPa 이외인 경우는 계산된 h값에 $(0.43+f_y/700)$를 곱하여야 한다.

큰 처짐에 의해 손상되기 쉬운 칸막이벽 등을 지지 또는 부착한 경우와 〈표 9-1〉에서 제시한 값보다 작은 두께의 슬래브를 사용하고자 하면 처짐계산을 통해 유해한 영향이 없다는 것을 검토해야 한다. 이때 최대 허용처짐에 대한 규정은 〈표 9-2〉와 같다. 지속하중에 의한 장기처짐이란 고정하중과 지속적인 활하중에 의해 발생하는 장기처짐값으로 이들 하중에 의한 순간처짐(탄성처짐)값은 제외된 처짐을 의미한다. 또한 추가 활하중이란 전체 활하중 중에서 지속적인 활하중을 제외한 활하중을 말한다.

〈표 9-2〉 슬래브의 최대 허용처짐

<table>
<tr><th>부재의 형태</th><th>고려해야 할 처짐</th><th>처짐한계</th></tr>
<tr><td>과도한 처짐에 의해 손상되기 쉬운 비구조요소를 지지 또는 부착하지 않은 평지붕구조</td><td>활하중 L에 의한 즉시처짐</td><td>1/180</td></tr>
<tr><td>과도한 처짐에 의해 손상되기 쉬운 비구조요소를 지지 또는 부착하지 않은 바닥구조</td><td>활하중 L에 의한 즉시처짐</td><td>1/360</td></tr>
<tr><td>과도한 처짐에 의해 손상되기 쉬운 비구조요소를 지지 또는 부착한 지붕 또는 바닥구조</td><td rowspan="2">전체 처짐 중에서 비구조요소가 부착된 후 발생하는 처짐 부분
(모든 지속하중에 의한 장기처짐과 추가 활하중에 의한 즉시처짐의 합)</td><td>1/480</td></tr>
<tr><td>과도한 처짐에 의해 손상될 염려가 없는 비구조요소를 지지 또는 부착한 지붕 또는 바닥구조</td><td>1/210</td></tr>
</table>

① 이 제한은 물고임에 대한 안전성을 고려하지 않았다. 물고임에 대한 적절한 처짐계산을 검토하되, 고인 물에 대한 추가처짐을 포함하여 모든 지속하중의 장기적 영향, 솟음, 시공오차 및 배수설비의 신뢰성을 고려하여야 한다.

② 지지 또는 부착된 비구조요소의 피해를 방지할 수 있는 적절한 조치가 취해지는 경우에 이 제한을 초과할 수 있다.

9-2-2 1방향 슬래브의 실용해법

연속보와 1방향 슬래브 해석에서는 다음 조건에 맞는 경우 설계기준에서 정하는 모멘트계수 및 전단계수를 적용하여 근사적인 모멘트와 전단력을 구하여 1방향 슬래브를 설계한다.

① 2경간 이상일 때

② 인접한 2경간의 차이가 짧은 경간의 20% 이상 차이가 나지 않는 경우

③ 등분포하중이 작용하는 경우

④ 활하중이 고정하중의 2배를 초과하지 않는 경우

⑤ 부재의 단면 크기가 일정한 경우

(1) 실용해법에 의한 1방향 슬래브의 모멘트계수 및 전단계수

① 휨모멘트(다음 계수에 $\omega_u l_n^2$을 곱해야 한다)

㉠ 2경간 연속 슬래브(경간이 3m를 초과할 경우)

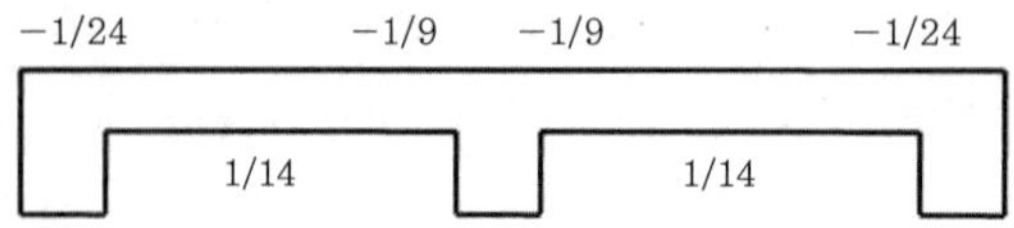

㉡ 2경간 연속 슬래브(경간이 3m 이하인 경우)

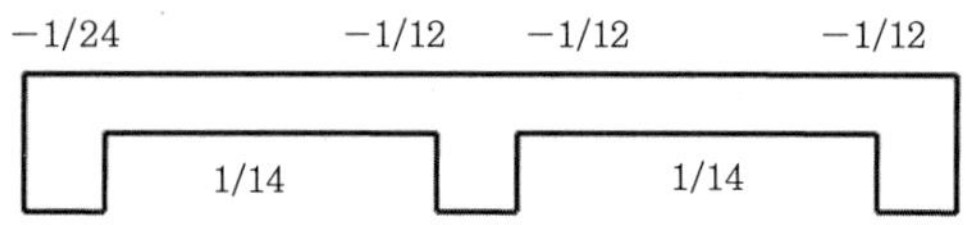

㉢ 3경간 이상 연속 슬래브(경간이 3m를 초과할 경우)

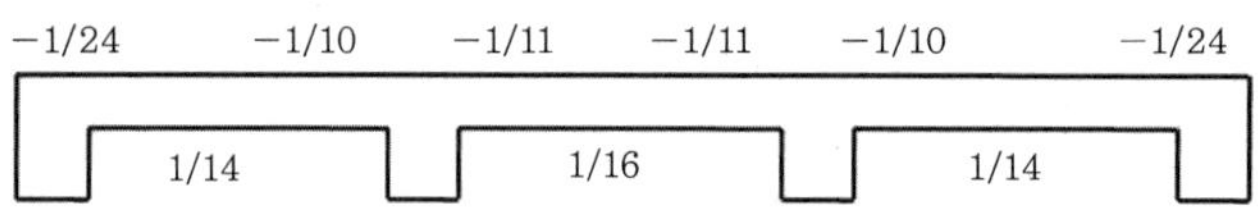

㉣ 3경간 이상 연속 슬래브(경간이 3m 이하일 경우)

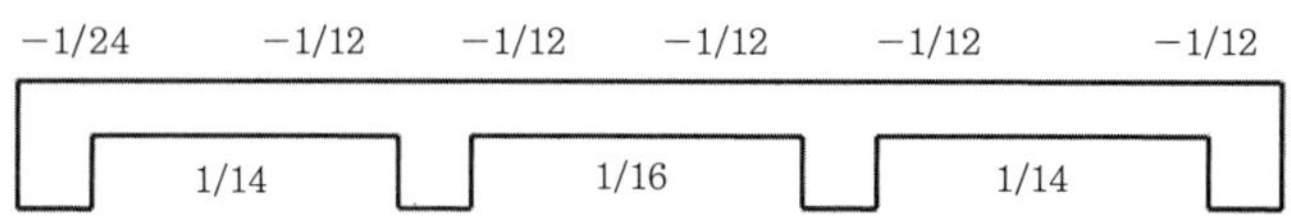

② 전단력(지지면으로부터 d만큼 떨어진 곳에서 검토하고)

㉠ 첫 번째 내부 받침부 외 측면에서 전단력 : $1.15 w_u l_n / 2$

㉡ 그 외의 단부 : $w_u l_n / 2$

여기서, l_n은 모멘트가 결정되는 방향으로 측정된 받침부 사이의 순경간이다.

9-2-3 1방향 슬래브의 구조제한

(1) 슬래브 철근배근

1방향 슬래브에서는 짧은변 방향으로만 하중을 지지하도록 설계되기 때문에 짧은 변 방향으로 생기는 정 및 부모멘트에 의하여 철근배근이 산정된다. 구조설계기준에서는 정철근 및 부철근의 중심간격은 최대 휨모멘트가 일어나는 단면에서 슬래브 두께의 2배 또는 300mm 중 작은 값 이하로 하고, 기타 단면에서 슬래브 두께의 3배 또는 400mm 중 작은

값 이하가 되도록 규정하고 있다.

(2) 수축 및 온도철근량

1방향 슬래브에서는 긴변 방향으로 철근을 특별히 배근할 필요는 없으나 건조수축 및 온도변화에 의한 균열을 방지하기 위하여 수축 및 온도철근을 배근한다. 구조설계기준에서는 콘크리트 전체 단면적에 대한 건조수축 및 온도철근의 철근비는 0.0014 이상이어야 한다. 다만, 다음의 수축, 온도철근비에 전체 콘크리트 단면적을 곱하여 계산한 수축, 온도철근 단면적을 단위 m당 1,800mm^{2}보다 크게 취할 필요는 없다.

① 설계기준 항복강도가 400MPa 이하인 이형철근을 사용한 슬래브 :

$$\rho_{\min} = 0.0020 \qquad (9\text{-}1)$$

② 설계기준 항복강도가 400MPa을 초과하는 이형철근 또는 용접철망을 사용한 슬래브 :

$$\rho_{\min} = 0.0020 \times \frac{400}{f_y} \qquad (9\text{-}2)$$

(3) 수축 및 온도철근 배근

건조수축 및 온도변화에 의한 균열을 방지하기 위해 배근하는 수축 및 온도철근의 간격은 슬래브 두께의 5배 이하 또한 450mm 중 작은 값 이하로 한다.

(4) 수축, 온도철근

설계기준 항복강도를 발휘할 수 있도록 정착되어야 한다.

(5) 1방향 프리스트레스트 콘크리트 슬래브

① 수축, 온도보강용으로 긴장재를 배치한 경우 다음 ②, ③의 규정을 따라야 한다.

② 유효 프리스트레스트에 의해 콘크리트 전체 단면적에 생기는 평균 압축응력이 0.7MPa 이상되도록 긴장재를 배치하며, 긴장재 간격은 1.8m 이하로 한다.

③ 긴장재 간격이 1.3m를 초과하는 경우 온도, 수축철근을 추가로 배치하여야 한다. 이때 추가 보강철근은 긴장재 사이에 배치하되 슬래브 단부부터 슬래브 내측으로 긴장재 간격과 같은 길이만큼 연장 배치하여야 한다.

예제 9-1 그림과 같은 경간이 4m인 연속 1방향 슬래브를 설계하시오. 슬래브의 고정하중(자중 포함)은 8.0kN/m^{2}이고, 활하중은 6.0kN/m^{2}이다. 콘크리트는 일반콘크리트로서 기준 압축강도 f_{ck}=24MPa이며, 철근의 기준 항복강도 f_y= 400MPa이다. 단, 슬래브는 과도한 처짐에 의해 손상되기 쉬운 비구조요소를 지지하지 않는다.

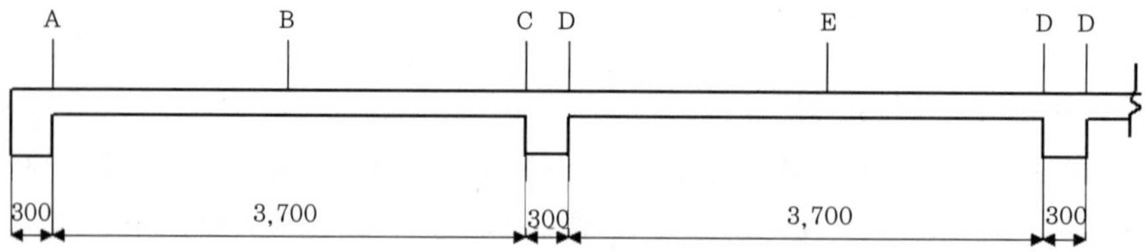

풀 이 (1) 처짐을 계산하지 않아도 되는 슬래브 최소 두께 산정 :

$$h=\frac{l}{24}=\frac{4,000}{24}=167\text{mm}$$

처짐검토를 전제로 두께 $h=150\text{mm}$로 가정한다.

(2) 단위폭에 대한 계수하중 산정 :

$\omega_u=1.2\omega_D+1.6\omega_L=1.2(8.0)+1.6(6)=19.2\text{kN/m}$

(3) 계수모멘트 산정(M_u) : 실용해법에 의하여 3경간 이상, 경간 길이 3m 이상인 경우의 휨모멘트계수는 다음 그림과 같다.

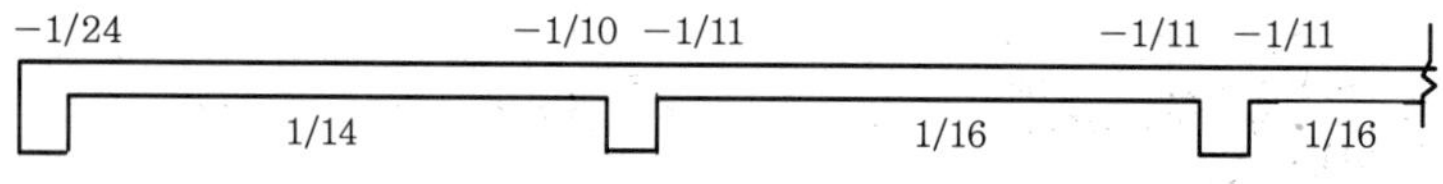

① 순경간 : $l_n=4.0-0.3=3.7\text{m}$, $\omega_u l_n^2=19.2\times3.7^2=263\text{kN}\cdot\text{m}$

② 외부경간

외단부(A) : $M_u=\dfrac{\omega_u l_n^2}{24}=\dfrac{263}{24}=10.96\text{kN}\cdot\text{m/m}$

중앙부(B) : $M_u=\dfrac{\omega_u l_n^2}{14}=\dfrac{263}{14}=18.78\text{kN}\cdot\text{m/m}$

내단부(C) : $M_u=\dfrac{\omega_u l_n^2}{10}=\dfrac{263}{10}=26.30\text{kN}\cdot\text{m/m}$

③ 내부경간

단부 : $M_u=\dfrac{\omega_u l_n^2}{11}=\dfrac{263}{11}=23.91\text{kN}\cdot\text{m/m}$

중앙부 : $M_u=\dfrac{\omega_u l_n^2}{16}=\dfrac{263}{16}=16.44\text{kN}\cdot\text{m/m}$

(4) 철근배근 설계 : D13 철근을 사용하는 경우

① 슬래브의 유효춤 $d=150\text{mm}-(20+13/2)=123.50\text{mm}$

② 외부경간 외단부 : $M_u = 10.96\mathrm{kN\cdot m/m}$

㉮ $R_n = \dfrac{M_u}{\Phi bd^2} = \dfrac{10.96\times10^6}{0.85\times1{,}000\times123.5^2} = 0.845\,\mathrm{MPa}$

㉯ $\rho = \dfrac{0.85f_{ck}}{f_y}\left(1-\sqrt{1-\dfrac{2R_n}{0.85f_{ck}}}\right)$

$= \dfrac{0.85\times24}{400}\left(1-\sqrt{1-\dfrac{2\times0.845}{0.85\times24}}\right) = 0.0023$

㉰ 철근량 $A_s = \rho bd = 0.0023\times1{,}000\times123.5 = 284\mathrm{mm}^2$

나머지에 대해서도 동일한 방법으로 철근량을 구한 결과를 다음 표에 나타냈다.

지점	계수	M_u =(계수)×($W_u l_n^2$) (kN · m)	R_n (MPa)	ρ	A_s (mm²)	간격 (mm)
A	−1/24	−10.96	0.895	0.0023	284	423
B	1/14	18.78	1.534	0.0040	494	250
C	−1/10	−26.30	2.148	0.0057	704	180
D	−1/11	−23.91	1.953	0.0052	642	195
E	1/16	16.44	1.343	0.0035	432	290
배근 제한		온도철근 및 배근간격				

* 최소 철근량 $=0.002bD=0.002\times1{,}000\times150=300\mathrm{mm}^2$

* 최소 배근간격 $=450\mathrm{mm}$

* 배근간격 $= \dfrac{1{,}000\times a_1}{A_s} = \dfrac{1{,}000\times(127\times2)}{A_s}$

(5) 처짐검토(활하중의 50%는 지속하중으로 가정함)

① 탄성처짐(단기처짐)

$$\Delta_i = K\frac{5M_i l^2}{48E_c I_g}$$

여기서, 연속보인 경우

② $K = 1.2 - M_o/M_a = \left(\dfrac{w_u L_n^2}{8}\Big/\dfrac{w_u L_n^2}{14}\right)$

$= 1.2 - 0.2(263/8)/(263/14) = 0.85$

여기서, M_a는 검토하는 슬래브의 경간 중앙에서 휨모멘트이고, M_o는 단순지지로 할 경우의 경간 중앙부의 휨모멘트이다.

③ M_i =사용하중(계수하중이 아님)에 의한 슬래브 중앙부의 정모멘트로서

고정하중에 의한 휨모멘트는

$$M_D = \omega_D l_n^2/14 = \frac{8.0\times 3.7^2}{14} = 7.82\text{kNm/m}$$

④ 활하중에 의한 휨모멘트는

$$M_L = \omega_L l_n^2/14 = \frac{6.0\times 3.7^2}{14} = 5.86\text{kNm/m}$$

⑤ $E_c = 8{,}500\sqrt[3]{f_{cu}} = 8{,}500\sqrt[3]{24+4} = 26{,}985\text{MPa}$

⑥ $I_g = bh^3/12 = 1{,}000\times 150^3/12 = 2.813\times 10^8\text{mm}^4$

⑦ 고정하중에 의한 즉시처짐

$$\Delta_D = K\frac{5M_i l^2}{48E_c I_g} = 0.85\times\frac{5\times 7.82\times 10^6\times 3{,}700^2}{48\times 26{,}985\times 2.813\times 10^8} = 1.469\text{mm}$$

⑧ 활하중에 의한 즉시처짐

$$\Delta_L = K\frac{5M_i l^2}{48E_c I_g} = 0.85\times\frac{5\times 5.86\times 10^6\times 3{,}700^2}{48\times 26{,}985\times 2.813\times 10^8}$$

$$= 1.10\text{mm} < \frac{l_n}{360}\ (= 10.28\text{mm})$$

⑨ 장기처짐 산정 : 탄성처짐의 2배(5년 이상)

$$\Delta_c = (\delta_D+\delta_L)\times 2 = (1.469+0.5\times 1.10)\times 2$$

$$= 4.04\text{mm} < l_n/240 = 3{,}700/240 = 15.42\text{mm} \quad \therefore \text{ 적합}$$

[별해] 처짐을 제한하기 위한 실용적인 방법으로써 철근의 항복강도($f_y =$ 400MPa)에 따른 휨재의 최소 변형률(=0.004)에 해당하는 철근비(=0.714ρ_b)의 1/2로 취하여 모멘트가 가장 큰 곳에 대하여 소요깊이를 검토하면

① 균형철근비 산정 :

$$\rho_b = \frac{0.85\beta_1 f_{ck}}{f_y}\times\frac{600}{600+f_y} = \frac{0.85\times 0.85\times 24}{400}\times\frac{600}{600+400}$$

$$= 0.0260$$

② $\rho_{max} = 0.714\rho_b = 0.01856, \quad \therefore\ \rho = 0.5(0.714\rho_b) = 0.00928$

③ $R_n = \rho f_y(1-\dfrac{\rho f_y}{1.7f_{ck}}) = (0.00928)(400)(1-\dfrac{0.00928(400)}{1.7(24)})$

$$= 3.374\text{MPa}$$

④ $M_u = \Phi R_n bd^2$에서 슬래브의 두께를 구하면

$$d = \sqrt{\frac{M_u}{\Phi R_n b}} = \sqrt{\frac{26.3\times 10^6}{0.85\times 3.374\times 1{,}000}} = 95.76\text{mm}$$

⑤ $h_{(req)} = 95.76\,\text{mm} + 20\,\text{mm} + 10/2\text{mm} = 120.76\,\text{mm} < 150\text{mm}$ 적합

(6) 전단 검토 : 첫 번째 내측 지지면인 C단면에서 거리 d인 지점에서 최대 전단력이 생기고, 계수하중 $\omega_u = 19.20\text{kN/m}$, $l_n = 3{,}700\text{mm}$, $d = 123.5\text{mm}$ 이다.

① $V_n = 1.15\dfrac{\omega_u(l_n - 2d)}{2} = 1.15 \times \dfrac{19.20 \times 3.393}{2} = 38.12\text{kN/m}$

② $\Phi V_c = \Phi(1/6)\sqrt{f_{ck}}bd = 0.75 \times (1/6)\sqrt{24} \times 1 \times 0.123 \times 10^3$

$= 75.63\text{kN/m} > 38.12\text{kN/m}$ (적합)

(7) 단변 경간의 철근 배근도

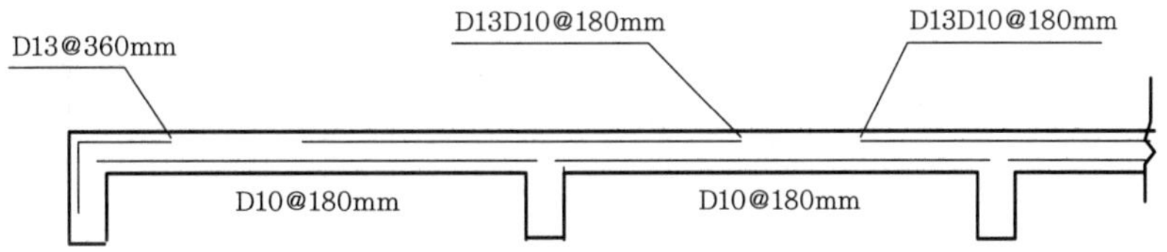

예제 9-2 3경간 이상 연속 슬래브의 내부보가 양단 연속인 1방향 슬래브를 설계하시오. 고정하중 : $w_D = 6\text{kN/m}^2$ (슬래브 자중 포함), 활하중 : $w_L = 3\text{kN/m}^2$, 보의 중심 간격 : $l = 4\text{m}$, 보의 폭 : $b = 300\text{mm}$, $f_{ck} = 21\text{MPa}$, $f_y = 400\text{MPa}$

풀 이 (1) 처짐을 계산하지 않을 때 1방향 슬래브 두께 산정 :

$$h = \frac{l}{28} = \frac{4{,}000}{28} = 143\text{mm}$$

$\therefore\ h = 150\text{mm}$로 가정한다.(처짐 계산 않음)

(2) 계수휨모멘트 산정 :

① 순경간 산정 : $l_n = 4{,}000 - 300 = 3{,}700\text{mm}$

② 계수하중 산정 :

$$w_u = 1.2w_D + 1.6w_L = (1.2 \times 6) + (1.6 \times 3) = 12.0\text{kN/m}^2$$

③ 계수휨모멘트 산정 :

$$(\text{단부}) : M_u = -\frac{w_u l_n^2}{11} = -\frac{12.0 \times 3.7^2}{11} = -14.93(\text{kNm/m})$$

$$(\text{중앙}) : M_u = \frac{w_u l_n^2}{16} = \frac{12.0 \times 3.7^2}{16} = 10.27\text{kNm/m}$$

(3) 철근량 산정 : D10 철근을 사용

① 유효춤 계산 : $d = 150 - 20 - 10/2 = 125\text{mm}$

② 주근 철근량 산정 : (단부)

㉮ $R_n = \dfrac{M_u}{\Phi bd^2} = \dfrac{16.8\times10^6}{0.85\times1,000\times125^2} = 1.265\text{MPa}$

㉯ $\rho = \dfrac{0.85f_{ck}}{f_y}\left[1-\sqrt{1-\dfrac{2R_n}{0.85f_{ck}}}\right]$

$= \dfrac{0.85\times21}{400}\left[1-\sqrt{1-\dfrac{2\times1.265}{0.85\times21}}\right] = 0.00328 > \rho_{\min} = 0.002$

㉰ $\therefore\ A_s = \rho bd = 0.00328\times1,000\times120 = 410\text{mm}^2/\text{m}$

㉱ 배근간격 : $s = \dfrac{71\times1,000}{410} = 173\text{mm}$

㉲ 따라서 D10-@150mm로 배근한다.

③ 주근 철근량 산정 : (중앙)

㉮ $R_n = \dfrac{M_u}{\Phi bd^2} = \dfrac{10.27\times10^6}{0.85\times1,000\times125^2} = 0.773\text{MPa}$

㉯ $\rho = \dfrac{0.85f_{ck}}{f_y}\left[1-\sqrt{1-\dfrac{2R_n}{0.85f_{ck}}}\right] = 0.00198 < \rho_{\min} = 0.002$

㉰ $\therefore\ A_s = \rho bd = 0.0020\times1,000\times125 = 250\text{mm}^2/\text{m}$

㉱ 배근간격 : $s = \dfrac{71\times1,000}{250} = 284\text{mm}$

㉲ 따라서 D10-@250mm로 배근한다.

(4) 수축 및 온도 철근량 산정 :

$A_{\min} = 0.0014\times150\times1,000 = 210\text{mm}^2/\text{m}$

$@ = \dfrac{71\times1,000}{210} = 338\text{mm}$

$\therefore$ D10-@300mm

(5) 전단검토 : 지지점에서 d인 지점에서 최대 전단력이 생기므로

① $V_u = 1.15\dfrac{w_u(l_n-2d)}{2} = 1.15\times\dfrac{12.0(3.70-0.24)}{2} = 23.87\text{kN/m}$

② $\Phi V_c = \Phi\dfrac{1}{6}\sqrt{f_{ck}}\,bd = 0.75\times\dfrac{1}{6}\sqrt{21}\times1,000\times125\times10^3$

$= 69.74\text{kN/m} > 23.87\text{kN/m}$

예제 9-3 다음 설계조건에 대한 캔틸레버 슬래브를 설계하시오.

고정하중 : $w_D = 9.6\text{kN/m}^2$ (슬래브 자중 포함), 활하중 : $w_l = 3\text{kN/m}^2$

보의 중심거리 : $l = 1.4\text{m}$, 보의 폭 : $b = 400\text{mm}$, $f_{ck} = 21\text{MPa}$,

$f_y = 400\text{MPa}$

풀 이 (1) 처짐을 계산하지 않을 때 1방향 슬래브 두께 산정 :

$$h = \frac{l}{10} = \frac{1,400}{10} = 140\text{mm}$$

$\therefore\ h = 150\text{mm}$ (처짐계산을 하지 않아도 됨)

(2) 계수휨모멘트 산정(외부노출) :

① 순경간 산정 : $l_n = 1,400 - 400 = 1,000\text{mm}$

② 계수하중 산정 : $w_u = 1.2(9.6) + (1.6 \times 3) = 16.32\text{kN/m}$

③ 계수휨모멘트 산정 :

$$M_u = \frac{w_u l_n^2}{2} = \frac{16.32 \times 1.0^2}{2} = 8.16\text{kN} \cdot \text{m/m}$$

(3) 철근량 산정 :

① 유효춤 산정 : $d = 150 - 20 - 10/2 = 125\text{mm}$

② 공칭강도 저항계수 계산 :

$$R_n = \frac{M_u}{\Phi b d^2} = \frac{8.16 \times 10^6}{0.85 \times 1,000 \times 125^2} = 0.614\text{MPa}$$

③ 소요철근비 산정 :

$$\rho = \frac{0.85 f_{ck}}{f_y}\left[1 - \sqrt{1 - \frac{2R_n}{0.85 f_{ck}}}\right]$$

$$= \frac{0.85 \times 21}{400}\left[1 - \sqrt{1 - \frac{2 \times 0.614}{0.85 \times 21}}\right]$$

$$= 0.00157 < p_{\min} = 0.0020$$

$\therefore\ A_s = \rho b d = 0.0020 \times 1,000\text{m} \times 125\text{m} = 250\,\text{mm}^2/\text{m}$

따라서 D10－@250mm로 배근한다.

(4) 전단검토 : 지지면에서 d인 지점에서 최대 전단력이 생기므로

① $V_u = 1.15 \dfrac{w_u (l_n - 2d)}{2} = 1.15 \times \dfrac{16.32\,(1.0 - 0.24)}{2} = 7.13\text{kN/m}$

② $\Phi V_c = \Phi \dfrac{1}{6} \sqrt{f_{ck}}\, b d = 0.75 \times \dfrac{1}{6} \sqrt{21} \times 125 \times 1,000 \times 10^3$

$= 69.74\ \text{kN/m} > 7.14\text{kN/m}$

$\therefore$ 적합

9-3 2방향 슬래브의 설계

2방향 슬래브는 단변 경간에 대한 장변 경간의 비가 2를 초과하지 않는 슬래브이며, 2방향 슬래브는 기둥열을 중심으로 경간의 중앙부에서 수직으로 절단한 골조를 형성하고, 이 골조를 전층 혹은 각 층별로 분리하여 수직하중(고정, 활하중)에 대해 해석하여 이 해석 결과에 따라 설계하는 방법을 사용한다. 즉 층별로 골조를 해석하기 위해서는 2방향 슬래브의 골조는 기둥 주변 슬래브 패널의 중심선으로 이루어진 슬래브(보의 유무는 상관 없음)와 층 상·하부의 기둥으로 구성된다. 2방향 슬래브 시스템의 설계는 이 골조를 수직하중에 대해 해석하고 해석결과에 따르는데 이러한 슬래브 설계과정은 다음과 같다.

① 슬래브 시스템 결정
　건축적·시공적 측면을 고려하여 적절한 시스템을 선택한다.

② 슬래브 두께 결정
　처짐, 전단력 등을 고려하여 슬래브 두께를 선택한다.

③ 설계방법 결정
　제한사항 내에 있으면 직접설계법을 적용하고, 그 외 경우는 등가골조법을 사용한다.

④ 슬래브의 정·부모멘트 계산
　모멘트계수와 탄성해석법을 적용하여 직접설계법, 등가골조법의 슬래브 모멘트를 계산한다.

⑤ 슬래브 모멘트의 설계대로 분배
　슬래브 모멘트를 주열대, 중간대로 분배한다.

⑥ 보 모멘트 결정(보가 있는 경우)

⑦ 철근배근

⑧ 기둥에서의 전단강도 검토

9-3-1 2방향 슬래브의 최소 두께

2방향 슬래브의 과도한 처짐은 창문, 문 및 칸막이벽에 대한 피해와 바닥이 내려앉는 현상을 유발하는 등의 심각한 잠재적 문제를 야기한다. 건축구조설계기준에서는 이러한 과도한 처짐을 피하기 위하여 2방향 슬래브의 최소 두께 규정을 〈표 9-3〉과 같은 값을 만족하도록 규정하고 있다.

〈표 9-3〉 내부에 보가 없는 슬래브의 최소 두께

설계기준 항복강도 f_y (MPa)	지판이 없는 경우			지판이 있는 경우		
	외부 슬래브		내부 슬래브	외부 슬래브		내부 슬래브
	테두리 보가 없는 경우	테두리 보가 있는 경우		테두리 보가 없는 경우	테두리 보가 있는 경우	
300	$l_n/32$	$l_n/35$	$l_n/35$	$l_n/35$	$l_n/39$	$l_n/39$
350	$l_n/31$	$l_n/34$	$l_n/34$	$l_n/34$	$l_n/37.5$	$l_n/37.5$
400	$l_n/30$	$l_n/33$	$l_n/33$	$l_n/33$	$l_n/36$	$l_n/36$

9-3-2 설계대

2방향 슬래브에서는 슬래브의 모멘트가 기둥선에 집중되는 현상을 고려하기 위해 슬래브를 주열대(column strip)와 중간대(middle strip)로 나누어 해석한다. 주열대는 그림 9-2와 같이 장변·단변방향 모두 기둥 중심선에서 양측으로 단변경간(l_2)의 1/4씩과 같은 폭을 가지는 설계대로써 보가 있는 경우 보는 주열대에 포함되며, 중간대는 두 개의 주열대 사이의 설계대이다.

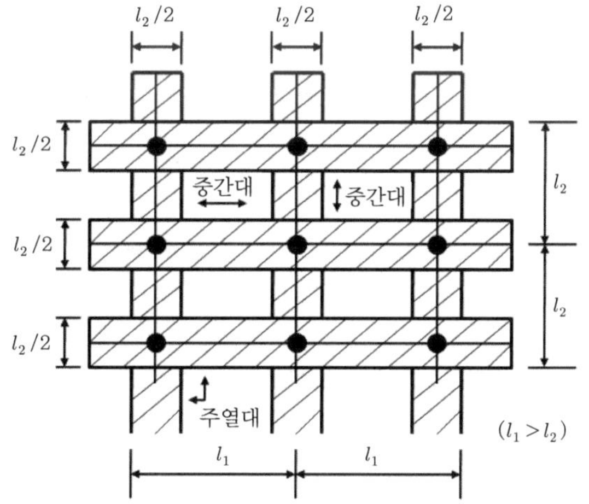

그림 9-2 슬래브의 주열대 및 중간대

9-3-3 보와 슬래브의 강성비

보에 의해 지지되는 슬래브에서 보가 슬래브와 일체로 되거나 완전한 합성구조로 되어 있을 때, 보와 슬래브의 강성비에 따라 모멘트 분포와 처짐이 달라진다. 이때 보는 슬래브의 위 또는 아래로 내민 높이 중 큰 높이만큼을 보의 양측으로 연장한 슬래브 부분을 포함한다. 다만, 보의 슬래브 휨강성에 대한 보 휨강성의 비 α는 다음 식 (9-3)과 같이 정의된다.

$$\alpha = \frac{E_{cb}\, I_b}{E_{cs}\, I_s} \tag{9-3}$$

여기서, E_{cb} 및 E_{cs} : 보 및 슬래브 콘크리트의 탄성계수

I_b : 슬래브를 포함한 보단면의 중심축에 대한 단면2차모멘트

I_s : 보 양측 중심 사이의 슬래브 중심축에 대한 단면2차모멘트

그림 9-3에서 외부 보 및 내부 보에 대한 I_b나 I_s값들을 계산하기 위한 단면의 그림을 나타냈다.

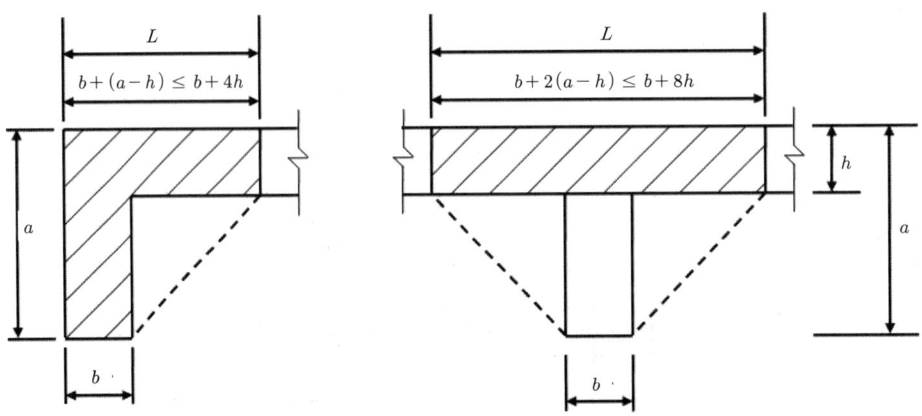

(a) 가장자리 보　　(b) 내부 보

그림 9-3 슬래브와 보단면의 강성비 계산을 위한 그림

9-3-4 2방향 슬래브의 최소 두께 규정

① 테두리보를 제외하고 슬래브 주변에 보가 없거나 보의 강성비 α_m이 0.2 이하인 경우 슬래브 최소 두께는 표 9-3의 값을 만족시켜야 하고, 또한 다음 값 이상으로 하여야 한다.

㉠ 지판이 없는 슬래브의 경우 : 120mm

㉡ 지판을 가진 슬래브의 경우 : 100mm

② 보의 강성비 α_m이 0.2를 초과하는 보가 슬래브 주변에 있는 경우 슬래브의 최소 두께는 다음 규정을 따라야 한다.

㉠ 강성비 α_m이 0.2를 초과 2.0 미만인 경우 식 (9-4)의 값 이상 또는 120mm 이상으로 하여야 한다.

$$h_{\min} = \frac{l_n(800 + f_y/1.4)}{36{,}000 + 5{,}000\beta(\alpha_m - 0.2)} \tag{9-4}$$

여기서, α_m : 같은 슬래브에 있는 주변 보에 대한 α값의 평균값

α : 보 양쪽 슬래브판의 중앙선에 의하여 구획되는 슬래브의 휨강성에 대한 보 휨강성의 비$\left(= \dfrac{E_{cb} I_b}{E_{cs} I_s}\right)$

E_{cb}, E_{cs} : 보 및 슬래브 콘크리트 탄성계수

I_b, I_s : 보 및 슬래브 단면의 중심축에 대한 단면2차모멘트

β : 2방향 슬래브에서 단변에 대한 장변의 순경간비

㉡ 강성비 α_m이 2.0 이상인 경우 식 (9-5)의 값 이상 또는 90mm 이상으로 하여야 한다.

$$h = \frac{l_n(800 + f_y/1.4)}{36{,}000 + 9{,}000\beta} \tag{9-5}$$

㉢ 불연속단을 갖는 슬래브에 대해서는 강성비 α_m의 값이 0.8 이상을 갖는 테두리보를 설치하거나 식 (9-4)와 식 (9-5)에서 구한 최소 두께를 적어도 10% 이상 증대시켜야 한다.

9-3-5 2방향 슬래브의 철근배근

(1) 철근량 계산과 간격

2방향 슬래브 시스템에서 각 설계대별 철근 단면적은 위험단면에서의 모멘트로 계산하며, 이 철근량은 1방향 슬래브에서 요구되는 최소 철근량 이상이어야 하며, 위험단면에서의 철근 간격은 슬래브 두께의 2배 이하 또는 300mm 이하로 하여야 한다. 격막이나 리브구조로 된 부분은 예외로 한다.

(2) 철근의 정착

① 불연속 단부에 수직한 정모멘트에 대한 철근은 슬래브의 끝까지 연장하고 직선 또는 갈고리를 150mm 이상 테두리보, 기둥 또는 벽체 속에 묻어야 한다.

② 불연속 단부에 수직한 부모멘트에 대한 철근은 받침면에 정착되도록 테두리보, 기둥

또는 벽체 속으로 구부리거나 갈고리로 하거나 그렇지 못하면 적절히 정착시켜야 한다.

③ 불연속 단부에서 슬래브가 테두리보나 벽체로 지지되어 있지 않은 경우 또는 슬래브가 받침부를 지나 캔틸레버로 되어 있는 경우는 철근을 슬래브 내부에서 정착시킬 수 있다.

(3) 외부 모퉁이의 보강철근

받침부 사이에 α 값이 1.0보다 큰 보가 있는 슬래브의 경우는 다음 기준에 따라 외부 모서리 부분의 슬래브에 특별한 상부 및 하부 철근을 배근해야 한다.

① 슬래브 상하에 두는 이 특별 철근은 슬래브 단위폭당 최대 정모멘트 크기와 같은 모멘트에 견딜 수 있을 만큼 배근되어야 한다.

② 슬래브 상부는 모서리로부터 그은 대각선에 수직인 축에 대하여 슬래브 하부는 이 대각선에 평행한 축에 대하여 모멘트가 작용하는 것으로 가정할 수 있다.

③ 특별철근은 모서리로부터 긴 경간의 1/5 길이만큼 각 방향에 배치한다.

④ 특별철근은 슬래브 상부에서 대각선에 평행한 폭에 배근하고 슬래브 하부의 경우 대각선에 수직한 폭에 배근한다. 또는 특별철근은 슬래브 상부나 하부에서 슬래브 각 변에 평행하게 두 층으로 배근할 수 있다.

9-3-6 계수에 의한 슬래브 계산

(1) 개요

슬래브 4변이 보나 벽체로 지지되어 있는 2방향 슬래브가 등분포하중을 받는 경우와 직접설계법이나 등가골조법에 의해 슬래브로 해석하기 어렵거나 부적절한 경우는 ACI- 318-63의 계수법에 의해 슬래브를 설계할 수 있다. 이 경우는 보의 깊이가 슬래브 깊이의 2.5배 이상이어야 하며, 안전성을 고려하여 기둥과 기둥을 연결하는 큰 보로 구획되는 슬래브에 중간에 보를 넣어 2방향 슬래브가 되는 경우 이 계수를 적용하여 설계할 수 없다.

(2) 계수값 산정

휨모멘트 및 전단력을 산정하기 위한 계수는 〈표 9-4〉~〈표 9-7〉에 나타낸 바와 같으며, 이 표의 값들은 탄성해석에 근거한 것이지만 비탄성적 응력의 재분배도 고려하고 있다.

중간대의 휨모멘트는 다음 식 (9-6)과 (9-7)에 의해 계산된다.

$$\text{단변방향}: M_A = C_A w_u l_1^2 \tag{9-6}$$

$$\text{장변방향}: M_B = C_B w_u l_2^2 \tag{9-7}$$

여기서, M_A : 단변방향의 중간대 휨모멘트

M_B : 장변방향의 중간대 휨모멘트

C_A : 단변방향의 휨모멘트계수

C_B : 장변방향의 휨모멘트계수

l_1 및 l_2 : 단변 및 장변의 순경간

w_u : 단위면적당 등분포하중

부모멘트 계산 시 : $w_u = 1.2D + 1.6L$

정모멘트 계산 시 : w_u =1.2D 또는 $1.6L$

주열대의 휨모멘트는 중간대와의 경계선에서 중간대 모멘트와 같고, 슬래브 단부에서 중간대 모멘트의 1/3이 되므로 주열대 모멘트는 두 값을 평균내서 중간대 모멘트의 2/3로 한다. 따라서 양방향 모멘트는 다음 식 (9-8)과 (9-9)로 나타낸다.

$$\text{단변방향} : M_A{}' = \frac{2M_A}{3} \tag{9-8}$$

$$\text{장변방향} : M_B{}' = \frac{2M_B}{3} \tag{9-9}$$

여기서, $M_A{}'$: 단변방향의 주열대 휨모멘트

$M_B{}'$: 장변방향의 주열대 휨모멘트

또한 불연속 단부에서의 부모멘트는 중앙부 정모멘트의 1/3이 전달되는 것으로 보고 설계한다. 휨모멘트계산 시 위험단면은 부모멘트에 대해서는 받침면이며, 정모멘트에 대해서는 경간 중앙이 된다. 또한 철근의 굽힘 위치는 장변 및 단변방향 모두 단변 경간의 1/4 위치에 둔다.

〈표 9-4〉 슬래브의 부(-)모멘트에 대한 계수*

w_u는 등분포고정하중과 적재하중에 하중계수를 곱한 값($\omega_u = 1.2D + 1.6L$)

Ratio $m=l_1/l_2$		case1	case2	case3	case4	case5	case6	case7	case8	case9
1.00	C_A		0.045		0.050	0.075	0.071		0.033	0.061
	C_B		0.045	0.076	0.050			0.071	0.061	0.033
0.95	C_A		0.050		0.055	0.079	0.075		0.038	0.065
	C_B		0.041	0.072	0.045			0.067	0.056	0.029
0.90	C_A		0.055		0.060	0.080	0.079		0.043	0.068
	C_B		0.037	0.070	0.040			0.062	0.052	0.025
0.85	C_A		0.060		0.066	0.082	0.083		0.049	0.072
	C_B		0.031	0.065	0.034			0.057	0.046	0.021
0.80	C_A		0.065		0.071	0.083	0.086		0.055	0.075
	C_B		0.027	0.061	0.029			0.051	0.041	0.017
0.75	C_A		0.069		0.076	0.085	0.088		0.061	0.078
	C_B		0.022	0.056	0.024			0.044	0.036	0.014
0.70	C_A		0.074		0.081	0.086	0.091		0.068	0.081
	C_B		0.017	0.050	0.019			0.038	0.029	0.011
0.65	C_A		0.077		0.085	0.087	0.093		0.074	0.083
	C_B		0.014	0.043	0.015			0.031	0.024	0.008
0.60	C_A		0.081		0.089	0.088	0.095		0.080	0.085
	C_B		0.010	0.035	0.011			0.024	0.018	0.006
0.55	C_A		0.084		0.092	0.089	0.096		0.085	0.086
	C_B		0.007	0.028	0.008			0.019	0.014	0.005
0.50	C_A		0.086		0.094	0.090	0.097		0.089	0.088
	C_B		0.006	0.022	0.006			0.014	0.010	0.003

* 굵은선으로 된 연단은 그 슬래브가 받침점을 지나서 연속되었거나 받침점에서 고정된 것을 가리킨다. 아무 표시가 없는 연단은 비틀림 저항을 무시할 수 있는 받침점을 가리킨다.

* C_A는 짧은 경간 구속단부에서 부모멘트계수이고, C_B는 긴 경간 구속단부에서 부모멘트계수이다(구속이 1변에만 이루어진 경우는 구속단부에서 부모멘트계수이다)

〈표 9-5〉 슬래브의 고정하중에 의한 정(+)모멘트계수*

w_u는 등분포고정하중에 하중계수를 곱한 값($\omega_u = 1.2D$)

Ratio $m = l_1/l_2$		case1 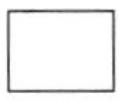	case2 	case3 	case4 	case5 	case6 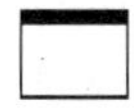	case7 	case8 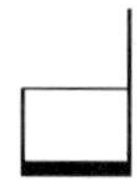	case9 
1.00	C_A DL	0.036	0.018	0.018	0.027	0.027	0.033	0.027	0.020	0.023
	C_B DL	0.036	0.018	0.027	0.027	0.018	0.027	0.033	0.023	0.020
0.95	C_A DL	0.040	0.020	0.021	0.030	0.028	0.036	0.031	0.022	0.024
	C_B DL	0.033	0.016	0.025	0.024	0.015	0.024	0.031	0.021	0.017
0.90	C_A DL	0.045	0.022	0.025	0.033	0.029	0.039	0.035	0.025	0.026
	C_B DL	0.029	0.014	0.024	0.022	0.013	0.021	0.028	0.019	0.015
0.85	C_A DL	0.050	0.024	0.029	0.036	0.031	0.042	0.040	0.029	0.028
	C_B DL	0.026	0.012	0.022	0.019	0.011	0.017	0.025	0.017	0.013
0.80	C_A DL	0.056	0.026	0.034	0.039	0.032	0.045	0.045	0.032	0.029
	C_B DL	0.023	0.011	0.020	0.016	0.009	0.015	0.022	0.015	0.010
0.75	C_A DL	0.061	0.028	0.040	0.043	0.033	0.048	0.051	0.036	0.031
	C_B DL	0.019	0.009	0.018	0.013	0.007	0.012	0.020	0.013	0.007
0.70	C_A DL	0.068	0.030	0.046	0.046	0.035	0.051	0.058	0.040	0.033
	C_B DL	0.016	0.007	0.016	0.011	0.005	0.009	0.017	0.011	0.006
0.65	C_A DL	0.074	0.032	0.054	0.050	0.036	0.054	0.065	0.044	0.034
	C_B DL	0.013	0.006	0.014	0.009	0.004	0.007	0.014	0.009	0.005
0.60	C_A DL	0.081	0.034	0.062	0.053	0.037	0.056	0.073	0.048	0.036
	C_B DL	0.010	0.004	0.011	0.007	0.003	0.006	0.012	0.007	0.004
0.55	C_A DL	0.088	0.035	0.071	0.056	0.038	0.058	0.081	0.052	0.037
	C_B DL	0.008	0.003	0.009	0.005	0.002	0.004	0.009	0.005	0.003
0.50	C_A DL	0.095	0.037	0.080	0.059	0.039	0.061	0.089	0.056	0.038
	C_B DL	0.006	0.002	0.007	0.004	0.001	0.003	0.007	0.004	0.002

* 굵은선으로 된 연단은 그 슬래브가 받침점을 지나서 연속되었거나 받침점에서 고정된 것을 가리킨다. 아무 표시가 없는 연단은 비틀림 저항을 무시할 수 있는 받침점을 가리킨다.

* C_A는 짧은 경간 중앙부에서 정모멘트계수이고, C_B는 긴 경간 중앙부에서 정모멘트계수이다.

〈표 9-6〉 슬래브의 활하중에 의한 정(+)모멘트에 대한 계수*

w_u는 등분포활하중에 하중계수를 곱한 값($\omega_u = 1.6L$)

Ratio $m = l_1/l_2$		case1	case2	case3	case4	case5	case6	case7	case8	case9
1.00	C_A LL	0.036	0.027	0.027	0.032	0.032	0.035	0.032	0.028	0.030
	C_B LL	0.036	0.027	0.032	0.032	0.027	0.032	0.035	0.030	0.028
0.95	C_A LL	0.040	0.030	0.031	0.035	0.034	0.038	0.036	0.031	0.032
	C_B LL	0.033	0.025	0.029	0.029	0.024	0.029	0.032	0.027	0.025
0.90	C_A LL	0.045	0.034	0.035	0.039	0.037	0.042	0.040	0.035	0.036
	C_B LL	0.020	0.022	0.027	0.026	0.021	0.025	0.029	0.024	0.022
0.85	C_A LL	0.050	0.037	0.040	0.043	0.041	0.046	0.045	0.040	0.039
	C_B LL	0.026	0.019	0.024	0.023	0.019	0.022	0.026	0.022	0.020
0.80	C_A LL	0.056	0.041	0.045	0.048	0.044	0.051	0.051	0.044	0.042
	C_B LL	0.023	0.017	0.022	0.020	0.016	0.019	0.023	0.019	0.017
0.75	C_A LL	0.061	0.045	0.051	0.052	0.047	0.055	0.056	0.049	0.046
	C_B LL	0.019	0.014	0.019	0.016	0.013	0.016	0.020	0.016	0.013
0.70	C_A LL	0.068	0.049	0.057	0.057	0.051	0.060	0.063	0.054	0.050
	C_B LL	0.016	0.012	0.016	0.014	0.011	0.013	0.017	0.014	0.011
0.65	C_A LL	0.074	0.053	0.064	0.062	0.055	0.064	0.070	0.059	0.054
	C_B LL	0.013	0.010	0.014	0.011	0.009	0.010	0.014	0.011	0.009
0.60	C_A LL	0.081	0.058	0.071	0.067	0.059	0.068	0.077	0.065	0.059
	C_B LL	0.010	0.007	0.011	0.009	0.007	0.008	0.011	0.009	0.007
0.55	C_A LL	0.088	0.062	0.080	0.072	0.063	0.073	0.085	0.070	0.063
	C_B LL	0.008	0.006	0.009	0.007	0.005	0.006	0.009	0.007	0.006
0.50	C_A LL	0.095	0.066	0.088	0.077	0.067	0.078	0.092	0.076	0.067
	C_B LL	0.005	0.004	0.007	0.005	0.004	0.005	0.007	0.005	0.004

* 굵은선으로 된 연단은 그 슬래브가 받침점을 지나서 연속되었거나 받침점에서 고정된 것을 가리킨다. 아무 표시가 없는 연단은 비틀림 저항을 무시할 수 있는 받침점을 가리킨다.
* C_A는 짧은 경간 중앙부에서 정모멘트계수이고, C_B는 긴 경간 중앙부에서 정모멘트계수이다.

〈표 9-7〉 슬래브의 전단력과 지점하중을 위한 ω_u의 l_1과 l_2방향에 의한 분포비*

Ratio $m=l_1/l_2$		case1	case2	case3	case4	case5	case6	case7	case8	case9
		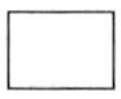	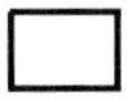	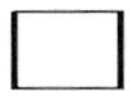			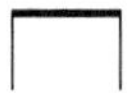			
1.00	W_A	0.50	0.50	0.17	0.50	0.83	0.71	0.29	0.33	0.67
	W_B	0.50	0.50	0.83	0.50	0.17	0.29	0.71	0.67	0.33
0.95	W_A	0.55	0.55	0.20	0.55	0.86	0.75	0.33	0.38	0.71
	W_B	0.45	0.45	0.80	0.45	0.14	0.25	0.67	0.62	0.29
0.90	W_A	0.60	0.60	0.23	0.60	0.88	0.79	0.38	0.43	0.75
	W_B	0.40	0.40	0.77	0.40	0.12	0.21	0.62	0.57	0.25
0.85	W_A	0.66	0.66	0.28	0.66	0.90	0.83	0.43	0.49	0.79
	W_B	0.34	0.34	0.72	0.34	0.10	0.17	0.57	0.51	0.21
0.80	W_A	0.71	0.71	0.33	0.71	0.92	0.86	0.49	0.55	0.83
	W_B	0.29	0.29	0.67	0.29	0.08	0.14	0.51	0.45	0.17
0.75	W_A	0.76	0.76	0.39	0.76	0.94	0.88	0.56	0.61	0.86
	W_B	0.24	0.24	0.61	0.24	0.06	0.12	0.44	0.39	0.14
0.70	W_A	0.81	0.81	0.45	0.81	0.95	0.91	0.62	0.68	0.89
	W_B	0.19	0.19	0.55	0.19	0.05	0.09	0.38	0.32	0.11
0.65	W_A	0.85	0.85	0.53	0.85	0.96	0.93	0.69	0.74	0.92
	W_B	0.15	0.15	0.47	0.15	0.04	0.07	0.31	0.26	0.08
0.60	W_A	0.89	0.89	0.61	0.89	0.97	0.95	0.76	0.80	0.94
	W_B	0.11	0.11	0.39	0.11	0.03	0.05	0.24	0.20	0.06
0.55	W_A	0.92	0.92	0.61	0.92	0.98	0.96	0.81	0.85	0.95
	W_B	0.08	0.08	0.39	0.08	0.02	0.04	0.19	0.15	0.05
0.50	W_A	0.94	0.94	0.76	0.94	0.99	0.97	0.86	0.89	0.97
	W_B	0.06	0.06	0.24	0.06	0.01	0.03	0.14	0.11	0.03

* 굵은선으로 된 연단은 그 슬래브가 받침점을 지나서 연속되었거나 받침점에서 고정된 것을 가리킨다. 아무 표시가 없는 연단은 비틀림저항을 무시할 수 있는 받침점을 가리킨다.

* W_A는 짧은 경간 단부에서 전단력계수이고, W_B는 긴 경간 단부에서 전단력계수이다.

예제 9-4 다음 그림과 같이 단변의 길이가 5m, 장변의 길이가 6.2m인 직사각형 슬래브 모서리에 위치한 슬래브판에 생기는 휨모멘트를 계수법을 이용하여 구하시오. 다만, 고정하중 $W_d = 5\text{kN/m}^2$ 이고, 하중 $W_l = 12\text{kN/m}^2$ 이다.

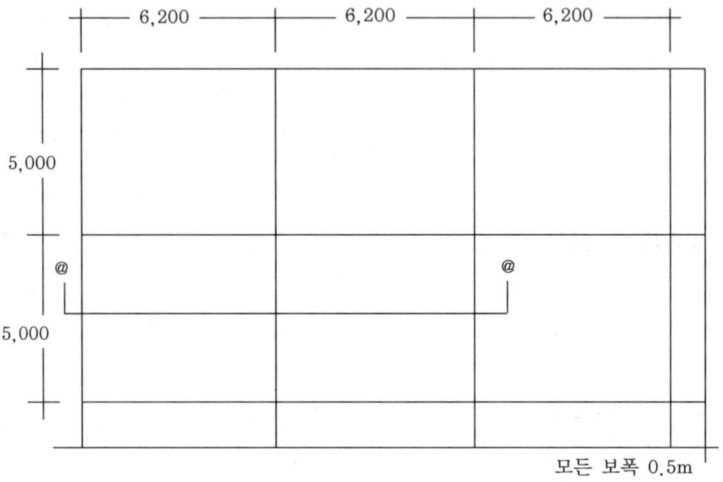

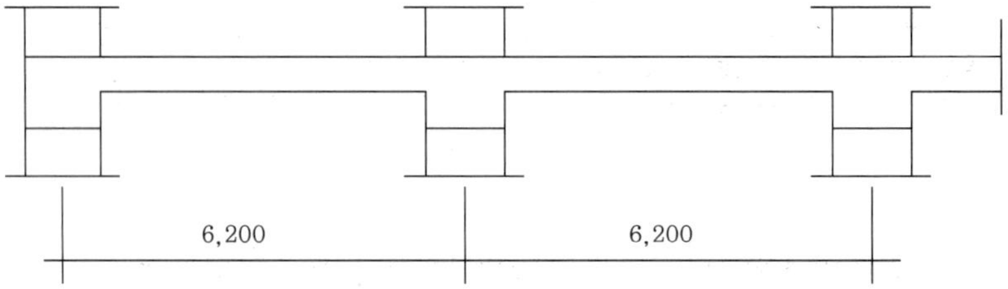

단면 ⓐ–ⓐ

풀 이 (1) 장변에 대한 단변의 비 및 계수하중 산정 :

① 단변방향의 순경간 $l_1 = 5 - 0.5 = 4.5\text{m}$

장변방향의 순경간 $l_2 = 6.2 - 0.5 = 5.7\text{m}$

단변(l_1)과 장변(l_2)방향의 길이에 대한 비 $m = 4.5/5.7 = 0.80$(2방향 슬래브)

② $W_u = 1.2(W_d) + 1.6(W_l) = 1.2(5) + 1.6(12) = 25.2\text{kN/m}^2$

③ 본 예제와 같이 4변이 지지된 2방향 슬래브의 경우 ACI 318-63, 2002(e)에서 규정하는 최소 두께 h =주변길이/180=2(4.5+5.7)/180 =0.113m가 된다.

(2) 중간대의 부(−)모멘트 산정 :

① 중간대의 부(−)모멘트에 대한 계수는 표 9−4의 경우 4에서 구할 수 있다.

$m = 0.80$에 대한 계수는 다음과 같다.

m	$C_{A,neg}$	$C_{b,neg}$
0.80	0.071	0.029

② 단변방향의 부(−)모멘트

$$M_a = C_{A,neg} \times W_u \times l_1^2 = 0.071 \times 25.2 \times (4.5)^2 = 36.23\text{kNm/m}$$

③ 장변방향의 부(−)모멘트

$$M_b = C_{B,neg} \times W_u \times l_2^2 = 0.029 \times 25.2 \times (5.7)^2 = 23.74\text{kNm/m}$$

(3) 중간대의 정(+)모멘트 산정 :

① 중간대의 정(+)모멘트에 대한 계수에서 고정하중에 대해서는 표 9−5의 경우 4를 이용한다. $m = 0.80$에 대한 계수는 다음과 같다. 고정하중에 대하여

m	$C_{A,DL}$	$C_{B,DL}$
0.80	0.039	0.016

② 활하중에 대해서는 표 9−6의 경우 4를 이용하면

m	$C_{A,LL}$	$C_{B,LL}$
0.80	0.048	0.020

③ 단변방향의 정(+)모멘트

$$M_a = C_{A,DL}(1.2W_D)l_1^2 + C_{A,LL}(1.6W_L)l_1^2$$
$$= 0.039(6.0)(4.5)^2 + 0.048(19.2)(4.5)^2 = 23.40\text{ kNm/m}$$

④ 장변방향의 정(+)모멘트

$$M_b = C_{B,DL}(1.2W_D)l^2 + C_{B,LL}(1.6W_L)l_2^2$$
$$= 0.016(6)(5.7)^2 + 0.020(19.2)(5.7)^2 = 15.60\text{ kNm/m}$$

(4) 불연속단에서는 정모멘트 1/3 크기의 부모멘트를 사용하므로 불연속단에서

① 단변방향의 부(−)모멘트 $M_a = -(1/3)(23.40) = -7.80\text{kN}\cdot\text{m/m}$

② 장변방향의 부(−)모멘트 $M_b = -(1/3)(15.60) = -5.20\text{kN}\cdot\text{m/m}$

(5) 중간대의 정 · 부모멘트를 표시하면 다음과 같다.

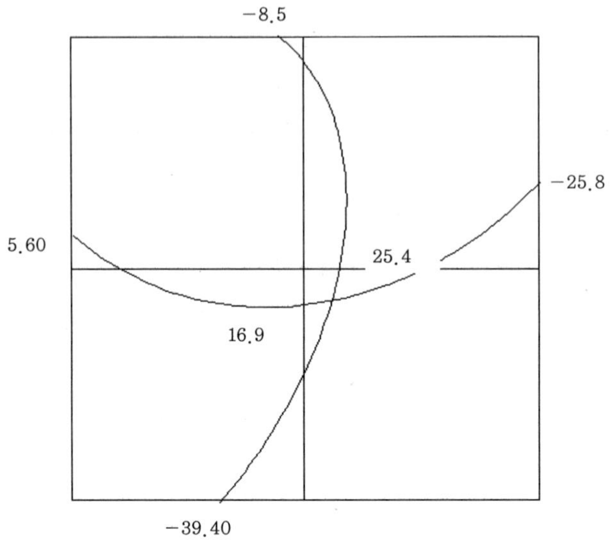

(6) 주열대의 정 · 부모멘트 산정 :

① 주열대의 단변방향에 대한 휨모멘트는 중간대와의 경계선에서는 M_a이며, 판의 단부로 가면서 직선적으로 감소하여 단부에서는 $M_a/3$가 되므로 주열대의 평균 휨모멘트는 $(M_a + M_a/3) = 2/3\,M_a$가 된다.

② 장변방향에 대해서도 마찬가지로 평균 휨모멘트는 $(M_b + M_b/3)/2 = 2/3M_b$가 된다.

그러므로 주열대에 대한 평균 휨모멘트는 다음과 같다.

③ 단변방향 부(−)모멘트

끝　단 : $M_a = -7.8 \times 2/3 = -5.2\text{kN}\cdot\text{m/m}$

연속단 : $M_a = -36.2 \times 2/3 = -24.15\text{kN}\cdot\text{m/m}$

④ 장변방향 부(−)모멘트

끝　단 : $M_b = -5.2 \times 2/3 = -3.5\text{kN}\cdot\text{m/m}$

연속단 : $M_b = -23.74 \times 2/3 = -15.83\text{kN}\cdot\text{m/m}$

⑤ 단변방향 정(+)모멘트

$M_a = 23.4 \times 2/3 = 15.6\text{kN}\cdot\text{m/m}$

⑥ 장변방향 정(+)모멘트

$M_b = 15.60 \times 2/3 = 10.40\text{kN}\cdot\text{m/m}$

예제 9-5 예제 [9-4] 문제를 ACI 318-63의 방법 2에 의해 산정하시오. 다만, 슬래브 두께는 150mm로 가정한다.

풀 이 (1) 장변에 대한 단변 비 및 계수하중 산정 :

① 단변방향의 경간, $l_1 = 5 - 0.5 + 0.3 = 4.8\text{m}$

② 장변방향의 경간, $l_2 = 6.2 - 0.5 + 0.3 = 6\text{m}$

③ 단변(l_1)과 장변(l_2)방향의 길이에 대한 비 $m = 4.8/6 = 0.80$(2방향 슬래브)

④ $W_u = 1.2(W_d) + 1.6(W_l) = 1.2(5) + 1.6(12) = 25.20\text{kN/m}^2$

여기서는 ACI 318-63의 방법 2에 의하여 휨모멘트를 산정한다.

(2) 중간대의 모멘트 산정 :

중간대의 모멘트에 대한 계수는 2단 불연속의 경우에서 구할 수 있다. $m = 0.80$에 대한 계수는 다음과 같다.

① 단변 경간

m	연속단	불연속단	중앙부
0.80	−0.064	−0.032	0.048

② 장변 경간

m	연속단	불연속단	중앙부
전체	−0.049	−0.025	0.037

③ 단변 방향

㉮ 연속단 부(−)모멘트

$$M_u = C \times W_u \times l_1^2 = -0.064 \times 25.2 \times 4.8^2 = -37.2\,\text{kNm/m}^2$$

㉯ 불연속단 부(−)모멘트

$$M_u = C \times W_u \times l_1^2 = -0.032 \times 25.2 \times 4.8^2 = -18.6\,\text{kNm/m}^2$$

㉰ 중앙부 정(+)모멘트

$$M_u = C \times W_u \times l_1^2 = 0.048 \times 25.2 \times 4.8^2 = 27.90\,\text{kNm/m}^2$$

④ 장변 방향

㉮ 연속단 부(−)모멘트

$$M_u = C \times W_u \times l_2^2 = -0.049 \times 25.2 \times 6^2 = -44.50\,\text{kNm/m}^2$$

㉯ 불연속단 부(-)모멘트

$$M_u = C \times W_u \times l_2^2 = -0.025 \times 25.2 \times 6^2 = -22.70\,\mathrm{kNm/m^2}$$

㉰ 중앙부의 정(+)모멘트

$$M_u = C \times W_u \times l_1^2 = 0.037 \times 25.2 \times 6^2 = 33.60\,\mathrm{kNm/m^2}$$

중간대에 대하여 모멘트를 표시하면 다음과 같다.

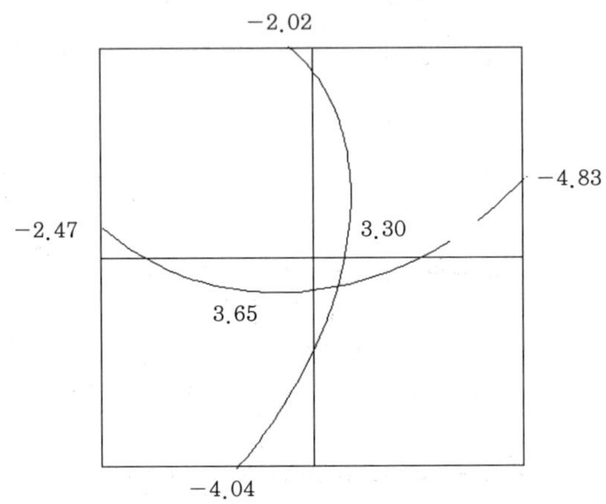

(3) 주열대의 모멘트 산정 :

주열대에 대한 평균 휨모멘트는 중간대 휨모멘트의 2/3로 다음과 같다.

① 단변방향 부(-)모멘트

㉮ 연속단 : $M_a = -37.2 \times 2/3 = -24.8\mathrm{kNm/m}$

㉯ 끝　단 : $M_a = -18.60 \times 2/3 = -12.40\mathrm{kNm/m}$

㉰ 정(+)모멘트

중앙부 : $M_a = 27.90 \times 2/3 = 20.2\mathrm{kNm/m}$

② 장변방향 부(-)모멘트

㉮ 연속단 : $M_b = -44.5 \times 2/3 = -29.70\mathrm{kNm/m}$

㉯ 끝　단 : $M_b = -22.7 \times 2/3 = -15.10\mathrm{kNm/m}$

㉰ 정(+)모멘트

중앙부 : $M_b = 33.60 \times 2/3 = 22.40\mathrm{kNm/m}$

9-3-7 직접 설계법

직접설계법은 수직하중을 받는 전형적인 골조의 2방향 슬래브 구조를 해석하기 위한 근사적인 방법이다. 구조설계기준에 명시된 다음의 제한조건을 만족시키는 경우에만 적용이 가능하며, 이러한 제한 조건에 만족하지 않는 경우에는 등가골조법 같은 보다 정밀한 해석에 따라 해석되어야 한다. 직접설계법의 제한 조건은 다음과 같다.

① 각 방향으로 3경간 이상이 연속되어야 한다.

② 슬래브판들은 단변 경간에 대한 장변 경간길이 비가 2 이하인 직사각형이어야 한다.

③ 각 방향으로 연속한 받침부 경간길이 차는 긴경간의 1/3 이하이어야 한다.

④ 연속한 기둥 중심선으로부터 기둥의 이탈은 이탈 방향 경간의 최대 10%까지 허용된다.

⑤ 모든 하중은 연직하중으로서 슬래브판 전체에 등분포되는 것으로 간주한다. 활하중은 고정하중의 2배 이하이어야 한다.

⑥ 보가 모든 변에서 슬래브판을 지지할 경우 직교하는 두 방향에서 상대강성은 다음 식 (9-10)을 만족시켜야 한다.

$$0.2 \leq \frac{\alpha_1 l_2^2}{\alpha_2 l_1^2} \leq 5.0 \qquad (9-10)$$

여기서, α_1 및 α_2는 l_1 및 l_2 방향의 α값, l_1은 모멘트가 결정되는 방향의 받침부 중심 사이의 경간, l_2는 l_1에 수직인 방향의 받침부 중심 사이의 경간이다.

(1) 경간의 전체 정적계수 휨모멘트

① 각 경간의 전체 정적계수 휨모멘트는 받침부 중심선 양측의 슬래브판 중심선을 경계로 하는 설계대 내에서 산정해야 한다.

② 정계수 휨모멘트와 평균 부계수 휨모멘트의 절대값 합은 어느 방향에서나 다음 식 (9-11)값 이상으로 해야 한다.

$$M_0 = \frac{w_u l_2 l_n^2}{8} \qquad (9-11)$$

여기서, l_2 및 l_n은 각각 횡방향의 폭과 기둥 사이의 순경간을 말하며, 그림 9-4에 나타나 있다.

③ 받침부 중심선 양측 슬래브판의 직각방향 경간이 다른 경우 식 (9-11)의 l_2는 이들 횡방향 두 경간의 평균값으로 한다.

④ 가장자리에 인접하고 c에 평행한 경간은 식 (9-11)의 l_2는 가장자리부터 슬래브판 중심선까지 거리로 한다.

⑤ 순경간 l_n은 기둥, 기둥머리, 브래킷 또는 벽체 내면 사이의 거리이다. 다만, 식 (9-11)의 l_n값은 $0.65l_1$ 이상으로 해야 한다. 원형이나 정다각형 받침부는 같은 단면적의 정사각형 받침부로 취급해야 한다.

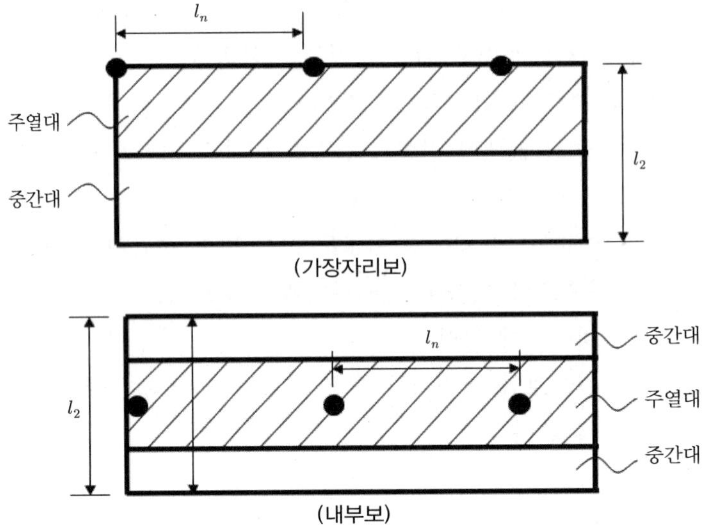

그림 9-4 정적 휨모멘트 계산 시 고려되는 면적

(2) 정 및 부계수 휨모멘트

부계수 휨모멘트는 직사각형 받침부의 내면에 위치하는 것으로 하고, 원형이나 정다각형 받침부는 같은 면적의 정사각형 받침부로 환산하여 취급할 수 있다. 내부 경간에서는 전체 정적계수 휨모멘트 M_0를 다음과 같은 비율로 분배한다.

$$\text{부계수 휨모멘트} = 0.65M_0 \tag{9-12}$$

$$\text{정계수 휨모멘트} = 0.35M_0 \tag{9-13}$$

단부 경간에서는 전체 정적계수 휨모멘트 M_0를 〈표 9-8〉과 같이 분배한다.

〈표 9-8〉 정 및 부계수 휨모멘트의 분배율

구분	(1) 구속되지 않은 외단	(2) 모든 받침부 사이에 보가 있는 슬래브	(3) 내부 받침부 사이에 보가 없는 슬래브: 테두리보가 없는 경우	(4) 내부 받침부 사이에 보가 없는 슬래브: 테두리보가 있는 경우	(5) 완전 구속된 외단
내단의 부계수 휨모멘트	0.75	0.70	0.70	0.70	0.65
정계수 휨모멘트	0.63	0.57	0.52	0.50	0.35
외단의 부계수 휨모멘트	0.00	0.16	0.26	0.30	0.65

(3) 주열대의 계수휨모멘트

주열대에서 내부 및 외부 받침부의 부계수 휨모멘트는 각각 〈표 9-9〉 및 〈9-10〉에 따른 비율로 분배되는 휨모멘트에 견디도록 설계해야 한다. 또한 주열대의 정계수 휨모멘트는 〈표 9-11〉에 따른 비율로 분배되어야 한다.

〈표 9-9〉 주열대 내단의 부계수 휨모멘트 분담률(%)

l_2/l_1	0.5	1.0	2.0
$(a_1 l_2/l_1)=0$	75	75	75
$(a_1 l_2/l_1) \geq 1.0$	90	75	45

〈표 9-10〉 주열대 외단의 부계수 휨모멘트 분담률(%)

l_2/l_1		0.5	1.0	2.0
$(a_1 l_2/l_1)=0$	$\beta_t=0$	100	100	100
	$\beta_t \geq 2.5$	75	75	75
$(a_1 l_2/l_1) \geq 1.0$	$\beta_t=0$	100	100	100
	$\beta_t \geq 2.5$	90	75	45

〈표 9-11〉 주열대 중앙부 정모멘트 분담률(%)

l_2/l_1	0.5	1.0	2.0
$(a_1 l_2/l_1)=0$	60	60	60
$(a_1 l_2/l_1) \geq 1.0$	90	75	45

(4) 중간대의 계수 휨모멘트

주열대가 부담하지 않는 정 및 부계수 휨모멘트는 주열대 양쪽의 1/2 중간대에 비례하여 할당하며, 각 중간대는 2개의 1/2 중간대에 할당된 휨모멘트들의 합에 견디도록 설계한다.

(5) 기둥과 벽체의 계수휨모멘트

슬래브구조와 일체로 이루어진 기둥과 벽체들은 슬래브구조에 작용하는 계수하중으로부터 발생하는 휨모멘트에 견딜 수 있어야 하며, 전체적인 해석을 하지 않는 한 내부 받침부에서 슬래브 상하의 받침부재는 상하부재의 강성에 직접 비례하여 다음 식 (9-14)에 규정된 휨모멘트를 견디도록 설계해야 한다.

$$M=0.07\left[(w_D+0.5w_L)\,l_2\,l_n^2-w_D{}'\,l_2{}'\,(l_n{}')^2\right] \qquad (9\text{-}14)$$

여기서, w_D', l_2' 및 l_n'는 짧은 경간에 대한 값이다. 이 모멘트는 슬래브에 접합된 상하 기둥의 휨강성에 따라 분배되며, 슬래브와 기둥의 접합부 설계에 사용된다.

예제 9-6 보가 있는 2방향 슬래브(직접설계법) – 7.8m×7.8m

건물 중 3층 바닥 슬래브를 설계하시오.

[설계조건] 층고 : 3.30m, 연단보 : 350×700mm, 내부보 : 350×700mm, 기둥 : 450×450mm, 슬래브 : 180mm, 활하중 : 5kN/m^2, 마감하중 : 1kN/m^2 (천장 포함), f_{ck} =30MPa, f_y =400MPa, 슬래브, 보, 기둥의 탄성계수(E_c)는 동일

풀 이 (1) 슬래브 두께 h의 예비검토 : 보의 슬래브에 대한 강성비를 구한다.

① $y = \dfrac{0.35\times0.7\times0.35+0.18\times0.5\times0.6}{0.35\times0.7+0.18\times0.5} = 0.42\text{m}$

② $I_b = \dfrac{0.35\times0.7^3}{12}+\dfrac{0.5\times0.18^3}{12}$

$+0.35\times0.7\times(0.42-0.35)^2$

$+0.5\times0.18\times(0.6-0.42)^2$

$=0.0148\text{m}^4$

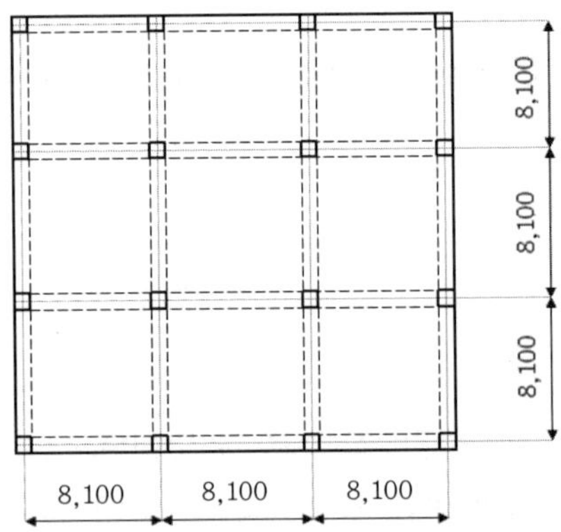

③ $I_s = 4.275\times0.18^3/12$

$=2.78\times10^{-3}\text{m}^4$

④ $\alpha = E_{cb}I_b/E_{cs}I_s = 5.32$

⑤ $y = \dfrac{0.35\times0.7\times0.35+1\times0.18\times0.6}{0.35\times0.7+1\times0.18}$

$=0.46\text{m}$

⑥ $I_b = \dfrac{0.35\times0.7^3}{12}+\dfrac{1\times0.18^3}{12}$

$+0.35\times0.7\times(0.46-0.35)^2$

$+1\times0.18\times(0.6-0.46)^2$

$=0.0176\text{m}^4$

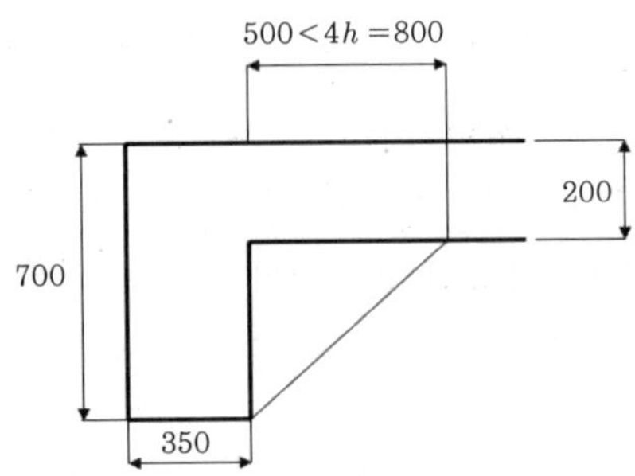

⑦ $I_s = 7.8\times0.18^3/12$

$=3.8\times10^{-3}\text{m}^4$

⑧ $\alpha = E_{cb}I_b/E_{cs}I_s = 4.63$

⑨ $\therefore\ \alpha_m = (5.32\times2+4.63\times2)/4$

$=4.975$

(2) $\alpha_m > 2$이므로

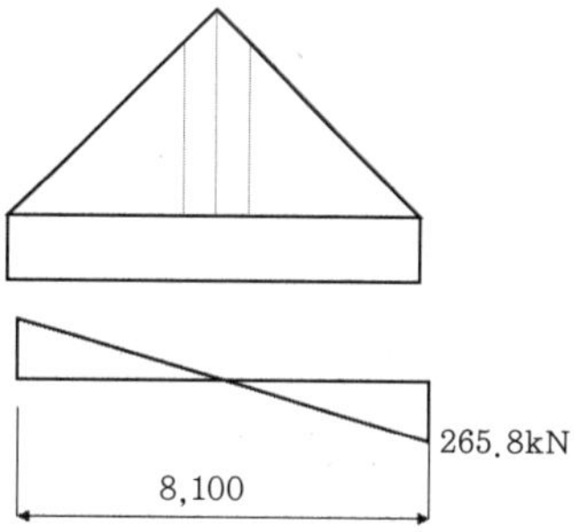

㉮ $h = \dfrac{l_n(800 + \dfrac{f_y}{1.4})}{36,00 + 9,000\beta} = 177\text{mm}$

㉯ 여기서, $\beta = \dfrac{7.35(800 + \dfrac{400}{1.4})}{36,000 + (9,000 \times 1)}$

$= 7.65/7.65 = 1.00$

㉰ $l_n = 7.8 - 0.45 = 7.35\text{m}$

$f_y = 400\text{MPa}$

㉱ ∴ 슬래브 두께는 180mm를 사용한다.

(3) 직접설계법의 제한 규정 검토

각 방향에 최소 3개의 연속경간이 있으며, 긴 경간에 대한 짧은 경간의 비는 1.0 < 2.0이다. 또한 연속되는 경간의 길이는 같으며, 기둥 위치는 일직선상에 있다.

하중은 등분포하중이며 활하중에 대한 고정하중비는 1.16 < 3.01

내부 패널 : $\alpha_1 l_2^2/\alpha_2 l_1^2 = 4.63 \times 7.8/4.63 \times 7.8 = 1.0 > 0.2$

외부 패널 : $\alpha_1 l_2^2/\alpha_2 l_1^2 = 5.32 \times 7.8/5.32 \times 7.8 = 1.0 > 0.2$

∴ 5.0보다 작으므로 적합하다.

9-3-8 등가골조법(Equivalent Frame Method)

(1) 기본가정

2방향 슬래브 설계에서 직접설계법은 매우 편리하고 유용한 설계방법이지만 슬래브 형태와 하중에 관련된 여섯 가지 조건이 만족되는 경우에만 이 방법을 적용할 수 있으며, 이러한 조건이 만족되지 않는 슬래브 설계에는 등가골조법이 적용된다. 등가골조법은 연속되는 2차원 골조로 3차원 슬래브 시스템을 나타내고, 2차원 골조들은 골조 면에 작용하는 하중에 대하여 모멘트분배법에 근거하여 해석하는 방법이다. 등가골조법은 다음과 같은 기본 가정에 의한다.

① 등가골조법에 의한 슬래브 설계는 휨모멘트와 전단력에 견디도록 슬래브 및 받침부재의 모든 단면을 설계한다.

② 강재로 된 기둥머리를 사용하는 경우 휨모멘트와 전단력에 대한 이들 기둥머리의 강성과 저항력을 고려할 수 있다.

③ 직접 응력에 의한 기둥과 슬래브의 길이변화와 전단력에 의한 처짐은 무시할 수 있다.

(2) 등가골조

등가골조의 부재는 슬래브-보와 기둥(수직재)에 의하여 지지되는 비틀림부재(수평부재)로 이루어지며, 그림 9-5에 설명되어 있다. 비틀림부재는 슬래브-보와 기둥 간에 전달되는 모멘트를 결정한다. 골조해석을 위해서는 먼저 등가골조부재의 휨강성, 전달계수 및 고정단 모멘트계수를 산정해야 한다.

① 건물 전체 구조는 가로 및 세로방향의 기둥선을 따라 내부 및 가장자리(외부) 등가골조로 이루어진다고 간주한다.

② 각 골조는 기둥이나 받침부의 중심선을 기준으로 한 좌우 슬래브판의 중심선에 의해 구획된 일련의 기둥 또는 받침부와 슬래브-보로 구성해야 한다.

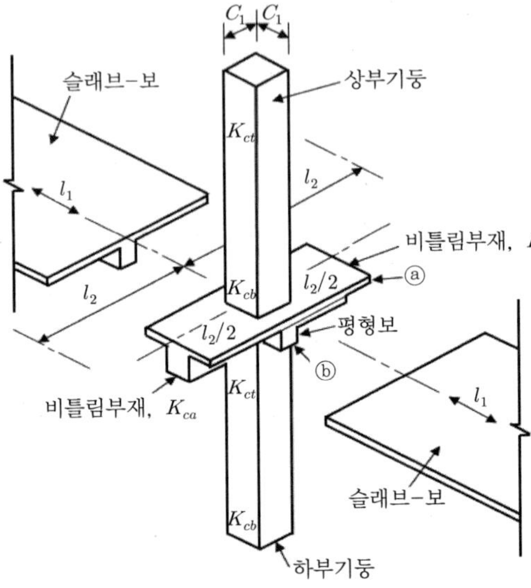

그림 9-5 등가골조 모델

③ 기둥 또는 받침부는 비틀림부재에 의해 슬래브-보에 연결되어 있다고 가정한다. 이 비틀림부재는 휨모멘트를 산정하는 경간방향에 직교하고 기둥 측면부터 등가골조로 구획된 양측 슬래브판 중심선까지 연장되는 것으로 가정할 수 있다.

④ 단부에 인접하고 그에 평행한 골조는 그 단부와 인접한 슬래브판의 중심선에 의해 구획되어야 한다.

⑤ 각 등가골조는 전체적으로 해석할 수 있으나 연직하중에 대해서는 상하 기둥의 먼 단부를 고정으로 간주하여 각 층별로 해석할 수 있다.

⑥ 슬래브-보를 각 층별로 분리하여 해석할 경우 연속 슬래브 한 받침부의 휨모멘트는 슬래브-보가 그 받침부부터 두 경간 떨어진 받침부에 고정되어 있다고 가정하여 구할 수 있다.

(3) 슬래브-보

등가골조에서 슬래브-보의 단면2차모멘트는 주두, 지판, 보 강성의 영향을 고려하여 계산하며, 각 단면의 변하는 부분을 요소로 분할하여 계산할 수 있다. 설계기준에는 슬래브-보의 단면2차모멘트 계산 방법이 다음과 같이 규정되어 있다.

① 접합부 또는 기둥머리 바깥에 있는 슬래브-보단면에 대한 단면2차모멘트는 콘크리트의 전체 면적에 대하여 산정한다.

② 골조해석에서 슬래브-보의 축을 따라 변하는 단면2차모멘트 변화에 따른다.

③ 기둥 중심에서 기둥, 브래킷, 기둥머리면까지의 슬래브-보 단면2차모멘트는 기둥, 브래킷, 기둥머리면에서의 슬래브-보 단면2차모멘트를 $(1-c_2/l_2)^2$으로 나눈 값과 같은 것으로 한다. 여기서 c_2와 l_2는 모멘트가 결정되는 경간에서 직각방향으로 측정한 값들이다.

그림 9-6과 같이 지판이 있는 슬래브-보에서 슬래브의 단면2차모멘트는 그림 9-7과 같이 두께 h_1과 폭 l_1인 슬래브의 단면2차모멘트로 하고,

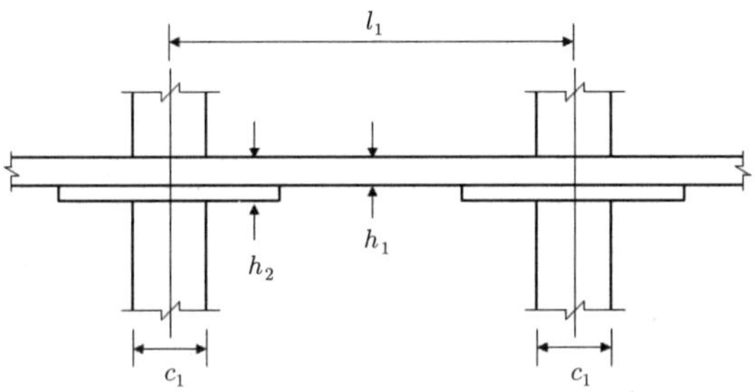

그림 9-6 지판이 있는 슬래브-보 시스템

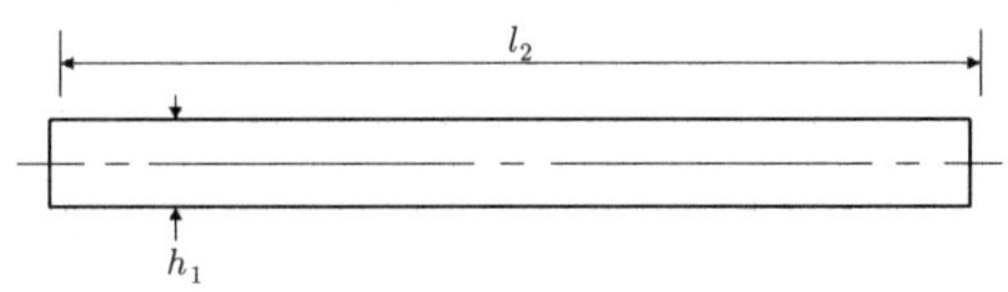

그림 9-7 슬래브 단면

지판이 있는 부분의 단면2차모멘트는 그림 9-8과 같은 변 단면을 갖는 단면에 대한 단면2차모멘트를 계산한다.

또한 기둥 중심에서 기둥 또는 기둥머리면까지의 단면2차모멘트는 그림 9-9와 같이 EI_2를 $(1-c_2/l_2)^2$으로 나눈 값으로 한다.

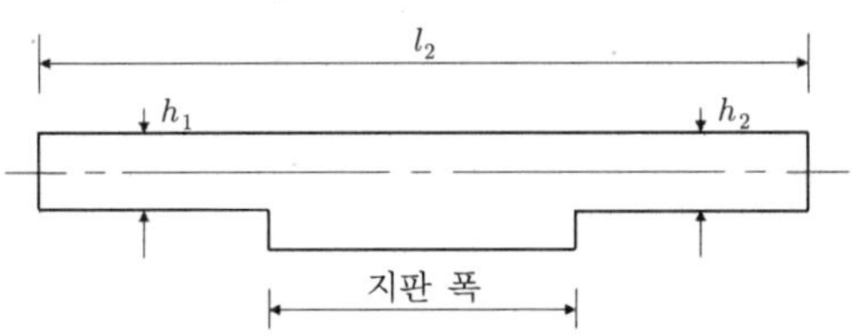

그림 9-8 지판 단면

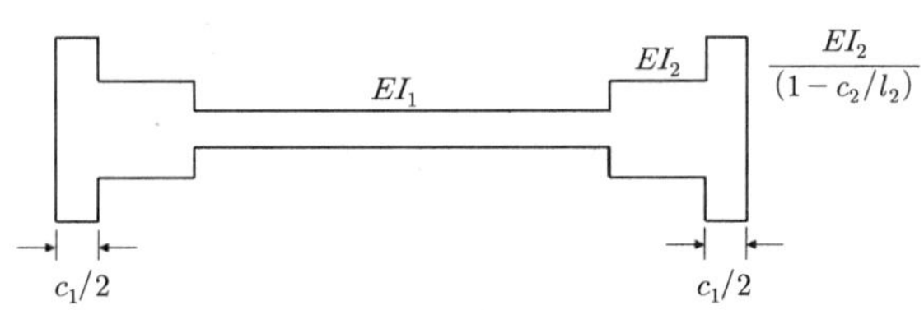

그림 9-9 슬래브-보 시스템의 강성(EI)변화

④ 등가골조법의 슬래브-보 강성은 다음 식 (9-15)에 의해 구한다.

$$K_{sb} = K \times \frac{E(I_s + I_b)}{l_1} \tag{9-15}$$

등가골조법의 슬래브-보 모멘트분배에 관한 강성계수(K), 전달률(carry over factor, COF)과 고정단 모멘트계수(fixed end moment factor, FEM)의 값들은 〈표 9-12〉와 〈표 9-13〉을 이용하여 구할 수 있다.

〈표 9-12〉 지판(drop panel) 없는 슬래브 또는 보가 있는 슬래브 계수

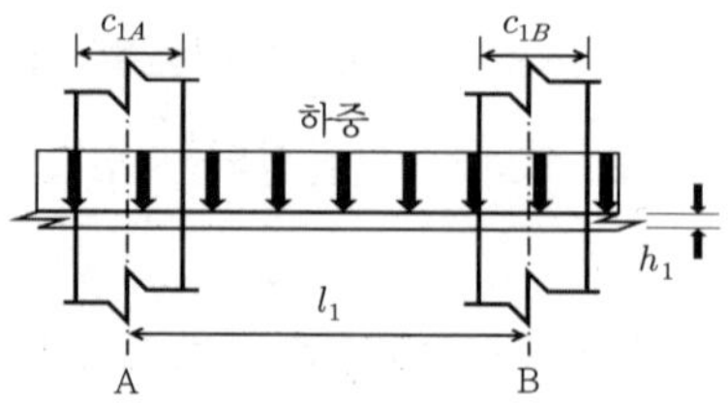

기둥 치수		등분포하중 FEM 계수$(w l_2 l_1^2)$		강성계수		전달계수	
C_{1A}/l_1	C_{1B}/l_1	M_{AB}	M_{BA}	K_{AB}	K_{BA}	COF_{AB}	COF_{BA}
0.00	0.00	0.083	0.083	4.00	4.00	0.500	0.500
	0.05	0.083	0.084	4.01	4.04	0.504	0.500
	0.10	0.082	0.086	4.03	4.15	0.513	0.499
	0.15	0.081	0.089	4.07	4.32	0.528	0.498
	0.20	0.079	0.093	4.12	4.56	0.548	0.495
	0.25	0.077	0.097	4.18	4.88	0.573	0.491
0.05	0.05	0.084	0.084	4.05	4.05	0.503	0.503
	0.10	0.083	0.086	4.07	4.15	0.513	0.503
	0.15	0.081	0.089	4.11	4.33	0.528	0.501
	0.20	0.080	0.092	4.16	4.58	0.548	0.499
	0.25	0.078	0.096	4.22	4.89	0.573	0.494
0.10	0.10	0.085	0.085	4.18	4.18	0.513	0.513
	0.15	0.083	0.088	4.22	4.36	0.528	0.511
	0.20	0.082	0.091	4.27	4.61	0.548	0.508
	0.25	0.080	0.095	4.34	4.93	0.573	0.504
0.15	0.15	0.086	0.086	4.40	4.40	0.526	0.526
	0.20	0.084	0.090	4.46	4.65	0.546	0.523
	0.25	0.083	0.094	4.53	4.98	0.571	0.519
0.20	0.20	0.088	0.088	4.72	4.72	0.543	0.543
	0.25	0.086	0.092	4.79	4.05	0.568	0.539
0.25	0.25	0.090	0.090	5.14	5.14	0.563	0.563

〈표 9-13〉 지판(drop panel) 있는 슬래브 계수

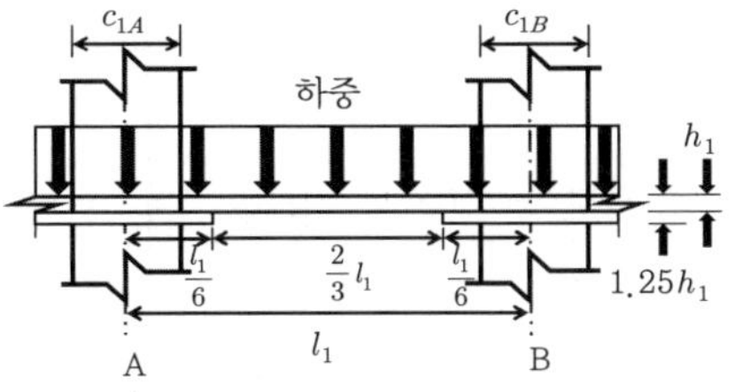

기둥 치수		등분포하중 FEM 계수($w\,l_2 l_1^2$)		강성계수		전달계수	
C_{1A}/l_1	C_{1B}/l_1	M_{AB}	M_{BA}	K_{AB}	K_{BA}	COF_{AB}	COF_{BA}
0.00	0.00	0.088	0.088	4.78	4.78	0.541	0.541
	0.05	0.087	0.089	4.80	4.82	0.545	0.541
	0.10	0.087	0.090	4.83	4.94	0.553	0.541
	0.15	0.085	0.093	4.87	5.12	0.567	0.540
	0.20	0.084	0.096	4.93	5.36	0.585	0.537
	0.25	0.082	0.100	5.00	5.68	0.606	0.534
0.05	0.05	0.088	0.088	4.84	4.87	0.545	0.545
	0.10	0.087	0.090	4.87	4.95	0.553	0.544
	0.15	0.085	0.093	4.91	5.13	0.567	0.543
	0.20	0.084	0.096	4.97	5.38	0.584	0.541
	0.25	0.082	0.100	5.05	5.70	0.606	0.537
0.10	0.10	0.089	0.089	4.98	4.98	0.553	0.533
	0.15	0.088	0.092	5.05	5.16	0.566	0.551
	0.20	0.086	0.094	5.09	5.42	0.584	0.549
	0.25	0.084	0.099	5.17	5.74	0.606	0.546
0.15	0.15	0.090	0.090	5.22	5.22	0.565	0.565
	0.20	0.089	0.094	5.28	5.47	0.583	0.563
	0.25	0.087	0.097	5.37	5.80	0.604	0.559
0.20	0.20	0.092	0.092	5.55	5.55	0.580	0.580
	0.25	0.090	0.096	5.64	5.88	0.602	0.577
0.25	0.25	0.094	0.94	5.98	5.98	0.598	0.598

예제 9-7 그림과 같은 플랫 플레이트 슬래브의 빗금 친 내부 등가골조 강성을 산정하시오.
기둥의 층고 높이는 3.0m, 슬래브 두께는 210mm, 슬래브 콘크리트 압축강도는 21MPa, 기둥콘크리트 압축강도는 35MPa, 기둥의 크기는 500×500mm이다.

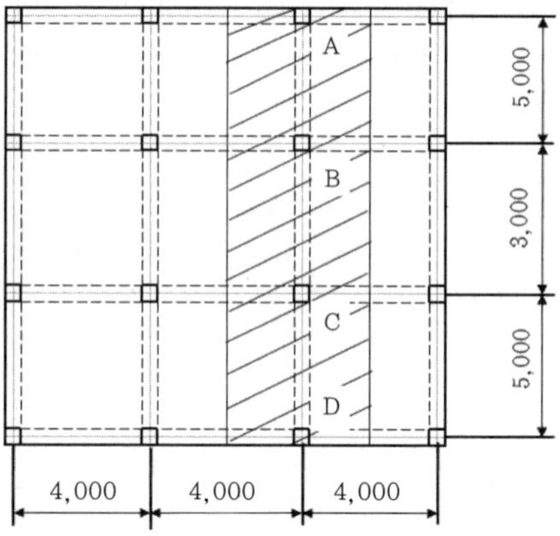

풀 이 (1) 단부 스팬(l_{AB})의 강성 산정($l_1 = 5{,}000\text{mm}$) :

① $\dfrac{C_{1A}}{l_1} = \dfrac{500}{5{,}000} = 0.1$, $\dfrac{C_{1B}}{l_1} = \dfrac{500}{5{,}000} = 0.1$

〈표 9-12〉를 적용하여 강성계수, 전달계수 및 모멘트계수를 구하면

② $K_{AB} = K_{BA} = 4.18$, $COF_{AB} = COF_{BA} = 0.0513$

$FEM_{AB} = FEM_{BA} = 0.085$

③ $E_s = 8{,}500 \times \sqrt[3]{f_{cu}} = 8{,}500 \times \sqrt[3]{25} = 24{,}854\text{MPa}$

④ $I_s = \dfrac{4{,}000 \times 210^3}{12} = 3.087 \times 10^9 \text{mm}^4$, $I_b = 0$

⑤ $K_{sb(AB)} = K \times \dfrac{E(I_s + I_b)}{l_1}$

$$= 4.18 \times \frac{24{,}854 \times (3.087 \times 10^9 + 0)}{5{,}000} = 6.414 \times 10^{10}\text{N}\cdot\text{mm}$$

(2) 중앙부 스팬(l_{BC})의 강성 산정($l_1 = 3{,}000\text{mm}$) :

① $\dfrac{C_{1A}}{l_1} = \dfrac{500}{3{,}000} = 0.17$, $\dfrac{C_{1B}}{l_1} = \dfrac{500}{3{,}000} = 0.17$

〈표 9-12〉에서 0.15와 0.20 값에서 직선보간을 적용하여 계수를 구하면

② 강성계수 값은 $\dfrac{4.46 - 4.40}{0.05} = \dfrac{x}{0.17 - 0.15}$, $x = 0.024$

$K_{BC} = K_{CB} = 4.40 + 0.024 = 4.424$

③ 전달계수 값은 $\dfrac{0.546 - 0.526}{0.05} = \dfrac{x}{0.17 - 0.15}$, $x = 0.008$

$COF_{AB} = COF_{BA} = 0.526 + 0.008 = 0.534$

④ $x = 0.0008$

$$FEM_{AB} = FEM_{BA} = 0.086$$

⑤ $K_{sb(BC)} = K \times \dfrac{E(I_s + I_b)}{l_1}$

$$= 4.424 \times \frac{24,854 \times (3.087 \times 10^9 + 0)}{3,000} = 1.131 \times 10^{11}\text{N} \cdot \text{mm}$$

예제 9-8 그림과 같은 플랫 플레이트 슬래브의 빗금 친 외부 등가골조 강성을 산정하시오.
기둥의 층고 높이는 3.0m, 슬래브 두께는 210mm, 슬래브 콘크리트 압축강도는 21MPa, 기둥콘크리트 압축강도는 35MPa, 보의 크기는 300×510mm, 기둥의 크기는 300×300mm이다.

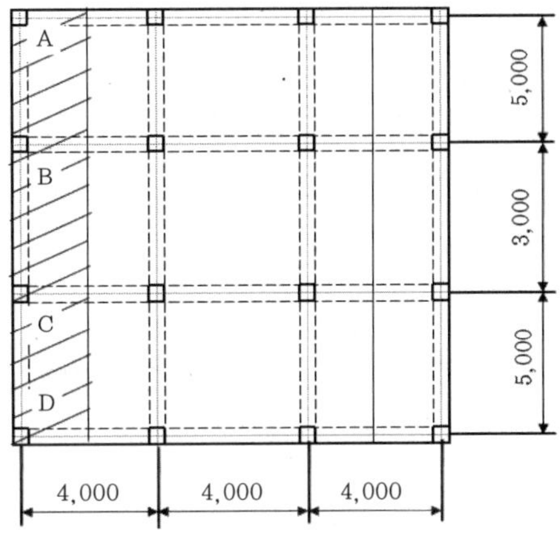

풀 이 (1) 단부 스팬(l_{AB})의 강성 산정

($l_1 = 5,000$mm) :

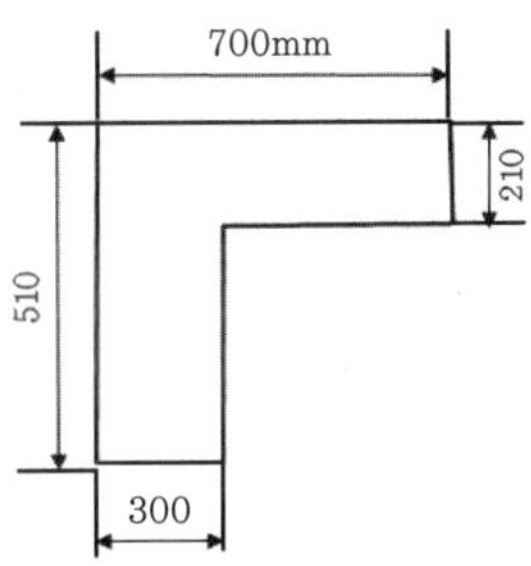

① $\dfrac{C_{1A}}{l_1} = \dfrac{300}{5,000}$

$= 0.06 \Rightarrow 0.05$

$\dfrac{C_{1B}}{l_1} = \dfrac{300}{5,000}$

$= 0.06 \Rightarrow 0.05$

〈표 9-12〉를 적용하여 강성계수, 전달계수 및 모멘트계수를 구하면

② $K_{AB} = K_{BA} = 4.05$, $COF_{AB} = COF_{BA} = 0.503$

$FEM_{AB} = FEM_{BA} = 0.084$

③ $E_s = 8,500 \times \sqrt[3]{f_{cu}} = 8,500 \times \sqrt[3]{25} = 24,854\text{MPa}$

④ $I_s = \dfrac{(2,000 + 150\text{mm}) \times 210^3}{12} = 1.60 \times 10^9\text{mm}^4$, $I_b = 0$

⑤ $I_b = 1.5 \times \dfrac{300 \times 510^3}{12} = 4.974 \times 10^9\text{mm}^4$

$$⑥\ K_{sb(AB)} = K \times \frac{E(I_s + I_b)}{l_1}$$

$$= 4.05 \times \frac{24,854 \times (6.574 \times 10^9)}{5,000} = 3.27 \times 10^{10}\mathrm{N \cdot mm}$$

(4) 기둥

2방향 슬래브 구조에서 일반적인 형태의 기둥과 지지조건에 따른 기둥강성을 계산하기 위한 단면이 그림 9-10에 나타냈다. 설계기준에서는 등가골조에서 기둥의 단면2차모멘트 계산 방법에 대하여 다음과 같이 규정하고 있다.

① 접합부 또는 기둥머리 바깥에 있는 기둥 단면에서 단면2차모멘트는 콘크리트의 전체 면적을 기준으로 한다.

② 기둥의 축을 따라 변하는 단면2차모멘트는 골조해석 시 고려되어야 한다.

③ 접합부에서 슬래브-보의 윗면과 아랫면 사이에 있는 기둥의 단면2차모멘트는 무한대로 가정한다.

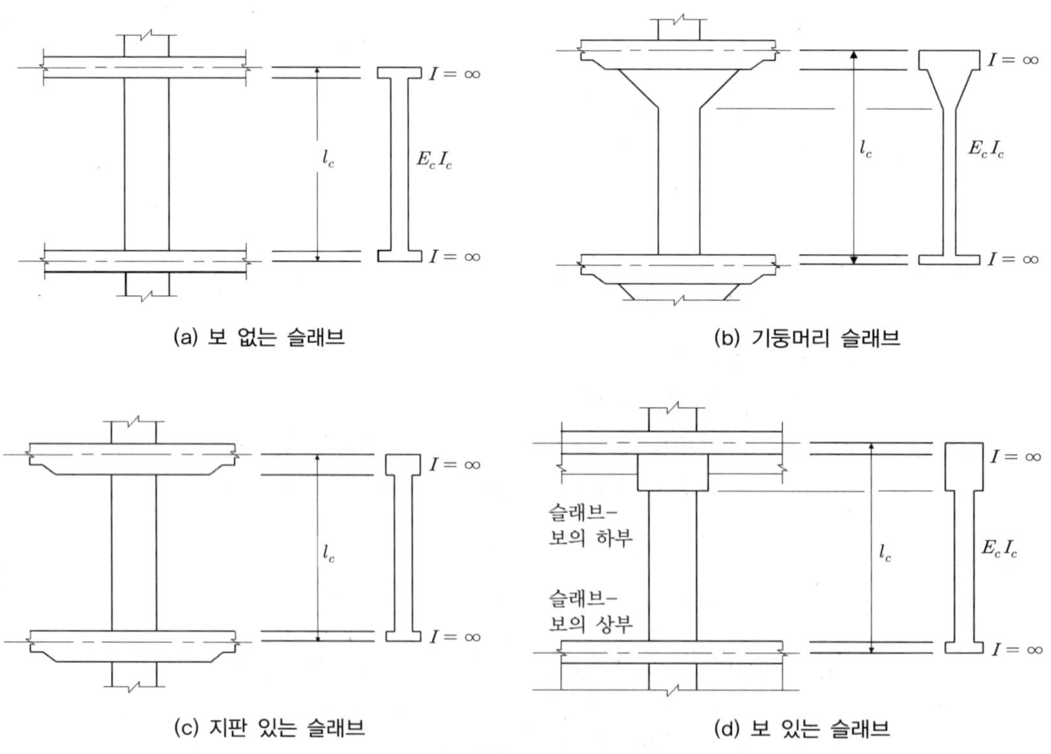

그림 9-10 기둥의 강성 산정을 위한 단면

④ 기둥의 강성(K_c)은 슬래브 중간 깊이의 위에서 아래로 계산되는 기둥의 길이에 근거하며, 다음 식 (9-16)을 적용하여 산정한다.

$$K_c = K \times \frac{(EI)_{co}}{l_{co}} \tag{9-16}$$

여기서, l_{co}는 슬래브 중심의 상하로부터 기둥 길이 또는 슬래브면의 상하로부터 기둥 길이를 나타낸다. 기둥강성계수 K와 전달률을 〈표 9-14〉에 나타냈다.

〈표 9-14〉 기둥강성계수

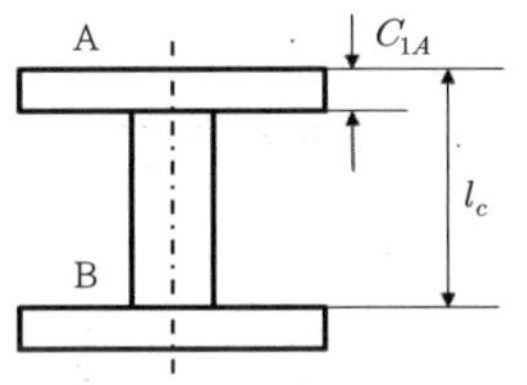

슬래브 깊이*	등분포하중 (FEM=Coeff.($w l_2 l_1^2$))		강성계수		전달계수	
			상부	하부		
C_{1A}/l_c	M_{AB}	M_{BA}	K_{AB}	K_{BA}	COF_{AB}	COF_{BA}
0.00	0.083	0.083	4.00	4.00	0.500	0.500
0.05	0.100	0.075	4.91	4.21	0.496	0.579
0.10	0.118	0.068	6.09	4.44	0.486	0.667
0.15	0.135	0.060	7.64	4.71	0.471	0.765
0.20	0.153	0.053	9.69	5.00	0.452	0.875
0.25	0.172	0.047	12.44	5.33	0.429	1.00

* l_1 방향의 지판 또는 기둥머리, 보 상부 기둥의 슬래브 두께

(5) 비틀림 부재

① 비틀림 부재는 부재의 전체 길이에 걸쳐 일정한 단면을 갖는 것으로 가정하고, 이 단면은 다음 중 큰 것으로 선택한다.

㉠ 휨모멘트를 산정하는 경간방향의 기둥, 브래킷 또는 기둥머리 폭과 같은 폭의 슬래브 부분

㉡ 일체식이나 완전 합성구조인 경우 ㉠에서 규정된 슬래브 부분에 슬래브 상하의 횡방향 보를 더한 것

㉢ 보가 슬래브와 일체로 되거나 완전한 합성구조로 되어 있을 때, 보의 단면은 보가 슬래브의 위 또는 아래로 내민깊이 중 큰 깊이 만큼을 보의 양측으로 연장한 슬래브 부분을 포함하여 보의 한 측으로 연장되는 거리는 슬래브 두께의 4배 이하로 한다. 위의 조건에 따른 일반적 슬래브-보 연결부의 비틀림 부재를 그림 9-11에 나타냈다.

② 비틀림 부재의 강성 K_t는 근사식으로 다음 식 (9-17)로 계산할 수 있다.

$$K_t = \frac{9EC}{l_2(1-c_2/l_2)^3} \tag{9-17}$$

③ C는 비틀림 상수(torsional constant)로서 유효플랜지 폭을 갖는 보에서는 그림 9-12에 나타낸 것처럼 단면을 여러 개의 직사각형으로 나누어 다음 식 (9-18)에 따라 구한다.

$$C = \Sigma\left[\left(1-0.63\frac{x}{y}\right)\frac{x^3y}{3}\right] \tag{9-18}$$

여기서, x와 y는 각각 직사각형 단면의 짧은 변과 긴 변을 나타낸다.

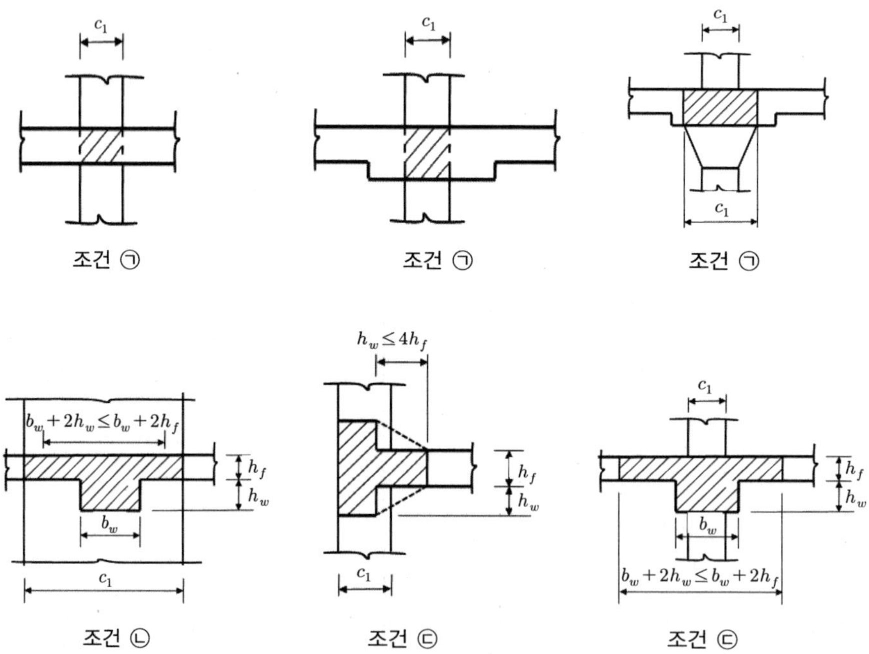

그림 9-11 비틀림 부재

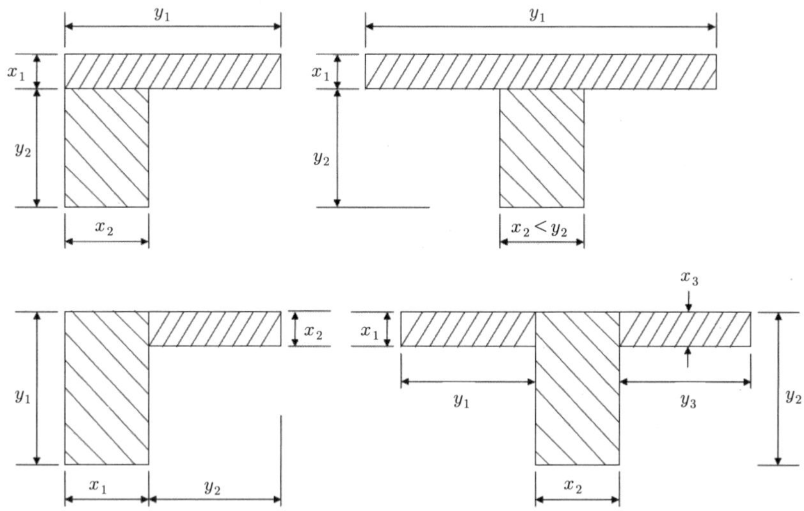

그림 9-12 비틀림 상수 C의 계산을 위한 나눔 단면

④ 휨모멘트를 결정하는 경간방향으로 보가 기둥에 연결되어 있는 경우 비틀림 강성은 보가 없는 슬래브만의 단면2차모멘트에 대한 그 보를 포함한 슬래브 단면2차모멘트의 비를 곱하여 구한다.

(6) 등가기둥

슬래브-보를 수직하중에 대해 해석할 때 슬래브-보와 비틀림 부재의 강성을 합성시킨 등가기둥 개념이 필요하며, 등가기둥은 슬래브와 기둥의 연결부 비틀림을 고려하여 기둥강성을 수정함으로써 모멘트 전달 효과를 감소시킨다. 등가기둥은 슬래브-보 상하의 실제기둥과 인접패널의 중심선까지 연장되는 기둥 양측의 비틀림 부재로 구성된다. 가장자리 골조에서는 비틀림 부재가 단지 한쪽 편에만 있음을 주의한다. 비틀림 부재의 존재는 등가기둥의 강성에도 영향을 준다. 등가기둥 K_{ec}의 휨강성은 이의 역수, 즉 연성으로 주어지며 등가기둥의 유효강성(K_{ec})은 슬래브 상하 기둥의 휨강성 합(ΣK_C)과 기둥 양 옆에 접한 보 또는 슬래브의 비틀림 강성 합(ΣK_t)으로 다음 식 (9-19)를 이용하여 계산한다.

$$\frac{1}{K_{ec}} = \frac{1}{\Sigma K_c} + \frac{1}{\Sigma K_t} \qquad (9\text{-}19)$$

(7) 계수 휨모멘트

① 내부 받침부의 부계수 휨모멘트(주열대 및 중간대)에 대한 위험단면은 직사각형 받침부 면으로 하며, 기둥 중심에서부터 $0.175 l_1$ 이내에 있어야 한다.

② 브래킷이나 기둥머리가 있는 외부 받침부의 가장자리와 직각방향의 부계수 휨모멘트에

대한 위험단면은 받침부 면에서 브래킷이나 기둥머리 돌출길이의 1/2 이내에 있어야 한다.

③ 받침부가 원형이나 정다각형인 경우 같은 단면적의 정사각형 받침부로 취급하여 부계수 휨모멘트에 대한 위험단면을 구한다.

④ 직접설계법의 제한사항을 만족시키는 슬래브 시스템을 등가골조법으로 해석한 경우 정모멘트와 평균 부모멘트의 절대값 합이 전체 정적계수 휨모멘트의 값보다 작지 않은 범위에서 정 및 부모멘트를 감소시킬 수 있다.

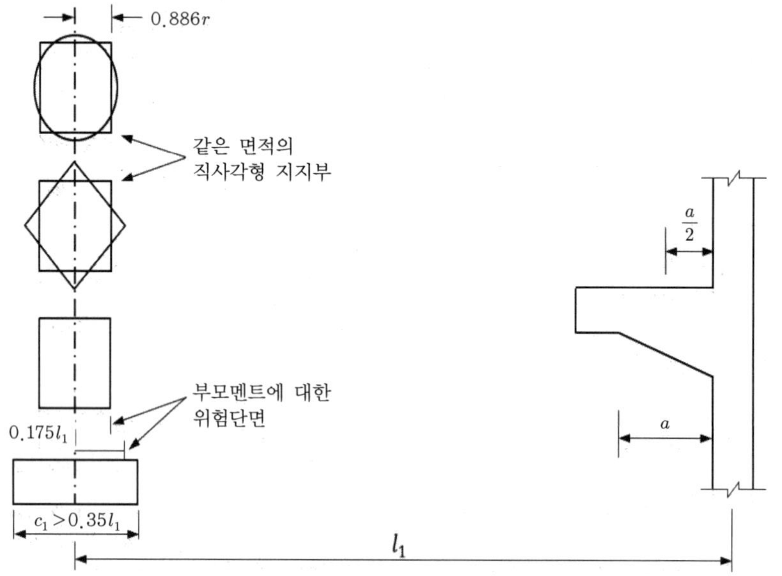

그림 9-13 부계수 휨모멘트에 대한 위험단면

예제 9-9 그림과 같은 플랫 플레이트 슬래브의 빗금 친 내부 등가골조 기둥강성(K_c), 비틀림 부재강성(K_t), 등가기둥 유효강성(K_{ec})과 전달계수를 산정하시오. 기둥의 층고 높이는 3.0m, 슬래브 두께는 150mm, 슬래브 콘크리트 압축강도는 21MPa, 기둥콘크리트 압축강도는 35MPa, 기둥의 크기는 500×500mm이다.

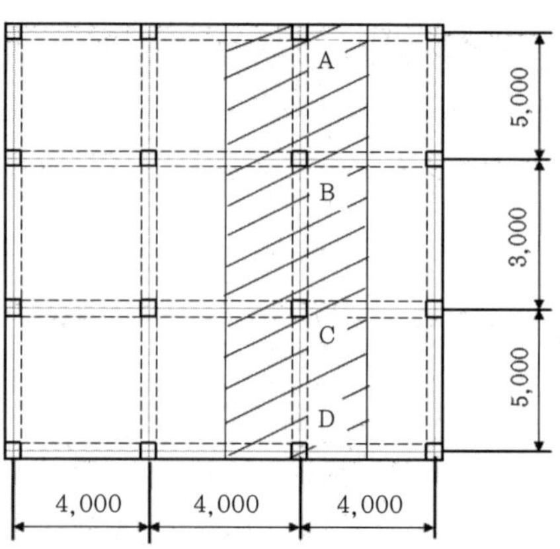

풀 이 (1) 기둥강성(K_c) 산정 : (내 · 외부 기둥)

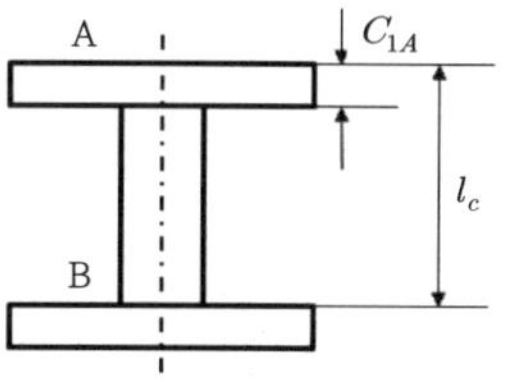

① $\dfrac{C_{1A}}{l_1} = \dfrac{150}{3,000} = 0.05$

〈표 9-14〉에서,

② $K_{하부} = 4.21$, $K_{상부} = 4.91$

③ $I_{co} = \dfrac{500 \times 500^3}{12} = 6.25 \times 10^{10}\text{mm}^4$

④ $E_s = 8,500 \times \sqrt[3]{f_{cu}} = 8,500 \times \sqrt[3]{39} = 28,825\text{MPa}$

⑤ $K_{c하부} = K \times \dfrac{EI_{co}}{l_{co}} = 4.21 \times \dfrac{28,825 \times 6.25 \times 10^{10}}{3,000}$

$= 6.00 \times 10^{11}\text{N} \cdot \text{mm}$

$K_{c상부} = K \times \dfrac{EI_{co}}{l_{co}} = 4.91 \times \dfrac{28,825 \times 6.25 \times 10^{10}}{3,000}$

$= 2.95 \times 10^{12}\text{N} \cdot \text{mm}$

(2) 비틀림 부재 강성(K_t) 산정 : (내 · 외부 기둥)

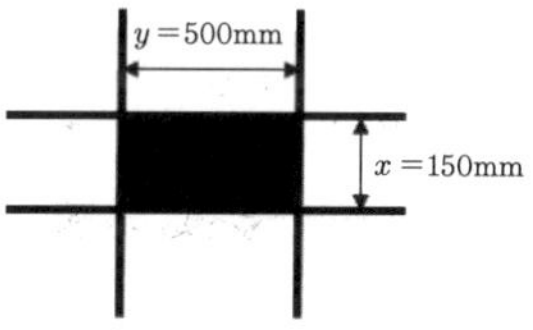

① $K_t = \dfrac{9EC}{l_2(1 - c_2/l_2)^3}$

② $C = \Sigma[(1 - 0.63\dfrac{x}{y})\dfrac{x^3 y}{3}]$

$= \Sigma(1 - 0.63 \times \dfrac{150}{500}) \times \dfrac{150^3 \times 500}{3} = 4.56 \times 10^8\text{m}^4$

③ $K_t = \dfrac{9EC}{l_2(1 - c_2/l_2)^3} = \dfrac{9 \times 28,825 \times 4.56 \times 10^8}{4,000(1 - 500/4,000)^3} = 4.415 \times 10^{10}\text{N} \cdot \text{mm}$

(3) 등가기둥 유효강성(K_{ec}) 산정 : (내 · 외부 기둥)

① $\dfrac{1}{K_{ec}} = \dfrac{1}{\Sigma K_c} + \dfrac{1}{\Sigma K_t}$

$= \dfrac{1}{(6.00 \times 10^{11} + 2.95 \times 10^{12})} + \dfrac{1}{(2 \times 4.415 \times 10^{10})}$

$= 8.615 \times 10^{10}\text{N} \cdot \text{mm}$

(4) 분배계수 산정 :

① 외부 절점 A와 D(외부기둥)

㉮ $DF_{sb(AB)} = \dfrac{K_{sb(AB)}}{K_{sb(AB)} + K_{ec}} = \dfrac{2.710}{2.710 + 8.615} = 0.239$

㉯ $K_{sb(AB)} = K \times \dfrac{E(I_s + I_b)}{l_1}$

$= 4.18 \times \dfrac{28,825 \times (1.125 \times 10^9 + 0)}{5,000}$

$= 2.710 \times 10^{10} \text{N} \cdot \text{mm}$

㉰ $I_s = \dfrac{4,000 \times 150^3}{12} = 1.125 \times 10^9 \text{mm}^4, \ I_b = 0$

② 내부 절점 B와 C(내부기둥)

㉮ $DF_{sb(BA)} = \dfrac{K_{sb(BA)}}{K_{sb(BA)} + K_{sb(BC)} + K_{ec}}$

$= \dfrac{2.710}{2.710 + 4.782 + 8.615} = 0.168$

㉯ $DF_{sb(BC)} = \dfrac{K_{sb(BC)}}{K_{sb(BA)} + K_{sb(BC)} + K_{ec}}$

$= \dfrac{4.782}{2.710 + + 4.782 + 8.615} = 0.297$

㉰ $K_{sb(BC)} = K \times \dfrac{E(I_s + I_b)}{l_1}$

$= 4.424 \times \dfrac{28,825 \times (1.125 \times 10^9 + 0)}{3,000}$

$= 4.782 \times 10^{10} \text{N} \cdot \text{mm}$

chapter 10

벽체(Wall) 설계

구조물을 구성하는 구조요소의 하나인 벽체는 일반적으로 공간을 만들어 주는 역할과 수직하중 및 수평하중을 지지하는 기능을 가진 구조벽체(Structural wall) 역할을 한다. 이러한 구조벽체 설계에 영향을 미치는 요소로는 잔여구조물에 대한 벽체의 상대적 구조기능과 벽체가 저항해야 할 하중의 종류 및 벽체에 배근된 철근량이나 위치 등이 고려되어야 한다. 또한 구조벽체의 주 기능은 소속된 구조시스템에 따라 결정되며, 하중작용에 대한 주 저항기능을 고려하여 내력벽(bearing wall) 또는 전단벽(shear wall)으로 구분한다. 그러나 이러한 구분은 구조설계 개념상 구조벽체의 기능과 성능을 유효하게 차별화하기 위하여 구조기준의 규정에 따라 인위적으로 구분하는 것에 불과하며, 구조벽체에 대한 본질적인 구분이 될 수는 없다.

10-1 벽체의 종류

(1) 전단벽(Shear walls)

전단벽(shear wall)이란 주로 구조물에 작용하는 지진 혹은 바람으로 인한 횡하중에 저항하도록 설계된 벽체를 말하며, 일명 구조벽체(structural wall)라고도 한다. 이러한 전단벽은 잔여구조체에 대하여 수평적 가새(bracing) 역할을 한다. 또한 그림 10-1(a)와 같이 전단벽은 벽체로 전달되는 수직하중에 저항하고, 모멘트 평형에 필요한 전단력과 합하여 강축(strong axis)에 대한 횡하중모멘트에 저항한다.

(2) 내력벽(Bearing walls)

내력벽은 수평적으로 지지되고 잔여구조체에 의해 가새된 벽체이며, 벽체의 상부에서 작용하는 면내 수직하중(in-plane vertical load)을 일차적으로 지지하는 구조 시스템을 말한다. 그림 10-1(b)는 벽체에 편심을 가지는 수직하중으로 인하여 약축 휨(weak-axis bending)을 가지는 내력을 보여주고 있다.

(3) 비내력벽(Nonbearing walls)

벽체의 자중을 제외한 어떠한 면내 수직하중(gravity loads)도 지지하지 않는 벽체를 말하며, 경우에 따라서 벽체의 한 면 혹은 양면에서 작용하는 하중으로 인한 전단이나 휨모멘트에 저항할 수 있는 구조체이다.

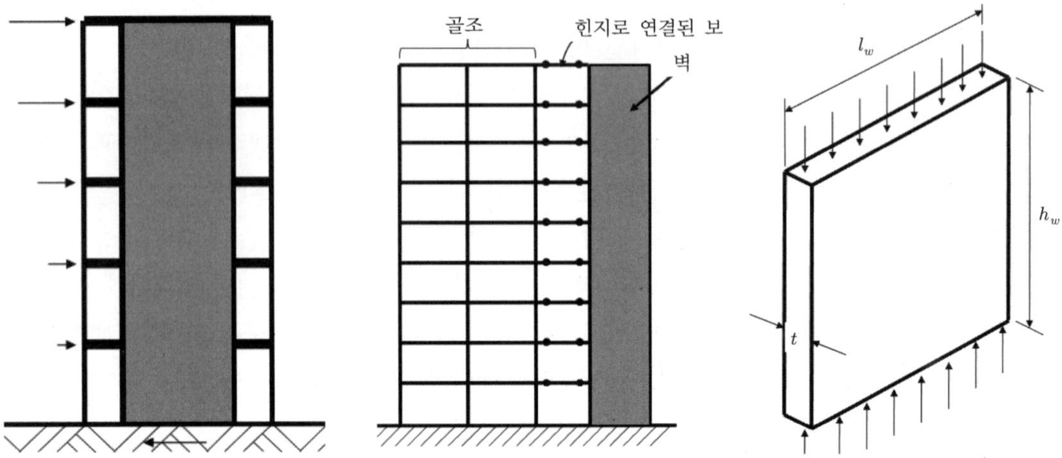

(a) 전단벽

(b) 내력벽

그림 10-1 벽체의 종류

10-2 기본사항

벽체는 형태만으로 정의되어서는 안 된다. 벽체는 중력하중의 영향이 적고, 국부하중을 분배시킬 수 있는 충분한 길이를 갖고 있어야 하며, 일반적인 기둥과 마찬가지로 큰 중력하중을 받은 벽체는 형태와 관계없이 기둥의 설계 및 배치 원칙에 따라 설계한다. 휨모멘트의 작용 여부에 관계없이 축방향 하중을 받는 벽체의 설계에 적용한다.

(1) 설계일반

① 벽체는 압축재로 설계하거나 적용조건을 만족시키는 경우에 실용설계법에 따라 설계할 수 있으며, 휨인장이 설계를 지배하는 세장한 벽체는 세장한 벽체의 대체 설계법을 적용하여 설계할 수 있다

② 벽체는 이에 작용하는 편심축하중, 수평하중 및 기타 하중에 대하여 안전하게 저항할 수 있도록 설계한다.

③ 정밀한 구조해석에 의하지 않는 한, 각 집중하중에 대한 벽체의 유효 수평길이는 하중간의 중심거리 또는 하중 지지폭에 벽체 두께의 4배를 더한 길이를 초과하지 않는 값으로 한다.

④ 벽체의 밑면에서 기초판으로 하중전달은 특수한 기초판의 규정에 따라야 한다.

(2) 최소 수직철근비

벽체의 전 단면적에 대한 최소 수직철근비는 다음 규정을 따른다.

① 설계기준 항복강도가 400MPa 이상인 D16 이하의 이형철근 ························ 0.0012

② 기타 이형철근 ·· 0.0015

③ 지름 16mm 이하의 용접철망 ·· 0.0012

(3) 최소 수평철근비

벽체의 전단면적에 대한 최소 수평철근비는 다음 규정을 따른다.

① 설계기준 항복강도가 400MPa 이상으로써 D16 이하의 이형철근 ················ 0.0020

② 기타 이형철근 ·· 0.0025

③ 지름 16mm 이하의 용접철망 ·· 0.0020

(4) 철근배근

두께 250mm 이상의 벽체에 대해서는 다음의 각 항에 따라 수직 및 수평철근을 벽면에 평행하게 양면에 배치한다. 다만, 지하실 벽체에는 이 규정을 적용하지 않는다.

① 수직 및 수평철근의 배근간격은 벽두께의 3배 이하 또한 450mm 이하로 한다.

② 벽체의 외측면 철근은 각 방향에 대하여 전체 소요철근량의 1/2 이상, 2/3 이하로 하며, 외측면으로부터 50mm 이상, 벽두께의 1/3 이내에 배치한다.

③ 벽체의 내측면 철근은 각 방향에 대한 소요철근량의 잔여분을 내측면으로부터 20mm 이상, 벽두께의 1/3 이내에 배치한다.

(5) 벽체의 최소 두께

벽체의 최소 두께는 실용설계법으로 설계하는 경우 내력벽의 수직 또는 수평 지점 간의 거리 중 작은 값 1/25 이상 또는 100mm 이상으로 하며, 지하실 외벽이나 기초벽체 두께는 200mm 이상으로 한다. 내력벽을 압축재 설계방법으로 설계하는 경우에 벽체의 최소 두께 제한을 받지 않는다. 비내력벽에서는 최소 두께를 100mm 이상 또는 이를 수평으로 지지하고 있는 부재 최소 거리의 1/30 이상으로 한다.

10-3 내력벽 설계

건축물을 구성하는 구조벽체는 축하중과 더불어 면내 휨모멘트 및 면외 휨모멘트가 동시에 작용하거나 또는 별도로 작용하게 된다. 구조벽체는 전단벽의 기능과 내력벽의 기능을 모두 구비한다. 이러한 구조벽체를 내력 전단벽 또는 내력벽이라 한다. 내력벽 설계는 기준에서 규정하는 각종 하중계수와 하중조합을 모두 고려한 하중작용에 대하여 구조해석에 따라 결정되는 단면응력, 즉 최대 소요강도에 안전하도록 설계한다.

10-3-1 실용설계법

① 실용설계법은 계수축하중(P_u) 합력이 벽두께의 중앙 $h/3(e \le h/6)$ 이내에 위치하는 직사각형 단면 내력벽 설계에 적용할 수 있다.

② 벽체의 최소 두께는 벽높이 또는 벽길이 중 작은 값의 1/25 이상, 그리고 100mm 이상이어야 한다.

③ 벽체의 수직 및 수평 최소 철근비 규정에 따라야 한다.

④ 내력벽에 작용하는 계수축하중(P_u)은 다음 식 (10-1)과 같이 축하중강도(ΦP_{nw})보다 작아야 한다.

$$P_u \le \Phi P_{nw} \tag{10-1}$$

여기서, 설계기준에 의한 벽체의 설계축하중은 다음 식 (10-2)와 같다.

$$\Phi P_{nw} = 0.55\,\Phi f_{ck} A_g \left[1 - \left(\frac{K l_c}{32\,h}\right)^2\right] \tag{10-2}$$

여기서, $\Phi=0.65$이고, 유효길이계수 k는 다음과 같다.

㉠ 상 · 하단이 횡구속 벽체로서

a. 상 · 하 양단 중의 한쪽 또는 양쪽의 회전이 구속된 경우 : $k=0.8$

b. 상 · 하 양단의 회전이 구속되지 않은 경우 : $k=1.0$

㉡ 비횡구속 벽체 : $k=2.0$

실용설계법은 그림 10-2(a)와 같이 작용하는 모든 조합 하중의 합력이 벽두께의 중앙 1/3 이내에 위치할 경우, 즉 축하중이 벽 중심에서 $h/6$ 이내의 편심으로 작용하여 벽체의 어디에도 인장응력이 생기지 않을 때 내력벽의 최소 수직 및 수평철근비와 식 (10-2)에 따라 설계하는 방법이다. 식 (10-2)에서 계수 0.55는 압축재의 설계축하중 계산에서 띠철근 기둥의 계수 0.8에 편심 $h/6$을 고려한 계수이며, 식 (10-2)의 괄호 안의 내용은 벽체의 세장효과를 나타낸 것으로 한계세장비 이내에서 불완전 압축재의 비선형 거동을 근사적으로 수식화한 것이다.

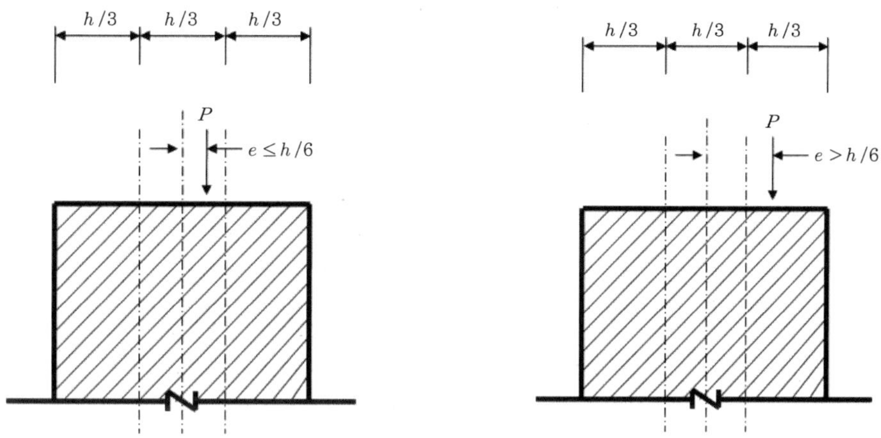

(a) 실용 설계법이 적용되는 벽체　　(b) 압축재 설계법이 적용되는 벽체

그림 10-2 벽체의 설계범위

10-3-2 압축재설계법

실용설계법의 식 (10-2)는 벽체 단면이 직사각형이고, 축하중 편심이 $h/6$ 이내인 경우에만 적용할 수 있다. 따라서 직사각형이 아닌 단면, 예를 들어 리브가 달린 벽체이거나 모멘트의 영향이 커서 계산된 축하중의 편심이 그림 10-2(b)와 같이 $h/6$를 넘는 경우에는 실용설계법으로 설계할 수 없고, 압축재로 설계하여야 한다. 압축재로 설계하는 경우 내력벽의 최소 철근량 규정은 그대로 적용되며, 그 외에는 세장비 효과를 포함하여 모든 설계방법이 기둥설계의 내용에 따라야 한다. 일반적으로 벽체에서 수평철근을 기둥의 띠철근과 같이 배근하기는 어려우므로 두꺼운 벽체를 제외하고는 수직철근비를 0.01 이하로 하거나 수직철근의 압축력지지 성능을 고려하지 않고 벽체를 설계하여 횡방향 철근을 최소 수평철근비로 배근하는 것이 실용적이다.

① 축하중만을 받거나 면외(약축방향)휨과 축하중을 동시에 받는 벽체의 설계는 기준 설계가정, 일반원칙, 압축재의 장주설계, 슬래브를 지지하는 압축부재, 지압강도, 벽체 설계일반, 최소 철근비 규정에 따라야 한다. 다만, 해당 조건을 만족시킬 경우 실용설계법을 따를 수 있다.

② 압축재설계법에 의한 벽체의 최대 축하중강도 $\Phi P_{n(\max)}$는 다음 식 (10-3)에 의하여

산정한다.

$$\Phi P_{n(\max)} = \Phi(0.8P_0) \qquad (10-3)$$

여기서, $P_0 = 0.85 f_{ck}(A_g - A_{st}) + f_y A_{st}$, $\Phi = 0.65$

③ 벽체의 축하중강도 ΦP_n과 면외휨강도 ΦM_n은 작용하중의 편심거리 $e = M_u/P_u$와 벽체의 단면성능을 고려하여 산정한다.

④ 벽체에 작용하는 계수축하중 P_u와 면외계수휨모멘트 M_u는 각각 벽체의 축하중강도 ΦP_n 및 면외휨강도 ΦM_n보다 작아야 한다.

$P_u \leq \Phi P_n$ 또는 $P_{ul} \leq \Phi P_{nl}$

$M_u \leq \Phi M_u$ 또는 $M_{ul} \leq \Phi M_{nl}$

다만, 벽체의 세장비를 고려할 경우에는 M_u 대신 확대모멘트 M_c를 적용한다. 특히 벽체의 단위폭(1.0m)을 기준으로 단면을 산정할 때에는 ΦP_{n1}, ΦM_{n1}, ΦM_{c1} 및 P_{n1}, M_{n1}, e_1 등의 기호를 사용할 수 있다.

⑤ 벽체의 세장비와 확대모멘트

㉠ 횡구속 내력벽 골조(Nonsway bearing wall frame)

a. 횡구속 내력벽의 유효길이계수 k는 1.0으로 한다.

b. 횡구속 내력벽이 다음 조건을 만족시킬 경우에는 세장비의 영향을 무시할 수 있다.

$$\frac{kl_u}{r} \leq 34 - 12\left(\frac{M_1}{M_2}\right) \qquad (10-4)$$

다만, M_1/M_2 값은 -0.5 이상이어야 한다. 특히 단일곡률일 때에는 M_1/M_2 값은 양(+)을 취한다.

c. 내력벽 단부의 계수모멘트 M_2의 값이 0이거나 $e = M_u/P_u \leq e_{\min}$인 경우에는 다음 식 (10-5)에 의하여 M_2를 산정한다.

$$M_2 = P_u e_{\min} \qquad (10-5)$$

$$e_{\min} = 15 + 0.03h \text{ (단위 : mm)} \qquad (10-6)$$

d. 횡구속 내력벽은 계수축하중 P_u와 확대 계수모멘트 M_c를 적용하여 설계한다.

$$M_c = \delta_{ns} M_2 \qquad (10-7)$$

모멘트 확대계수 δ_{ns}는 다음 식 (10-8)을 적용하여 산정한다.

$$\delta_{ns} = \frac{C_m}{1 - \frac{P_u}{0.75 P_u}} \geq 1.0 \qquad (10-8)$$

위의 식 (10–8)에서 C_m은 다음 식 (10–9)와 같이 산정한다.

$$C_m = 0.6 + 0.4\left(\frac{M_1}{M_2}\right) \geq 0.4 \qquad (10-9)$$

다만, M_1/M_2 값은 단일곡률일 때 양(+)이고, 벽면에 직각방향으로 수평하중이 작용할 경우에는 $C_m = 1.0$으로 한다.

$$P_c = \frac{\pi^2 EI}{(kl_u)^2} \qquad (10-10)$$

철근이 벽 단면 양측에 2중으로 배근되어 있을 경우의 EI는 다음 식 (10–11)과 식 (10–12)와 같이 산정한다.

$$EI = \frac{0.2E_c I_g + E_s I_{se}}{1 + \beta_d} \qquad (10-11)$$

$$EI = \frac{0.4E_c I_g}{1 + \beta_d} \qquad (10-12)$$

위의 식에서 β_d는 다음 식 (10–13)과 같이 산정한다.

$$\beta_d = \frac{\text{최대계수고정축하중}}{\text{전체계수축하중}} = \frac{1.4P_D}{1.4P_D + 1.7P_L} \qquad (10-13)$$

철근이 벽단면의 중앙부에만 단일층으로 배근되어 있을 경우 EI는 MacGregor가 제안한 다음 식 (10–14)와 식 (10–15)와 같이 산정한다.

$$EI = \frac{E_c I_g}{\beta}\left(0.5 - \frac{e}{h}\right) \geq 0.1\frac{E_c I_g}{\beta} \qquad (10-14)$$

$$\leq 0.4\frac{E_c I_g}{\beta} \qquad (10-15)$$

다만, $\beta = 0.9 + (0.5\beta_d^2) - 12\rho \geq 1.0$, ρ=수직철근의 벽체 단면적에 대한 철근비

㉡ 비횡구속 내력벽 골조(Sway bearing wall frame)

a. 비횡구속 내력벽이 다음 조건을 만족시킬 경우에는 세장비의 영향을 무시할 수 있다.

$$\frac{kl_u}{r} < 22 \tag{10-16}$$

b. 유효길이계수 k는 1.0보다 커야 한다.

c. 비횡구속 내력벽이 다음 조건을 만족시킬 때,

$$\frac{l_u}{r} \leq \frac{35}{\sqrt{\dfrac{P_u}{f_{ck}A_g}}} \tag{10-17}$$

벽체 양단의 모멘트 M_1 및 M_2는 다음 식 (10-18)과 (10-19)로 산정한다.

$$M_1 = M_{1ns} + \delta_s M_{1s} \tag{10-18}$$

$$M_2 = M_{2ns} + \delta_s M_{2s} \tag{10-19}$$

다만, $M_2 > M_1$으로 가정하였으므로 확대 계수모멘트 M_c는 다음 식 (10-20)과 같다.

$$M_c = M_{2ns} + \delta_s M_{2s} \tag{10-20}$$

여기서, M_{2ns}는 횡지지된 상태(Nonsway)에 대한 벽체 단부의 계수모멘트이고, M_{2s}는 비횡지지 상태(Sway)에 대한 벽체 단부의 계수모멘트이다. $\delta_s M_s$는 다음 식 (10-21)로 산정한다.

$$\delta_s M_s = \frac{1}{1 - \dfrac{\Sigma P_u}{0.75\Sigma P_c}} \geq M_s \tag{10-21}$$

다만, $\delta \leq 2.5$ (10-22)

여기서, ΣP_u는 한 개 층의 모든 기둥 계수축하중의 합이고, ΣP_c는 수평변위에 저항하는 모든 기둥 P_c의 합이다. P_c는 식 (10-10)으로 산정한다.

d. 비횡구속 내력벽이 다음 조건을 만족시킬 때 다음 식 (10-23)이 얻어진다.

$$\frac{l_u}{r} \leq \frac{35}{\sqrt{\dfrac{P_u}{f_{ck}A_g}}} \tag{10-23}$$

확대모멘트 M_c는 다음 식 (10-24)로 산정한다.

$$M_c = \delta_{ns} M_{2ns} + \delta_s M_{2s} \tag{10-24}$$

10-4 전단벽 설계

전단벽은 지상에 고정되어 있는 캔틸레버와 같은 거동을 하며, 풍하중이나 지진하중과 같이 횡하중에 의한 전단력과 휨모멘트 및 중력에 의한 수직하중을 축하중 형태로 기초에 전달하는 기능을 한다. 건물에서 전단벽의 위치는 건물의 외벽으로 하거나 또는 엘리베이터 홀 및 계단실 벽체로 하여 건물의 기능을 최대한 활용할 수 있게 설계하는 것이 최선의 방법이다. 또한 전단벽 설계에서 전단벽을 비정형적(irregularity)으로 배치할 경우에는 구조물의 안정성에 심각할 정도의 비틀림을 유발시키므로 주의해서 전단벽을 배치한다. 아울러 구조물의 상하부 바닥과 바닥 사이의 강성, 강도 및 형상의 급격한 변화 역시 구조물의 안정성에 지대한 영향을 미친다.

10-4-1 전단강도와 전단보강 설계

① 벽면에 수평으로 작용하는 전단력 V_u는 벽체단면의 전단강도 ΦV_n보다 작아야 한다. 다만, 전단력에 대한 벽체의 위험단면 위치는 벽 밑면으로부터 벽길이의 $l_w/2$ 또는 벽높이의 $l_u/2$ 중 작은 값으로 한다.

$$V_u \leq \Phi V_n \tag{10-25}$$

위의 식에서 벽체의 공칭전단강도 V_n은 콘크리트의 전단강도와 철근의 전단강도 합이며

$$V_n = V_c + V_s \tag{10-26}$$

② 수평전단력에 대한 벽체단면의 공칭전단강도 V_n은 다음 값 이하이어야 한다.

$$V_n \leq \frac{5}{6}\sqrt{f_{ck}}\,hd \tag{10-27}$$

여기서, h : 전단벽의 두께이고, d : 전단벽의 유효깊이이며, $d = 0.8\,l_w$으로 한다.

③ 벽체에 압축력이 작용할 때의 콘크리트 전단강도 V_c는,

$$V_c = \frac{1}{6}\sqrt{f_{ck}}\,hd \tag{10-28}$$

④ 벽체에 인장력 N_u가 작용할 때 콘크리트의 전단강도 V_c는 다음 식 값 이하로 한다.

$$V_c = \frac{1}{6}\left(1 + \frac{N_u}{3.5A_g}\right)\sqrt{f_{ck}}\,hd \tag{10-29}$$

여기서, N_u는 계수를 적용한 축하중으로 인장력의 경우는 (−)로 하고, A_g는 벽체 수평 단면적이며, N_u/A_g의 단위는 MPa이다.

⑤ 콘크리트 전단강도 V_c 대신에 다음의 두 식의 값 중 작은 값을 V_c로 취할 수 있다.

$$V_c = 0.28\sqrt{f_{ck}}\,b\,d + \frac{N_u d}{4 l_w} \tag{10-30}$$

$$V_c = \left[0.05\sqrt{f_{ck}} + \frac{l_w\left\{0.10\sqrt{f_{ck}} + 0.2\dfrac{N_u}{l_w h}\right\}}{\left\{\dfrac{M_u}{V_u} - \dfrac{l_w}{2}\right\}}\right] hd \tag{10-31}$$

위의 식에서 N_u가 인장력이면 부(−)로 취급하고, $\left(\dfrac{N_u}{V_u} - \dfrac{l_w}{2}\right)$의 값이 부(−)이면 식 (10−33)은 적용되지 않는다. 식 (10−32)는 전단벽 단면의 도심에서 전단력과 축하중에 의한 주인장응력이 약 $\dfrac{\sqrt{f_{ck}}}{3}$ MPa이 되었을 때 복부의 전단균열이 발생함을 예측하는 식이고, 식 (10−33)은 벽체 밑면으로부터 $\dfrac{l_w}{2}$ 위치의 단면에서 휨인장응력이 $\dfrac{\sqrt{f_{ck}}}{3}$ MPa에 도달했을 때 휨전단균열이 발생함을 예측하는 식이다.

⑥ 수평전단철근의 공칭전단강도는 보의 경우 다음 식 (10−32)로 계산된다.

$$V_s = \frac{A_{vh} f_y d}{S_h} \tag{10-32}$$

여기서, A_{vh}는 수평전단보강철근의 단면적이고, s_h는 수평전단보강근의 수직간격 ($d = 0.8 l_w$)이다. 따라서 간격 s_h 내의 수평전단보강근의 단면적은 다음 식 (10−33)과 같다.

$$A_{vh} = \frac{(V_u - \Phi V_c)\, s_h}{\Phi f_y d} \tag{10-33}$$

⑦ 최소 철근량 및 배근 : 벽체의 수평방향 및 수직방향 전단철근의 배근은 다음 각 항에 따른다.

㉠ $V_u \le \dfrac{\Phi V_c}{2}$일 때, 수평 전단보강근의 전체 수직 단면적에 대한 철근비는,

$$\rho_h \ge 0.0025 \tag{10-34}$$

㉡ $\dfrac{\Phi V_c}{2} < V_u < \Phi V_c$일 때, 수평 전단철근비 ρ_h는 다음 값 이상으로 한다.

$$\rho_h \geq 0.0025 \qquad (10\text{–}35)$$

수직 전단철근비 ρ_n는 다음 값 이상으로 한다.

$$\rho_n = 0.0025 + 0.5(2.5 - \frac{h_w}{l_w})(\rho_h - 0.0025) \qquad (10\text{–}36)$$

$$\rho_n = 0.0025$$

다만, h_w는 벽체의 하단에서 상단까지의 전체 높이(mm)이다.

ⓒ $V_u > \Phi V_c$일 때, 수평 전단철근이 부담하는 전단강도 V_s는 다음 식으로 산정한다.

$$V_s = \frac{V_u}{\Phi} - V_c$$

ⓔ 수평 전단철근의 간격 s_h 및 수직 전단철근의 간격 s_n은 다음 중 작은 값으로 한다.

$$s_h \leq l_w/5,\ 3h,\ 400\text{mm} \qquad (10\text{–}37)$$

$$s_n \leq l_w/3,\ 3h,\ 400\text{mm} \qquad (10\text{–}38)$$

10-4-2 벽체의 휨설계

전단벽이 지지하는 수평전단력과 휨모멘트 및 축력은 아래층으로 내려올수록 증가하여 최하층에서 최대가 된다. 저층 건물에서 전단벽은 설계기준에 규정하고 있는 최소 철근비로도 충분히 모멘트에 안전하게 저항할 수 있다. 하지만 벽체의 계수휨모멘트(M_u)가 벽체의 설계휨모멘트(ΦM_n)를 초과하면 철근을 벽체의 양단부에 추가로 배치해야 한다. 그림 10-3에 내력벽 단면의 변형도 및 응력도를 나타냈다. 그림에서 콘크리트의 압축력은 다음 식 (10-39)과 같다.

$$C_c = 0.85 f_{ck} \beta_1 c h \qquad (10\text{–}39)$$

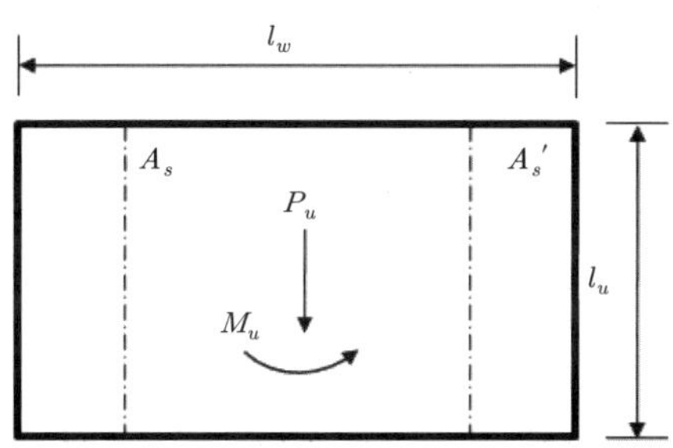

(a)

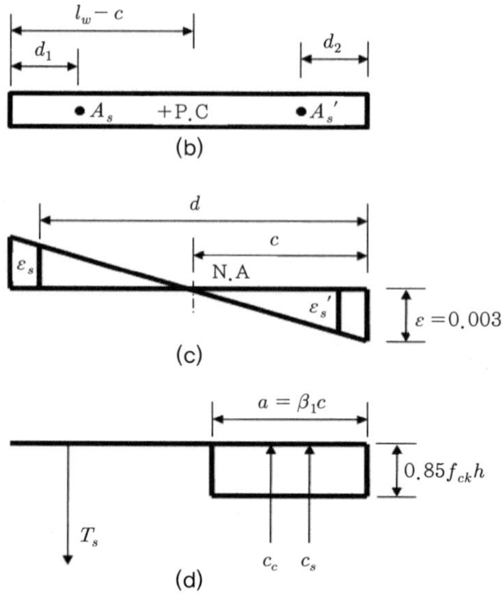

그림 10-3 면내 힘을 받는 전단벽

또한, 압축철근과 인장철근의 내력은 각각 다음 식 (10-40) 및 (10-41)과 같다.

$$C_s = \rho_n h \left(c - \frac{\beta c}{2}\right) f_y \tag{10-40}$$

$$T_s = \rho_n h \left(l_w - c - \frac{\beta c}{2}\right) f_y \tag{10-41}$$

수직방향에 대한 힘의 평형조건은 다음 식 (10-42)와 같으며,

$$C_c + C_s - T_s - N_n = 0 \tag{10-42}$$

이므로 위의 식 (10-42)에 각 해당 값을 대입하고, 벽체의 압축 단부에서 중립축까지의 거리 c와 벽체 길이 l_w의 비에 대하여 정리하면 다음 식 (10-43)과 같다.

$$c = \frac{(A_s f_y + N_u) l_w}{2A_s f_y + 0.85\beta_1 l_w h f_{ck}} \tag{10-43}$$

따라서 모멘트의 평형조건을 이용하여 공칭휨모멘트 M_n을 구하면 다음 식과 같다.

$$M_n = A_s f_y l_w \frac{1}{2}\left(1 + \frac{N_u}{A_s f_y}\right)\left(1 - \frac{\beta_1 c}{l_w}\right) - \frac{c^2}{l_w^2}\left(1 + \frac{1}{3}\beta^2 - \beta_1\right) \tag{10-44}$$

위의 식에서 M_n은 축하중 N_u의 편심효과로 $M_n = N_u e$이고, 편심이 큰 경우에는 중립축

길이가 짧아지므로 $(\frac{c}{l_w})^2$을 0으로 하고 $\beta_1 = 1$로 하여 설계휨모멘트 식을 다음 식 (10-45)와 같다.

$$\Phi M_n = \Phi[0.5(A_s f_y + N_u)(l_w - c)] \tag{10-45}$$

한편 위의 식에서 얻어진 설계휨모멘트 ΦM_n이 소요 모멘트 M_u보다 작을 때는 철근을 추가로 배근하여 전단벽의 모멘트에 대한 설계휨모멘트가 소요 모멘트 이상이 되도록 하여야 한다. 이때 추가로 배근되는 철근은 전단벽의 양단부에 가까운 위치에 대칭으로 배근하며, 양단부에 추가로 배근되는 철근들 중심간 거리를 z라 하면, 추가 철근량은 다음 식 (10-46)과 같다.

$$A_{s,\,add} = \frac{M_u - \Phi M_n}{\Phi f_y z} \tag{10-46}$$

여기서, 설계휨모멘트 ΦM_n은 식 (10-45)에 의한 값으로 하면 된다.

예제 10-1 그림과 같은 전단벽의 두께가 200mm이고, 이 벽체가 계수 전단력(V_u), 축하중(P_u) 및 모멘트를 받을 때 철근 보강을 설계하시오. 단, $f_{ck} = 24\text{MPa}$, $f_y = 400\text{MPa}$

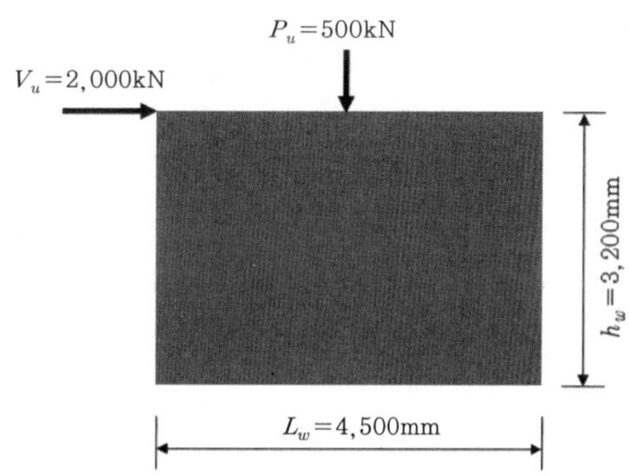

풀 이 (1) 단면의 최대 전단강도 검토 : $d = 0.8 l_w$로 하고,

$$\Phi V_n = 0.75 \times \frac{5}{6} \times \sqrt{24} \times 200 \times (0.8 \times 4{,}500) \times 10^{-3}$$
$$= 2{,}205\text{kN}$$

전단위험 단면은 벽체 밑에서 $l_w/2$와 $h_w/2$ 중 더 가까이 있는 단면이며,

$V_u = 2{,}000\text{kN} < \Phi V_n = 2{,}205\text{kN}$

① 콘크리트 전단강도

$$\Phi V_c = \Phi \frac{1}{6} \sqrt{f_{ck}}\, h\, d$$

$$= 0.75 \times \frac{1}{6} \times \sqrt{24} \times 200 \times (0.8 \times 4{,}500) \times 10^{-3}$$

$= 441\text{kN} < V_u$: 전단보강이 필요하다.

(2) 전단보강근 설계 :

① 수평 전단보강 설계 :

$$\frac{A_{vh}}{S_h} = \frac{(V_u - \Phi V_c)}{\Phi f_y d} = \frac{(2{,}000 - 441) \times 10^3}{0.75 \times 400 \times (0.8 \times 4{,}500)} = 1.44$$

② D16 철근을 양면으로 배근하면 수평전단철근의 간격은,

$$S_h = \frac{2 \times 199}{1.44} = 276.40(\text{mm}) \rightarrow 250\text{mm}$$ 로 한다. ∴ 적합

③ 단위폭 1m에 대한 철근비 산정 :

$$\rho_h = \frac{2 \times 199 \times 1{,}000/250}{1{,}000 \times 250} = 0.00636 > \rho_{h,(\min)} = 0.0025$$

④ 수직 전단보강근 산정 :

$$\rho_n = 0.0025 + 0.5\left(2.5 - \frac{h_w}{l_w}\right)(\rho_h - 0.0025)$$

$$= 0.0025 + 0.5\left(2.5 - \frac{3.2}{4.5}\right)(0.00636 - 0.0025)$$

$$= 0.00595$$

⑤ ∴ $A_{sv} = 0.00595 \times 4{,}500 \times 200 = 5{,}358\text{mm}^2$

⑥ D16을 양면으로 @250mm($A_s = 7{,}164\text{mm}^2$)으로 한다.

(3) 휨모멘트 검토 : 벽체의 압축단부에서 중립축까지의 거리 c와 벽체 길이의 비에 관한 식으로부터,

① $$c = \frac{(A_s f_y + N_u) l_w}{2A_s f_y + 0.85\beta_1 l_w h f_{ck}}$$

$$= \frac{(7{,}164 \times 400 + 500{,}000) \times 4{,}500}{(2 \times 7.164 \times 400) + (0.85 \times 0.85 \times 4{,}500 \times 200 \times 24)} = 710\text{mm}$$

② 설계휨모멘트 산정 :

$$\Phi M_n = \Phi[0.5(A_s f_y + N_u)(l_w - c)]$$

$$= 0.85[0.5 \times (7{,}164 \times 400 + 500{,}000)(4{,}500 - 710)] \times 10^{-6}$$

$$= 5{,}421\text{kN} \cdot \text{m}$$

따라서 $\Phi M_n < M_u$ 이므로 추가 철근보강을 하여야 한다. 양단부 추가 철근의 중심 사이 거리를 4.0m로 하면 양단부에 추가로 배근되는 철근들 중심 간의 거리를 z라고 한다면 추가 철근량은,

③ $A_s^* = \dfrac{M_u - \Phi M_n}{\Phi f_y z} = \dfrac{(6,400-5,421)\times 10^3}{0.85\times 400\times 4.0} = 720\,\text{mm}^2$

따라서 벽체 양단부에 $2-\text{D}22(A_s = 771\text{mm}^2)$ 배근도와 같이 배근한다.

(4) 벽체 배근도 :

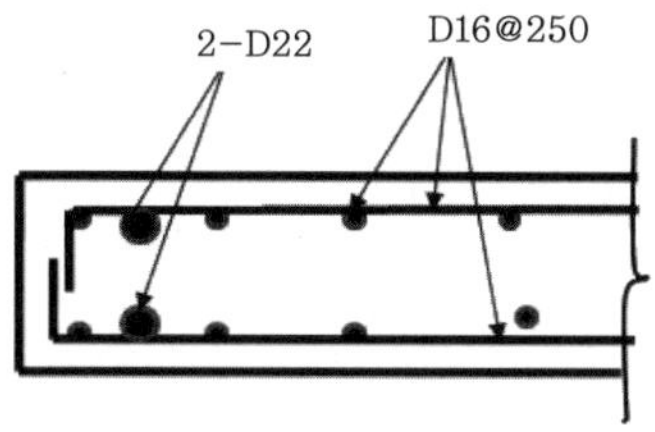

예제 10-2 다음 그림과 같은 직사각형 단면 내력벽을 설계하시오.
벽체 높이 : $l_c = 3{,}500\text{mm}$, $d_1 = d_2 = 100\text{mm}$, $f_{ck} = 24\text{MPa}$, $f_y = 400\text{MPa}$, 소성중심 거리 : $x = l_w/2$, $P_u = 2{,}000\text{kN}$, $M_u = 2{,}000\text{kN}\cdot\text{m}$, 면외 휨모멘트 : $M_{ul} = 30\text{kN}\cdot\text{m/m}$

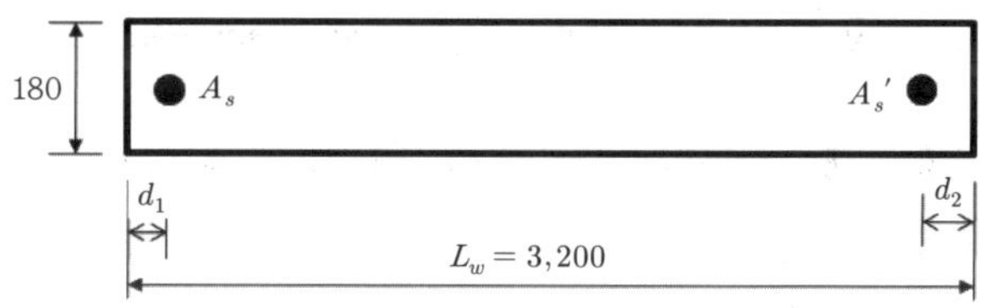

풀 이 (1) 내력벽은 면외방향에 대해 횡구속되어 있다. 그리고 벽 상하단의 회전이 구속되어 있다고 가정하면 유효길이계수 : $k = 0.8$

(2) $P_u = 2{,}000\text{kN}$, $M_u = 2{,}000\text{kN}\cdot\text{m}$인 경우

$e = M_u / P_u = 1.00\text{m} = 0.3125 l_w < 0.5 l_w$

(3) 내력벽 단위길이의 축강도 산정 :

$$\Phi P_{nw} = 0.55\Phi f_{ck} A_g \left[1 - \left(\frac{kl_c}{32h}\right)^2\right]$$

$$= 0.55\times 0.65\times 24\times 180\times 1{,}000\left[1 - \left(\frac{0.8\times 3{,}500}{32\times 180}\right)^2\right]\times 10^{-3}$$

$$= 1{,}310.50\text{kN/m}$$

(4) 유효 벽길이 산정 :

① $b' = P_u / \Phi P_{nw} = 2{,}000/1{,}310.50 = 1.526\text{m}$

② $0.8b' = 1.221\text{m} \rightarrow 1.22\text{m}$

(5) 등가 직사각응력블록 a의 확정 :

① $l_w - 2e = 3.2 - 2 \times 1.00 = 1.20\text{m} < 0.8b'(1.22\text{m})$

따라서 a의 길이는 $0.8b'$와 동등 이상이어야 하며, 다음과 같이 확정한다.

a가 확정되면 b와 c도 결정된다.

② $a = 0.8b' = 1.22\ m,\ b = 1.25a = 1.525\ m$

③ $c = a/\beta_1 = 1.22/0.85 = 1.435\ m$

④ $\varepsilon_t = 0.003\dfrac{(3,100 - 1,435)}{1,435} = 0.00348 > 0.002 = \varepsilon_y$

⑤ $\Phi = 0.65 + (0.00348 - 0.002) \times 50 = 0.724$

(6) 면외 축강도 검토 :

① $\dfrac{P_u}{b} = \dfrac{2,000}{1.525} = 1,311.47\text{kN/m} < \Phi P_{nw} = 1,310.50\text{kN/m}$ ∴ 적합

② $e_1 = \dfrac{M_{ul}}{P_u/b} = \dfrac{30 \times 10^3}{1,311.47} = 22.87\text{mm} < \dfrac{h}{6} = 30.0\text{mm}$ ∴ 적합

③ $h = 180\text{mm} > l_c/25 = 3,500/25 = 140\text{mm}$ ∴ 적합

(7) 면내강도 검토 및 휨철근 산정 :

① $f_s = 200,000 \times \dfrac{0.003(3,100 - 1,435)}{1,435} = 696.17\text{N/mm}^2 > f_y$

② $f_s' = 200,000 \times \dfrac{0.003(1,435 - 100)}{1,435} = 558.18\text{N/mm}^2 > f_y$

③ $f_s = f_s' = f_y = 400\text{MPa}(\text{N/mm}^2)$

④ $C_c = 0.85 \times 24 \times 180 \times 1,220 = 4,479,840\text{N}$

⑤ $C_s = A_s'(400 - 0.85 \times 24) = 379.6A_s'$

⑥ $T_s = A_s f_s = 400A_s,\ (A_s = A_s')$

⑦ $P_n = C_c + C_s - T_s = 4,479,840 + 379.6A_s - 400A_s$

$= 4,479,840 - 20.4A_s$

⑧ $M_n = C_c\left(\dfrac{l_w}{2} - \dfrac{a}{2}\right) + C_s\left(\dfrac{l_w}{2} - d_2\right) + T_s\left(\dfrac{l_w}{2} - d_1\right)$

$= 4,479,840\left(\dfrac{3.2}{2} - \dfrac{1.22}{2}\right) + 379.6A_s\left(\dfrac{3.2}{2} - 0.1\right)$

$+ 4000A_s\left(\dfrac{3.2}{2} - 0.1\right)$

$= 4,435,041 + 1169.4A_s$

⑨ $P_n \cdot e = (4,479,840 - 20.4A_s) \times 1.00 = 4,479,840 - 20.4A_s$

⑩ $P_n \cdot e = M_n$에서

$4,479,840 - 20.4A_s = 4,435,041 + 1,169.4A_s$

⑪ $A_s = 44,798.4/1,169.4 = 37.65\text{mm}^2 \rightarrow 2 - \text{D}13(254\text{mm}^2)$

$\therefore$ 휨철근 $A_s = A_s' = 254\text{mm}^2(2 - \text{D}13)$

⑫ $\Phi P_n = 0.724(4,479,840 - 20.4 \times 254) \times 10^{-3}$

$= 3,239.65\text{kN} > P_u = 2,000\text{kN}$ $\therefore$ 적합

⑬ $\Phi M_n = 0.724(4,435,041 + 1,169.4 \times 254) \times 10^{-3}$

$= 3,426.01\text{kN} \cdot \text{m} > M_u = 2,000\text{kN} \cdot \text{m}$ $\therefore$ 적합

예제 10-3 다음 그림과 같은 직사각형 단면의 전단벽을 설계하시오.
벽체높이 : $l_c = 3,500\text{mm}$, $d_1 = d_2 = 100\text{mm}$, $f_{ck} = 24\text{MPa}$, $f_y = 400\text{MPa}$, $P_u = 1,200\text{kN}$, $M_u = 1,740\text{kN} \cdot \text{m}(e = 1,450\text{mm})$, 다만, 벽체의 면외 휨 모멘트에 대한 편심은 $e < 0.1h$로 하고, 세장비의 영향을 고려할 필요는 없는 것으로 가정한다.

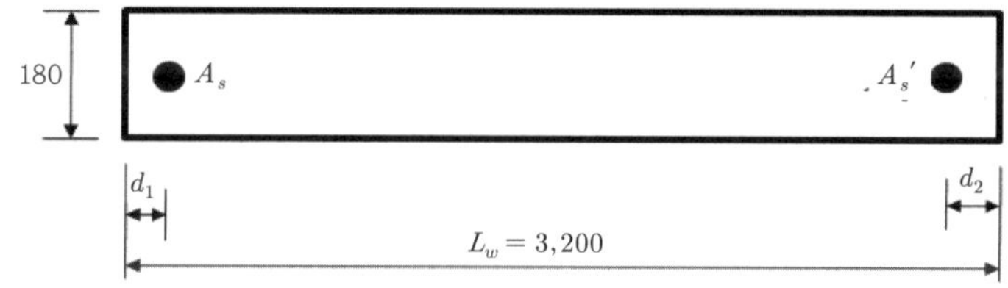

풀 이 (1) 벽체의 면외편심이 $e < 0.1h$이기 때문에 면내응력에 대한 전단벽 기능, 즉 세장비의 고려 없이 면내 휨과 축력에 대해서만 검토하면 된다.

(2) 등가 직사각응력블록 길이 a의 결정($e < 0.5l_w$인 경우) :

인장지배 단면으로 가정 ($\phi = 0.85$)

① $a_1 = \dfrac{P_u}{\Phi 0.85 f_{ck} h} = \dfrac{1,200 \times 10^3}{0.85 \times 0.85 \times 24 \times 180} = 384.5\text{mm}$

② $a_2 = l_w - 2e = 3,200 - 2 \times 1,450 = 300\text{mm}$

③ $a_1 > a_2$이므로 $a = a_1 = 484.5 \rightarrow 390\text{mm}$로 결정한다.

(3) 철근의 응력 검토 :

① $c = \alpha/\beta_1 = 390/0.85 = 459\text{mm}$

② $f_s = 200,000 \times \dfrac{0.003(3,100 - 459)}{459} = 3,452.3 > f_y$

③ $f_y' = 200,000 \times \dfrac{0.003(459 - 100)}{459} = 469.3 > f_y$

$\therefore\ f_s = f_s' = f_y = 400\text{MPa}$

(4) 단면 산정 :

① $C_c = 0.85 f_{ck} h a = 0.85 \times 24 \times 180 a = 3{,}672 a = 3{,}672 \times 390$

$= 1{,}432{,}080\text{N}$

② $C_s = A_s'(f_y - 0.85 f_{ck}) = 379.6 A_s' (A_s' = A_s)$

③ $T_s = A_s f_y = 400 A_s$

④ $P_n = 1{,}432{,}080 + 379.6 A_s' - 400 A_s = 1{,}432{,}080 - 20.4 A_s$

⑤ $M_n = 1{,}432{,}080(1{,}600 - 195) + 379.6 A_s'(1{,}600 - 100)$

$+ 400 A_s (1{,}600 - 100)$

$= 2{,}012{,}072{,}400 + 1{,}169{,}400 A_s$

⑥ $P_n \cdot e = (1{,}432{,}080 - 20.4 A_s) \times 1{,}450$

$= 2{,}076{,}516{,}000 - 29{,}580 A_s$

⑦ $P_n \cdot e = M_n$ 식을 이용하면 $1{,}198{,}980 A_s = 64{,}443{,}600$

$\therefore\ A_s = 53.75\text{mm}^2 \rightarrow$ 2-D13($A_s = 254\text{mm}^2$)를 사용한다.

(5) 벽체 단면의 설계강도 검토 :

① $A_s = 254\text{mm}^2$, $e = 1{,}450\text{mm}$로부터 a를 정산한다.

② $P_n = 3{,}672 a + 379.6(254) - 400(254) = 3{,}672 a - 5{,}181.6$

③ $M_n = 3{,}672 a(1{,}600 - 0.5 a) + 379.6(254) \times 1{,}500 + 400(254) \times 1{,}500$

$= 5{,}875{,}200 a - 1{,}836 a^2 + 297{,}027{,}600$

④ $P_n \cdot e = (3{,}672 a - 5{,}181.6) \times 1{,}450 = 5{,}324{,}400 a - 7{,}513{,}320$

⑤ $P_n \cdot e = M_n$ 관계식을 이용하면,

$1{,}836 a^2 - 550{,}800 a - 304{,}540{,}920 = 0$

$\therefore\ a = 584.1\text{mm}$

⑥ $P_n = 3{,}672 \times 584.1 - 5{,}181.6 = 2{,}139.63\text{kN}$

⑦ $M_n = (5{,}875{,}200 \times 584.1) - (1{,}836 \times 584.1^2) + 297{,}027{,}600$

$= 3{,}102.34\text{kN} \cdot \text{m}$

⑧ $c = \dfrac{a}{0.85} = \dfrac{584.1}{0.85} = 687.2\text{mm}$

⑨ $\varepsilon_t = \dfrac{0.003}{502.2} \times (3{,}100 - 687.2) = 0.0105 > 0.005$

따라서 인장이 지배되는 단면이다.

⑩ $\Phi P_n = 0.85 \times 2,139.63 = 1,818.6\text{kN} > 1,200\text{kN}$

⑪ $\Phi M_n = 0.85 \times 3,102.34 = 2,637\text{kN}\cdot\text{m} > 1,740\text{kN}\cdot\text{m}$

⑫ $\therefore\ e = 2,637/1,818.6 = 1,450\text{mm}$ 적합

예제 10-4 예제 10-3과 동일한 직사각형 단면의 전단벽을 설계하시오.
$P_u = 1,200\text{kN}$, $M_u = 1,9200\text{kN}\cdot\text{m}\,(e = 1,600\text{mm})$, 단, 벽체의 면외편심은 $e < 0.1h$로 가정한다.

풀 이 (1) 등가 직사각응력블록 길이 a의 결정($e \geq 0.5l_w$인 경우) :

① $a_1 = \dfrac{1,200 \times 10^3}{0.85 \times 0.85 \times 24 \times 180} = 384.5\text{mm}$

② $a_2 = 3,200 - 2 \times 1,600 = 0$

③ $\therefore\ a = a_1 = 384.5\text{mm} \rightarrow 390\text{mm}$로 결정한다.

(2) 철근의 응력 검토 : 예제 10-3과 동일

$\therefore\ f_s{}' = f_s = f_y = 400\text{MPa}(\text{N/mm}^2)$

(3) 단면 산정 :

① $C_c = 0.85 \times 24 \times 180 \times 390 = 1,432,080\text{N}$

② $C_s = 379.6A_s{}'(A_s{}' = A_s)$

③ $T_s = 400A_s$

④ $P_n = 1,432,080 + 379.6A_s{}' - 400A_s{}' = 1,432,080 - 20.4A_s$

⑤ $M_n = 1,432,080(1,600 - 195) + A_s(379.6 + 400) \times 1,500$
$= 2,012,072,400 + 1,169,400A_s$

⑥ $P_n \cdot e = (1,432,080 - 20.4A_s) \times 1,600$
$= 2,291,328,000 - 32,640A_s$

⑦ $P_n \cdot e = M_n$, $1,202,040A_s = 279,255,600$

⑧ $\therefore\ A_s = 232.32\text{mm}^2 \rightarrow 2 - \text{D}16(A_s = 398\text{mm}^2)$를 사용한다.

(4) 벽체단면의 설계강도 산정 :

① $\Phi P_n = 0.85(1,432,080 - (20.4 \times 398)) = 1,210.37\text{kN} > 1,200\text{kN}$

② $\Phi M_n = 0.85(2,012,072,400 + (1,169,400 \times 398))$
$= 2,105.87\text{kN}\cdot\text{m} > 1,920\text{kN}\cdot\text{m}$

③ $e = 2,105.87/1,210.37 = 1.6\text{m} = 1,600\text{mm}$ $\therefore$ 적합

예제 10-5 예제 10-3과 동일한 전단벽체에 대한 전단강도 및 전단보강 설계를 하시오.
전단력 : $V_u = 850\text{kN}$, $l_w = 3{,}200\text{mm}$, $h_w = 3{,}500\text{mm}$

풀 이 (1) 전단강도 검토 :

① $V_u = 850\text{kN}$

② $d = 0.8l_w = 0.8 \times 3{,}200 = 2{,}560\text{mm}$

③ $\Phi V_c = \Phi(\sqrt{f_{ck}}/6)hd = 0.75(\sqrt{24}/6)180 \times 2{,}560 \times 10^{-3}$

$= 282.2\text{kN}$

④ $\therefore\ V_u > \Phi V_c$이므로 전단보강철근이 필요하다.

(2) 수평 전단보강철근의 산정 :

① $V_s = \dfrac{V_u - \Phi V_c}{\Phi} = \dfrac{850 - 282.2}{0.75} = 757.07\text{kN}$

② $V_s = \dfrac{A_{vh} f_y d}{S_h}$ 에서

③ $S_h = \dfrac{A_{vh} f_y d}{V_s} = \dfrac{A_{vh} \times 400 \times 2{,}560}{757.07 \times 10^3} = 1.352A_{vh} = 193.41\text{mm}$

($\because$ 2-D10, $A_{vh} = 143\text{mm}^2$)

④ 따라서 2-D10@193.41mm를 @1,800mm로 한다. ($S_h = 200\text{mm}$)

$\therefore\ \rho_h = \dfrac{143}{180 \times 180} = 0.004413 > 0.0025$, 적합

(3) 수직 전단보강철근의 산정 :

① $\rho_n = 0.0025 + 0.5\left(2.5 - \dfrac{h_w}{l_w}\right)(\rho_h - 0.0025)$

$= 0.0025 + 0.5\left(2.5 - \dfrac{3{,}500}{3{,}200}\right)(0.004413 - 0.0025) = 0.003845$

② 그러므로 철근비 관계는 $0.0025 < \rho_n < \rho_k$ 이고 $\rho_n = 0.003845$

$\therefore$ 2-D10@180mm로 한다. ($S_n = 200\text{mm}$)

(4) 전단철근의 배치 간격 :

① $S_{h(\max)} = l_w/5$, $3h$, $400\text{mm} = 400\text{mm} > S_h$ 적합

② $S_{n(\max)} = l_w/3$, $3h$, $400\text{mm} = 400\text{mm} > S_n$ 적합

chapter 11

기초(Foundation) 설계

11-1 개 요

기초구조는 구조물의 하중을 지반에 전달하는 역할을 하며, 지반은 이를 지지해야 하는 철근콘크리트 기둥이나 벽체보다 훨씬 약하므로 기초와 지반이 만나는 곳에서 훨씬 더 큰 접촉면이 필요하다. 기초의 종류는 기초판 모양에 따라 그림 11-1과 같이 다양한 형태를 나타내며, 각 기초의 특성은 다음과 같다.

① **벽기초(줄기초)** : 내력벽을 지지하거나 또는 비내력벽을 지지하는 데 사용된다. 벽기초는 벽을 따라 제한된 폭과 연속적인 길이를 가진다. 벽기초는 일정한 두께를 가지고 층을 이루거나 경사진 상부를 가질 수 있다.

② **독립기초** : 기둥을 지지하는 데 사용된다. 독립기초는 장방형, 원형 등으로 만들 수 있다. 독립기초는 가장 경제적인 기초이며, 기둥 간격이 상대적으로 클 때 사용된다.

③ **복합기초** : 2개 이상 3개의 기둥을 지지한다. 복합기초의 형상은 기둥하중에 따라 장방형이나 사다리꼴로 할 수 있다. 복합기초는 2개의 기둥이 너무 가까이 위치하여 독립기초를 사용하지 못할 때나 기둥 하나가 대지경계선에 붙어 있을 때 사용한다.

④ **캔틸레버 또는 스터럽기초** : 보나 스터럽으로 연결된 2개의 독립기초로 구성되어 있으며, 2개의 독립기둥을 지지한다. 이 기초는 한쪽 기초가 편심기둥을 지지하고 가장 가까이 위치한 기초가 어느 정도 멀리 위치해 있을 때 사용된다. 이 기초는 복합기초 대신 사용되며 더 경제적이다.

(5) **연속기초** : 일련의 3개 이상 기둥을 지지한다. 연속기초는 제한된 폭을 가지며, 모든 기둥에 대해 연속적이다.

(6) **온통기초** : 건물 전체의 모든 기둥을 지지한다. 온통기초는 다음의 경우에 사용된다.

㉠ 지내력이 작을 때
㉡ 기둥하중이 클 때
㉢ 독립기초가 사용되지 못할 때
㉣ 말뚝이 사용되지 못할 때
㉤ 전체 기초시스템에서 부동침하가 감소되어야 할 때

⑦ **말뚝기초** : 구조물을 지탱하는 지반이 연약하여 상부 구조물에서 전달되는 하중을 충분히 지지할 수 없는 경우 깊은 곳에 있는 양호한 암석의 지층에 하중을 전달하기 위하여 강재, 콘크리트 혹은 목재로 만들어진 말뚝을 사용한 기초이다. 내력벽 또는 기둥과 말뚝 사이에는 말뚝 캡(Pile caps)을 두어 하중을 전달시킨다.

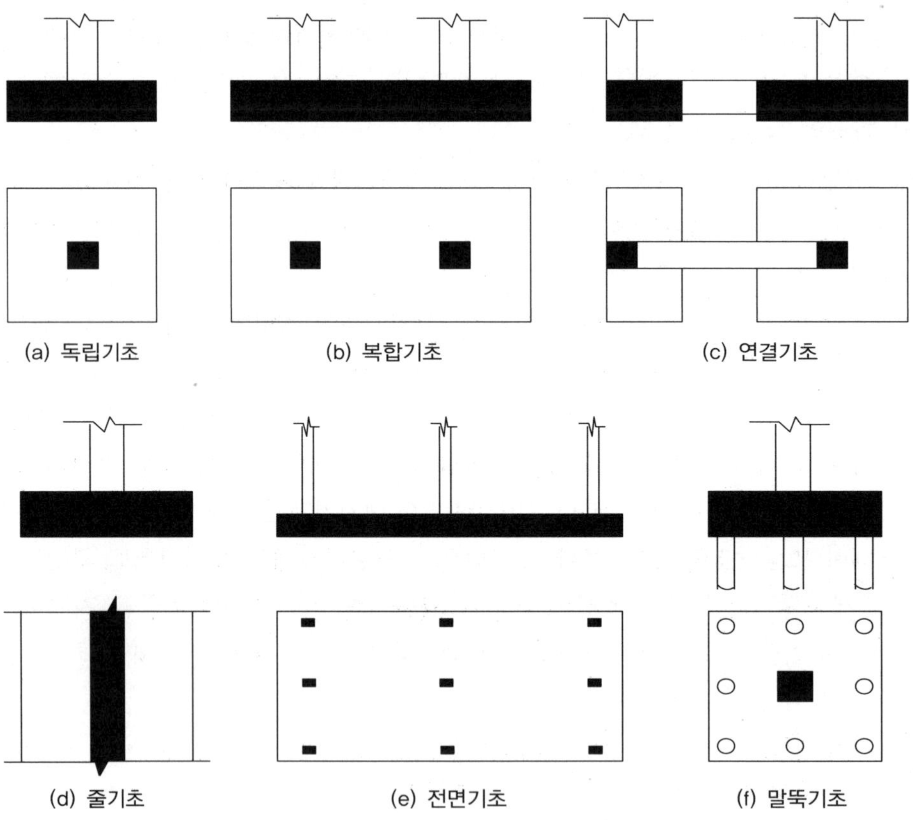

그림 11-1 기초의 종류

11-2 기초의 해석

적절한 기초 해석을 위해 첫 번째로 기초는 강체(rigid)이며, 기초 하부에 작용하는 토압은 선형(linear)적으로 변하고, 기초에 작용하는 토압은 등분포로 작용한다고 가정한다.

11-2-1 기초 하부에 작용하는 토압

구조물의 하중이 기초를 통하여 수직으로 지반에 전달될 때 기초 하부의 지반은 상향의 토압을 일으키며, 이러한 기초 하부 지반에 의한 토압 분포는 지반의 토질형태와 지반과 기초 사이의 상대적인 강성에 따라 다르게 분포된다. 사질토의 지반에 놓인 철근콘크리트 기초 하부에 작용하는 토압 분포는 기초 주위의 흙이 바깥쪽으로 약간 이동하기 때문에 그림 11-2(a)와 같이 기초 중앙부에서 증가하고 바깥 부분에서 감소하는 분포를 보인다.

한편 점토질의 지반에 놓인 철근콘크리트 기초 하부에 작용하는 토압 분포는 지반에서의 강한 점착력에 때문에 지반이 하중에 의한 이동이 거의 없으므로 기초의 바깥 부분에서는 토압에 전단저항이 형성되어 그림 11-2(b)와 같이 기초 중앙부에서 작고 바깥 부분에서 증가하는 분포를 보인다.

기초설계에서는 이러한 토질의 형태에 따른 영향이 미미하기 때문에 그림 11-2(c)와 같이 구조물에서 전달되는 수직하중에 상응하는 균등한 토압 분포로 가정한다.

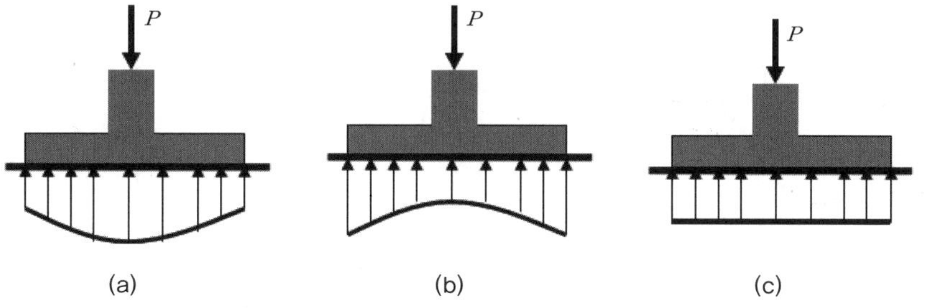

그림 11-2 기초 하부에서의 토압 분포

11-2-2 허용지내력(q_a)

지반에 구조물을 설치하여 기둥을 통해 수직하중이 작용할 때 지반은 그림 11-3에 보여진 것과 같이 하중에 의해 생기는 전단파괴, 지압파괴(bearing failure)나 과도한 침하에 저항할 수 있어야 한다. 이러한 기초를 지지하고 있는 지반 파괴가 일어날 때까지 받을 수 있는 압력을 극한지지력(q_u) 혹은 극한지내력이라고 한다. 지반의 지지력은 흙의 단위체적중량, 내부마찰각 및 점착력에 관계되고, 이들 값이 클수록 큰 지지력을 나타낸다. 한편 지반의 허용지내력(q_a)은 기초 하부 지반의 지압파괴(bearing failure)를 억제하는 한계상태를 유도하기 위해 지반의 극한지내력을 안전율(Factor of Safety, FS)로 나눈 값으로 규정하며, 다음 식 (11-1)로 표현된다. 기초설계에 사용되는 안전율 값은 2.5 ~ 3.0의 값을 사용한다.

$$q_a = \frac{q_u}{FS} \tag{11-1}$$

또한 〈표 11-1〉에 위의 식 (11-1)을 적용하여 구한 지반에 대한 허용지내력을 나타냈다.

〈표 11-1〉 허용지내력

지 반		허용지내력[kN/m²]
경암반	화강암, 섬록암, 편마암, 안산암 등의 화성암 및 굳은 역암 등의 암반	4,000
연암반	판암, 편암 등의 수성암 암반	2,000
	혈암, 토단반 등의 암반	1,000
자갈		300
자갈과 모래의 혼합물		200
모래 섞인 점토 또는 롬토		150
모래 섞인 점토		100

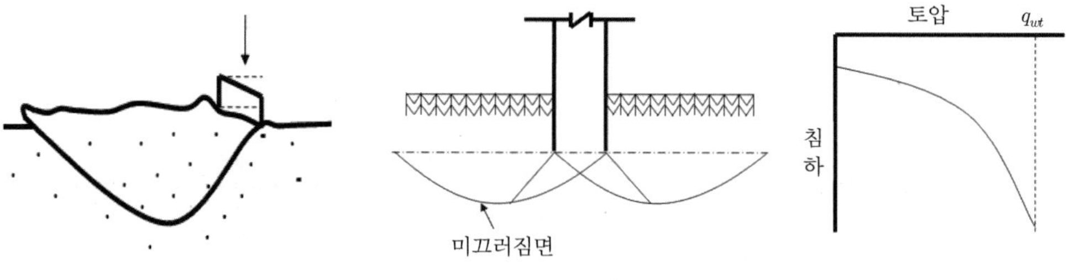

(a) 전단파괴 (b) 지압파괴 (c) 지반 지내력

그림 11-3 지반의 파괴형태

11-2-3 기초하부의 지내력

기초 하부 지반의 지내력은 기초와 지반의 경계면을 따라 인장응력이 없고, 선형적이고 탄성적 거동을 하는 압축이라는 가정하에 계산된다. 그림 11-4(a)에서 기둥에 의해 수직하중 P가 작용하면 기초 하부 지반의 응력은 다음 식 (11-2)로 계산된다.

$$q = \frac{P}{A} \pm \frac{My}{I} \qquad (11-2)$$

여기서, P : 수직 압축하중, A : 지반과 기초 사이 경계면의 표면적, I : 단면적의 단면2차모멘트, M : 단면적의 도심에 대한 모멘트, y : 단면의 도심에서 응력을 계산하고자 하는 위치까지의 거리

위의 식에서 모멘트 M은 작용 수직하중 P와 단면의 도심에서 하중까지 편심 곱으로 나타낼 수 있으므로 모멘트는 $M = P \cdot e$로 나타낼 수 있다.

비교적 큰 편심거리는 기초와 지반의 경계면이 인장에 대하여 저항할 수 없으므로 기초의 일부분이 지반으로부터 들어 올려지는 현상을 일으킨다. 직사각형 기초의 경우 이러한 현상은 편심 e가 다음 식 (11-3)보다 클 때 일어난다.

$$e_k = \frac{l}{6} \qquad (11-3)$$

하중이 위의 값 이내에 작용하면 기초판 전면적에 걸쳐 압축이 발생하며, 그림 11-4(b)와 같이 기초 하부에 등분포지내력이 작용하는 것으로 가정한다. 그림 11-5에 직사각형 기초에 대하여 편심이 작용할 때의 다양한 지내력 분포를 나타냈다.

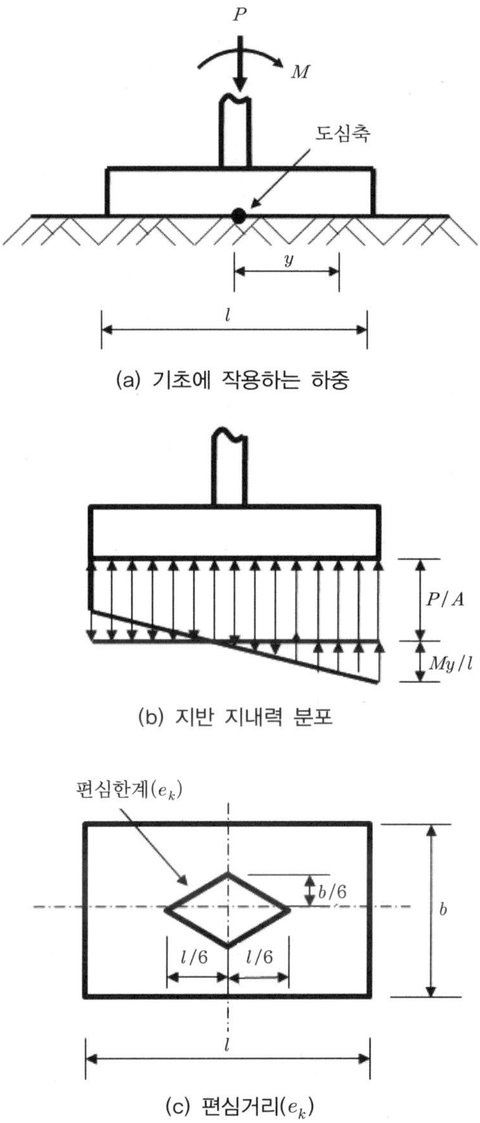

(a) 기초에 작용하는 하중

(b) 지반 지내력 분포

(c) 편심거리(e_k)

그림 11-4 지반의 지내력

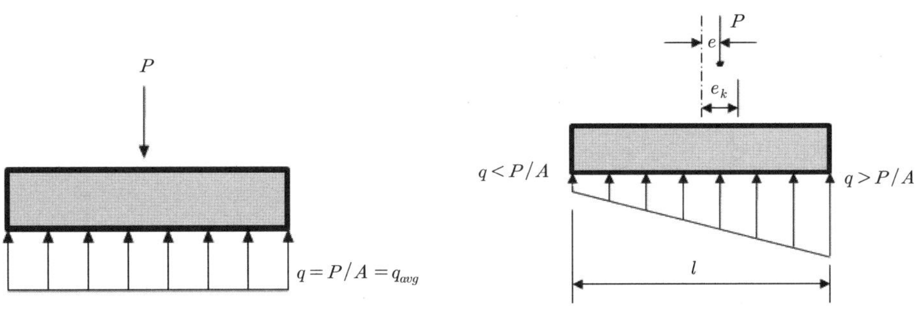

(a) 편심거리 $e=0$

(b) 편심거리 $e<e_k$

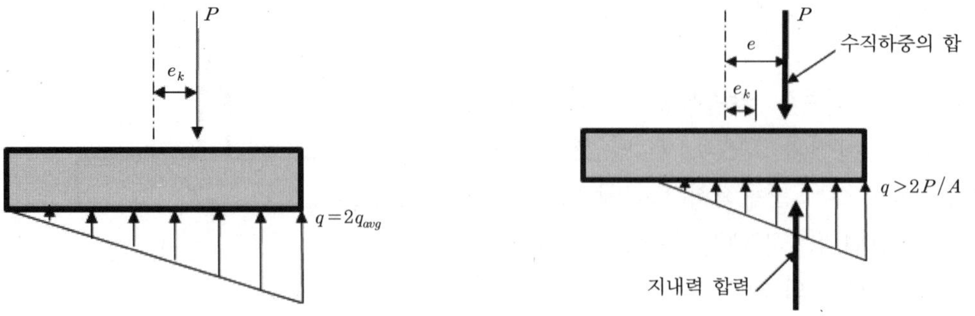

(c) 편심거리 $e=e_k$ (d) 편심거리 $e>e_k$

그림 11-5 편심에 따른 지내력 분포

11-2-4 전체 및 순지내력

그림 11-6(a)에서 기둥에 작용하는 하중이 0이라고 한다면 기초 위의 흙에 의해서 아랫방향으로 작용하는 토압(q_s)과 기초콘크리트에 의해서 아랫방향으로 작용하는 토압(q_c)의 합과 기초 하부 지반이 저항하는 전체 토압(q_T)은 같아지므로 기초에는 하중으로 인한 모멘트나 전단력의 영향이 없는 경우가 된다. 한편 그림 11-6(b)와 같이 기둥에 의하여 하중 P가 작용하면 기초 하부 지반의 전체 토압(q_T)은 $q_e = P/A$ 만큼 증가하게 된다. 이러한 기둥에 의해 전달되는 수직하중을 포함한 전체 수직하중에 대응하는 기초 하부의 상방향 전체 토압을 전체 지내력(gross soil pressure)이라 하고, 지반의 허용지내력(q_a)을 초과하지 않아야 한다. 철근콘크리트 기초에 대한 모멘트와 전단력을 계산할 때에는 흙과 콘크리트에 의한 아랫방향 힘과 이에 대응하는 윗방향 토압은 상쇄되며, 기초에 내부력을 발생시키는 윗방향 토압(q_n)만 남게 된다. 이러한 기둥으로부터 전달되는 하중에 의해 기초지반 하부에 발생하는 윗방향 토압을 순지내력(net soil pressure, q_e)이라 하며, 그림 11-6(c)와 같다.

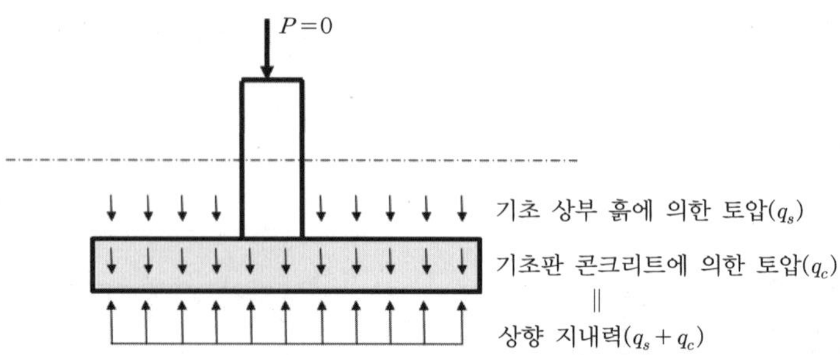

(a) 기초자중 및 흙에 의한 지내력

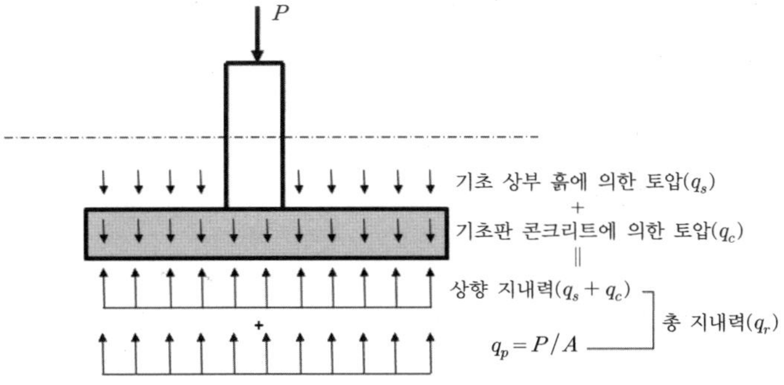

(b) 총 지내력(Gross soil pressure)

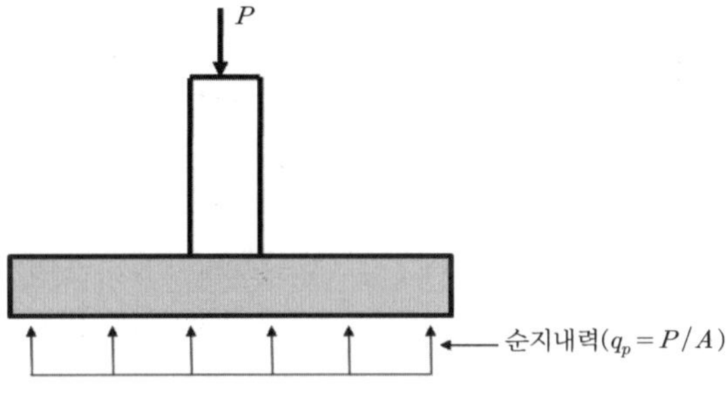

(c) 순 지내력(Net soil pressure)

그림 11-6 전체 및 순지내력

11-3 기초의 설계

11-3-1 기초의 크기

기초의 크기는 기초 하부 지반에서의 전체 지내력이 허용지내력을 초과할 수 없다는 원칙에 따라 결정되며, 기초의 휨철근과 전단강도는 순지내력을 적용하여 계산한다. 따라서 기초 면적은 지반의 허용지내력을 초과하지 않는 실제 외부하중($P_D + P_L$)에 의해 구할 수 있다.

① 기초 면적 산정 :

$$A = \frac{\text{전체 작용하중}}{\text{허용 지내력}} = \frac{(P_D + P_L)}{q_a} \tag{11-4}$$

② 식 (11-4)에서 기초 면적이 결정되면 기초 설계용 지내력은 작용하중에 하중계수를 곱한 계수축하중 P_u를 기초 면적으로 나눈 계수 순지내력 q_u를 다음 식 (11-5)와 같이 산정한다.

$$q_u = \frac{P_u}{A} = \frac{1.2P_D + 1.6P_L}{A} \tag{11-5}$$

이 값은 극한강도설계법으로 기초를 설계하는 데 필요하다.

11-4 독립기초 설계

독립기초는 하나의 기둥을 지지하는 기초로 정사각형, 직사각형 및 원형 등으로 설계할 수 있으며, 휨, 전단 및 철근의 정착에 대한 검토를 하여야 한다. 기초판 상단에서 하단 철근까지의 깊이는 흙에 놓이는 기초의 경우 150mm 이상, 말뚝기초의 경우 300mm 이상이어야 하며, 흙에 묻힌 콘크리트에 대한 철근의 피복두께는 80mm 이상으로 한다.

11-4-1 휨모멘트 및 철근량 산정

독립기초의 휨에 대한 위험단면에서 휨모멘트를 계산하고, 철근량을 산정한다. 기초판의 휨모멘트 산정에서 위험단면은 구조설계기준에 다음과 같이 규정되어 있으며, 그림 11-7에 나타냈다.

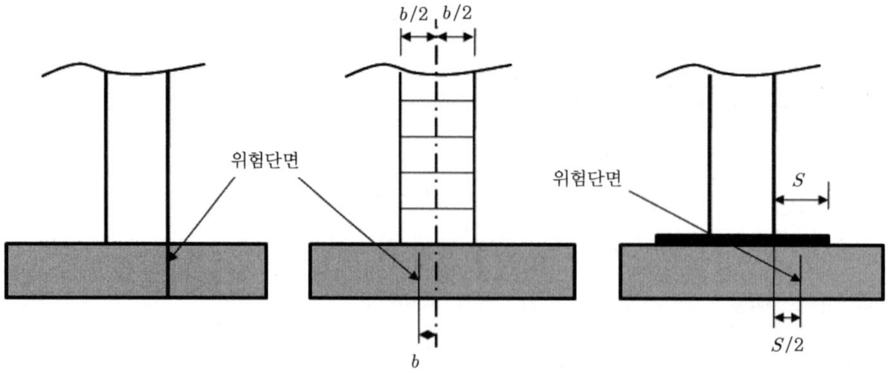

(a) 콘크리트 기둥, 페데스탈 또는 벽　(b) 조적벽　(c) 베이스 플레이트를 갖는 기둥

그림 11-7 기초의 휨모멘트 계산

① 콘크리트 기둥, 받침대 또는 벽체를 지지하는 기초에서는 기둥 및 받침대 또는 벽체의 외면

② 조적조, 벽체를 지지하는 기초에서는 벽체 중심과 벽체면과의 중간

③ 강재 베이스 플레이트를 갖는 기둥을 지지하는 기초판은 기둥 외면과 강재 베이스 플레이트 단부와의 중간

(1) 휨모멘트 산정

그림 11-8에서 빗금친 부분의 토압이 위험단면인 기둥면 A-A축에 대하여 모멘트를 일으키며, 다음의 식 (11-6)과 같이 계산된다.

$$M_u = P \times \frac{B_1}{2} = (q_u \times B_1 \times L) \times \frac{B_1}{2} \tag{11-6}$$

$$= q_u \times (\frac{B}{2} - \frac{C_1}{2}) \times L \times \frac{1}{2}(\frac{B}{2} - \frac{C_1}{2})$$

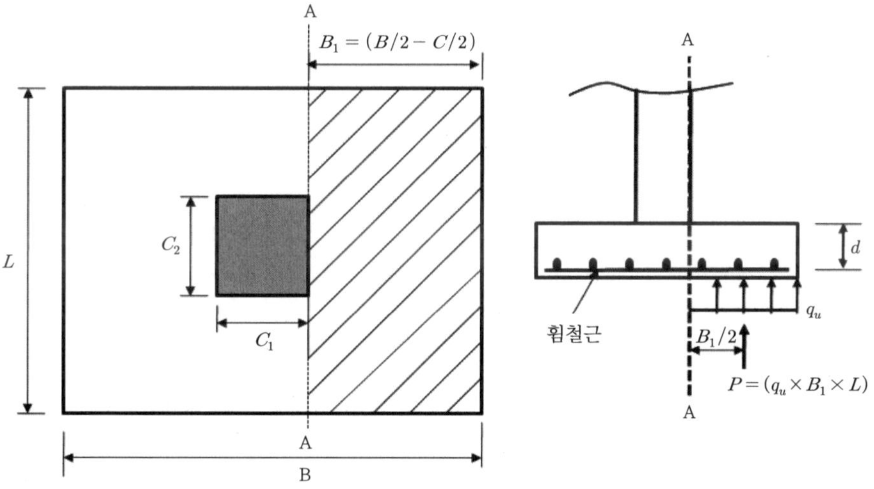

그림 11-8 기초의 휨모멘트 계산

(2) 휨철근량 산정

위의 식에서 산정된 위험단면에서 휨모멘트를 이용하여 기초판의 휨철근량을 다음 식으로 계산한다.

① 휨모멘트에 의한 소요철근 산정 : 기초판 휨철근의 경우 대부분 인장지배 단면으로서 단근보를 설계하면 된다.

$$R_n = \frac{M_u}{\Phi b d^2},\ \Phi = 0.85 \tag{11-7}$$

$$\rho = \frac{0.85 f_{ck}}{f_y}\left(1 - \sqrt{1 - \frac{2R_n}{0.85 f_{ck}}}\right) \qquad (11\text{-}8)$$

$$\therefore \ A_{st} = (\rho \times B \times d) \text{ 또는 } (\rho \times L \times d)$$

② 최소 휨철근량 :

휨부재에 대해 최소 휨철근량을 규정하는 것은 균열단면인 철근콘크리트의 모멘트강도가 비 균열단면인 무근콘크리트의 모멘트강도보가 크게 하여 콘크리트 부재단면의 갑작스런 파괴를 방지하기 위한 것으로써 기초판에 대하여 경간방향으로 보강되는 인장철근의 최소 단면적 규정값을 적용한다.

㉠ 수축 · 온도철근(f_y가 400MPa 이하인 이형철근배근 시)

$\rho_{\min} = 0.0020$(전체 단면적에 대하여)

휨부재의 최소 철근량은 휨재의 기준에서 계산된 값 중에 큰 값 이상으로 한다.

$$\rho_{\min} \geq \frac{1.4}{f_y} \qquad (11\text{-}9)$$

$$\rho_{\min} \geq \frac{0.25\sqrt{f_{ck}}}{f_y} \qquad (11\text{-}10)$$

③ 휨철근의 분배

기초판의 휨철근은 기초판 전체 폭에 대하여 다음 표와 같이 분배한다.

기초 형태	정사각형 기초	직사각형 기초
1방향 배근	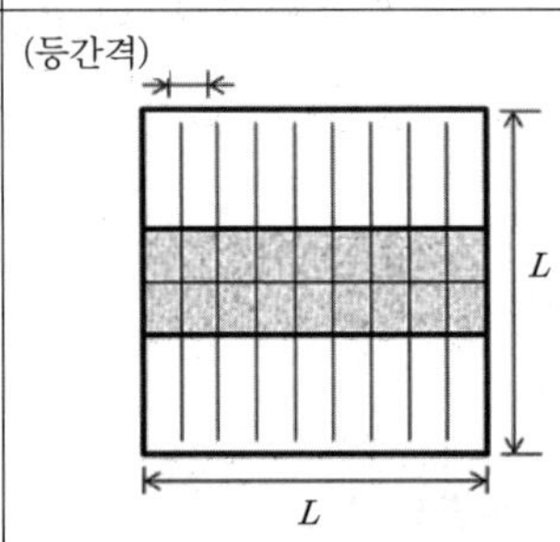	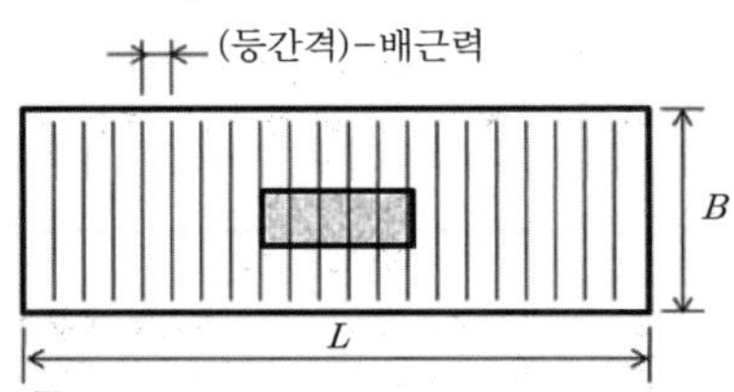
2방향 배근	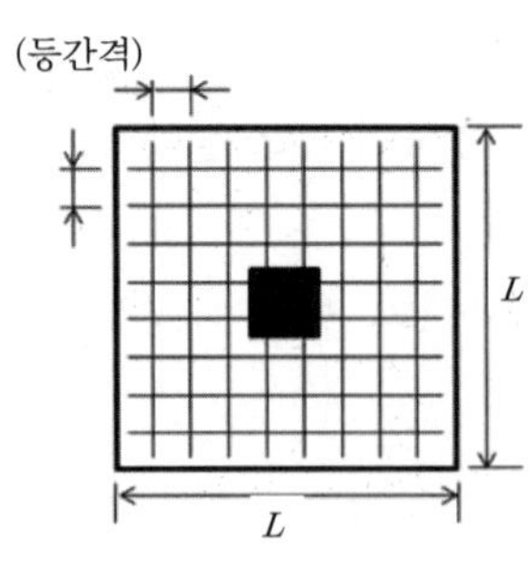	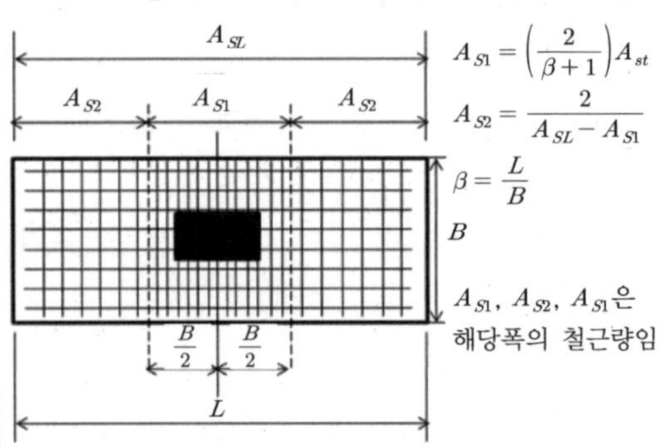

④ 휨철근의 정착 : 휨철근의 정착에 대한 위험단면은 모멘트에 대한 위험단면과 동일하게 정착설계해야 한다. 기초판에서의 휨철근 정착길이는 다음과 같다.

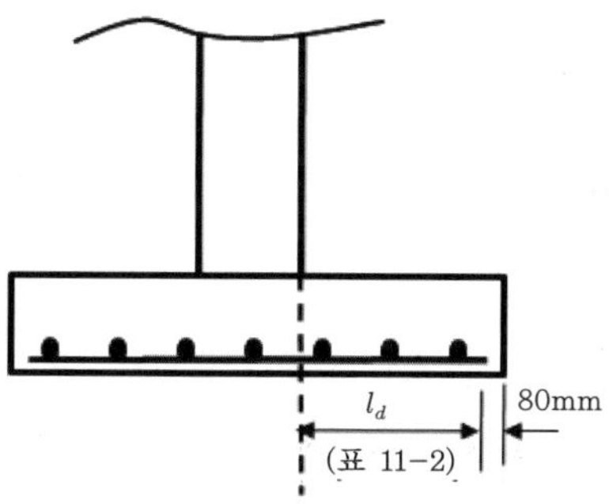

그림 11-9 휨철근의 정착길이

㉠ 정착길이 산정 : $l_d = l_{db} \times$보정계수≥ 300mm

기본정착길이 : $l_{db} = \dfrac{0.6\, d_b f_y}{\sqrt{f_{ck}}}$ (11-11)

보정계수 $= 0.8\alpha\beta\lambda$(D19 이하)

$= \alpha\beta\lambda$(D22 이상)

또는 보다 정밀한 식을 적용할 경우에는

$$l_d = \frac{0.90\, d_b f_y}{\sqrt{f_{ck}}} \frac{\alpha\beta\gamma\lambda}{\left(\dfrac{c+K_{tr}}{d_b}\right)} \geq 300\text{mm} \qquad (11\text{-}12)$$

이 식에 대하여 보정계수는

$\alpha = \beta = \lambda = 1.0$, $K_{tr} = 0$, $\gamma = 0.8$(D19 이하) $= 1.0$(D22 이상)

$\dfrac{c+K_{tr}}{d_b} \leq 2.5$

$c =$ 철근간격 또는 피복두께에 관련된 치수(mm)

$=50$mm(철근중심간 거리의 $\dfrac{1}{2}$가정)를 대입하면 다음의 〈표 11-2〉를 구할 수 있다.

〈표 11-2〉 판에서의 휨철근 정착길이(SD400)

철근 크기	정착길이 l_d(mm)		
	$f_{ck}=21$MPa	$f_{ck}=24$MPa	$f_{ck}=27$MPa
D13	327	306	300
D16	403	377	355
D19	478	447	422
D22	761	712	671
D25	982	919	867

다만, 기초판 크기가 작아 휨철근의 정착길이를 확보할 수 없는 경우에는 기초판의 크기를 키우는 대신 철근 직경이 작은 휨철근을 사용하거나 표준갈고리를 사용할 수 있으며, 표준갈고리를 갖는 이형철근의 정착길이는 다음 그림과 같다.

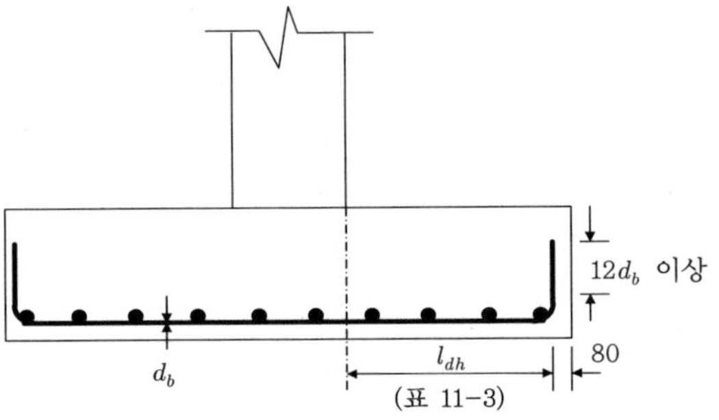

그림 11-10 갈고리의 정착길이

㉡ 이형철근 정착길이 : $l_{dh}=l_{hb}\times$보정계수 $\geq 8d_b$ 또한 150mm

$$\text{기본정착길이}: l_{hb}=\frac{100d_b}{\sqrt{f_{ck}}} \tag{11-13}$$

보정계수=0.7(콘크리트 피복두께 보정계수)을 대입하면 다음의 〈표 11-3〉을 구할 수 있다.

〈표 11-3〉 표준갈고리를 갖는 이형철근의 정착 l_{dh}(보정계수 = 0.7인 경우)

철근 크기	정착길이 l_d(mm)		
	$f_{ck}=21$MPa	$f_{ck}=24$MPa	$f_{ck}=27$MPa
D13	199	186	176
D16	245	229	216
D19	291	272	256
D22	337	315	297
D25	382	358	337

㉢ 다우얼 정착 : 기초판은 다우얼의 정착을 위한 최소 깊이를 가져야 하며, 압축을 받는 이형철근의 경우는 다음과 같다.

$$\text{정착길이} : l_d = l_{db} \times \text{보정계수} \geqq 200\text{mm} \qquad (11\text{-}14)$$

$$\text{기본정착길이} : l_{db} = \frac{0.25\, d_b f_y}{\sqrt{f_{ck}}} \geqq 0.04\, d_b f_y \qquad (11\text{-}15)$$

보정계수 =1.0을 대입하면 다음의 〈표 11-4〉를 구할 수 있다.

〈표 11-4〉 다우얼의 압축정착길이(SD400, 보정계수=1인 경우)

철근 크기	정착길이 l_d(mm)		
	f_{ck} = 21MPa	f_{ck} = 24MPa	f_{ck} = 27MPa
D13	284	265	250
D16	349	327	308
D19	415	388	366
D22	480	449	423
D25	546	510	481

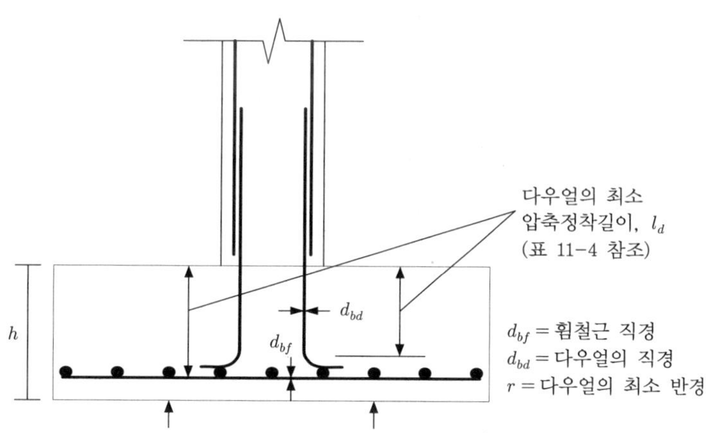

그림 11-11 기초 다우얼 상세

11-4-2 전단 및 기초판 깊이 산정

(1) 1방향 전단설계

독립기초의 두께를 결정하는 요소는 주로 전단력이다. 기초의 전단설계는 1방향 전단설계와 2방향 전단설계로 나눌 수 있다. 1방향 전단설계는 직사각형이나 연속기초에 주로 사용되며 1방향 슬래브로 취급하여 기둥 측면에서 기초판의 유효깊이 d만큼 떨어진 위험단면에서의 전단력에 대하여 기초가 충분히 저항할 수 있는지 검토하는 설계이다. 그림 11-12의 1방향 전단에 대한 위험단면에서 전단력을 다음 식 (11-16)과 같이 산정한다.

$$V_u = q_u \times (\text{빗금친 부분의 면적}) \tag{11-16}$$

$$= q_u \times L \times \left(\frac{c_1}{2} + d\right)$$

식 (11-16)에서 구한 전단력은 기초판에서는 스터럽을 배근하기 어렵기 때문에 콘크리트에 의한 전단저항만을 고려한 값보다 작거나 같아야 한다. 즉

$$V_u \le \Phi V_c \tag{11-17}$$

여기서, $\Phi V_c = \frac{1}{6}\Phi\sqrt{f_{ck}}\,b_w d$이다.

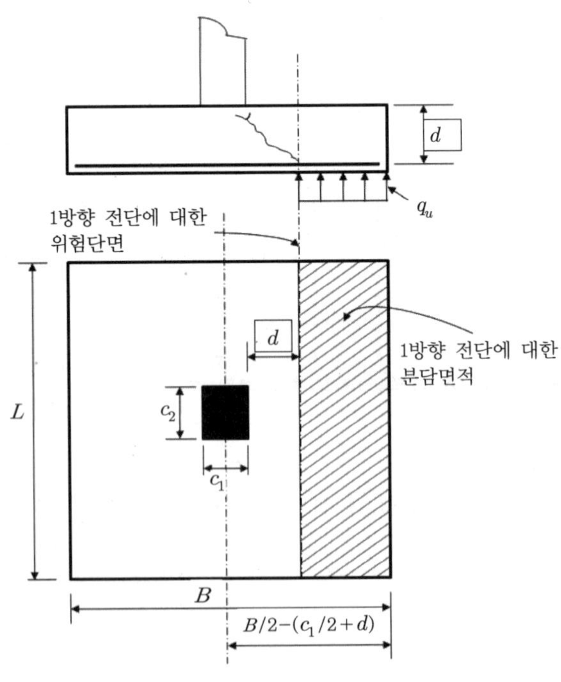

그림 11-12 1방향 기초의 전단에 대한 위험단면 및 분담면적

(2) 2방향 전단설계

기초판은 기둥 주변의 뚫림현상(punching shear)을 방지하기 위하여 기초판 두께를 검토해야 한다. 기초에 작용하는 그림 11-13과 같이 기둥 주변으로부터 $d/2$ 만큼 떨어진 위험단면에서의 전단력을 계산하여 적용한다.

$$V_u = q_u \times (\text{빗금친 부분의 면적}) \quad (11\text{-}18)$$
$$= q_u \times [(B \times L) - ((c_1 + d) \times (c_2 + d))]$$

식 (11-18)에서 얻어진 2방향 전단력은 특별한 전단보강을 하지 않을 경우 다음 식에서 얻어진 값보다는 작거나 같아야 하며, 식 (11-19), 식 (11-20)과 (11-21) 중 가장 작은 값으로 한다.

$$\Phi V_c = \frac{1}{3}\Phi\sqrt{f_{ck}}\, b_o d \ \ (\beta_c \le 2\text{일 때}) \quad (11\text{-}19)$$

$$\Phi V_c = \frac{1}{6}\Phi\left(1 + \frac{2}{\beta_c}\right)\sqrt{f_{ck}}\, b_o d \ \ (\beta_c > 2\text{일 때}) \quad (11\text{-}20)$$

$$\Phi V_c = \frac{1}{6}\Phi\left(\frac{\alpha_s d}{2b_o} + 1\right)\sqrt{f_{ck}}\, b_o d \quad (11\text{-}21)$$

여기서, β_c : 기둥의 긴변 길이/짧은 변 길이의 비(그림에서 c_2/c_1)

b_o : 위험단면의 둘레 길이, $b_o = 2(c_1 + d) + 2(c_2 + d)$

a_s =40(내부기둥, 위험단면의 수가 4인 경우)

30(외부기둥, 위험단면의 수가 3인 경우)

20(모서리 기둥, 위험단면의 수가 2인 경우)

또한, 식 (11-19, 20, 21)로부터 위험단면에서의 전단력 V_u를 이용한 기초의 유효춤(d)을 계산하고, 다음 식들 값 중 최대값을 사용된다.

$$d_1 = \frac{V_u}{\frac{1}{3}\Phi\sqrt{f_{ck}}\, b_o} \ \ (\beta_c \le 2\text{일 때}) \quad (11\text{-}22)$$

또는

$$d_1 = \frac{V_u}{\frac{1}{6}\Phi\left(1 + \frac{2}{\beta_c}\right)\sqrt{f_{ck}}\, b_o} \ \ (\beta_c > 2\text{일 때}) \quad (11\text{-}23)$$

$$d_2 = \frac{V_u}{\frac{1}{6}\Phi\left(\frac{\alpha_s d_2}{2b_o} + 1\right)\sqrt{f_{ck}}\, b_o} \quad (11\text{-}24)$$

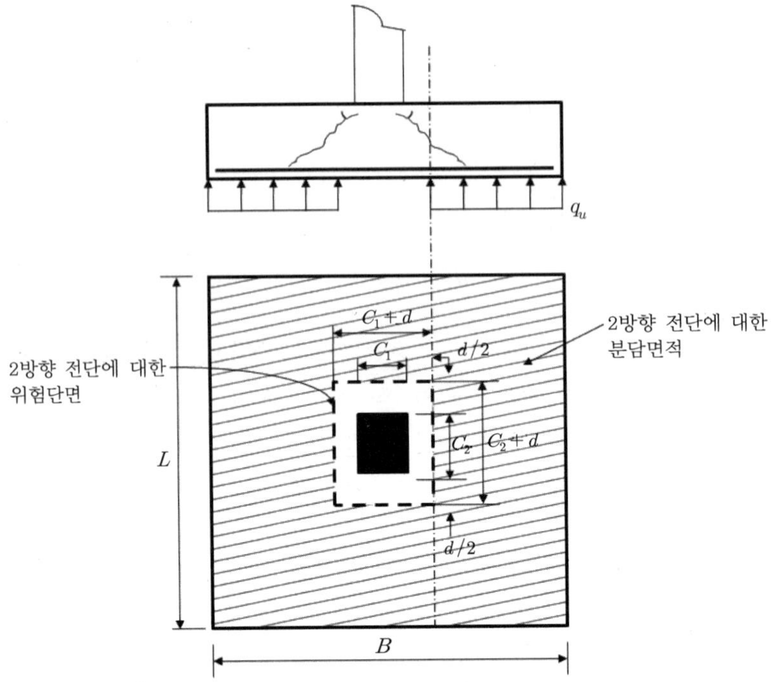

그림 11-13 2방향 기초의 전단에 대한 위험단면 및 분담면적

(3) 기초판의 1방향 전단강도와 2방향 전단강도의 관계

정사각형 기둥을 지지하는 기초판의 2방향 전단강도는 1방향 전단강도의 2배이다. 다만, 직사각형 기둥을 지지하는 기초판의 2방향 전단강도는 식 (11-19)에 따라 β_c가 2 이상인 경우 감소하기 시작하여 β_c가 점점 커질 경우 2방향 전단강도는 1방향 전단강도와 같아진다. 이러한 관계를 그림 11-14에 나타냈다.

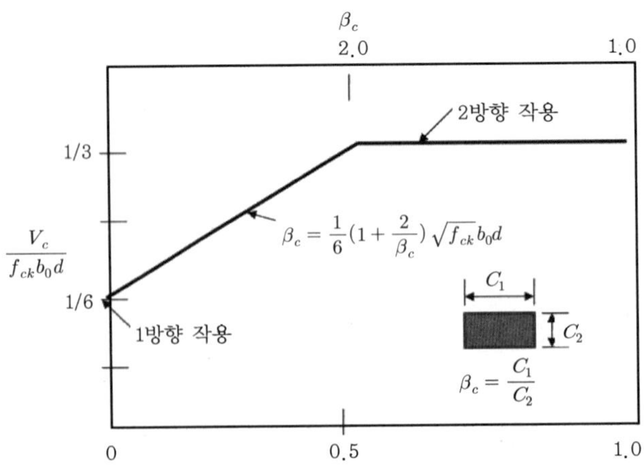

그림 11-14 기초판의 전단강도 관계

(4) 기둥 저면에서의 지압강도(bearing strength)

기둥으로부터 전달되는 하중은 기둥 저면의 단면적 등을 통하여 기초에 전달되며, 기초에 전달되는 이러한 압축하중은 콘크리트의 지압(bearing)에 의해 직접적으로 전달된다. 따라서 기둥 저면의 콘크리트에 작용하는 하중은 콘크리트의 지압강도 (bearing strength)를 초과해서는 안 되며, 기둥 저면 콘크리트의 지압강도는 다음 식 (11-25)와 같다.

$$\text{지압강도 } N_1 = \Phi(0.85 f_{ck} A_1) \qquad (11\text{-}25)$$

여기서, $\Phi = 0.65$, N_1 : 기둥의 지압 면적이고, 하중이 전달되는 기초판의 면적이 기둥 저면의 단면적보다 클 경우 지압강도는 다음 식 (11-26)과 같이 계산된다.

$$\text{지압강도 } N_2 = \Phi(0.85 f_{ck} A_1)\sqrt{\frac{A_2}{A_1}} \le \Phi(0.85 f_{ck} 2A_1) \qquad (11\text{-}26)$$

한편 식 (11-26)에서 A_1은 하중을 전달하는 기둥 면적이고, A_2는 A_1에서 양방향으로 45° 또는 측면경사 1 : 2로 했을 때의 면적이며, 그림 11-15와 같이 나타낼 수 있다.

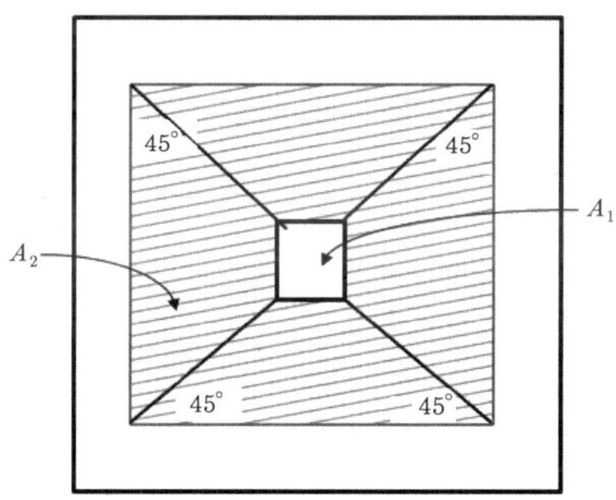

그림 11-15 기초판의 지압면적

또한, 기둥에서 전달되는 하중 P_u가 지압강도보다 큰 경우에는 여분의 하중을 전달하기 위해 보강철근이 필요하며, 다우얼(dowel) 철근으로 기초에 연결하여 하중을 전달한다. 따라서 여분의 하중은 다음 식 (11-27)로 계산된다.

$$P_{ex} = P_u - N \qquad (11\text{-}27)$$

요구된 다우얼 단면적은 다음 식 (11-28)로 나타낸다. 설계기준에 의하면 적어도 4개 이상의 다우얼 역할을 하는 철근을 배근한다.

$$A_{sd} = \frac{P_{ex}}{\Phi f_y} \geq 0.005 A_1 \tag{11-28}$$

다우얼 철근의 개수를 산정한 후, 다우얼 철근은 기둥과 기초판에 각각 정착되어야 한다. 기둥에 대한 정착길이는 기둥 철근의 정착길이와 다우얼 철근의 기둥철근에 대한 압축 겹침이음 길이 중 큰 값을 정착길이로 한다.

(1) 기둥철근의 압축 정착길이는 다음 식 (11-29)를 이용해서 산정한다.

$$l_{dc} = \frac{0.25\, d_b f_y}{\lambda \sqrt{f_{ck}}} \times (\text{보정계수}) \geq 0.013 d_b f_y \tag{11-29}$$

(2) 다우얼 철근의 기둥철근에 대한 겹침이음 식 중 작은 값과 같다.

$$l_{sc} = \left(\frac{1.4 f_y}{\lambda \sqrt{f_{ck}}} - 52\right) d_b \tag{11-30}$$

$$l_{sc} \leq 0.072 f_y d_b \tag{11-31}$$

(3) 기초판에 대한 다우얼 철근의 정착길이는 다음 식 (11-32)를 이용한다.

$$l_{dc} = \frac{0.25\, d_b f_y}{\lambda \sqrt{f_{ck}}} \times (\text{보정계수}) \geq 0.013 d_b f_y \tag{11-32}$$

예제 11-1 그림과 같은 조건의 정사각형 독립기초 춤을 구하시오. 단, 고정하중 $P_D = 1{,}000\text{kN}$, 활하중 $P_L = 750\text{kN}$, 허용지내력 $q_a = 500\text{kN/m}^2$, 기둥의 크기는 400mm×400mm, 흙의 단위중량은 21kN/m^2, 철근콘크리트의 단위중량은 24kN/m^2, $f_{ck} = 24\text{MPa}$, $f_y = 400\text{MPa}$

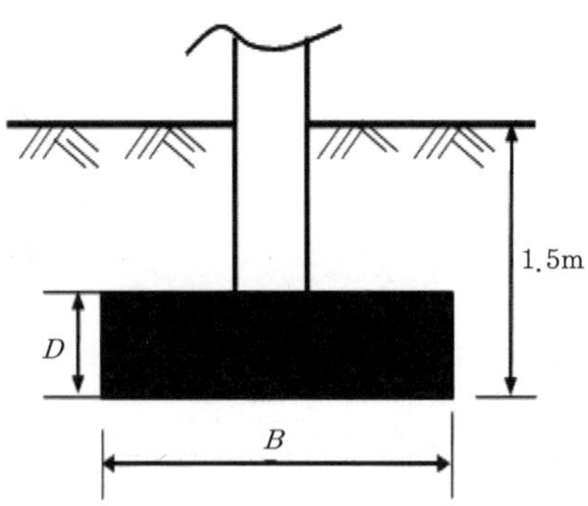

풀 이 (1) 기초판의 유효춤 산정 : 전체 춤 D=600mm로 가정하면

유효춤 $d = 600 - (80 + 10 + 10) = 500\text{mm}$

(2) 순허용지내력 산정 : 지면에서 기초 저면까지 깊이는 1.5m가 되므로

q_e = 허용지내력 − (기초와 기초 상부의 흙 중량)

$= 500 - (0.6 \times 24) - (0.9 \times 21) = 467\text{kN/m}^2$

(3) 기초판 면적 산정 : 기초판의 면적을 산정할 때에는 실제 사용하중을 사용한다.

$$A = \frac{1{,}000 + 750}{467} = 3.74\text{m}^2 \Rightarrow 1.93\text{m} \times 1.93\text{m}$$

$B \times L = 2\text{m} \times 2\text{m}$ 의 정사각형 기초($A = 4\text{m}^2$)로 한다.

(4) 지반반력(q_u) 산정 :

$$P_u = (1.2 \times 1{,}000) + (1.6 \times 750) = 2{,}400\text{kN}$$

$$\therefore\ q_u = \frac{2{,}400}{4.0} = 600\,\text{kN/m}^2$$

(5) 기초판 깊이 적합성 검토 :

① 1방향 전단에 대한 검토 :

$$V_u = q_u \times L \times (\frac{B}{2} - \frac{c_1}{2} - d) = 600\text{kN/m}^2 \times 2\text{m} \times 0.3\text{m} = 360\,\text{kN}$$

$$\Phi V_c = \frac{1}{6}\Phi\sqrt{f_{ck}}\,b_w d = \frac{1}{6} \times 0.75 \times \sqrt{24} \times 2{,}000 \times 500 \times 10^{-3}$$

$$= 612\text{kN}$$

따라서 $V_u \le \Phi V_c$이므로 기초판 두께는 1면전단에 대하여 안전하다.

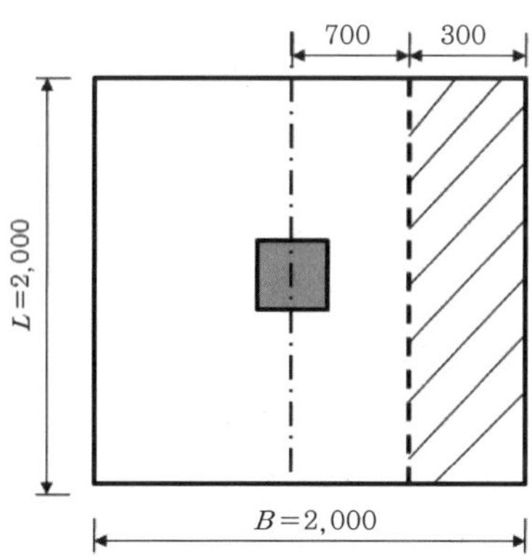

(1방향 전단에 대한 위험단면)

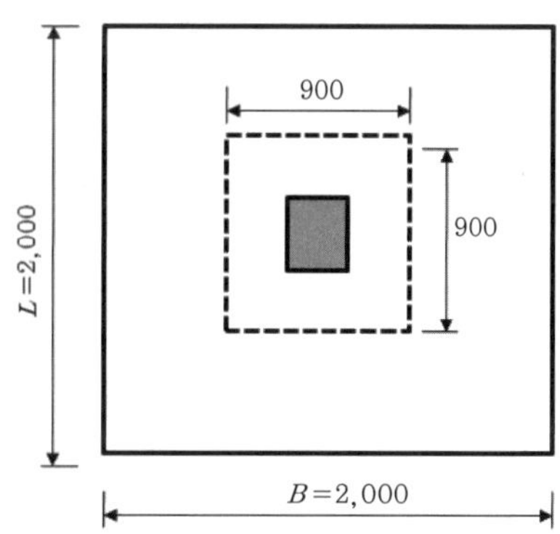

(2방향 전단에 대한 위험단면)

② 2방향 전단에 대한 검토 :

$$V_u = q_u \times [(2 \times 2\text{m}) - (0.9 \times 0.9\text{m})]$$

$$= 1914\text{kN}$$

$$\Phi V_c = \frac{1}{3}\Phi\sqrt{f_{ck}}\, b_0 d$$

$$= \frac{1}{3}\times 0.75\times\sqrt{24}\times 3{,}600\times 500\times 10^{-3} = 2{,}205\text{kN}$$

따라서 $V_u \le \Phi V_c$이므로 기초판 깊이는 2면전단에 대하여 안전하다.

그러므로 기초의 전체 춤 $D=600\text{mm}$가 적합하다.

예제 11-2 그림과 같은 조건의 정사각형 독립기초를 설계하시오. 단, 고정하중 $P_D=2{,}000\text{kN}$, 활하중 $P_L=1{,}600\text{kN}$, 허용지내력 $q_a=300\text{kN/m}^2$, 기둥의 크기는 400mm×600mm, 흙의 단위중량은 21kN/m^2, 철근콘크리트의 단위중량은 24kN/m^2, $f_{ck}=24\text{MPa}$, $f_y=400\text{MPa}$

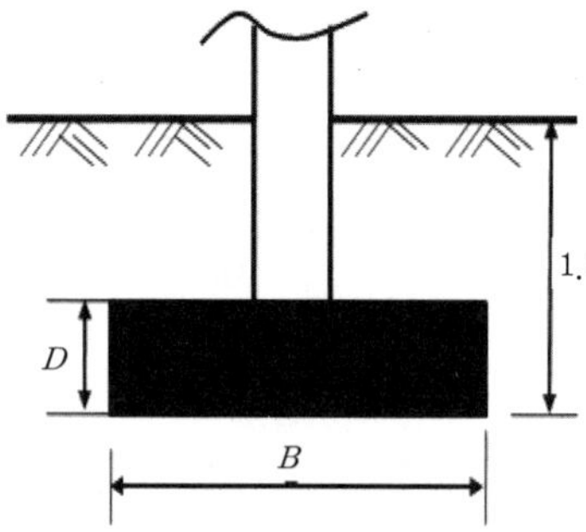

풀 이 (1) 기초판의 유효춤 산정 : 전체 춤 $D=500\text{mm}$로 가정하면

유효춤 $d = 500 - 100 = 400\text{mm}$

(2) 순허용지내력 산정 : 지면에서 기초 저면까지 깊이는 1.5m가 되므로

q_e = 허용지내력 − (기초와 기초 상부의 흙 중량)

$$= 300 - (0.5\times 24) - (1.0\times 21) = 267\,\text{kN/m}^2$$

(3) 기초판 면적 산정 : 기초판의 면적을 산정할 때는 실제 사용하중을 사용한다.

$$A = \frac{2{,}000+1{,}600}{267} = 13.54\text{m}^2 \Rightarrow 3.72\text{m}\times 3.72\,\text{m}$$

$\therefore\ A = 3.8\text{m}\times 3.8\text{m}$의 정사각형 기초($A = 14.44\text{m}^2$)로 한다.

(4) 지반반력(q_u) 산정 :

$$P_u = (1.2\times 2{,}000) + (1.6\times 1{,}600) = 4{,}960\text{kN}$$

$$\therefore\ q_u = \frac{4{,}960}{14.44} = 344\,\text{kN/m}^2$$

(5) 기초판 깊이 계산 : 전단력에 의해 산정

① 1방향 전단에 대한 검토 :

$V_u = q_u \times (3.8\text{m} \times 1.3\text{m}) = 1{,}699\,\text{kN}$

$\Phi V_c = \dfrac{1}{6}\Phi\sqrt{f_{ck}}\, b_w d$

$= \dfrac{1}{6} \times 0.75 \times \sqrt{24} \times 3{,}800 \times 400 \times 10^{-3} = 931\text{kN}$

따라서 $V_u \geq \Phi V_c$이므로 기초판 두께는 1면전단에 대하여 안전하지 않다. 그러므로 기초판 두께를 증가시켜야 한다. 기초판 두께를 900mm로 증가시켜 재검토한다.

(6) 기초판의 유효춤 산정 : 전체 춤 $D = 900\text{mm}$로 가정하면

유효춤 $d = 900 - 100 = 800\text{mm}$

(7) 순허용지내력 산정 : 지면에서 기초 저면까지 깊이는 1.5m가 되므로

q_e = 허용지내력 − (기초와 기초 상부의 흙 중량)

$= 300 - (0.9 \times 24) - (0.6 \times 21) = 266\text{kN/m}^2$

(8) 기초판 면적 산정 : 기초판 면적을 산정할 때에는 실제 사용하중을 사용한다.

$A = \dfrac{2{,}000 + 1{,}600}{266} = 13.53\,\text{m}^2 \Rightarrow 3.72\text{m} \times 3.72\,\text{m}$

$\therefore\ A = 3.8\text{m} \times 3.8\,\text{m}$ 의 정사각형 기초($A = 14.44\,\text{m}^2$)로 한다.

(9) 지반반력(q_u) 산정 :

$P_u = (1.2 \times 2{,}000) + (1.6 \times 1{,}600) = 4{,}960\text{kN}$

$\therefore\ q_u = \dfrac{4{,}960}{14.44} = 344\,\text{kN/m}^2$

(10) 기초판 깊이 계산 : 전단력에 의해 산정

① 1방향 전단에 대한 검토 :

$V_u = q_u \times (3.8\text{m} \times 0.9\text{m})$

$= 1{,}176\text{kN}$

$\Phi V_c = \dfrac{1}{6}\Phi\sqrt{f_{ck}}\, b_w d$

$= \dfrac{1}{6} \times 0.75 \times \sqrt{24} \times 3{,}800 \times 800 \times 10^{-3}$

$= 1{,}861\text{kN}$

따라서 $V_u \geq \Phi V_c$이므로 기초판 두께는 1면전단에 대하여 안전하다.

② 2방향 전단에 대한 검토 :

$V_u = q_u \times [(3.8 \times 3.8\text{m}) - (1.2 \times 1.4\text{m})]$

$= 4,389\text{kN}$

$\Phi V_c = \frac{1}{3} \Phi \sqrt{f_{ck}}\, b_0 d$

$= \frac{1}{3} \times 0.75 \times \sqrt{24} \times 5,200 \times 800 \times 10^{-3}$

$= 5,094\text{kN}$

따라서 $V_u \le \Phi V_c$이므로 기초판 깊이는 2면전단에 대하여 안전하다.

그러므로 기초의 전체 춤 $D=$ 900mm가 적합하다.

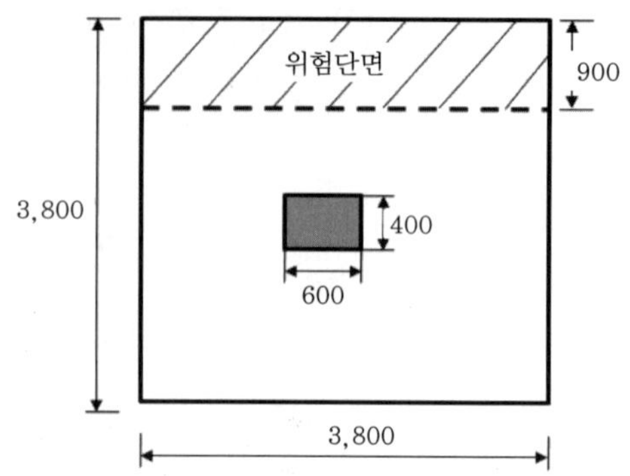

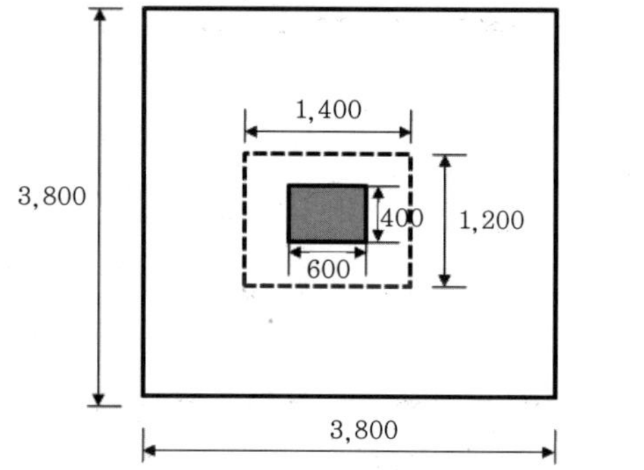

(11) 휨철근 산정 : 최대 계수모멘트를 이용하여 휨철근을 계산한다.

① $M_u = 344 \times (3.8 \times 1.7 \times \frac{1.7}{2}) = 1,889\text{kN} \cdot \text{m}$

② $R_n = \frac{M_u}{\Phi b d^2} = \frac{1,889 \times 10^6}{0.85 \times 3,800 \times 800^2} = 0.914\text{MPa}$

③ $\rho = 0.85 \frac{f_{ck}}{f_y} \left[1 - \sqrt{1 - \frac{2R_n}{0.85 f_{ck}}} \right]$

$= 0.85 \times \frac{24}{400} \times \left[1 - \sqrt{1 - \frac{2 \times 0.914}{0.85 \times 24}} \right]$

$= 0.0033 > \rho_{\min} = 0.002$

④ $\therefore\ A_{st} = 0.0033 \times 3,800 \times 800 = 10,032\text{mm}^2$, 따라서 D25철근을 사용하면 $n = \frac{10,032}{507} = 19.78$ 개 → 20개

(12) 철근의 정착길이 검토 : 정착에 대한 위험단면은 모멘트에 대한 위험단면과 동일한 기둥면으로써 D25 철근의 정착을 검토한다.

① $l_{db} = \frac{0.6\, d_b f_y}{\sqrt{f_{ck}}} = \frac{0.6 \times 252 \times 400}{\sqrt{24}} = 1,224\text{mm}$

철근배근 위치, 에폭시도막 여부 및 콘크리트 종류에 따른 보정계수

② $\alpha = \beta = \gamma = \lambda = 1.0$이므로

③ $l_{d(req)} = l_{db} \times \dfrac{\alpha\,\beta\,\gamma\,\lambda}{\dfrac{c+K_{tr}}{d_b}} = 1{,}224 \times \left(\dfrac{1\times1\times1\times1}{2.5}\right) = 1{,}958\,\text{mm}$

또는 기준식 (11-11)에 의한 표 11-2에 의해 요구되는 정착길이,

④ $l_{d(req)} = 919\,\text{mm}$

⑤ $\therefore\ l_d = \dfrac{3{,}800 - 600}{2} - 80 = 1{,}520(\text{mm}) > l_{d(req)}$: 적합

(13) 배근도

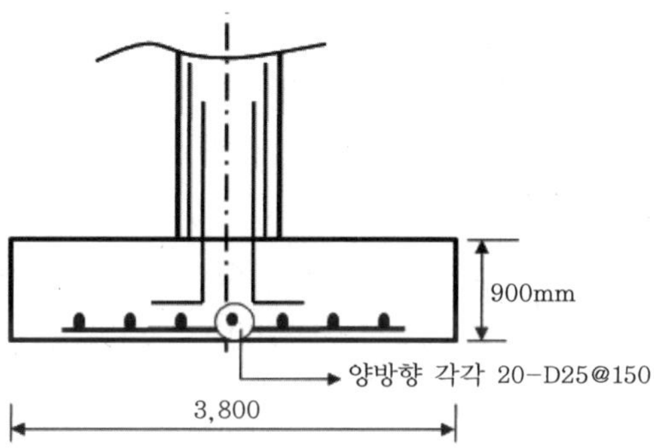

예제 11-3 축력과 휨모멘트를 받는 다음 조건의 직사각형 독립기초를 설계하시오.
고정하중 : $P_D = 1{,}000\,\text{kN}$, $M_d = 100\text{kN}\cdot\text{m}$, 활하중 : $P_L = 900\text{kN}$,
$M_l = 100\text{kN}\cdot\text{m}$
흙과 콘크리트의 평균중량 : 21kN/m^2, 상재하중 = 3kN/m^2, $f_{ck} = 24\text{MPa}$
장기 허용지내력 : $q_a = 350\text{kN/m}^2$, 기둥의 크기 : 400mm×600mm, $f_y = 400\text{MPa}$

풀 이 (1) 기초판 면적 산정 :

① 순허용지내력 : 지면에서 기초 저면까지 깊이를 1.5m로 가정하면

$q_e = 350 - [(21 \times 1.5) + 3] = 315.5\text{kN/m}^2$

② 기초판 면적 : 기초판의 면적을 산정할 때에는 사용하중을 사용한다.

㉮ $P = 1{,}000 + 900 = 1{,}900\text{kN}$

㉯ $M = 100 + 100 = 200\text{kN}\cdot\text{m}$

㉰ $A = \dfrac{1{,}000 + 900}{315.5} = 6.02\text{m}^2$

㉱ $e = \dfrac{M}{P} = \dfrac{200 \times 10^3}{1{,}900} = 0.11\text{m}$

③ 직사각형 기초의 크기를 2,500mm × 3,000mm 로 가정하면

㉮ $\frac{l}{6} = \frac{3,000}{6} = 500\text{mm} > e$ 이므로 기초 저면 전체가 유효하다.

㉯ $A_f = 2.5\text{m} \times 3.0\text{m} = 7.50\text{m}^2$

㉰ $Z_f = 2.5\text{m} \times \frac{3.0\text{m}^2}{6} = 3.75\text{m}^3$

㉱ $q_{1,2} = \frac{P}{A_f} \pm \frac{M}{Z_f} = \frac{1,900}{7.5} \pm \frac{200}{3.75}$

$= (253 \pm 53)(\text{kN/m}^2) < q_e$,

적합

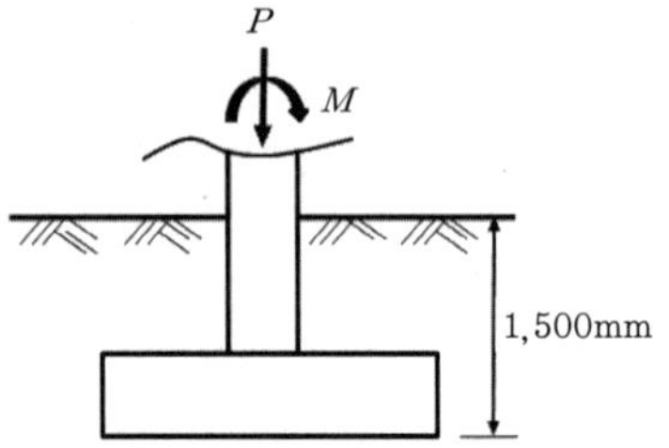

따라서 2,500mm×3,000mm 직사각형 기초로 한다.

(2) 설계용 하중과 지반 반력 산정 : 기초판의 깊이와 철근을 설계할 때는 계수하중을 사용한다.

① $P_u = (1.2 \times 1,000) + (1.6 \times 900) = 2,640\text{kN}$

② $M_u = (1.2 \times 100) + (1.6 \times 100) = 280\text{kN} \cdot \text{m}$

③ $\therefore\ e = \frac{M_u}{P_u} = \frac{280 \times 10^3}{2,640} = 106\text{mm} < l/6 = 500\text{mm}$ ∴ 적합

④ $q_{1,2} = \frac{P_u}{A_f} \pm \frac{M_u}{Z_f} = \frac{2,640}{7.5} \pm \frac{280}{3.75} = (427,\ 277)\text{kN/m}^2$

⑤ $q_u = \frac{P_u}{A} = \frac{2,640}{7.5} = 352\text{kN/m}^2$

(3) 기초판에 대한 전단 검토 : 기초깊이 $h = 700\text{mm}$ 유효높이 $d = 600\text{mm}$로 가정하면,

① 1방향 전단 검토 :

㉠ $V_u = \frac{427 + 397}{2} \times (2.5 \times 0.6) = 618\,\text{kN}$

㉡ $\Phi V_c = \Phi\left(\frac{1}{6}\sqrt{f_{ck}}\, b_w d\right)$

$= 0.75 \times \frac{1}{6} \times \sqrt{24} \times 2.5 \times 0.6 \times 10^3 = 918\text{kN}$

㉢ $V_u < \Phi V_c$ ∴ 적합

② 2방향 전단 검토 :

㉠ $V_u = 352[(2.5 \times 3) - (1 \times 1.2)] = 2,218\text{kN}$

㉡ $b_0 = 2(600 + 400 + 600 + 600) = 4,400\text{mm}$

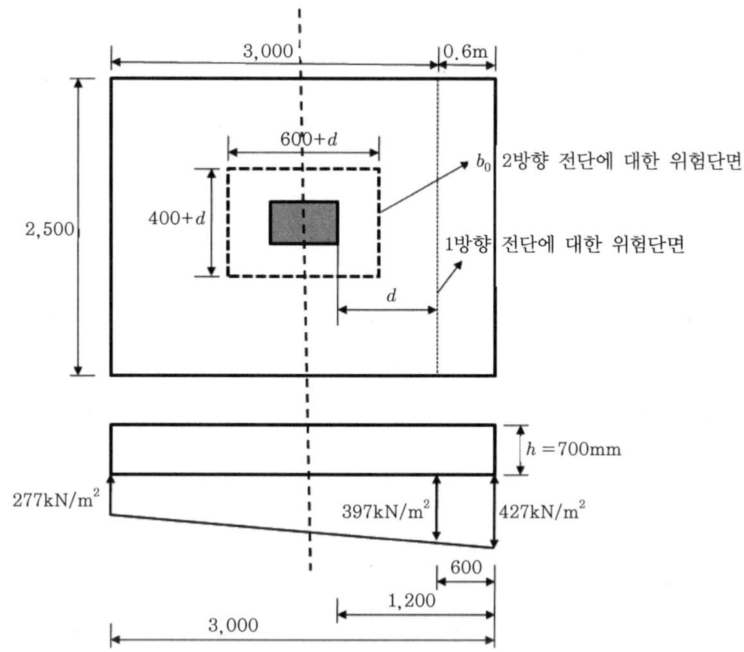

㉢ $\Phi V_c = \Phi \dfrac{1}{6}\left(\dfrac{\alpha_s \cdot d}{2b_0} + 1\right)\sqrt{f_{ck}}\; b_0 d$

$= 0.75 \times \dfrac{1}{6}\left(\dfrac{40 \times 600}{2 \times 4{,}400} + 1\right)\sqrt{24} \times 4{,}400 \times 600 \times 10^{-3}$

$= 6{,}026\text{kN}$

㉣ $\beta_c = \dfrac{600}{400} = 1.5$

$\alpha_s = 40$ (내부기둥)이므로

㉤ $\Phi V_c = \Phi \dfrac{1}{3}\sqrt{f_{ck}}\; b_o d = 0.75 \times \dfrac{1}{3} \times \sqrt{24} \times 4{,}400 \times 600 \times 10^{-3}$

$= 3{,}233\text{kN}$ (지배)

㉥ $V_u < \phi V_c = 3{,}664.44(\text{kN})$ ∴ 적합

(4) 휨철근 산정 :

① 장변방향 : 검토 단면(기둥면)에서 지반반력은

㉠ $q_u = 427 - \dfrac{(427 - 277) \times 1.2}{3} = 367\,\text{kN/m}^2$

㉡ $M_u = \left[\dfrac{367 \times 1.2^2}{2} + (427 - 367) \times 1.2^2 \times \dfrac{2}{3}\right] \times 2.5$

$= 804.6\text{kN} \cdot \text{m}$

㉢ $R_n = \dfrac{M_u}{\Phi b_w d^2} = \dfrac{804.6 \times 10^6}{0.85 \times 2,500 \times 600^2} = 1.05\,\text{kN/mm}^2$

㉣ $\rho = 0.85 \times \dfrac{24}{400} \times \left[1 - \sqrt{1 - \dfrac{2 \times 1.05}{0.85 \times 24}}\right]$

$= 0.0027 < \rho_{\min} = 0.002$

㉤ $\rho_{\max} = 0.75 \times 0.85 \times 0.85 \times \dfrac{24}{400} \times \dfrac{600}{600+400}$

$= 0.0195 > \rho$ ∴ 적합

㉥ $A_s(reg) = \rho b d = 0.0027 \times 2,500 \times 600 = 4,050\text{mm}^2$(지배)

∴ 11−D22(A_s =4,257mm^2)

② 단변방향도 장변방향에 준하여 ∴ 11−D22(A_s =4,257mm^2)로 배근한다.

(5) 철근 정착길이 검토 : 정착길이는 짧은 단변방향의 D22 철근에 대하여 검토한다.

① $l_{db} = \dfrac{0.6\, d_b\, f_y}{\sqrt{f_{ck}}} = \dfrac{0.6 \times 22 \times 400}{\sqrt{24}} = 1,078\text{mm}$

철근배근 위치, 에폭시도막 여부 및 콘크리트의 종류에 따른 보정계수 $\alpha = \beta = \gamma = \lambda = 1.0$이므로

② $l_{d(req)} = l_{db} \times \dfrac{\alpha\beta\gamma\lambda}{\dfrac{c+K_{tr}}{d_b}} = 1,078 \times \left(\dfrac{1 \times 1 \times 1 \times 1}{2.5}\right) = 1,724\text{mm}$

또는 기준식 (11−11)에 의해 필요한 정착길이 〈표 11−12〉에 의해

③ $l_{d(req)} = 712\text{mm}$

④ $l_d = \dfrac{3,000 - 600}{2} - 80 = 1,120\text{mm} > l_{d(req)}$ ∴ 적합

(6) 배근도

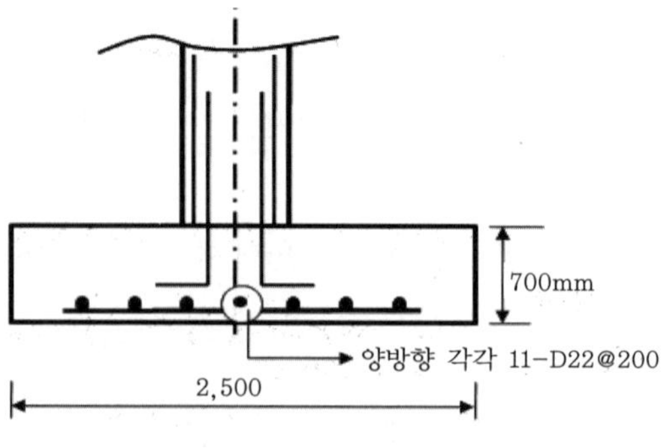

예제 11-4 그림과 같은 기초판의 다우얼(dowel)을 설계하시오. 단, $P_D = 1{,}000\text{kN}$, $P_L = 900\text{kN}$, $f_{ck} = 24\text{MPa}$, $f_y = 400\text{MPa}$

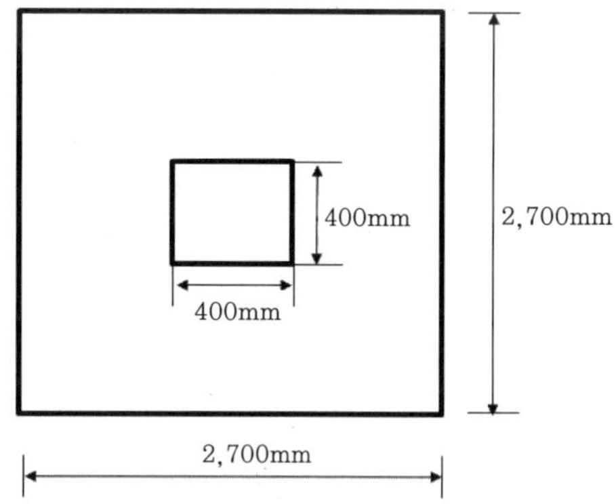

풀 이 (1) 계수축하중 산정 :

$$P_u = 1.2(1{,}000) + 1.6(900) = 2{,}640\text{kN}$$

(2) 기둥 저면 콘크리트 지압강도 산정 :

$$N_1 = \Phi(0.85 f_{ck} A_1) = 0.65(0.85 \times 24 \times 400^2) \times 10^{-3} = 2{,}122\text{kN}$$

따라서 기둥의 지압강도가 계수축하중보다 작기 때문에 기둥의 지압강도만으로 기둥 축하중을 기초에 충분히 전달할 수 없다. 초과하중 $P_e = (P_u - N_1)$은 철근에 의해 기초에 전달되어야 하므로 다우얼 철근이 필요하다.

(3) 기초 콘크리트의 지압강도 산정 :

$$N_2 = \sqrt{\frac{A_2}{A_1}}\,\Phi(0.85 f_{ck} A_1) = 2N_1 = 4{,}244\text{kN},\ \text{적합}$$

$$\because \sqrt{\frac{A_2}{A_1}} = \sqrt{\frac{2{,}700^2}{400^2}} = 6.75 \geq 2 \Rightarrow 2\text{를 사용}$$

(4) 소요 다우얼 철근량 산정 : $P_u - N_1 = \Phi A_s f_y$

$$A_s = \frac{P_u - N_1}{\Phi f_y} = \frac{518{,}000}{0.65 \times 400} = 1{,}993\text{mm}^2$$

(5) 최소 다우얼 철근량 검토 :

$$A_{s,\min} = 0.005 A_1 = (0.005 \times 400^2) = 800\text{mm}^2$$

D25 철근을 다우얼 철근으로 사용하면 최소 4개의 철근이 요구되므로

$4 - \text{D}25(A_s = 2{,}028\text{mm}^2) \geq 1{,}993\text{mm}^2$

(6) 기둥 대한 정착길이 산정 : 기둥철근에 대한 내용이 없으므로 다우얼 철근이 기둥에 겹침이음 으로 한다면,

① 다우얼 철근(D25)의 겹침이음 길이 산정 :

$$l_{sc} = \left(\frac{1.4 f_y}{\lambda\sqrt{f_{ck}}} - 52\right)d_b = \left(\frac{1.4 \times 400}{1.0\sqrt{24}} - 52\right) \times 25 = 1{,}558\text{mm}$$

② 철근의 항복강도에 따른 겹침이음 길이 검토 :

$f_y \le 400\text{MPa}$일 때, $l_{sc} \le 0.072 f_y d_b = 0.072 \times 400 \times 25 \fallingdotseq 720\text{mm}$

③ 따라서 다우얼 철근의 기둥에 대한 겹침이음 길이는 작은 값인 $l_{sc} \fallingdotseq 720\text{mm}$를 기둥에 대한 겹침이음 길이로 한다.

(7) 기초판에 대한 정착길이 산정 : 다우얼 철근(D25)에 대하여

① $l_{dc} = \dfrac{0.25\,d_b f_y}{\lambda\sqrt{f_{ck}}} \times (\text{보정계수}) = \dfrac{0.25 \times 25 \times 400}{\lambda\sqrt{24}} \times 1.0 = 511\,\text{mm}$

$\ge 0.013 d_b f_y = 130\,\text{mm}$, 만족한다.

② 감소계수 적용 여부 검토 : (소요철근량/배근철근량)

$\dfrac{\text{소요철근량}}{\text{배근철근량}} = \dfrac{1{,}993}{2{,}028} = 0.983$

(8) 기초판에 대한 다우얼 철근의 정착길이 산정 :

$l_{dc} = 511 \times 0.983 \fallingdotseq 510\text{mm}$를 기초판에 대한 다우얼의 정착길이로 한다.

(9) 배근 상세도

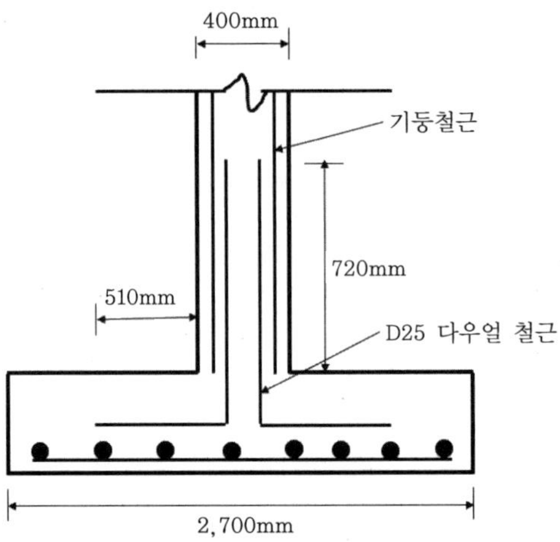

예제 11-5 그림과 같은 기초판의 다우얼(dowel)을 설계하시오. 단, $P_D = 1{,}200\text{kN}$, $P_L = 700\text{kN}$, $f_{ck} = 27\text{MPa}$, $f_y = 400\text{MPa}$

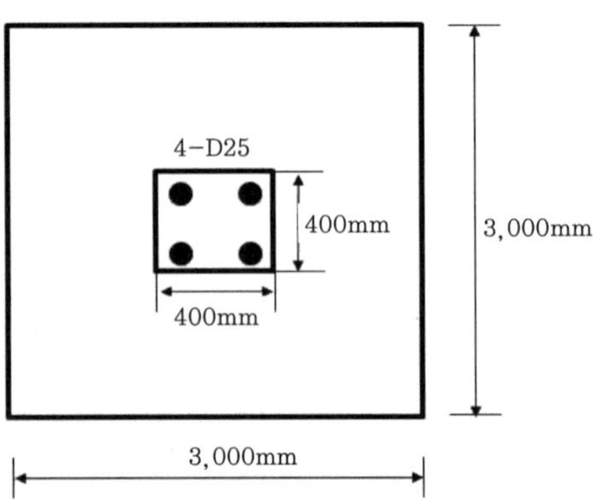

풀 이 (1) 계수축하중 산정 :

$P_u = 1.2(1200) + 1.6(700)$
$= 2{,}560\text{kN}$

(2) 기둥 저면 콘크리트 지압강도 산정 :

$$N_1 = \Phi(0.85 f_{ck} A_1) = 0.65(0.85 \times 27 \times 400^2) \times 10^{-3} = 2,387\text{kN}$$

따라서 기둥의 지압강도가 계수축하중보다 작기 때문에 기둥의 지압강도만으로 기둥 축하중을 기초에 충분히 전달할 수 없다. 초과하중 $P_e = (P_u - N_1)$은 철근에 의해 기초에 전달되어야 하므로 다우얼 철근이 필요하다.

(3) 기초 콘크리트의 지압강도 산정 :

$$N_2 = \sqrt{\frac{A_2}{A_1}}\ \Phi(0.85 f_{ck} A_1) = 2N_1 = 4,774\text{kN}$$, 적합

$$\because \sqrt{\frac{A_2}{A_1}} = \sqrt{\frac{3,000^2}{400^2}} = 7.5 \geq 2 \Rightarrow 2\text{를 사용}$$

(4) 소요 다우얼 철근량 산정 : $P_u - N_1 = \Phi A_s f_y$

$$A_s = \frac{P_u - N_1}{\Phi f_y} = \frac{173,000}{0.65 \times 400} = 666\text{mm}^2 \geq 0.005 A_1$$

(5) 최소 다우얼 철근량 검토 :

$$A_{s,\min} = 0.005 A_1 = (0.005 \times 400^2) = 800\text{mm}^2$$

따라서 소요 다우얼 철근량이 최소 다우얼 철근량 보다 작으므로, 최소 다우얼 철근량을 배근한다.

D19 철근을 다우얼 철근으로 사용하면 최소 4개의 철근이 요구되므로

$4-\text{D19}(A_s = 1,148\text{mm}^2)$

(6) 기둥에 대한 정착길이 산정 : 기둥 철근이 다우얼 철근과 겹침이음되므로 기둥 철근의 정착길이와 다우얼 철근의 겹침이음 길이 중 큰 값을 정착길이로 사용한다.

① 기둥 철근(D19)의 정착길이 산정 :

$$l_{dc} = \frac{0.25\, d_b f_y}{\lambda \sqrt{f_{ck}}} \times (\text{보정계수}) = 482\text{mm} \geq 0.043\, d_b f_y = 430\text{mm}$$

② 다우얼 철근(D19)의 겹침이음 길이 산정 :

$$l_{sc} = \left(\frac{1.4 f_y}{\lambda \sqrt{f_{ck}}} - 52\right) d_b = \left(\frac{1.4 \times 400}{1.0\sqrt{27}} - 52\right) \times 19 = 1,060\text{mm}$$

③ 철근의 항복강도에 따른 겹침 길이 검토 :

$f_y \leq 400\text{MPa}$일 때, $l_{sc} \leq 0.072 f_y d_b = 0.072 \times 400 \times 19 \fallingdotseq 550\text{mm}$

④ 다우얼 철근의 겹침이음 길이 :

$$l_{dc} = 482\,\text{mm}$$

⑤ 기둥에 대한 정착길이 선택 :

$l_{dc} = 482\,\text{mm}$와 $l_{sc} \fallingdotseq 550\,\text{mm}$ 중 큰 값인 550mm로 한다.

(7) 기초판에 대한 정착길이 산정 : 다우얼 철근(D19)에 대하여

① $l_{dc} = \dfrac{0.25\,d_b f_y}{\lambda\sqrt{f_{ck}}} \times (\text{보정계수}) = \dfrac{0.25 \times 19 \times 400}{\lambda\sqrt{27}} \times 1.0 = 366\,\text{mm}$

② 감소계수 적용 여부 검토 : (소요철근량/배근철근량)

$\dfrac{\text{소요철근량}}{\text{배근철근량}} = \dfrac{800}{1,148} = 0.70$

(8) 기초판에 대한 다우얼 철근의 정착길이 산정 :

$l_{dc} = 366 \times 0.70 \fallingdotseq 260\,\text{mm}$

따라서 기초판에 대한 다우얼 철근의 정착길이는 260mm 이상으로 한다.

(9) 배근 상세도

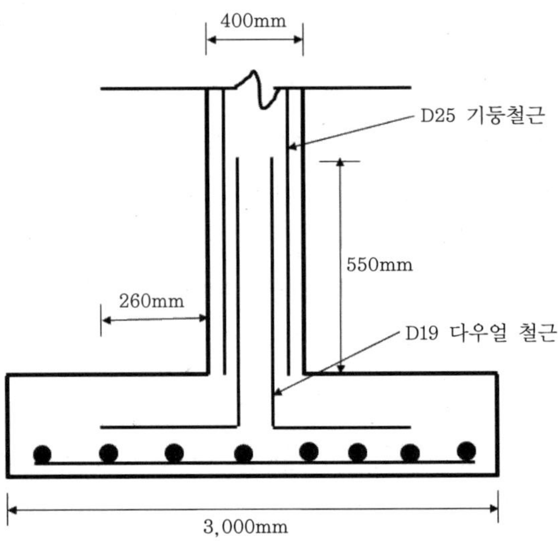

11-5 연속기초 설계

연속기초는 줄기초 혹은 띠기초라도 하며, 내력벽이나 조적조 벽체 아래에 설치되어 상부구조로부터 받는 하중을 지반에 전달하는 형식의 기초이다. 연속기초의 휨모멘트에 대한 위험단면은 내력벽에서는 벽면이 되고, 조적조 벽체에서는 벽체 중심과 벽체면과의 중앙

이 되며, 1방향 전단의 위험단면은 벽면에서 d만큼 떨어진 거리에 위치한다. 연속기초 설계에서는 단위길이 1m에 대한 기초 폭 및 설계용 토압을 계산한다. 철근의 정착은 독립기초와 같은 방법으로 검토한다.

예제 11-6 고정하중 300kN/m(벽자중 포함), 활하중 225kN를 받는 철근콘크리트 벽두께 300mm인 연속기초의 높이(춤)을 구하시오. 단, $f_{ck}=21\text{MPa}$, $f_y=400\text{MPa}$, 허용지내력 $q_a=400\,\text{kN/m}^2$, 흙의 단위중량은 21kN/m^3, 철근콘크리트의 단위중량은 24kN/m^3

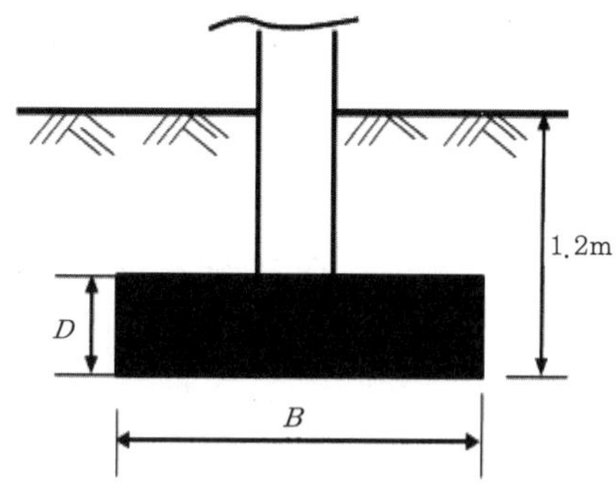

풀 이 (1) 순허용지내력 산정 : 기초판 높이를 300mm로 가정하면 유효춤은 200mm가 된다.

q_e = 허용지내력 − (기초와 기초 상부의 흙 중량)

$$= 400-(0.3\text{m}\times 24)-(0.9\text{m}\times 21)=374\text{kN/m}^2$$

(2) 기초판의 폭 산정 : 단위길이에 대하여

$$B=\frac{(300+225)}{344\times 1}=1.40\,\text{m}\Rightarrow 1.8\text{m}$$

$\therefore\ B=1.8\text{m}$

(3) 지반반력 산정 :

① $P_u=(1.2\times 300)+(1.6\times 225)=720\text{kN}$

② $\therefore\ q_u=\dfrac{720}{1.8}=400\,\text{kN/m}^2$

(4) 기초 깊이 계산 : 전단력에 따라 산정

① 기초의 전단력 산정 : 단위길이에 대하여

$V_u=q_u\times(0.65\text{m}\times 1.0\text{m})=260\,\text{kN}$

② 1방향 전단력에 의한 유효춤 산정 :

$$d=\frac{V_u}{\frac{1}{6}\Phi\sqrt{f_{ck}}\,b_w}=\frac{260\times 10^3}{\frac{1}{6}\times 0.75\times\sqrt{21}\times 1{,}000}$$

$$=454\text{mm}>200\text{mm}$$

따라서 요구되는 기초판의 유효춤이 가정된 값보다 크므로 기초판의 유효춤이 부족하다.

(5) 다시 기초의 두께 가정 : 기초판 높이를 450mm로 가정하면, 유효춤은 350mm가 된다.

① q_e = 허용지내력 − (기초와 기초 상부의 흙 중량)

$$= 400 - (0.45\text{m} \times 24) - (0.75\text{m} \times 21) = 373\text{kN/m}^2$$

② $B = \dfrac{(300 + 225)}{373} = 1.40\,\text{m} \Rightarrow 1.8\text{m}$

③ $\therefore\ q_u = \dfrac{720}{1.8 \times 1.0} = 400\,\text{kN/m}^2$

④ $V_u = q_u \times (0.4\text{m} \times 1.0\text{m}) = 160\,\text{kN}$

⑤ $d = \dfrac{V_u}{\frac{1}{6}\Phi\sqrt{f_{ck}}\,b_w} = \dfrac{160 \times 10^3}{\frac{1}{6} \times 0.75 \times \sqrt{21} \times 1{,}000}$

$$= 280\text{mm} < 350\text{mm} \Rightarrow \text{OK}$$

그러므로 기초판의 전체 춤 $D = 450\text{mm}$로 사용한다.

예제 11-7 고정하중 120kN/m(벽자중 포함), 활하중 80kN를 받는 철근콘크리트 벽 두께 300mm인 연속기초를 설계하시오. 단, $f_{ck} = 24\text{MPa}$, $f_y = 400\text{MPa}$, 허용지내력 $q_a = 200\text{kN/m}^2$, 흙의 단위중량은 21kN/m^2, 철근콘크리트의 단위중량은 24kN/m^2

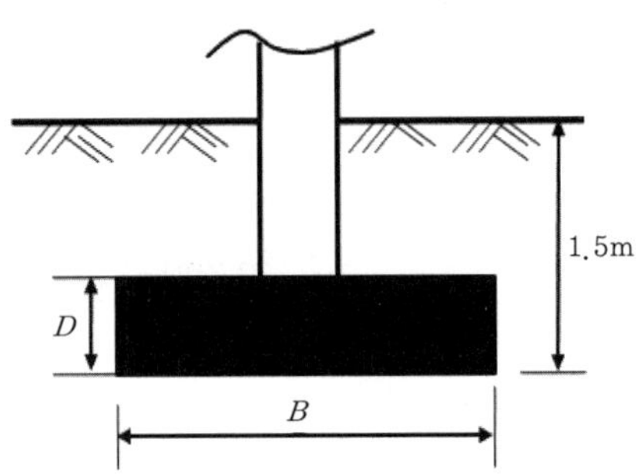

풀 이 (1) 순허용지내력 산정 : 기초판 높이를 250mm로 가정하면 유효춤은 150mm가 된다.

q_e = 허용지내력 − (기초와 기초 상부의 흙 중량)

$$= 200 - (0.25 \times 24) - (1.25 \times 21) = 167.75\text{kN/m}^2$$

(2) 기초판의 폭 산정 :

$$A = \frac{(120 + 80)}{167.75} = 1.192\,\text{m}^2$$

따라서 연속기초의 단위길이에 대한 폭을 계산하면

$\therefore\ B = 1.2\text{m}$

(3) 지반반력 산정 :

$$P_u = (1.2 \times 120) + (1.6 \times 80) = 272\text{kN}$$

$$\therefore\ q_u = \frac{272}{1.2} = 226.7\,\text{kN/m}^2$$

(4) 기초 깊이 계산 : 전단력에 의해 산정

① 기초 전단력 산정 : 단위길이에 대하여

$$V_u = q_u \times (1.2\text{m} \times 0.3\text{m}) = 81.6\,\text{kN}$$

② 1방향 전단력에 의한 유효춤 산정 :

$$d = \frac{V_u}{\frac{1}{6}\Phi\sqrt{f_{ck}}\,b_w} = \frac{81.6\times10^6}{\frac{1}{6}\times0.75\times\sqrt{24}\times1{,}000}$$

$$= 133.35\,\text{mm} < 150\,\text{mm} \Rightarrow \text{OK}$$

(5) 휨모멘트 산정 : 위험단면에서

$$M_u = q_u \times (0.45\text{m}\times1.0\text{m}) \times \frac{0.45}{2} = 22.95\text{kN}\cdot\text{m}$$

(6) 철근량 산정 :

① $R_n = \dfrac{M_u}{\Phi b\, d^2} = \dfrac{22.95\times10^6}{0.85\times1{,}000\times150^2} = 1.20\text{MPa}$

② $\rho = \dfrac{0.85 f_{ck}}{f_y}\left[1-\sqrt{1-\dfrac{2R_u}{\Phi f_{ck}}}\right]$

$$= \frac{0.85\times24}{400}\left[1-\sqrt{1-\frac{2\times1.20}{0.85\times24}}\right] = 0.0031 > \rho_{\min}$$

③ $A_{st} = 0.0031\times1{,}000\times150 = 464\text{mm}^2/\text{m}$

$\therefore$ 3－D16 ⇒ @300

그리고 이와 직교되는 방향으로 건조수축에 대한 배근으로 D13－@300 으로 배근한다.

11-6 말뚝기초 설계

구조물 바로 아래에 있는 지반이 연약하여 상부 구조물에서 오는 하중을 충분히 지지할 수 없을 때 깊은 곳에 있는 견고한 지층에 하중을 전달하기 위한 기초의 하나로 강재, 콘크리트, 철근콘크리트 또는 목재로 만들어진 말뚝을 이용하여 상부 구조물에서 오는 하중을 분산시킨다. 대부분의 경우 말뚝은 구조물의 하중을 지반에 전달하기 위해 여러 개를 사용하도록 하고 있다.

(1) 말뚝재료별 구조세칙

① 나무말뚝 : 나무말뚝의 양단 중심점을 이은 직선은 말뚝 밖으로 나와서는 안 되며, 타설할 때 그 중심간격은 말뚝머리 지름의 2.5배 이상 또는 600mm 이상으로 한다.

② 기성콘크리트말뚝 : 기성콘크리트 말뚝은 운반, 타입 또는 매입 등에 따라 균열 또는 파손이 생기지 않아야 하며, 타설할 대 그 중심간격은 말뚝머리 지름의 2.5배 이상 또는 750mm 이상으로 한다.

③ 강재말뚝 : 강재는 부식에 대해 검토하고 필요하면 유효한 대책을 강구하여야 하며, 타설할 때 그 중심간격은 말뚝머리 지름 또는 폭의 2.0배 이상 또는 750mm 이상으로 한다.

④ 현장타설 콘크리트말뚝 : 현장타설 콘크리트말뚝의 단면적은 전길이에 걸쳐 각 부분의 설계단면적 이하이어서는 안 되며, 타설할 때 그 중심간격은 말뚝머리 지름의 2.0배 이상 또는 말뚝머리 지름에 1,000mm를 더한 값 이상으로 한다.

(2) 말뚝재료의 허용응력

① 나무말뚝 : 나무말뚝의 허용압축응력은 소나무, 낙엽송, 미송에 있어서 5MPa, 기타 수종에 있어서는 상시 습윤상태에 있는 경우의 값과 5MPa 중 작은 값을 택한다. 여기서 허용지지력은 나무말뚝의 최소단면에 대해 구하는 것으로 한다.

② 기성콘크리트말뚝 : 기성콘크리트말뚝의 허용압축응력은 콘크리트 설계기준강도의 최대 1/4까지를 말뚝의 허용압축응력으로 한다. 사용하는 콘크리트 설계기준강도는 35MPa 이상으로 하고, 허용지지력은 말뚝의 최소단면에 대하여 구하는 것으로 한다.

③ 강재말뚝 : 강재말뚝의 허용압축력은 일반의 경우 부식부분을 제외한 단면에 대해 재료의 항복응력과 국부좌굴응력을 고려하여 결정한다.

④ 현장타설 콘크리트말뚝 : 현장타설콘크리트말뚝의 최대 허용압축하중은 각 구성요소의 재료에 해당하는 허용압축응력을 각 구성요소의 유효단면적에 곱한 각 요소의 허용압축하중을 합한 값으로 한다. 철근의 허용압축응력은 항복강도의 40% 이하로 하고, 형강의 허용압축응력은 항복강도의 50% 이하로 한다.

(3) 무리말뚝의 허용내력

다수의 말뚝에 의하여 지지되는 기초에 있어서 무리말뚝으로서의 지지력 및 침하를 검토하여 그 내력을 정하여야 하며, 이때 무리말뚝의 효율은 다음 식으로 산정할 수 있다.

$$\eta = \frac{Q_{g(u)}}{\Sigma Q_u} \tag{11-33}$$

여기서, η : 무리말뚝 효율

$Q_{g(u)}$: 무리말뚝의 극한지지력

ΣQ_u : 외말뚝들의 지지력 합

(4) 말뚝재료의 허용응력 저감

말뚝의 세장비가 큰 말뚝에 있어서 그 말뚝의 재질, 단면의 형상, 지반상황 및 시공방법에 따라 다음 식 (11-34)로 산정되는 μ(%)에 해당하는 비율만큼 말뚝재료의 허용압축응력을 저감해야 한다.

$$\mu = \frac{L}{d} - n \tag{11-34}$$

여기서, μ는 세장비에 대한 저감률(%), L/d는 말뚝의 세장비, n은 재료의 허용압축응력을 저감하지 않아도 되는 세장비의 한계값이며, 〈표 11-5〉와 같다.

〈표 11-5〉 세장비에 따른 허용응력 감소 한계값

말뚝종류	n	세장비의 상한값
RC 말뚝	70	90
PC 말뚝	80	105
강관말뚝	100	130
현장타설콘크리트말뚝	60	80

* 세장비에 따른 말뚝재료의 허용응력 감소를 감안하더라도 세장비의 상한값 이상의 긴 말뚝은 설계하지 않는 것이 좋다.

(5) 말뚝기초의 기초판 설계

말뚝기초에 있어서 말뚝의 반력을 기초판 저면에 작용하는 집중하중으로 보고 단면을 산정한다. 기초판 주변으로부터 말뚝 중심까지의 최단거리는 말뚝지름의 1.25배 이상으로 한다.

다만, 말뚝머리에 작용하는 수평하중이 크지 않고 철근의 정착에 문제가 없는 경우의 기초판은 말뚝의 수직 외면으로부터 최소 100mm 이상 확장한다.

예제 11-8 다음 조건과 같은 말뚝기초를 설계하시오.

고정하중에 의한 축력=1,000kN, 모멘트=200kN·m

활하중에 의한 축력=500kN, 모멘트=100kN·m

$f_{ck}=24\text{MPa}$, $f_y=400\text{MPa}$

사용 R.C말뚝 $\Phi 30$, 말뚝의 허용지지력 $R_a=300\text{kN/1본}$

기둥단면=500mm×500mm

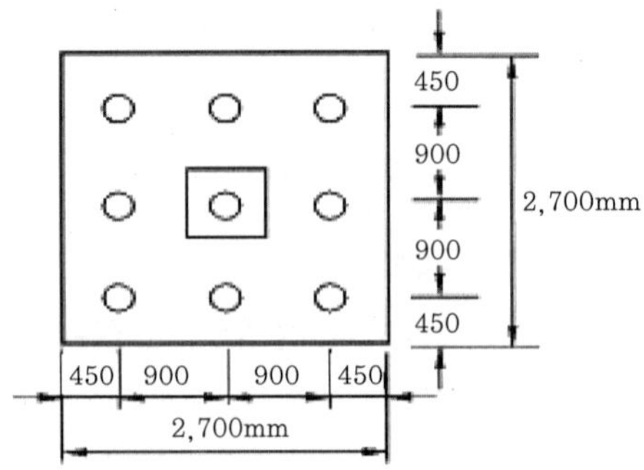

풀 이 (1) 말뚝 본수 산정 :

① $\Sigma P = 1{,}000 + 500 = 1{,}500\text{kN}$

② $\Sigma M = 200 + 100 = 300\text{kN}\cdot\text{m}$

기초가 휨을 받기 때문에 기초 중심에 대한 말뚝군의 등가 단면2차모멘트는

③ $\Sigma {x_i}^2 = 2(3\times 900^2 + 3\times 0^2) = 4.86\text{m}^2$

기초 자중을 축력의 10%로 가정할 때 임의의 말뚝에 작용하는 하중은 다음과 같다.

④ $P_i = \dfrac{P}{N} \pm \dfrac{M_x Y_i}{\Sigma {Y_i}^2} \pm \dfrac{M_y X_i}{\Sigma {X_i}^2}$

$= \dfrac{1.1\times 1{,}500}{9} + \dfrac{300\times 0.9}{4.86}$

$= 238.9(\text{kN/1본}) < 300(\text{kN/1본})$

⑤ ∴ O.K

(2) 설계용 말뚝 계수하중 산정 :

기초판 전체에 작용하는 계수하중과 말뚝의 반력은

① $P_u = 1.2\times 1{,}000 + 1.6\times 500 = 2{,}000\text{kN}$

② $M_u = 1.2\times 200 + 1.6\times 100 = 400\text{kN}\cdot\text{m}$

③ $P_i = \dfrac{P_u}{n} \pm \dfrac{M_{uy} X_i}{\Sigma {X_i}^2}$

④ $P_1 = \dfrac{2{,}000}{9} - \dfrac{400\times 0.9}{4.86} = 148.2(\text{kN/1본})$

⑤ $P_2 = \dfrac{2,000}{9} + \dfrac{400 \times 0.9}{4.86} = 296.29$(kN/1본)

⑥ $P_3 = \dfrac{2,000}{9} = 222.22$(kN/1본)

(3) 전단력 검토

① 1면 전단 검토 :

㉠ 기초 두께 $h = 700$mm, $d = 600$mm로 하면

$V_u = 3 \times 296.3 = 888.88$kN

㉡ $\Phi V_c = \Phi\left(\dfrac{1}{6}\sqrt{f_{ck}}\right) b_w d$

$= 0.75 \times \dfrac{1}{6} \times \sqrt{24} \times 2,700 \times 600 \times 10^{-3} = 992$kN

㉢ $V_u = 888.9\text{kN} < \phi V_c = 992\text{kN}$ ∴ O.K

② 2방향 전단 검토 :

㉠ $V_u = 3 \times 148.27 + 3 \times 296.3 + 2 \times 250 = 1,833.5$kN

㉡ $\beta_c = \dfrac{50}{50} = 1$

㉢ $b_o = 4(500 + 600) = 4,400$mm이므로

㉣ $\Phi V_c = \Phi \dfrac{1}{3}\sqrt{f_{ck}}\, b_o d = 0.75 \times \dfrac{1}{3} \times \sqrt{24} \times 4,400 \times 600 \times 10^{-3}$

$= 3,233.32$kN

㉤ $V_u = 1,833.5\text{kN} < \phi V_c = 3,233.3\text{kN}$ ∴ O.K

(4) 필요 철근 산정 :

① $M_u = 3 \times 296.3 \times (0.9 - 0.25) = 578\text{kN}\cdot\text{m}$

② $R_n = \dfrac{M_u}{\Phi b d^2} = \dfrac{578 \times 10^6}{0.85 \times 2,700 \times 600^2} = 0.70$MPa

③ $p = \dfrac{0.85 f_{ck}}{f_y}\left[1 - \sqrt{1 - \dfrac{2R_n}{0.85 f_{ck}}}\right]$

$= \dfrac{0.85 \times 24}{400}\left[1 - \sqrt{1 - \dfrac{2 \times 0.70}{0.85 \times 24}}\right] = 0.0019 > p_{min} = 0.0018$

④ $A_s = 0.0019 \times 2,700 \times 600 = 3,078\text{mm}^2$

⑤ 배근간격 산정 : @$= \dfrac{3.87 \times 2700}{30.78} = 339.47$mm⇒@300mm

⑥ ∴ D22－@300

(5) 배근 단면도 :

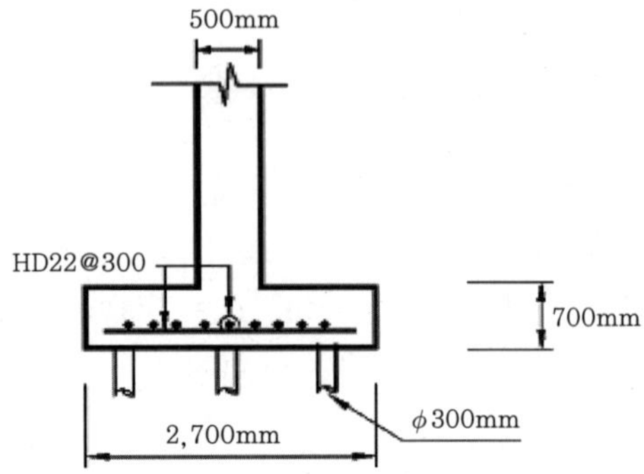

chapter 12

옹벽 설계(Retaining Walls)

12-1 개 요

옹벽(retaining walls)이란 경사진 흙이 무너지지 않게 흙을 안정화시키도록 축조된 구조물이며, 옹벽의 상재하중, 흙의 중량, 옹벽의 자중 및 옹벽에 작용하는 토압으로 인한 전도(over turning), 슬라이딩(sliding) 및 붕괴를 방지할 수 있도록 높이, 시공조건, 안정성 및 경제성을 고려하여 설계한다. 옹벽의 설계순서는 다음과 같다.

① 지형조사 및 토질조사

② 설계조건 결정

③ 옹벽형상 및 단면가정

④ 토압산정

⑤ 안정계산

⑥ 부재설계

⑦ 뒷채움 흙의 배수설비 및 세부사항 결정

또한 옹벽부재 단면의 휨, 축하중, 전단, 비틀림에 대한 설계강도는 공칭강도에 강도감소계수를 곱한 값으로 한다.

12-2 옹벽의 종류

옹벽은 설계 높이에 따라 다음의 3종류로 대별한다.

① 중력식 옹벽(Gravity walls) : 무근콘크리트 또는 조적조 등으로 축조되며, 실제로 옹벽의 자중을 이용하여 흙의 안정성을 제공하며, 주로 3m 이하 높이로 축조한다.

② 캔틸레버식 옹벽(Cantilever walls) : 가장 흔한 형태의 옹벽으로 철근콘크리트구조로 축조하며, 현장에서 경제적이고 시공이 편리한 높이는 3m~6m 정도이다.

③ 부벽식 옹벽(Counterfort retaining walls) : 주로 앞뒤에 부벽이 설치되며, 비교적 큰 휨모멘트가 옹벽의 하부에 발생할 때 쌓는 옹벽으로 6m 이상의 높이로 축조한다.

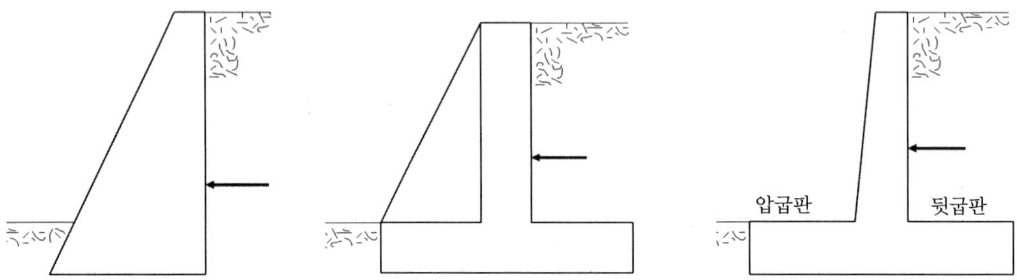

(a) 중력식 옹벽　(b) 부벽식 옹벽　(c) 캔틸레버 옹벽

그림 12-1 옹벽의 종류

12-3 옹벽에 작용하는 힘

옹벽에는 옹벽 자중에 의한 중력하중과 흙의 팽창으로 인한 토압(earth pressure)이 작용하며, 중력 하중은 비교적 쉽고 명확하게 산정할 수 있으나 옹벽에 작용하는 토압으로 인한 힘은 여러 가지 변수로 인하여 중력하중처럼 간단명료하게 산정하기 어려운 실정이다. 그림 12-2에서 지표면에서 h만큼 떨어진 깊이에 작용하는 토압의 강도는 다음 식 (12-1)로 나타낸다.

$$P = C \times w \times h \tag{12-1}$$

여기서, w : 흙의 단위중량, C : 흙의 물리적 특성에 따른 계수이다. 이러한 토압은 그림 12-2에서 보듯이 옹벽을 밀어내려는 주동토압(active soil pressure)과 이에 저항하려는 수동토압(passive soil pressure)으로 나누어진다. 따라서 주동토압과 수동토압은 다음 식 (12-2)와 (12-3)으로 각각 나타낸다.

$$P_a = C_a \times w \times h \tag{12-2}$$

$$P_p = C_p \times w \times h \tag{12-3}$$

여기서, C_a, C_p : 각각 주동 및 수동토압계수로 나타낸다. 또한 이러한 주동 및 수동토압은 Rankine과 Coulomb이론을 이용하여 얻을 수 있다. 여기서는 Rankine의 이론을 이용하면 옹벽의 깊이 h에서 주동토압은 다음 식 (12-4)가 되며,

$$P_a = C_a wh = wh\left(\frac{1-\sin\phi}{1+\sin\phi}\right) \tag{12-4}$$

여기서, ϕ : 흙의 내부 마찰각이며, 경사면을 이루는 안식각이라고도 한다. 따라서 그림 12-2에서 전체 주동압력은 다음 식 (12-5)와 같이 된다.

$$H_a = \frac{w \cdot h^2}{2}\left(\frac{1-\sin\phi}{1+\sin\phi}\right) \tag{12-5}$$

여기서, 위의 합력 H_a가 옹벽의 $h/3$에 작용하고, 수평방향으로 α각을 가지는 상재하중이 옹벽에 작용하면 주동 및 수동토압계수는 다음 식 (12-6)과 (12-7)로 나타낸다.

$$C_a = \cos\alpha\left(\frac{\cos\alpha - \sqrt{\cos^2\alpha - \cos^2\phi}}{\cos\alpha + \sqrt{\cos^2\alpha - \cos^2\phi}}\right) \tag{12-6}$$

$$P_a = C_a wh, \text{ 그리고 } H_a = C_a\frac{wh^2}{2}$$

수동토압은 옹벽이 흙을 압축하거나 흙의 움직임을 억제하는 힘이며, 옹벽깊이 h에서의 수동토압은 다음 식 (12-7)과 같이 나타낸다.

$$P_p = C_p wh = wh\left(\frac{1+\sin\phi}{1-\sin\phi}\right) \tag{12-7}$$

여기서, $C_p = \left(\frac{1+\sin\phi}{1-\sin\phi}\right) = \frac{1}{C_a}$이고,

$$H_p = \frac{w \cdot h^2}{2}\left(\frac{1+\sin\phi}{1-\sin\phi}\right) \text{ 이다.} \tag{12-8}$$

마찬가지로 합력 H_a가 옹벽의 $h/3$에 작용하고, 수평방향으로 α각을 가지는 상재하중이 옹벽에 작용하면 다음 식과 같다.

$$C_p = \cos\alpha\left(\frac{\cos\alpha + \sqrt{\cos^2\alpha - \cos^2\phi}}{\cos\alpha - \sqrt{\cos^2\alpha - \cos^2\phi}}\right) \tag{12-9}$$

$$P_p = C_p wh, \text{ 그리고 } H_p = C_p\frac{wh^2}{2}$$

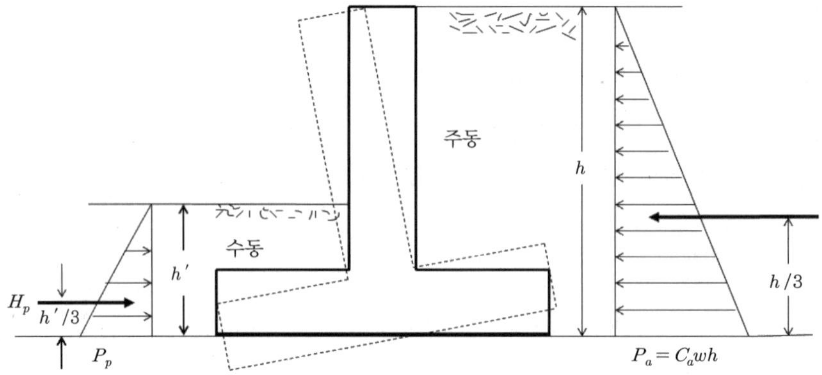

그림 12-2 옹벽의 주동 및 수동토압

12-4 옹벽 저면판(Wall base)의 마찰력

옹벽에 작용하는 모든 수평력은 옹벽을 수평방향으로 이동시키면서 미는 힘이다. 그러므로 옹벽 저면(base)은 수평력에 의한 옹벽의 슬라이딩(sliding)에 저항할 수 있도록 설계되어야 한다. 이러한 목적으로 옹벽콘크리트에 대한 흙의 마찰계수와 흙의 전단강도를 고려한다. 슬라이딩에 저항하는 옹벽 저면의 전체 마찰력은 다음 식 (12-10)과 같다.

$$F = \mu R + H_p \tag{12-10}$$

여기서, U : 마찰계수, R : 옹벽 저면판의 수직 힘, H_p : 수동저항력 또한 슬라이딩 반지를 위한 안전계수는 다음 식 (12-11)과 같다.

$$\text{안전계수(Factor of safety)} = \frac{F}{H_{ah}} = \frac{\mu R + H_p}{H_{ah}} \geq 1.5 \tag{12-11}$$

여기서, H_{ah} : 주동압력(H_a)의 수평성분이며, 위의 식에서 H_p 값을 무시하면 안전계수값은 1.5보다 작아서는 안 되며, H_p를 고려하여 2.0보다 작아서는 안 된다.

12-5 상재하중(Surcharge Load)의 영향

옹벽의 뒷채움 흙에는 서로 다른 하중이 작용하며, 이러한 하중이 등분포로 작용한다면 옹벽에 작용하는 압력은 더욱 증가될 것이다. 그림 12-3과 같이 옹벽의 뒷채움 흙에 상재하중이 작용하면 상재하중으로 인한 옹벽 깊이 h_s는 다음 식 (12-12)와 같다.

$$h_s = \frac{w_s}{w} \tag{12-12}$$

여기서, h_s : 상재하중으로 인한 등가 옹벽높이, w_s : 상재하중(kN/m²), w : 흙의 단위하중(kN/m³)이다. 그러므로 전체 토압은 다음 식 (12-13)과 같다.

$$H_a = H_{a1} + H_{a2} = C_a w \left(\frac{h^2}{2} + h_s\right) \tag{12-13}$$

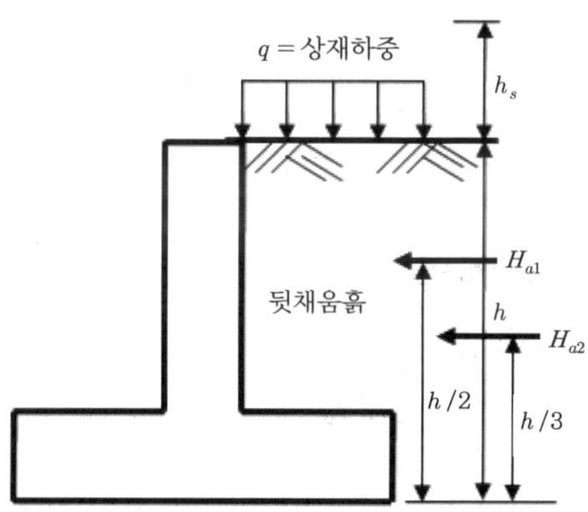

그림 12-3 옹벽의 상재하중 영향

12-6 전도(Over-turning)에 대한 안정

그림 12-4에서 주동압력(H_a)의 수평성분은 옹벽의 압굽(Toe)판의 O점에 대하여 전도(overturn)를 일으킨다. 여기서 전도모멘트 $M_o = \dfrac{H_a \cdot h}{3}$ 이다. 따라서 그림 12-4에서 옹벽의 균형모멘트는 다음 식 (12-14)와 같다.

$$M_b = w_1 x_1 + w_2 x_2 + w_3 x_3 = \Sigma w \cdot x \qquad (12\text{–}14)$$

또한 전도에 대한 안전계수 다음 식 (12-15)로 구할 수 있다.

$$\frac{M_b}{M_o} = \frac{\Sigma w \cdot x}{H_a \cdot h/3} \geq 2.0 \qquad (12\text{–}15)$$

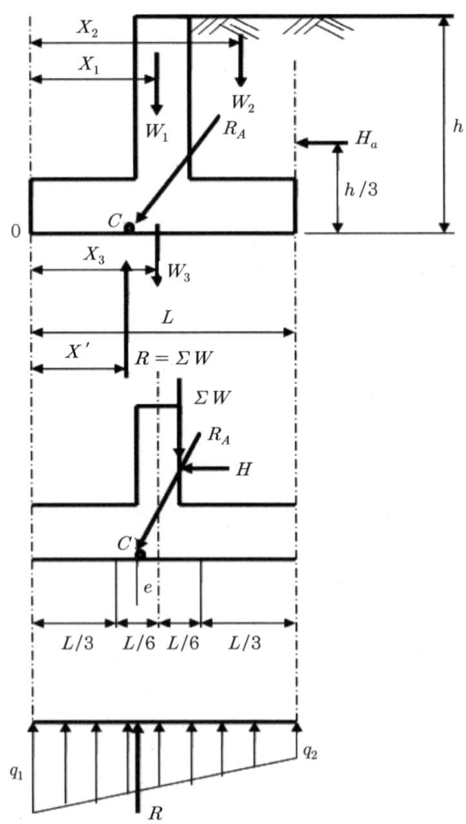

그림 12-4 옹벽의 전도에 대한 안정

12-7 옹벽의 안정 조건

① 활동에 대한 저항력은 옹벽에 작용하는 수평력의 1.5배 이상이어야 한다.

② 전도 및 지반지지력에 대한 안정조건은 만족하지만 활동에 대한 안정조건만을 만족시키지 못할 경우에 활동방지벽 또는 횡방향 앵커 등을 설치하여 활동저항력을 증대시킬 수 있다.

③ 전도에 대한 저항모멘트는 횡토압에 의한 전도휨모멘트의 2.0배 이상이어야 한다.

④ 지반에 유발되는 최대 지반반력이 지반의 허용지지력을 초과하지 않아야 한다.

⑤ 지반 침하에 대한 안정성 검토는 다음의 2가지 중 하나로 검토할 수 있다.

㉠ 지반반력의 분포경사가 비교적 작은 경우에는 최대 지반반력 q_{max}이 지반의 허용지지력 q_a 이하가 되도록 한다.

㉡ 지반의 지지력은 지반공학적 방법 중 선택·적용할 수 있으며, 지반의 내부 마찰각, 점착력 등과 같은 특성으로부터 지반의 극한지지력을 추정할 수 있다. 다만, 이 경우에 허용지지력 q_a는 $q_u/3$로 취한다.

12-8 옹벽설계의 일반사항

① 옹벽의 높이(h) : 옹벽의 전체 높이는 흙 앞채움까지의 깊이에 각 지역에 해당하는 지반의 동결깊이를 더한 값으로 한다.

② 옹벽 벽체의 두께 : 토압은 옹벽의 깊이에 따라 증가하며, 최대 휨모멘트와 전단력은 옹벽의 저면에서 최대가 되므로 옹벽 벽체의 두께는 옹벽 높이의 약 1/12~1/10 정도로 하면 합리적이다.

③ 옹벽 저면판의 길이(L) : 옹벽 높이의 약 2/5~2/3로 하면, 앞굽판의 길이는 $0.17h$로 하면 적절한 편이다.

④ 옹벽 저면판의 두께 : 합리적인 옹벽의 저면판 두께는 옹벽 높이의 약 1/12~1/10이 적합하며, 최소 두께는 300mm 이상이 요구된다.

예제 12-1 높이 4.8m의 흙을 지지하는 캔틸레버 식 옹벽을 설계하시오. 단, 뒷채움 흙의 단위하중은 18kN/m^3, 흙의 허용지내력 $q_a = 150\text{kN/m}^2$, 흙의 내부 마찰각 $\phi = 30°$, 흙과 콘크리트의 마찰계수 $\mu = 0.6$, $f_{ck} = 24\text{MPa}$, $f_y = 400\text{MPa}$

풀 이 (1) 옹벽의 높이 산정 : 옹벽 앞굽판 저면에서 동결깊이를 1.2m로 가정하면,

옹벽의 높이 $h = 4.8 + 1.2 = 6.0\text{m}$

(2) 옹벽 저면판의 두께 산정 : 저면판의 두께를 $0.08h$로 가정하면

$b_t = 0.08h = 0.48\text{m} \Rightarrow 0.5\text{m}$

따라서 옹벽 벽체의 높이는 5.5m가 된다.

(3) 옹벽 저면판의 길이 산정 : 옹벽 저면판의 길이를 평균값으로

$L = 0.53h = 3.18\text{m} \Rightarrow 3.5\text{m}$

앞굽판의 길이는 $0.17h = 1.0\text{m}$로 한다.

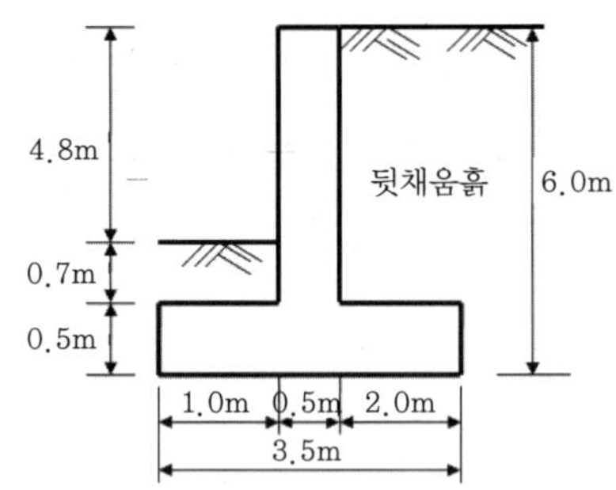

(4) 옹벽 벽체의 두께 산정 : 옹벽 벽체의 두께를 $0.08h$로 가정하면

$t = 0.08h = 0.48\text{m} \Rightarrow 0.5\text{m}$

(5) 주동토압 계수 산정 : Rankine의 방정식을 이용하면,

$$C_a = \frac{1-\sin\phi}{1+\sin\phi} = \frac{1-\sin 30°}{1+\sin 30°} = 0.33$$

(6) 전도(overturning)에 대한 안정성 검토 : 단위길이에 대하여

① 주동토압 산정 :

$$P_{a2} = C_a \cdot w \cdot h = 0.33 \times 18 \times 6.0 = 35.64\text{kN/m}^2$$

② 수평하중 산정 :

$$H_{a2} = P_{a2} \times \frac{h}{2} = 106.92\,\text{kN}$$

③ 전도모멘트 산정 : 앞굽판 끝 지점에 대한 휨모멘트는

$$M_o = (H_{a2} \times \frac{h}{3}) = (106.92 \times 2) = 213.84\text{kN}\cdot\text{m}$$

(7) 전도에 대한 옹벽의 균형모멘트 산정 : 전체 수직하중에 대하여

$$M_b = w_1 x_1 + w_2 x_2 + w_3 x_3 = \Sigma w \cdot x$$

① 옹벽 벽체 하중 산정(w_1) :

$$w_1 = (0.5 \times 5.5 \times 1 \times 24) = 66\text{kN}\,,\ x_1 = 1.25\text{m}$$

② 뒷채움 흙의 하중 산정(w_2) :

$w_2 = (2.0\text{m} \times 5.5\text{m} \times 1 \times 18) = 198\text{kN}$, $x_2 = 2.5\text{m}$

③ 옹벽 저면판의 하중 산정(w_3) :

$w_3 = (3.5 \times 0.5 \times 1 \times 24) = 42\text{kN}$, $x_3 = 1.75\text{m}$

④ $M_b = (66 \times 1.25) + (198 \times 2.5) + (42 \times 1.75) = 651\text{kN}\cdot\text{m}$

$\therefore$ 전도에 대한 안전계수 $= \dfrac{M_b}{M_0} = \dfrac{606}{213.84} = 3.04 > 2.0 \Rightarrow \text{OK}$

(8) 접지압에 대한 검토 : 수직하중의 합력 위치를 구하기 위하여 앞굽판 끝에서의 휨모멘트를 고려하면, 수직하중의 합력의 위치

① $x = \dfrac{M_b - M_0}{R} = \dfrac{651 - 213.84}{306} = 1.43\text{m}$

따라서 옹벽 중심에서의 편심거리 $e = (3.5/2) - 1.43 = 0.32\text{m}$

단위길이에 대한 면적 $A = 3.5 \times 1 = 3.5\text{m}^2$

단면2차 모멘트 $I = \dfrac{1 \times 3.5^3}{12} = 3.57\text{m}^4$

접지압은,

② $q_1 = \dfrac{R}{A} + \dfrac{(Re)C}{I} = \dfrac{306}{3.5} \pm \dfrac{(306 \times 0.32 \times 1.75)}{3.57}$

$= 135.43\text{kN/m}^2 \leq q_a \Rightarrow \text{OK}$

③ $q_2 = \dfrac{R}{A} - \dfrac{(Re)C}{I} = \dfrac{306}{3.5} \pm \dfrac{(306 \times 0.32 \times 1.75)}{3.57} = 39.43\text{kN/m}^2$

(9) 슬라이딩에 대한 검토 :

수평토압의 합 $H_T = 106.92\,\text{kN}$

밑면 마찰력 $F = \mu \cdot R = \mu \Sigma W = 0.6 \times 306 = 183.6\text{kN}$

활동에 대한 안전율 $F.S = \dfrac{F}{H_{ah}} = \dfrac{183.6}{106.92} = 1.72 > 1.5 \Rightarrow \text{OK}$

(10) 옹벽설계 : 단위폭에 대하여

① 주철근 산정 :

$P_a = 1.6\,(C_a w h) = 1.6(35.64) = 57.03\text{kN}$

$H_a = 57.03 \times \dfrac{h}{2} = 156.83\text{kN}$

$\therefore$ M_u(벽체의 저면) $= 156.03 \times \dfrac{5.5}{3} = 287.53\text{kN} \cdot \text{m}$

벽체의 두께가 500mm이므로 벽체의 유효춤

$d = 500 - (80 + 10) = 410\text{mm}$

따라서 인장철근비 $\rho = \dfrac{0.85f_{ck}}{f_y}\left[1-\sqrt{1-\dfrac{2R_n}{0.85f_{ck}}}\right]$

여기서, $R_n = \dfrac{M_u}{\Phi bd^2} = \dfrac{287.53\times10^6}{0.85\times1{,}000\times410^2} = 2.01\text{MPa}$

따라서 소요 인장철근비 :

$$\rho = \frac{0.85\times24}{400}\times\left[1-\sqrt{1-\frac{2\times2.01}{0.85\times24}}\right] = 0.0053$$

$A_s = 0.0053\times1{,}000\times410 = 2{,}173\text{mm}^2$

$\therefore$ D19@125mm($A_s = 2{,}296\text{mm}^2$)

② 전단검토 : 전단에 대한 위험단면은 벽체의 저면에서 d만큼 떨어진 곳이므로 옹벽 상부에서의 거리는 $x = 5{,}500-410 = 5{,}100\text{mm}$

$P_a = 1.6\,(C_a w h) = 1.6(0.33\times18\times5.1) = 48.47\text{kN}$

$H_a = 48.47\times\dfrac{h}{2} = 123.60\text{kN}$

$\Phi V_c = \dfrac{1}{6}\phi0.53\sqrt{f_{ck}}bd = 0.75\times\dfrac{1}{6}\sqrt{24}\times1{,}000\times410\times10^{-3}$

$= 251\text{kN} > H_a \Rightarrow \text{OK}$

(11) 옹벽의 뒷굽판(Heel) 설계 : 상방향 토압(q_2)을 무시하면

① 상부 흙하중 $= 1.2\times(5.5\times2.0\times1\times18) = 237.6\text{kN}$

② 콘크리트 기초 자중 $= 1.2\,(0.5\times2.0\times24\times1.0) = 28.8\text{kN}$

③ $\therefore\ V_u = 237.6+28.8 = 266.4\text{kN}$

④ ϕV_c가 V_u보다 작으므로 뒷굽판의 두께와 단면을 증가시켜야 한다. 즉

필요한 유효춤 $d = \dfrac{266.4}{251}\times410 = 435\text{mm}$

⑤ 따라서 전체 춤 $t_b = 435+90 = 525\text{mm} \Rightarrow \therefore$ 550 mm로 한다.

⑥ $\therefore\ M_u$(벽체면) $= V_u\times\dfrac{2.0}{2} = 226.4\text{kN}\cdot\text{m}$

뒷굽판(Heel)의 두께가 550mm이므로 벽체의 유효춤

$d = 550-(80+10) = 460\text{mm}$

⑦ 인장철근비 $\rho = \dfrac{0.85f_{ck}}{f_y}\left[1-\sqrt{1-\dfrac{2R_n}{0.85f_{ck}}}\right]$

여기서, $R_n = \dfrac{M_u}{\Phi bd^2} = \dfrac{266.4\times10^6}{0.85\times1{,}000\times460^2} = 1.48\text{MPa}$

⑧ 소요 인장철근비 :

$$\rho = \frac{0.85\times 24}{400}\times\left[1-\sqrt{1-\frac{2\times 1.48}{0.85\times 24}}\right] = 0.00385$$

⑨ $A_s = 0.00385\times 1{,}000\times 460 = 1{,}769\,\text{mm}^2$

∴ D19@145mm(A_s =2,009mm^2)

(12) 앞굽판(Toe) 설계 : 앞굽판은 상방향 토압(q_1)과 하방향 앞굽판 콘크리트 자중을 받으면 1.2m에서

① $V_u = 1.6\left(\dfrac{135.43+114.51}{2}\right)\times(1-0.46)-1.2(0.55\times 1\times 0.54\times 24)$

$= 99.42\text{kN}$

∴ 위의 값이 ΦV_c 보다 작으므로 앞굽판의 두께는 적합하다.

② $M_u = 1.6[114.51\times(\frac{1}{2})^2+(135.43-114.51)\times(\frac{1}{3})^2]-1.2\times 24\times 0.5\times(\frac{1}{2})^2$

$= 95.56\text{kN}\cdot\text{m}$

③ $R_n = \dfrac{M_u}{\Phi bd^2} = \dfrac{95.56\times 10^6}{0.85\times 1{,}000\times 460^2} = 0.53\text{MPa}$

④ $\rho = \dfrac{0.85 f_{ck}}{f_y}\left[1-\sqrt{1-\dfrac{2R_n}{0.85 f_{ck}}}\right] = \dfrac{0.85\times 24}{400}\left[1-\sqrt{1-\dfrac{2\times 0.53}{0.85\times 24}}\right]$

$= 0.0013 < \rho_{\min} = \dfrac{1.4}{400} = 0.0035$

⑤ ∴ $A_s = \rho b d = 0.0035\times 1{,}000\times 460 = 1{,}610\text{mm}^2/\text{m}$

∴ D19@165mm(A_s =1,722mm^2)

(13) 배근도 : 다음 그림과 같이 철근을 배근한다.

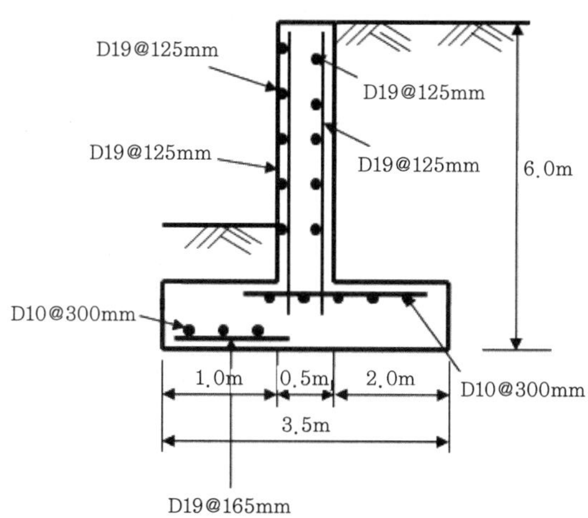

부록 1

하중(Load)표

1-1 고정하중(Dead Load)

〈부표 1-1〉 각종 건축 재료의 중량

재 료 명	kN/m^3	두께 1cm당 kN/m^2	비 고
무근콘크리트(plain concrete)	23	0.23	
철근콘크리트(reinforced concrete)	24	0.24	
구조용 강재(structural steel)	78.5	0.785	
주 철(cast iron)	72.5	–	
목 재(timber)	6	0.6	평균치
벽 돌(brick)	19	–	
화 강 석(granite)	27	0.27	
대 리 석(marble)	26	0.26	
경량콘크리트(light concrete)	10~18	–	슬래그
유 리(glass)	25	0.25	
인조석 · 시멘트 모르타르 · 타일	20~23	0.20	
회 반 죽(lime plaster)	16	0.16	
흙 · 모래	21	0.21	
납	114	–	
압연동	89	–	

부록 2

직사각형 보의 공칭모멘트 계수

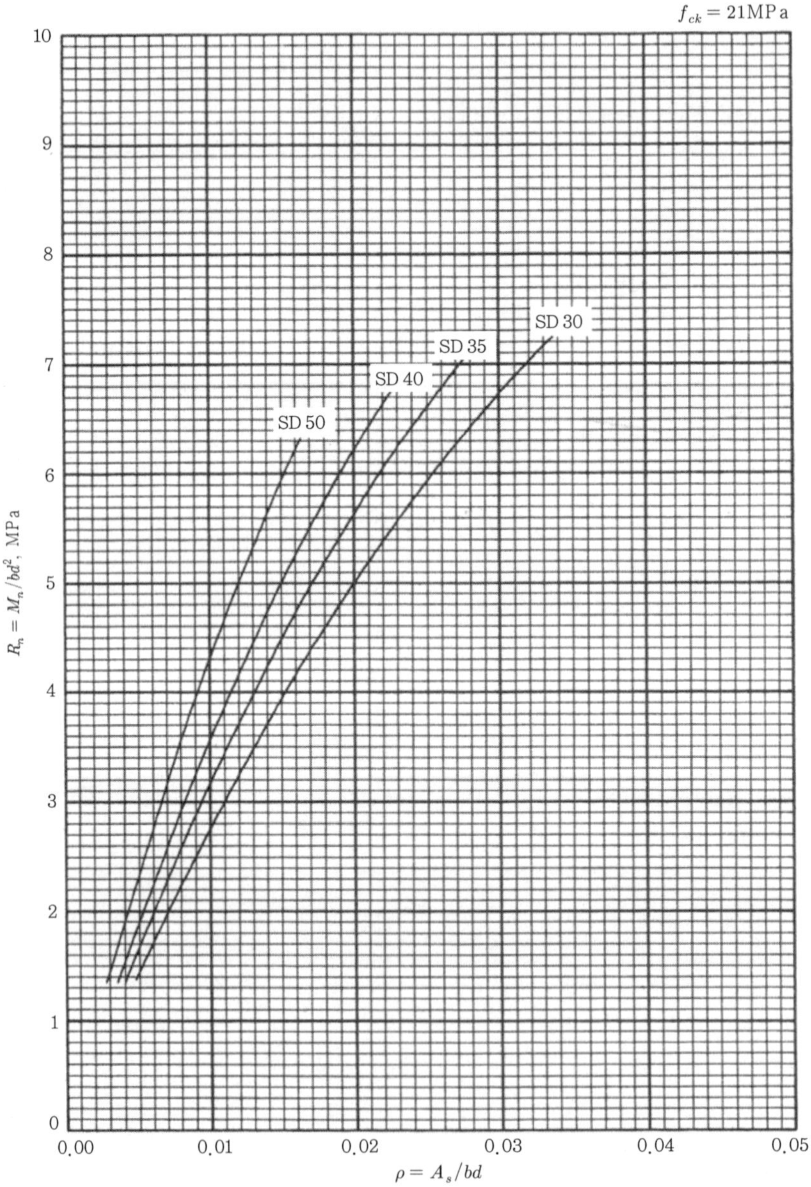

〈부 그림 2-1〉 직사각형 공칭 모멘트 계수, $f_{ck} = 21\text{MPa}$

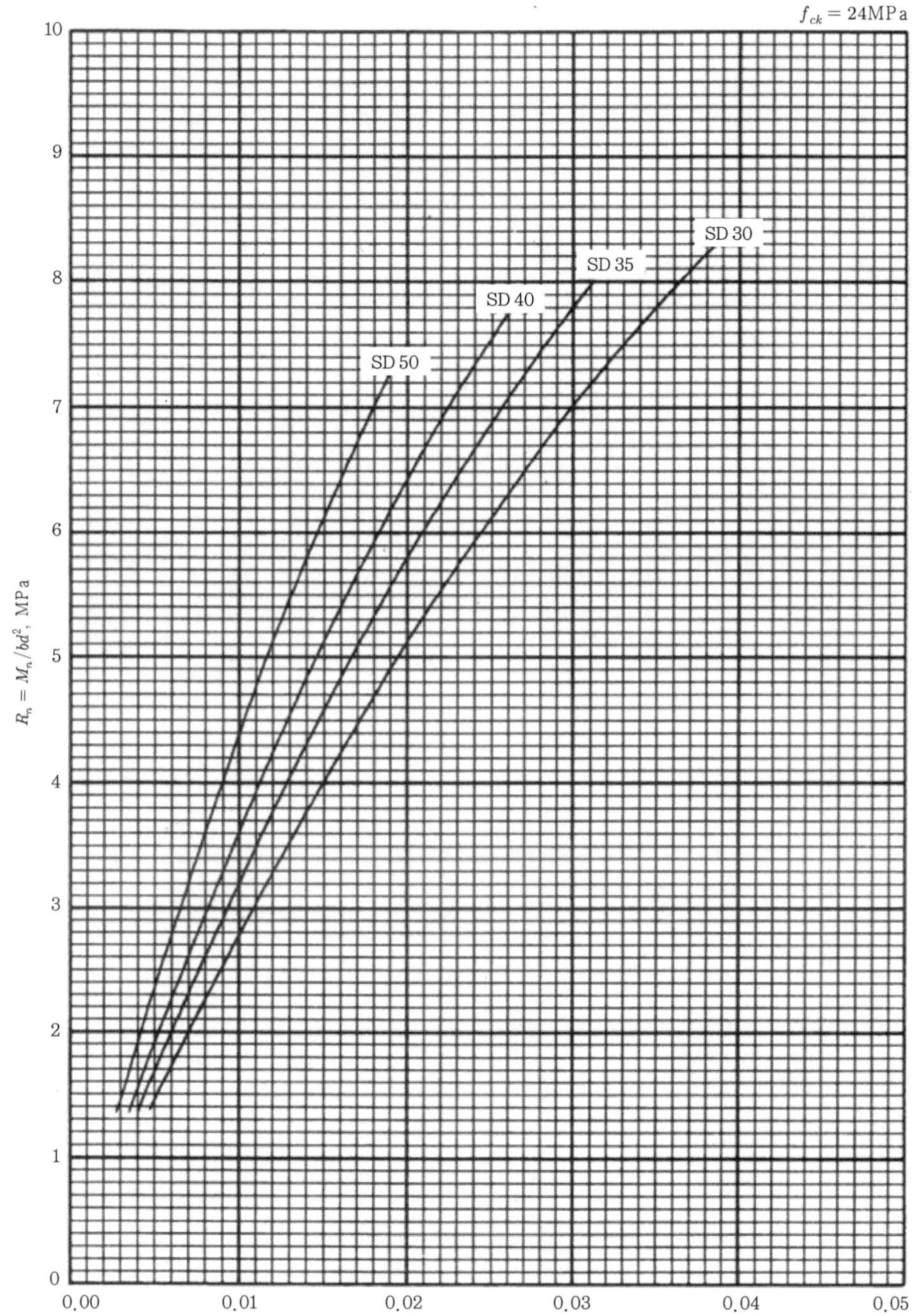

〈부 그림 2-2〉 직사각형 공칭 모멘트 계수, $f_{ck} = 24\text{MPa}$

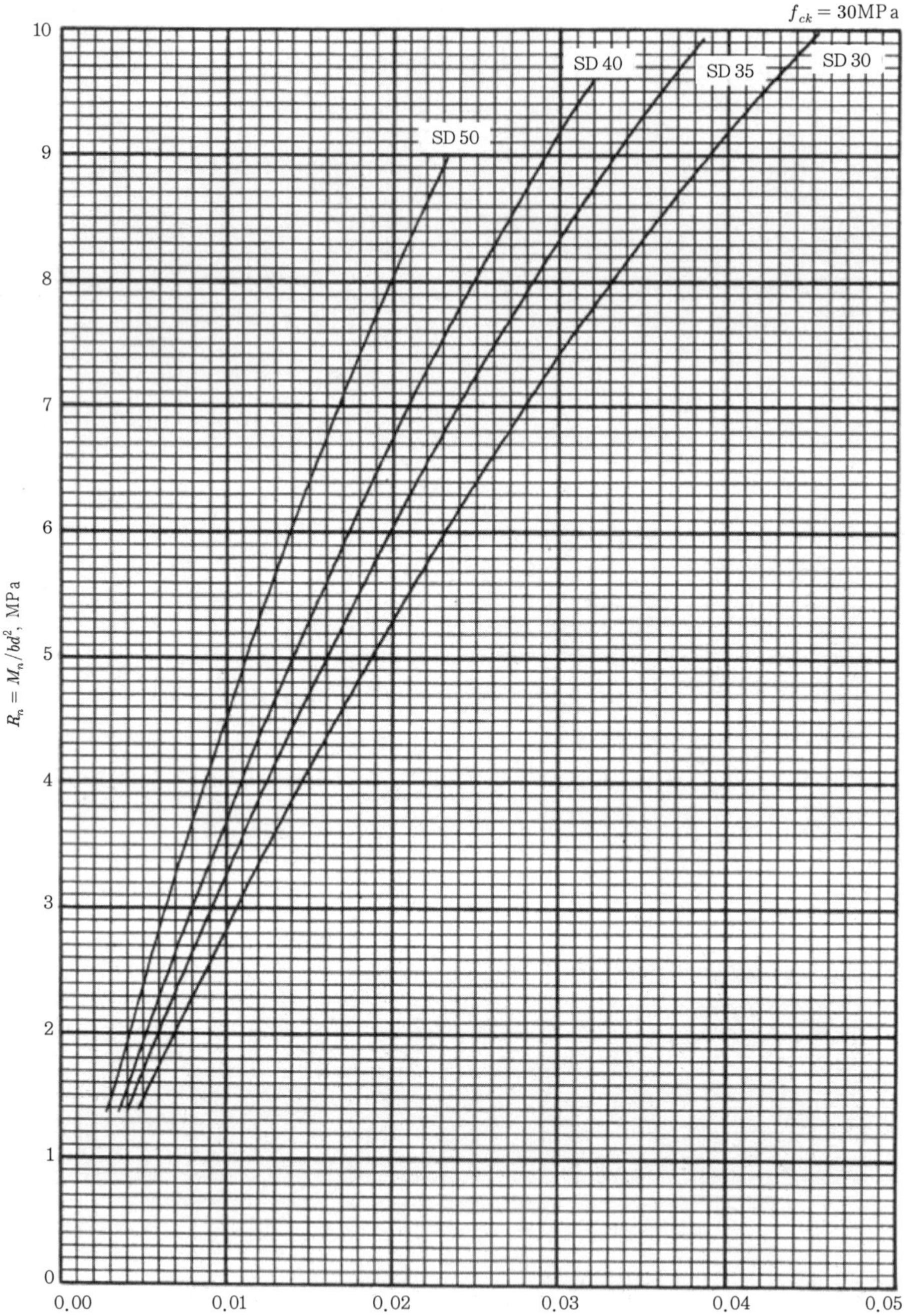

〈부 그림 2-3〉 직사각형 공칭 모멘트 계수, $f_{ck} = 30\text{MPa}$

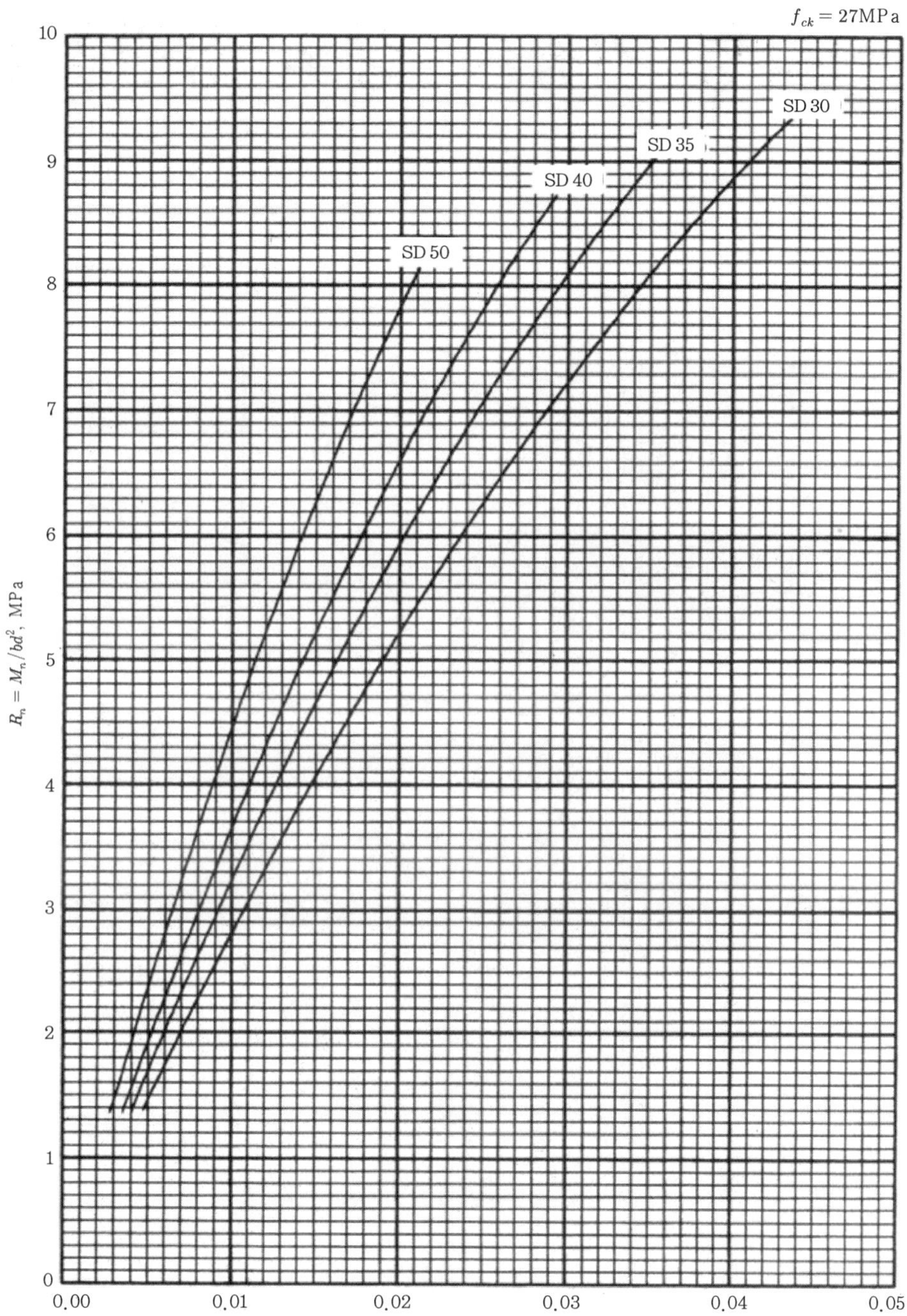

〈부 그림 2-4〉 직사각형 공칭 모멘트 계수, $f_{ck} = 27$MPa

부록 3
직사각형 기둥의 강도 상관곡선

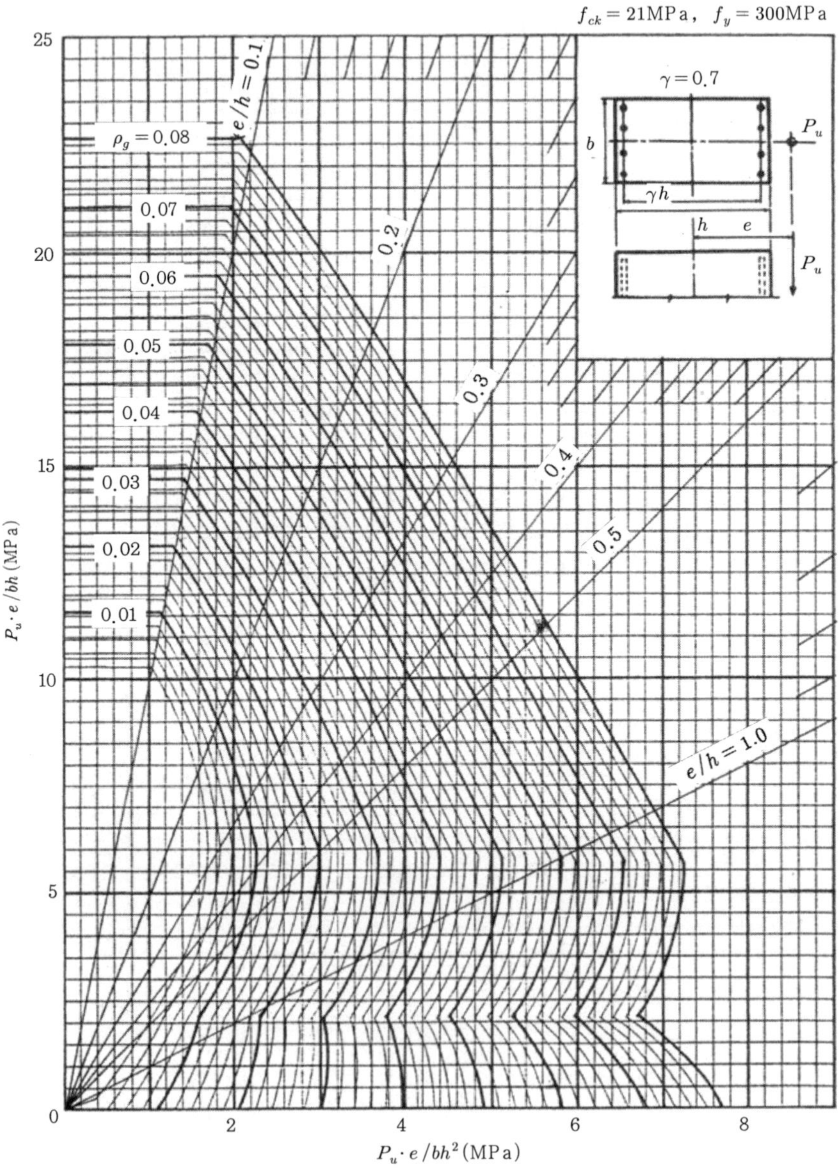

〈부 그림 3-1〉 직사각형 기둥 강도 상관곡선, $f_{ck} = 21$MPa, $f_y = 300$MPa, $\gamma = 0.7$

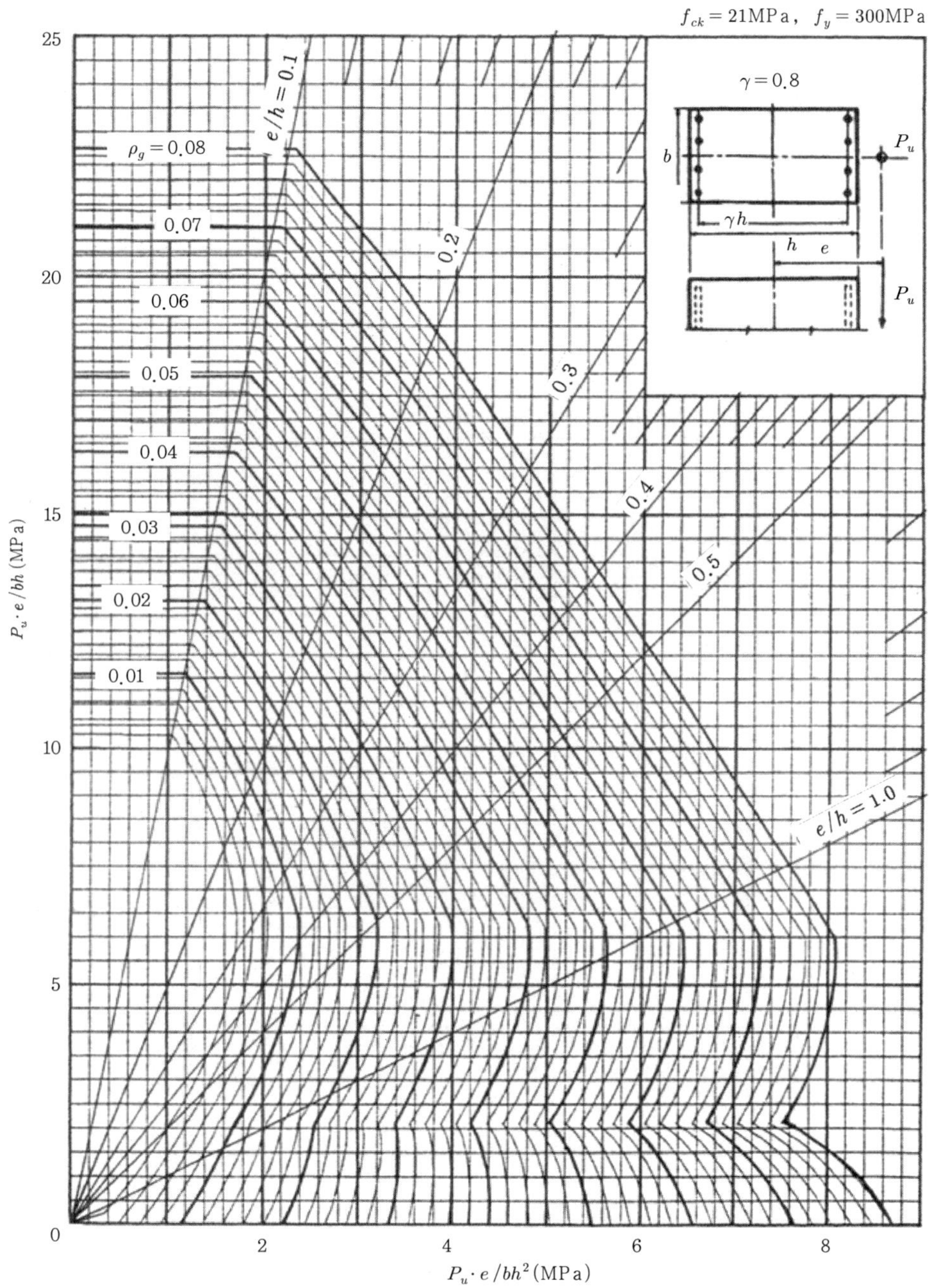

〈부 그림 3-2〉 직사각형 기둥 강도 상관곡선, $f_{ck}= 21$MPa, $f_y= 300$MPa, $\gamma = 0.8$

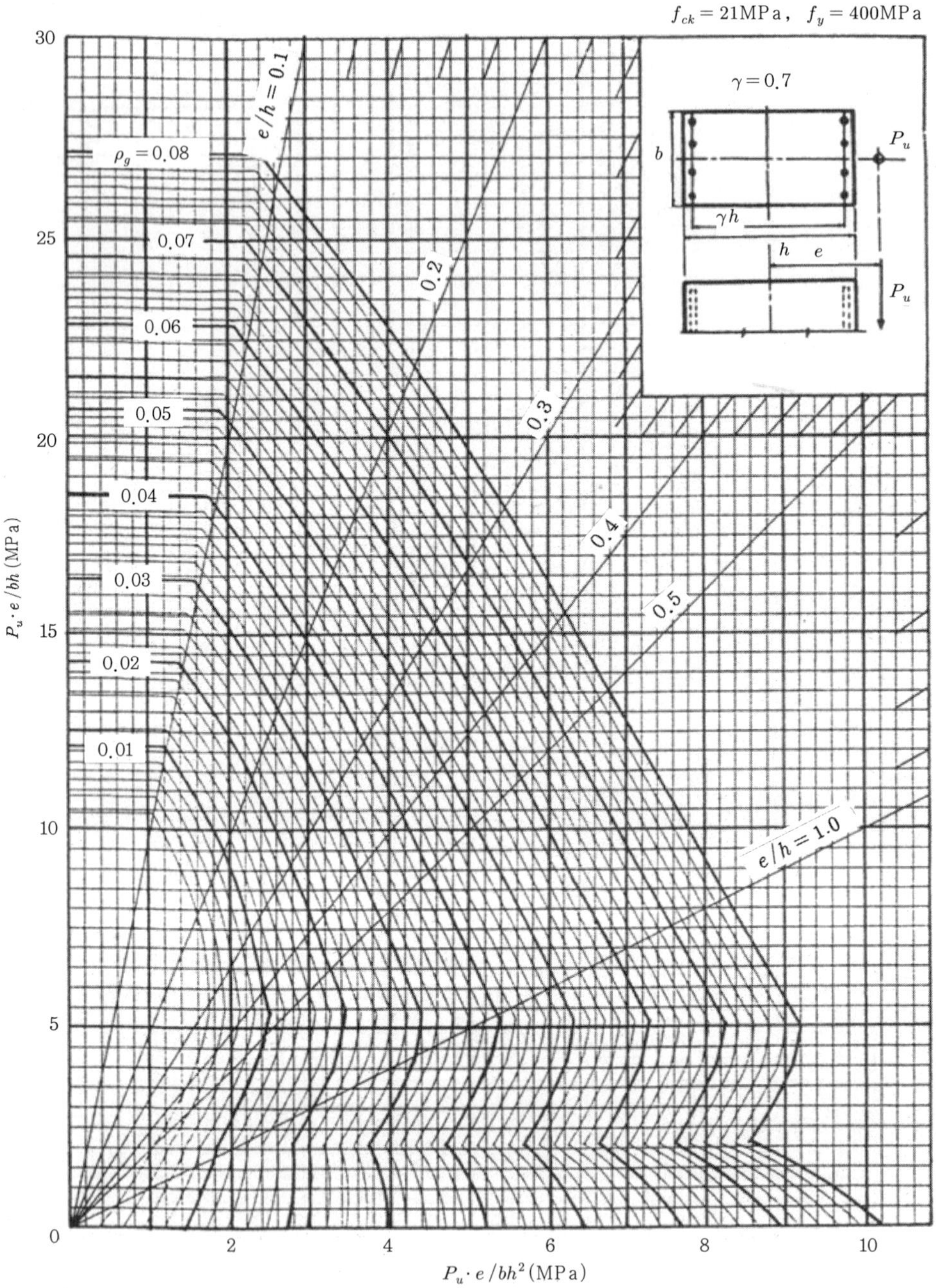

〈부 그림 3-3〉 직사각형 기둥 강도 상관곡선, $f_{ck} = 21$MPa, $f_y = 400$MPa, $\gamma = 0.7$

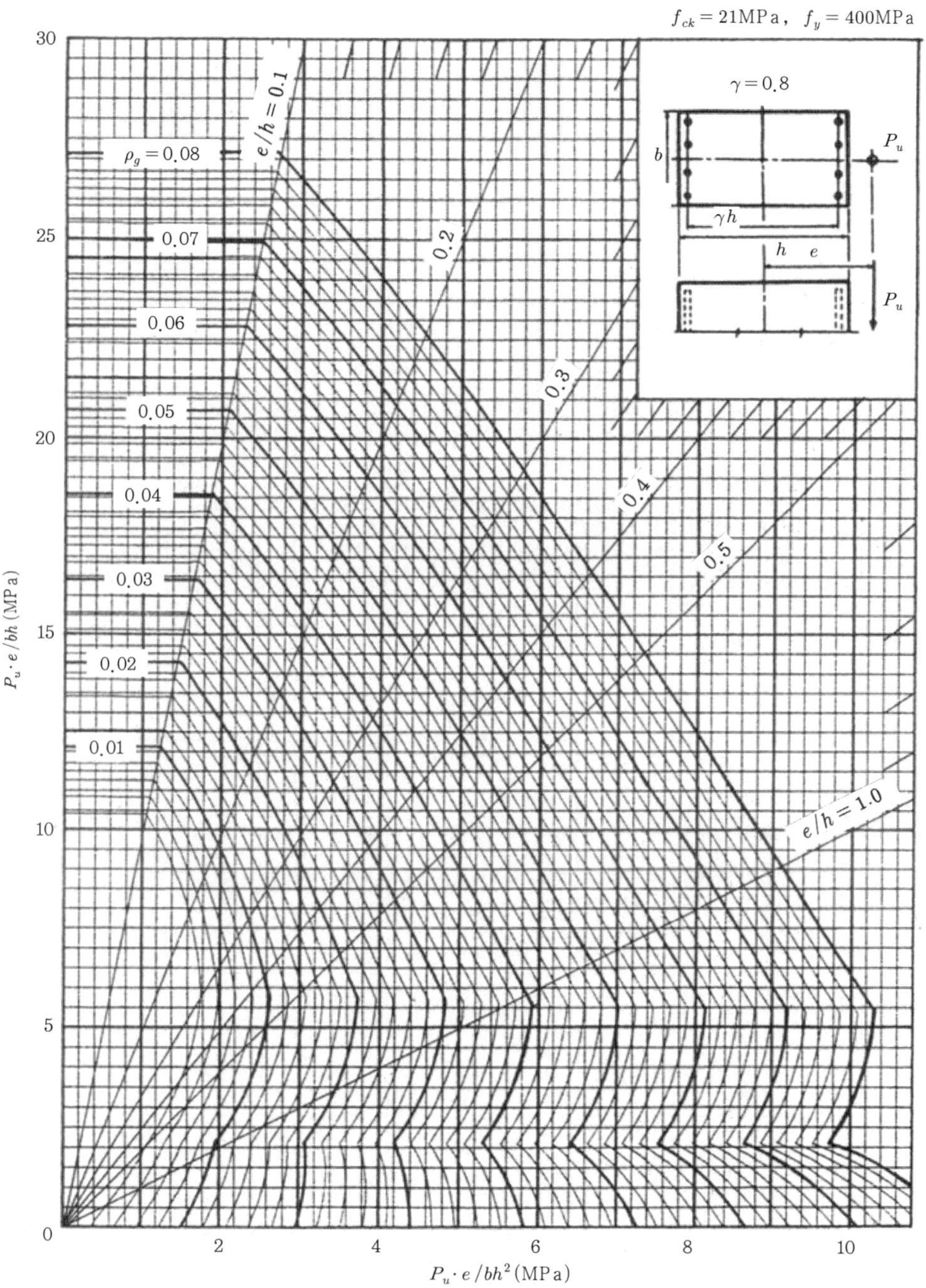

〈부 그림 3-4〉 직사각형 기둥 강도 상관곡선, $f_{ck} = 21$MPa, $f_y = 400$MPa, $\gamma = 0.8$

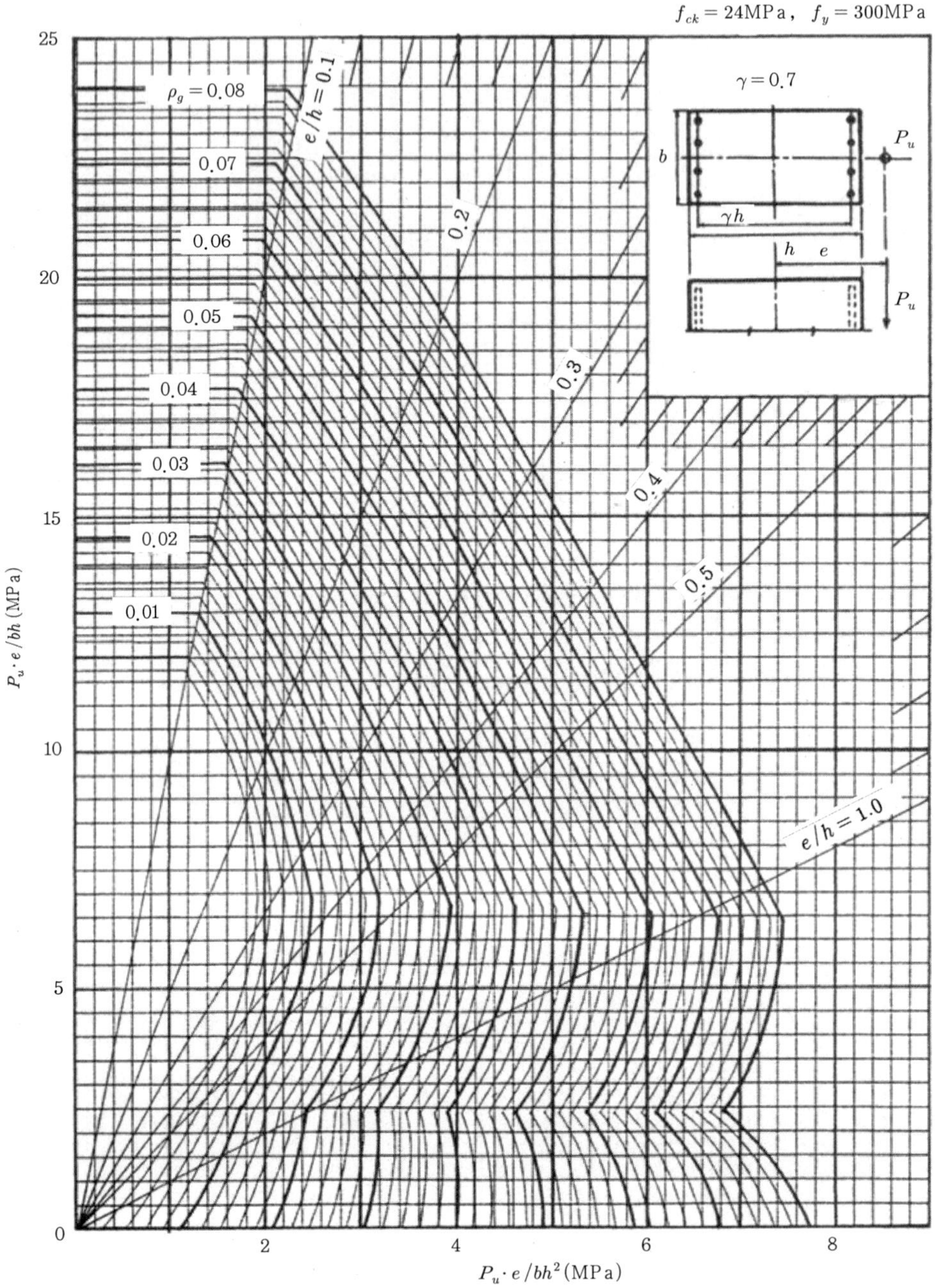

〈부 그림 3-5〉 직사각형 기둥 강도 상관곡선, $f_{ck}=24$MPa, $f_y=300$MPa, $\gamma=0.7$

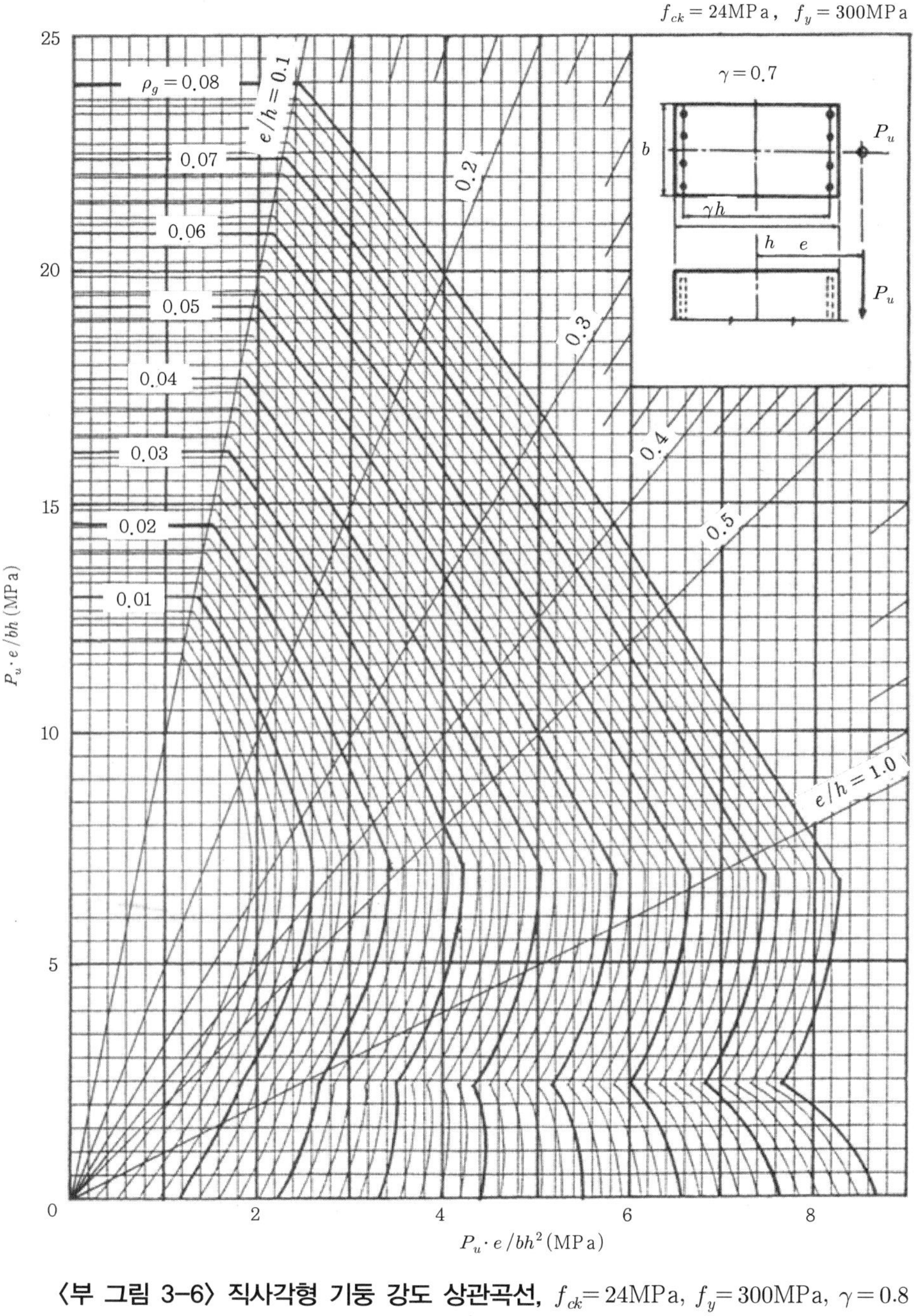

〈부 그림 3-6〉 직사각형 기둥 강도 상관곡선, $f_{ck}=24$MPa, $f_y=300$MPa, $\gamma=0.8$

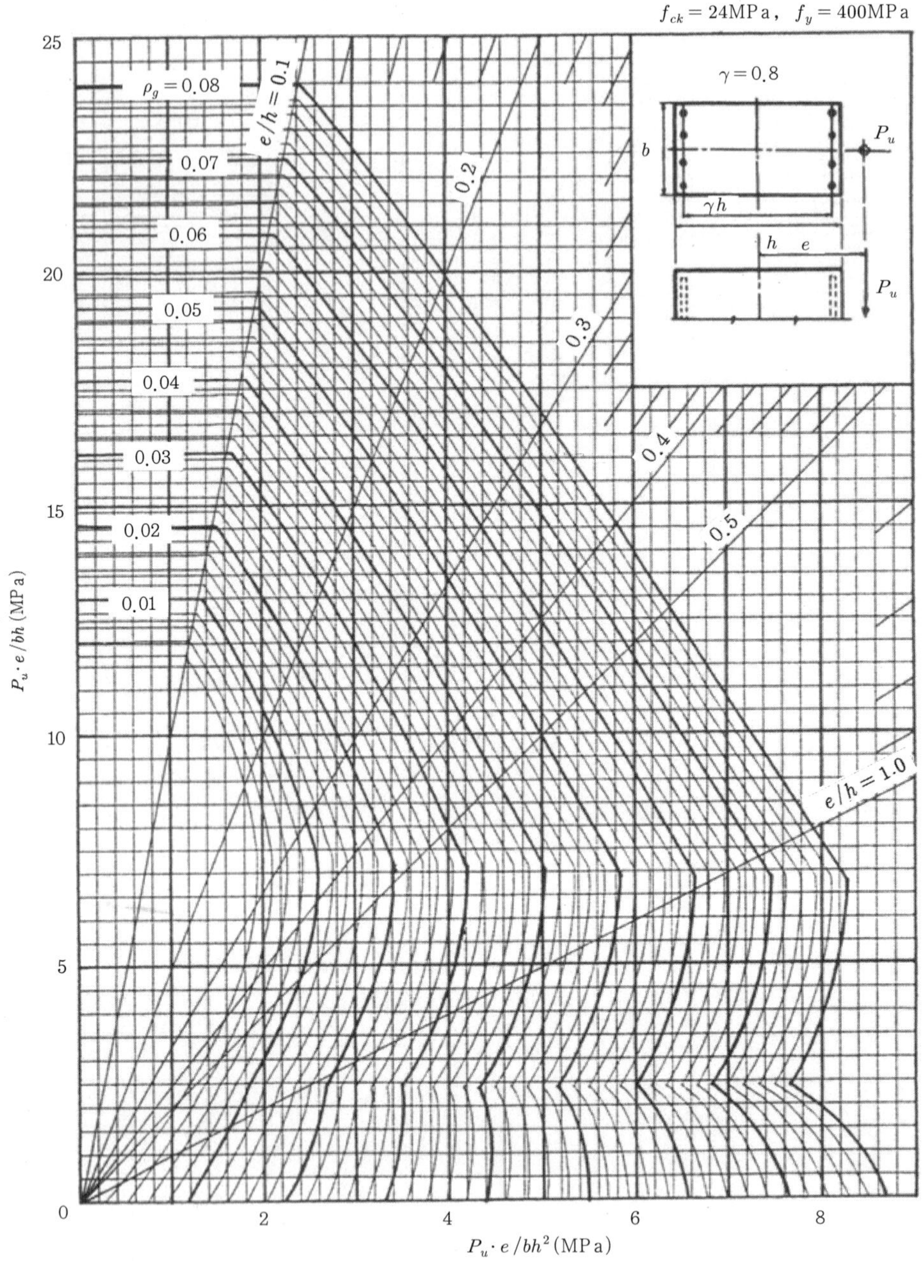

〈부 그림 3-7〉 직사각형 기둥 강도 상관곡선, $f_{ck}=24$MPa, $f_y=400$MPa, $\gamma=0.8$

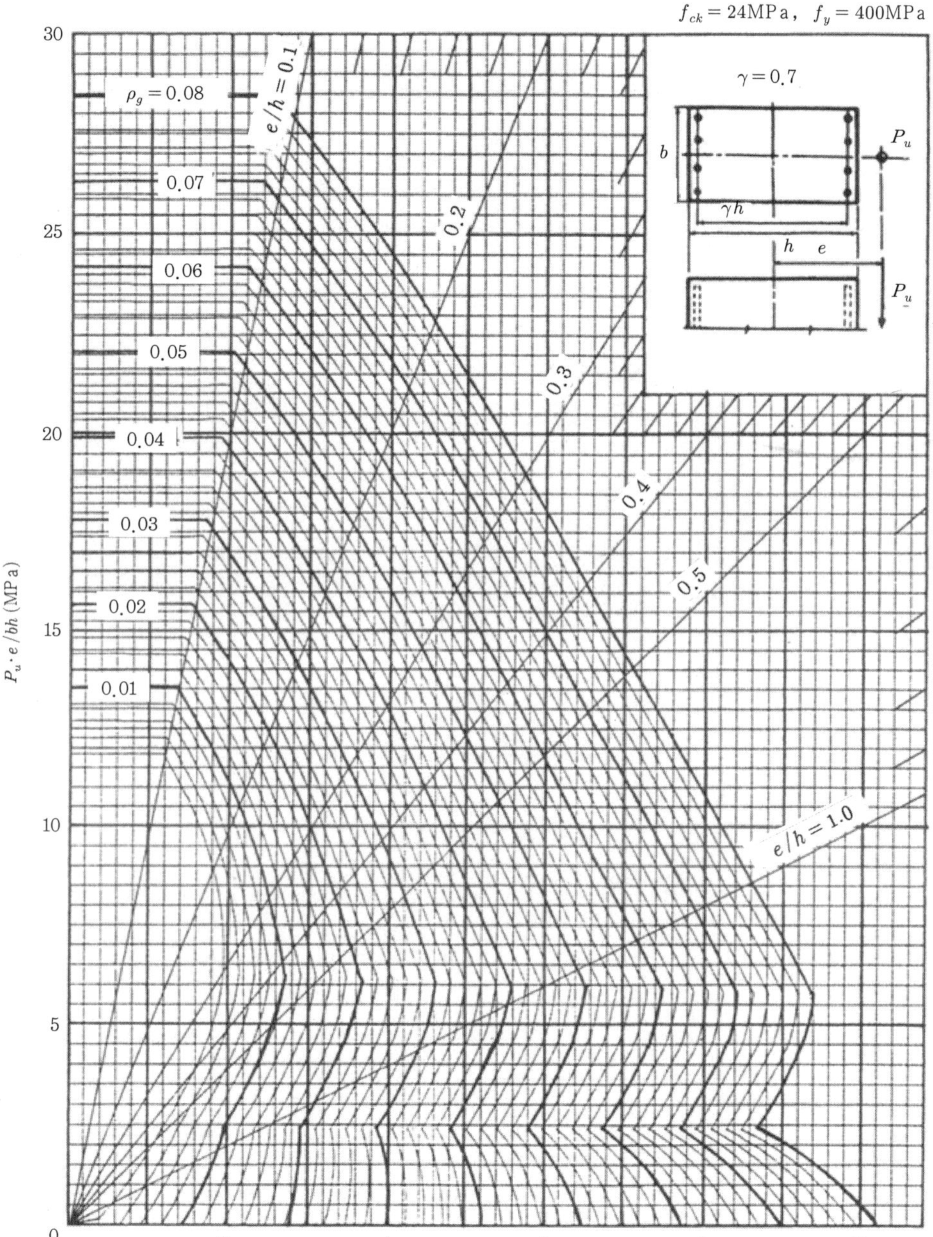

〈부 그림 3-8〉 직사각형 기둥 강도 상관곡선, $f_{ck}=24$MPa, $f_y=400$MPa, $\gamma=0.7$

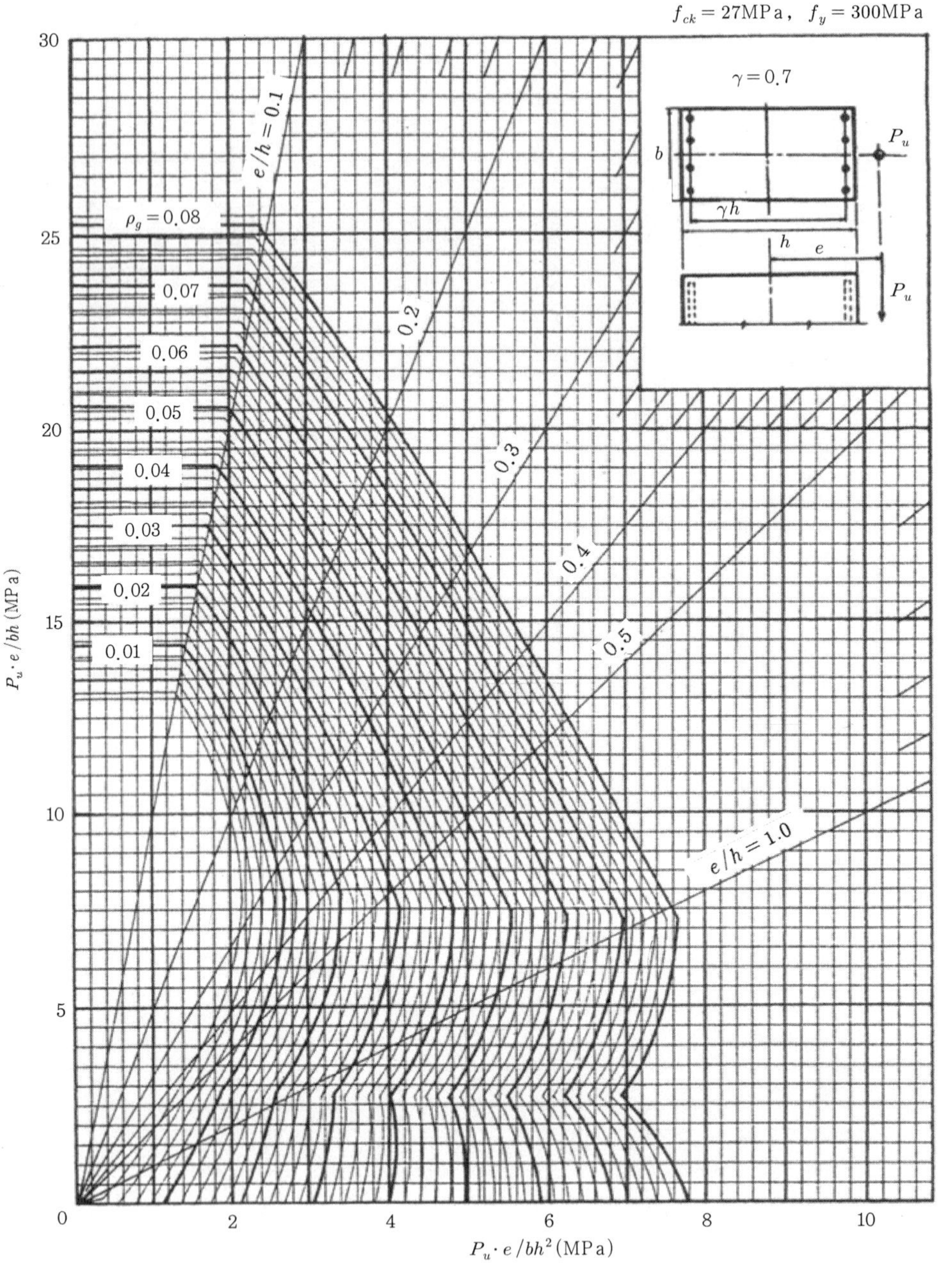

〈부 그림 3-9〉 직사각형 기둥 강도 상관곡선, $f_{ck}=27$MPa, $f_y=300$MPa, $\gamma=0.7$

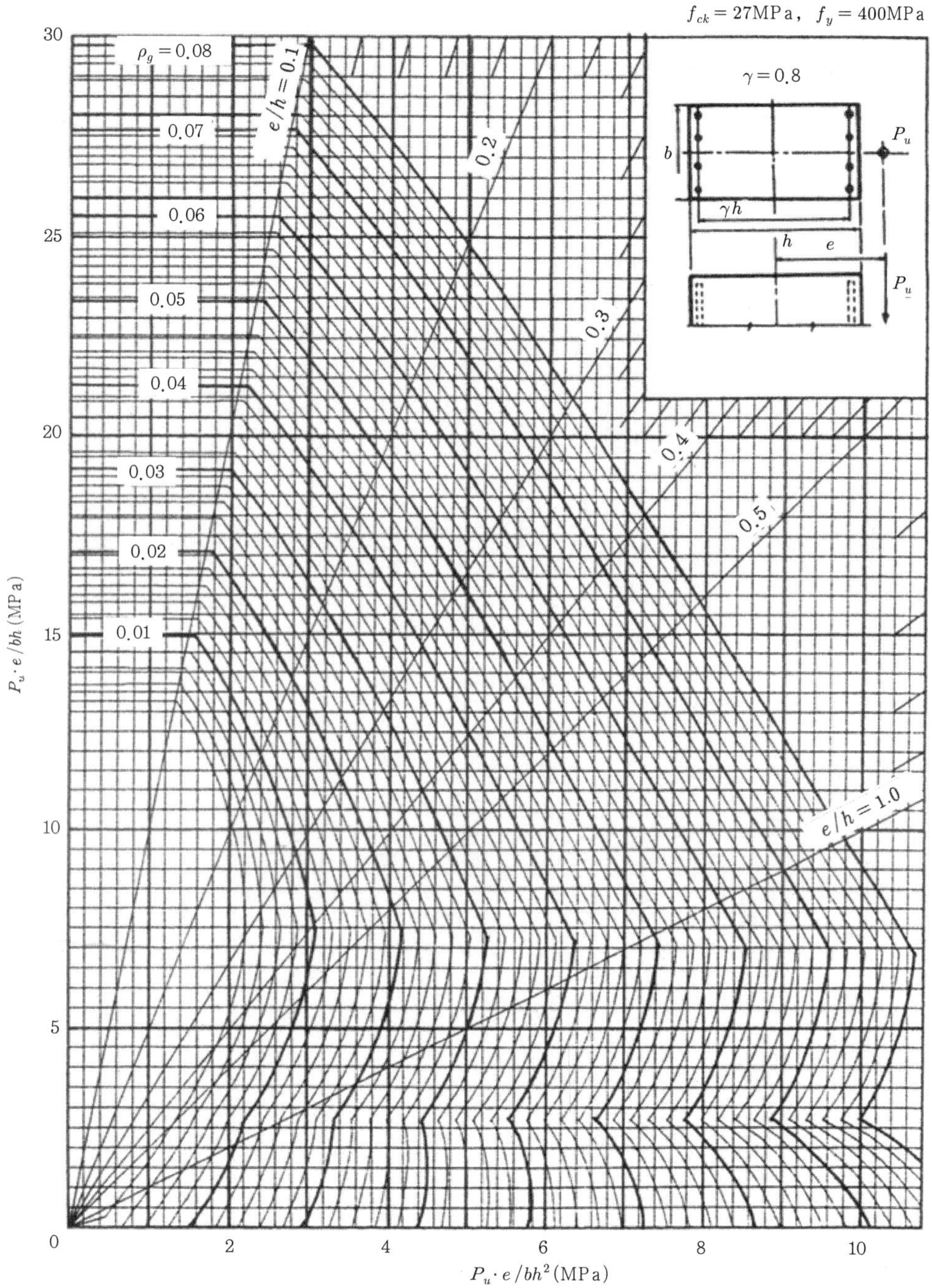

〈부 그림 3-10〉 직사각형 기둥 강도 상관곡선, $f_{ck} = 27$MPa, $f_y = 400$MPa, $\gamma = 0.8$

$f_{ck}=27\text{MPa}$, $f_y=400\text{MPa}$

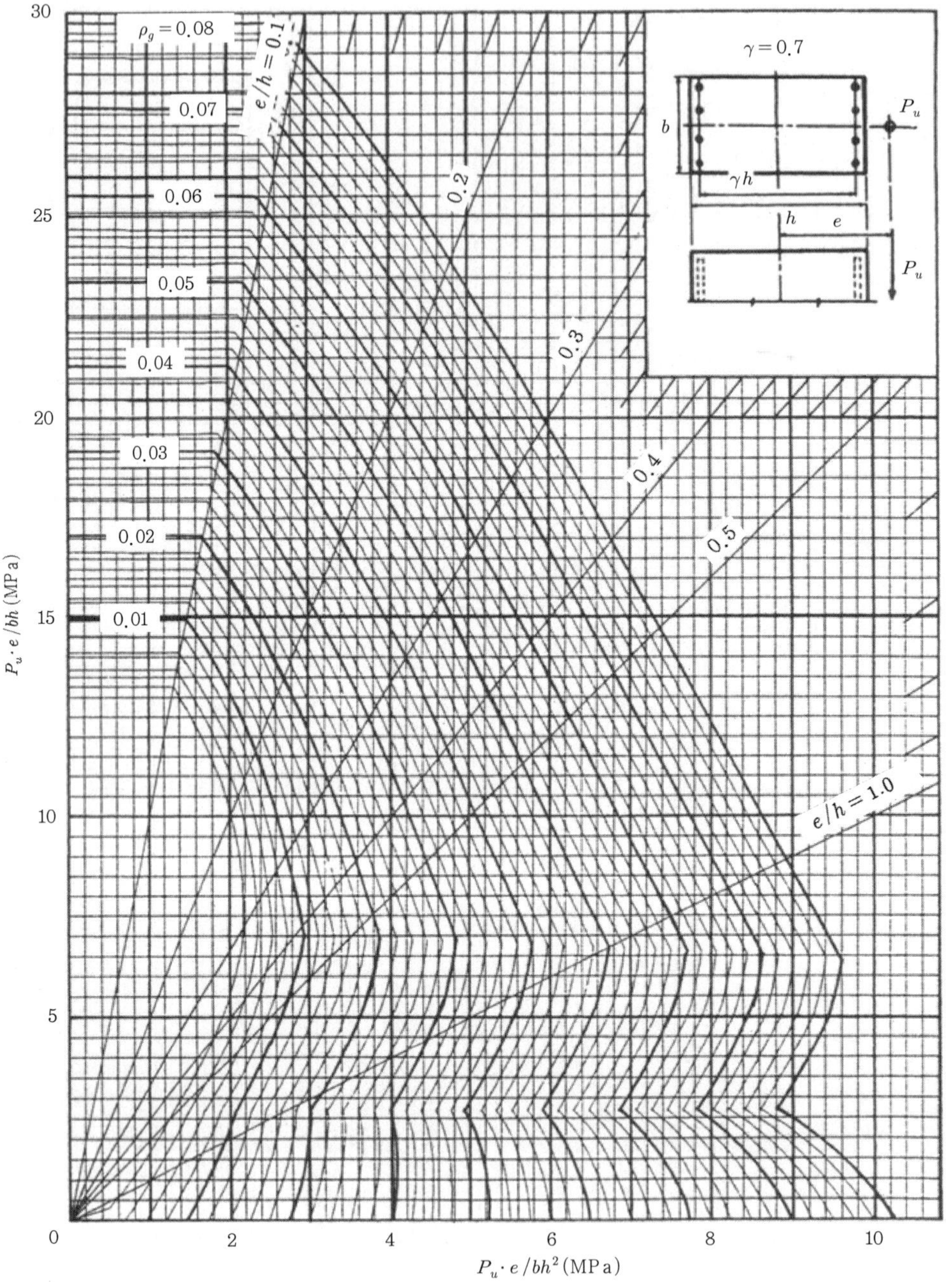

〈부 그림 3-11〉 직사각형 기둥 강도 상관곡선, $f_{ck}=27\text{MPa}$, $f_y=400\text{MPa}$, $\gamma=0.7$

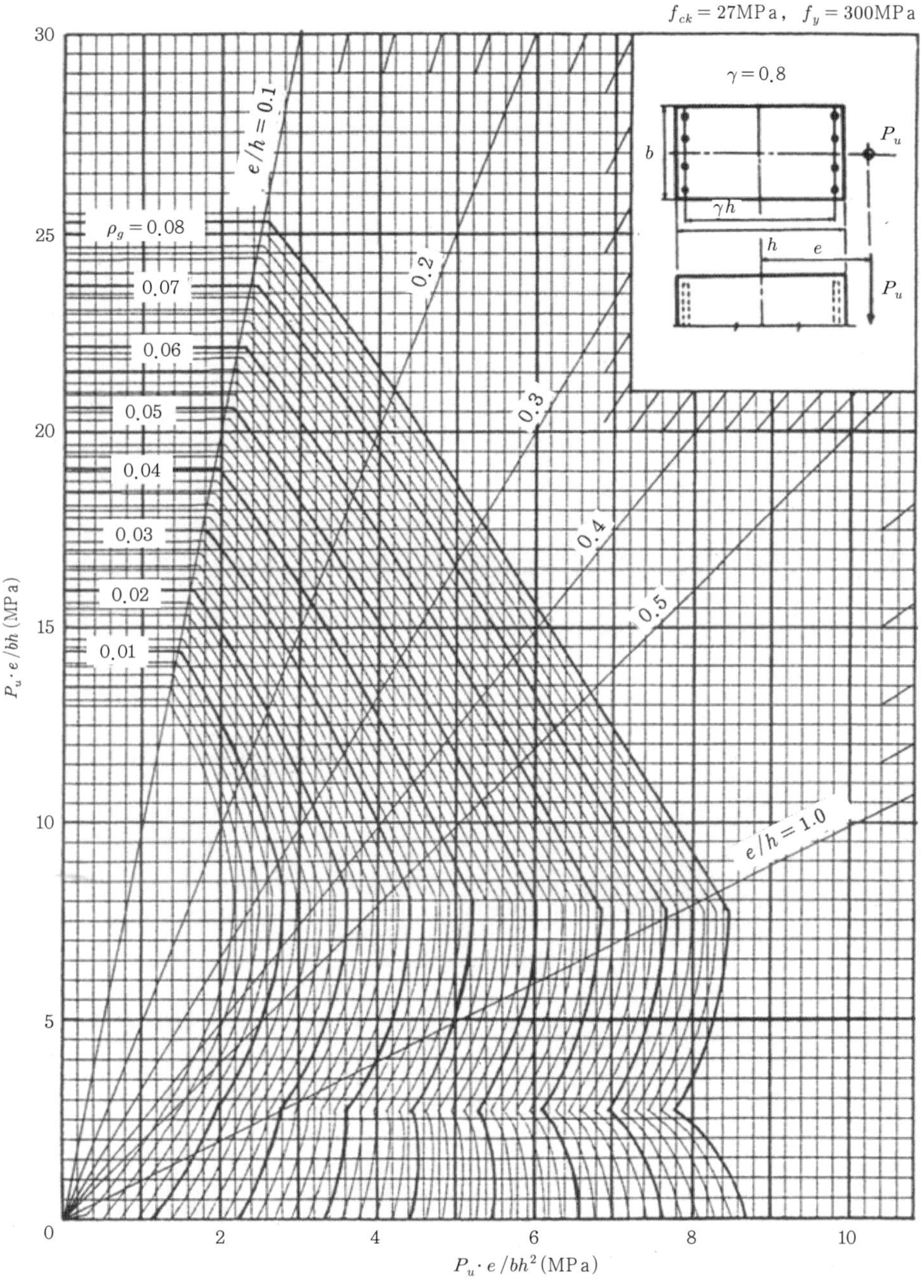

〈부 그림 3-12〉 직사각형 기둥 강도 상관곡선, $f_{ck}=24$MPa, $f_y=300$MPa, $\gamma=0.8$

참고문헌

1. Structural Concrete-Theory and Design, M. Nadim Hassoun, Akthem Al-Manaseer, Wiley, Sixth Edition, 2015
2. 건축구조기준 및 해설, 대한건축학회, 2016년
3. 콘크리트구조설계기준 예제집, 한국콘크리트학회, 2012년 개정판
4. 철근콘크리트구조설계(4판), 김상식, 문운당, 2008
5. 철근콘크리트구조, 2012 설계기준, 이정윤, 동화기술, 2013
6. 민창식, 윤순종, 유승룡, 임홍철, 철근콘크리트 공학, 구미서관, 2004
7. Design of Reinforced Concrete, 3rd edition, Jack C. McCormac, 1993
8. 강문명, 권오현, 이호, 송호산, 철근콘크리트구조, 기문당, 2001
9. Building Code Requirements for Reinforced Concrete. (ACI 318-89)
10. S. K. Ghosh and Basile G. Rabbat, Building Code Requirements for Reinforced Concrete with Design Applications (Notes on ACI 318-89), PCA, 1990
11. M. Nadim Hassoun, Design of Reinforced Concrete Structures, PWS Engineering, 1985
12. Edward G. Nawy, Reinforced Concrete, Preutice-Hall Inc., 1985
13. Benjamin Forsyth, Unified Design of Reinforced Concrete Members, McGraw-Hill Book Company, 1971
14. James G. Macgregor, Reinforced concrete (Fourth edition), Preutice-Hall Inc., 2005
15. Robert Park, William L. Gamble, Reinforced concrete slabs (second edition), WILEY, 2000
16. P. Kumar Mehta, Paulo J.M. Monteiro, Concrete (Third edition), Preutice-Hall Inc, 2006
17. Properties of Concrete, A.M. Neville, Wiley
18. 콘크리트 공학, 최완철, 동화기술, 2010
19. Design of Rinforced Concrete, Jack C. Mccormac and Russell H. Brown, Ninth edition, Wiley
20. 기초공학, 권호진, 김동수, 박준범, 정성교, 구미서관
21. Structural Analysis, R.C. Hibbeler, Fifth Edition, Prentice Hall
22. Concrete, P. kumar Mehta and Paulo J.M. Monteiro, Third Edition, Mc graw Hill
23. 철근콘크리트구조, 박정현, 홍기섭, 구미서관, 2013

철근콘크리트구조 해석 및 설계

2020년 3월 2일 1판 1쇄 인쇄
2020년 3월 7일 1판 1쇄 발행

저　　자　최세운 · 김승직 · 최열 · 이동렬 · 김윤곤 · 하기주
발 행 인　강 해 작
발 행 처　기 문 당
주　　소　서울특별시 성동구 무학봉28길 4-1
전　　화　02)2295-6171(代)~5
팩　　스　02)2296-8188
출판등록　1976. 10. 7(1-44)
홈페이지　http://www.kimoondang.com
I S B N　978-89-6225-843-1　　93540